# 곤충의 보금자리

1. 《곤충의 보금자리》는 곤충이 사는 곳을 물, 모래밭, 땅으로 나누고, 그곳에서 살아가는 곤충들 삶을 보여 준다. 그 가운데 물에 사는 곤충은 다시 물낯살이 곤충, 물속살이 곤충, 물속과 땅 위를 오가는 곤충으로 나누었다.

2. 맞춤법과 띄어쓰기는 국립국어원 누리집에 있는 《표준국어대사전》을 따랐다. 하지만 전문 용어는 띄어쓰기를 적용하지 않았다. 그리고 곤충 이름과 과 이름, 속 이름에는 사이시옷을 적용하지 않았다.
   ㉄ 소금쟁잇과 → 소금쟁이과, 잠자릿과 → 잠자리과
   멸종위기종, 앞가슴복판, 색변이, 방어분비샘, 두텁날개

3. 책에 나오는 식물과 동물 이름과 학명은 《국가생물종목록》(국립생물자원관, 2020)을 따랐다.

정부희 곤충기 2

# 곤충의 보금자리

곤충이 살아가는 다양한 삶터

정부희
글과 사진

보리

# 최고의 낙원이던 그곳!

펵 늦은 나이에 내게 '곤충신'이 내렸습니다. 시쳇말로 곤충에게 '필'이 꽂혔단 얘기지요. 돌이켜 보니 어머니는 마흔 살에 날 낳으셨고, 나는 마흔 살이 다 되어 뜻 모를 솟구침에 이끌려 운명처럼 곤충과 만났습니다. 마치 '앨리스'가 '이상한 나라'에 빨려 들어가듯 곤충 세계로 들어갔지요. 들과 산으로 나가 꽃, 새, 버섯, 곤충 들과 얼굴을 맞대기만 하면 희열감이 온몸 구석구석으로 퍼져 나갔습니다. 연못에 던진 작은 돌멩이가 일으킨 물결이 둥그런 원을 그리며 멀리멀리 퍼져 나가듯이.

그리고 그새 십여 년이 훌쩍 지나갔습니다. 곤충과, 아니 자연과 함께한 세월이 꿈같습니다. 연구실과 야외에서 자연을 벗 삼아 놀 때마다 공자가 한 말이 가슴속에 절절하게 와 닿았지요. '배우고 때로 익히니 또한 기쁘지 아니한가(學而時習之 不亦說乎)!' 정말 그랬습니다. 새로운 곤충들과 데이트할 때마다 새록새록 벅찬 감동이 밀려들었지요. 산과 들에서 곤충들과 눈을 맞추며 나눴던 얘기들은 몇 날 밤을 세워도 다 풀지 못할 '천일야화' 같다고나 할까요. 때론 설레고, 때론 기뻐하고, 때론 놀라고, 때론 떨리고, 때론 경외감에 숙연해지고……. 연구실에서 느끼는 감정과 비교하면 정말이지 생판 다르지요.

인생살이를 연극의 4막에 비유했던가요? 인생사가 그렇듯이 곤충과 함께 가는 길이 늘 부듯했던 것은 아닙니다. 가시밭길일 때도 많았지요. 현실에 부대껴 자괴감이 들 때도 있었고, 스스로 한계를 느껴 주저앉을 때도 있었고, 지인들의 속 깊은 관심이 부담 될 때도 있었고, 굳이 안 해도 되는 일을 팔 걷어붙이고 나서는 자신이 한심스러울 때도 있었고, 낯선 곤충계에 발을 디딘 이방인의 뼈저린 외로움을 맛볼 때도 있었습니다. 무엇보다도 곤충과 함께 노는 일은 한편으로 고독한 작업입니다. 그저 그들과 막힘없이 소통할 날을 기다리며 무소의 뿔처럼 홀로 걸어가야 하니까요.

지난겨울 어느 따스한 날, 겸재 정선이 환갑을 넘긴 늘그막 나이에 그린 〈소악후월(小岳候月)〉을 따라 답사 여행을 한 적이 있습니다. 〈소악후월〉에는 270년 전의 수려한 한강 풍광이 고스란히 담겨 있지요. 정선이 자기 마음까지 담아서 그렸기 때문일까요? 소가 한가로이 풀을 뜯듯이 참으로 평화롭고 유유자적한 풍광입니다. 한강 물은 유유히 평화롭게 흐르고, 강물 둘레로는 은빛 모래밭이 펼쳐져 있고, 물가 흙 언덕에는 축축 늘어진 버드나무 가지가 바람에 하늘거리고, 언덕 흙길 옆에는 멋스런 정자가 정갈하게 서 있고, 강물에는 종이배 같은 나룻배와 언덕처럼 생긴 작은 섬들이 한가로이 떠 있었습니다. 강물이 물가 언덕에 부딪치는 소리가 금방이라도 귀에 들릴 것 같습니다.

문득 저 별천지에 얼마나 많은 곤충들이 의지해 살았을까 상상해 봅니다. 흐르는 물에는 헤엄치는 곤충들이 살았을 테고, 물가 흙 언덕에는 흙냄새 맡는 곤충들이 살았을 테고, 기다란 모래톱에는 모래집 짓는 곤충들이 살았을 테지요. 그 시절을 상상만 해도 가슴이 벅차오릅니다. 아! 곤충들에겐 최고의 낙원이었을 텐데.

그림 속의 한강을 실제로 만나 보려고 한강 하류에 있는 소악루에 천천히 오릅니다. 아, 이럴 수가! 굽이돌아 흐르던 강물은 온데간데없고 직선 수로를 쏜살같이 흐르는 강물만 있을 뿐, 버드나무 흥청이던 물가 흙 언덕은 자동차 도로로 바뀌었고, 모래톱이 풍성하게 자리했던 곳에는 물결이 무표정하게 출렁입니다. 그곳에 살던 곤충들은, 아니 그 많던 뭇 생명들은 어디로 갔을까요? 어느 날 부지불식간에 집을 잃고 죽어 갔을 생명들……. 안타까움에 가슴이 먹먹해집니다.

곤충들이 사는 세상은 사람 사는 세상과 다릅니다. 곤충들은 오직 맨몸으로 자연 그대로의 물과 흙, 모래에 적응해서 살고 있습니다. 헤엄칠 줄 아는 곤충들은 물이 흐르고 있는 곳이면 어김없이 살고 있습니다. 물살이 빠르고 차가운 골짜기 물에 적응해 사는 녀석도 있고, 물살이 한풀 꺾인 골짜기 웅덩이 물에서 사는 녀석, 돌멩이에 부딪치며 경쾌하게 흐르는 여울물에서 사는 녀석, 들판을 흐르는 실개천에서 사는 녀석, 물살 흐름이 거의 멈춘 듯 잔잔한 연못 물에서 사는 녀석 들이 있습니다.

또 땅에서 사는 곤충은 어떤가요? 땅속은 어둡지만 수많은 생명들이 옹기종기 모여 살고 있습니다. 맨눈으로는 절대 안 보이는 세균이나 미생물부터 꿈틀거리며 제 갈 길을 가는 지렁이나 뱀에 이르기까지 헤아릴 수 없이 많은 생물들이 밀집해 살고 있지요. 한 줌 흙에 수억 마리가 넘는 세균과 미생물이 산다고 하니 숫자만 나오면 가뜩이나 주눅이 드는 저로서는 도대체 가늠이 안 됩니다. 땅에 사는 생물 가운데 누가 가장 먼저 떠오를까요? 아마도 환형동물인 지렁이가 생각나지 않을까 싶습니다. 그런데 지렁이 말고도 땅에는 땅강아지, 개미, 굼벵이, 톡토기, 매미 애벌레, 꼬마꽃벌 애벌레, 꼽등이, 귀뚜라미 같은 정말 헤아릴 수 없이 많은 곤충들이 살고 있습니다.

또 바닷가에서도 곤충을 만날 수 있습니다. 한여름이면 무더위를 피해 너나 할 것 없이 바닷가로 피서를 갑니다. 파란 하늘과 맞닿아 있는 검푸른 바다를 보며 환호하고, 하얗게 부서지는 파도에 몸을 실으며 동심으로 돌아갑니다. 해수욕장의 뜨거운 모래밭에 곤충이 살고 있다면 놀라겠지요? 햇살에 반짝이는 모래사장에도 곤충들이 살고 있습니다. 모래거저리, 큰조롱박먼지벌레, 남생이거저리, 참뜰길앞잡이 같은 곤충들이 한겨울 삭풍이 몰아쳐도, 한여름 폭풍이 불어오고, 뜨거운 햇볕이 모래를 달궈도 바닷가 모래밭을 낙원으로 생각하며 살고 있습니다.

이렇듯 곤충들은 물이든 땅이든 모래든 그 어느 곳이든 자연과 거리낌 없이 소통할 수 있는 곳이면 비집고 들어가 눌러앉습니다. 하늘과 땅이, 물과 태양이, 모래와 바람이 막힘없이 소통하는 자연은 말 그대로 생명이 살 수 있는 열린 광장이요, 곤충들 생명을 감싸 안아 주는 눈물 나게 고마운 낙원, 유토피아입니다.

잠시 바쁜 일상을 접고 들길이나 산길을 걸어 봅니다. 숨을 길게 내쉬며 천천히 걷다 보면 자그마한 연못도, 지즐대며 흐르는 실개천도, 흙냄새 상큼한 텃밭도 보입니다. 그곳에는 이름도 모르는 존귀한 생명들이 행복하게 살고 있습니다. 그들을 만나려면 저 자신이 겸손해져야 합니다. 걸으면서 연못을 바라보면 물에 떠 있는 식물만 보이고, 가던 길 멈추고 앉아서 보면 연못 속이 어슴푸레하게 보입니다. 다시 허리를 굽히고 이마가 물에 닿을 만큼 고개를 숙이면 그제야 물속이 투명하게 보입니다. 헤엄치는 물방개도 보이고, 물자라, 장구애비, 심지어 제 얼굴까지 말갛게 다 보입니다. 마음도 세상도 연못도 모두 고요하고, 시간도 멈추었습니다.

눈에 보이지 않는 물속, 모래 속, 풀밭 땅속에서 터를 잡고 사는 곤충들과 마주 앉아 얘기한다는 것은 뭐랄까 마치 '낯선 곳에서의 만남' 같은 느낌입니다. 우리가 마음껏 숨 쉬고 사는 육상과 생판 다른 공간에서 살고 있으니 만나기도 쉽지 않습니다. 물에 빠지면 숨을 쉴 수 없는 우리와 달리 물을 떠나면 한시도 살 수 없는 물살이 곤충들! 그들과 만나 얘기를 나누려면 제 자신이 물속 곤충이 되어야 하는데, 그러지를 못해 갑갑합니다. 바람 거센 바닷가 파슬파슬한 모래 속에서 사는 곤충들! 그들과 조우하려면 모래 곤충이 되어 그들만의 삶터인 모래 속으로 들어가야 하는데, 그러지를 못해 안타깝습니다. 또 어두운 지하 세상, 땅속에서 보드라운 흙 향기에 취해 사는 곤충들! 그들과 얼굴을 맞대려면 역시 땅속에서 살아야 하는데, 그러지를 못해 마음이 아립니다.

이제 책을 마무리하려니 수많은 생각이 지나갑니다. 어릴 적 함께 놀던 물방개, 장구애비, 물장군, 땅강아지, 풀무치 녀석들이 하얀 도화지에 그려진 맑은 수채화처럼 일렁입니다. 어느새 추억의 곤충이 되어 버린 그네들 이야기를 책에다 한 문장 한 문장 담을 때마다 어린 시절이 고스란히 되살아나 얼마나 눈물을 쏟았는지 모릅니다. 자연 속에 나를 맡긴 채 자연과 하나가 되었던 '그 아름답던 시절'이 눈앞에 아른거립니다.

어느 때부터인가 자연 속에 섞여 있으면 시 하나가 입에서 뱅뱅 돕니다. 대학 시절에 즐겨 암송하던 시, 윌리엄 워즈워스의 〈무지개〉. 그때는 시인의 부드럽고 낭만적인 표현에 홀딱 반했었지요. 나이가 들어서일까요? 지금은 한 구절 한 구절 음미할 때마다 가슴이 찡합니다. 대자연을 경애하며 찬미한 시인의 마음이 제 마음 깊은 곳에 찾아온 것은 왜일까요?

무지개

하늘의 무지개를 바라볼 때마다
내 가슴은 뛰누나
나 어렸을 적에도 그러했고
어른인 지금도 그러하고
나이가 들어도 그러하리
아니면 죽어도 좋으리!
어린이는 어른의 아버지
바라나니
내 생활이 자연을 경애하는 마음으로 하루하루 이어지기를

The Rainbow

My heart leaps up when I behold
A rainbow in the sky:
So was it when my life began;
So is it now I am a man;
So be it When I shall grow old,
Or let me die!
The child is father of the man;
And I could wish my days to be
Bound each to each by natural piety.

- 윌리엄 워즈워스(William WordsWorth, 영국 시인, 1770~1850)

광장동 연구실에서

정부희

# 개정판을 내며

세월이 흘러《곤충의 유토피아》가 세상이 나온 지 어언 10년이 지났습니다. 이러저러한 사정으로 절판이 되어 안타까워하던 차에《곤충의 유토피아》에 새 옷을 입혀 재출간하기로 마음먹었습니다. 아직까지 우리나라에서 이 책 주인공인 수서 곤충이나 사구 곤충을 다룬 책이 없는 현실도 재출간을 재촉하는 데 한몫했습니다.

재출간 작업을 하면서 강산이 바뀌는 동안 꾸준히 관찰하고 연구하여 모아 둔 자료들을 보태 새롭게 만들었습니다. 책 제목도《곤충의 보금자리》로 바꿔 친근감을 더했고, 기존 사진을 대부분 질 높은 사진으로 바꾸고, 재미있고 생생한 현장 생태 사진을 골라 넣었습니다.

《곤충의 보금자리》는 곤충이 터를 잡고 사는 집, 즉 곤충의 삶터입니다. 이 책에는 크게 세 곳에서 사는 곤충이 나옵니다. 물에서 사는 물살이 곤충(수서 곤충), 척박한 모래 언덕에서 사는 모래살이 곤충(사구 곤충), 흙이 있어야만 사는 땅살이 곤충입니다. 물살이 곤충으로는 고추보다 더 빨간 고추잠자리나 물속에서 헤엄치는 물방개가 있고, 모래살이 곤충으로는 메마른 바닷가 모래밭에서만 사는 모래거저리가 있고, 땅살이 곤충으로는 더운 여름철에 맴맴맴 노래하는 참매미 애벌레가 있습니다.

지금, 곤충들이 시나브로 사라지고 있습니다. 곤충들이 사는 소중한 집이기도 한 물길과 땅, 바닷가 모래 언덕 같은 삶터가 사람들의 지나친 간섭과 무분별한 개발로 망가져 사라지고 있습니다. 이런 속도라면《곤충의 보금자리》에 나온 주인공 곤충들도 앞으로 몇십 년 뒤면 멸종위기종이 될 수 있습니다. 물방개, 물장군, 수염풍뎅이 같은 곤충은 이미 추억 속 곤충이 되었습니다. 요즘 흔한 고추좀잠자리나 장구애비도 머지않아 추억 속에 나오는 곤충이 될지도 모를 일입니다.

곤충의 삶터는 누구에게나 열린 공간입니다. 답답할 때면 숲속 오솔길, 들길, 강 둘레길, 바닷가 둘레길을 걷다가, 때때로 그곳에 사는 터줏대감인 곤충들과 눈 마주치며 잔뜩 움츠렸던 마음을 활짝 펼쳐 보면 어떨까요? 그러다 보면 가랑비에 옷 젖듯이 곤충들이 살아가는 삶터를 소중하게 여기는 마음도 새록새록 생겨날 것만 같습니다.

2021년 9월 끝자락에

정부희

# 차례

저자의 글 4
개정판을 내며 10

1장
## 물살이 곤충

물낯살이 곤충

연물명나방 애벌레 20
소금쟁이 44
왕물맴이 76
송장헤엄치게 104

물속살이 곤충

장구애비 136
게아재비 160
물장군 176
검정물방개 196

물속과 땅 위를 오가는 곤충

강도래 애벌레 224
진강도래 어른벌레 238
띠무늬우묵날도래 애벌레 258
날도래 어른벌레 284
애반딧불이 애벌레 302
애반딧불이 어른벌레 318
잠자리 애벌레 338
노란실잠자리 356
고추좀잠자리 388

2장

## 모래살이 곤충

모래거저리 416
큰조롱박먼지벌레 442
남생이거저리 460
큰집게벌레 476
명주잠자리 애벌레 492
참뜰길앞잡이 518

3장

## 땅살이 곤충

수염풍뎅이 548
참매미 574
운문산반딧불이 598
풀무치 628
꼬마꽃벌 660
대모벌 678
폭탄먼지벌레 696

세밀화로 보는 곤충 718
찾아보기 730
참고 자료 734
저자 소개 739

# 1장

# 물살이 곤충

## 맑은 물속
## 곤충 세상

연둣빛 봄이 진녹색으로 무르익어 가는 5월입니다. 이른 아침 산 높고 물 맑은 골짜기 길을 걷습니다. 아침 안개가 숲속을 하얗게 덮어 어디가 땅이고 어디가 하늘인지 분간이 안 갑니다. 발부리에 차인 돌멩이에도, 길가 풀잎과 나뭇잎에도, 제 뺨 위로도 안개가 훑고 지나갑니다. 길 위에도 안개가 차곡차곡 내려앉습니다. 시간이 얼마나 지났을까요? 꿈꾸듯 안개에 둘러싸인 허연 세상이 밝게 바뀝니다.

안개가 걷히니 돌돌돌 흐르는 맑은 옥빛 골짜기 물이 잠에서 깨어나듯 서서히 얼굴을 내밉니다. 물가에 서 있는 나뭇가지에는 박새, 쇠박새, 동고비, 흰배지빠귀 들이 재잘재잘 노래하고, 물가에는 물까마귀가 물속을 들락날락거리며 아침 목욕을 즐깁니다.

그렇게 조붓한 산길과 골짜기 물은 실타래처럼 엉켰다 풀렸다 또 엉켰다 풀렸다 되풀이하며 끝없이 이야기를 나눕니다. 어딘지 모를 깊은 산속 옹달샘에서 퐁퐁 솟아올라 이 골짜기까지 흘러 들어온 물! 멀찌감치 내려다봐도 얼마나 맑은지 물속 바위와 돌멩이들이 다 보입니다. 어느새 나도 모르게 물가에 앉아 봅니다.

아침 안개가 걷힌 골짜기 물을 들여다봅니다. 거울같이 맑습니다. 봉긋봉긋 솟아오른 산봉우리들이 물 위에 고요히 떠 있고, 바람에 살랑살랑 춤추는 버들가지도 물 위에서 한들한들 춤추고, 아침 햇살에 곱게 물든 솜사탕 같은 뭉게구름도 물 위를 두둥실 떠다닙니다. 그 사이사이로 물살이 다듬고 깎아 낸 몽실몽실한 돌들이 조개껍데기가 엎드려 있듯이 바닥에 옹기종기 깔려 있습니다. 손을 내밀어 물속에 살살 담가 봅니다. 순간 고요한 물에 잔잔한 파문이 일며 동그랗게 퍼져 나갑니다. 너울대는 물살에 산봉우리도, 구름도, 제 얼굴도 덩달아 너울너울거립니다.

팔뚝까지 집어넣어 돌멩이 하나를 건져 올립니다. 동글동글하고, 얼룩덜룩한 게 꼭 물떼새 알 같습니다. 물이끼가 앉았는지 미끈미끈하고 감촉이 부드럽습니다. 내친김에 아예 신발과 양말을 벗습니다. 넓적한 바위 하나를 골라 앉고는 발을 물속에 지그시 담가 봅니다. 물살이 너울대며 발가락을 간질이고, 어느새 물에 잠긴 발등으로 옥색 물빛이 스며듭니다. 발을 살살 움직이며 바닥에 깔린 돌멩이를 더듬으니 돌멩이의 부드러운 느낌이 그대로 전해집니다. 그 느낌이 참 좋습니다. 얼마나 지났을까? 버들치인지 쉬리인지 어여쁜 물고기 한 떼가 몰려오더니 방향을 바꿔 저쪽으로 유유히 헤엄쳐 가고, 술래잡기를 하는지 커다란 돌멩이 속으로도 들어갔다 나왔다, 물풀 속으로 들어갔다 나왔다, 한가롭게 물속에서 노닐고 있습니다.

발을 살살 움직여 큰 돌멩이를 뒤집어 보니, 돌멩이 아래 숨어 있던 강도래 애벌레가 화들짝 놀라 돌 틈으로 잽싸게 쏙 들어가고, 하루살이 애벌레도 길쭉한 아가미를 꿈틀꿈틀 흔들며 돌멩이 아래로 몸을 숨깁니다. 따사로운 햇살이 어머니 미소처럼 물속을 비추니 물속 세상에 환희의 찬가가 울려 퍼집니다. 아직은 상처받지 않은 이 골짜기에서 물속 생명들이 오래도록 살아가길 빌어 봅니다.

# 물낯살이
# 곤충

물 안과 밖을 자유롭게 오고 가도록 허락된 물낯은 수많은 식물들로 가득 차 있습니다. 수생 식물들은 물속 생물들에게 훌륭한 삶터입니다. 식물들은 햇빛을 이용해 영양분을 만들어 연물명나방 같은 초식성 곤충에게 맛있는 밥상을 내어 줍니다. 그 초식성 곤충은 물낯을 걸어 다니는 소금쟁이, 거미, 물맴이 같은 힘센 포식자에게 잡아먹힙니다. 물론 힘센 곤충들도 자기보다 힘이 더 센 새나 잠자리 같은 상위 포식자에게 제물이 되지요. 생태계 먹이망은 지구에 생명체가 생겨난 이래 그들만의 오묘한 법칙에 따라 만들어진 것입니다.

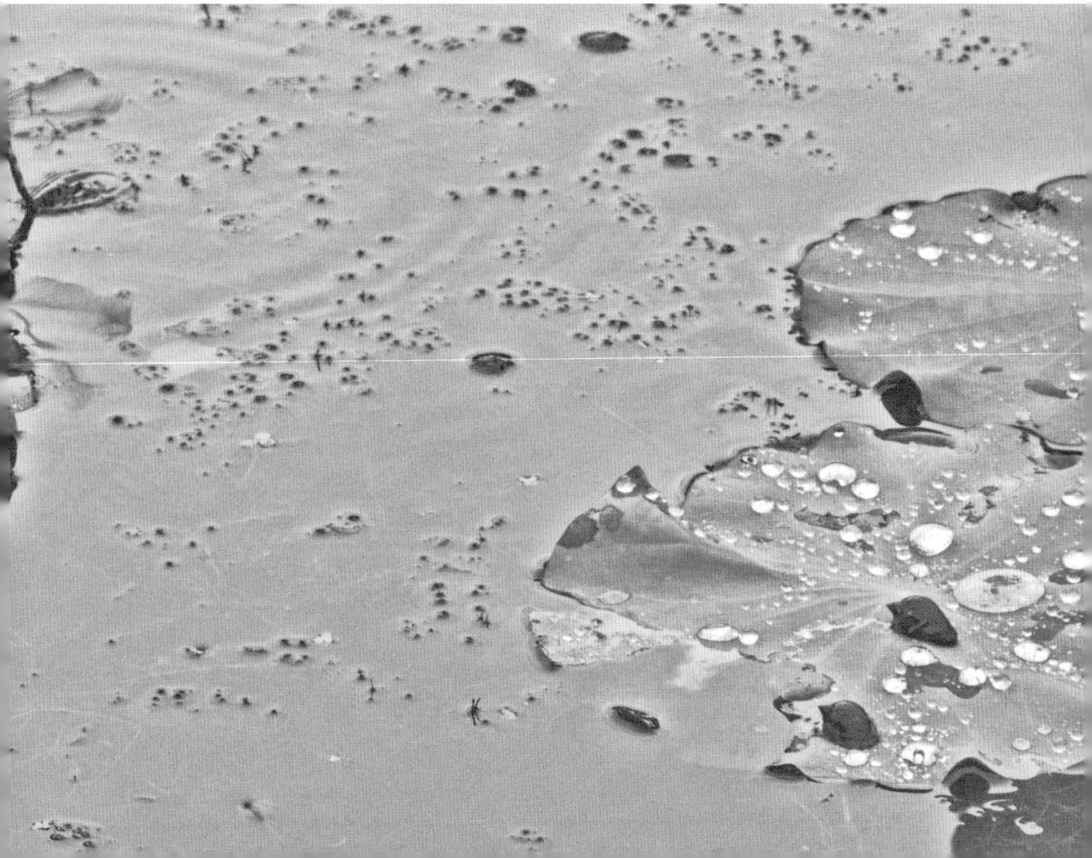

노랑어리연 잎사귀로
집 짓는

# 연물명나방 애벌레

**연못을 가득 채운 노랑어리연**

노랑어리연이 연못을 가득 메웠습니다.
연물명나방 애벌레는 노랑어리연 잎 위에서
살아갑니다.

7월 초순 아침은 여름치고는 제법 선선합니다.
오늘은 서울 속 작은 시골인 '길동생태공원' 습지 길을 걷습니다.
공원 몇 걸음 밖 세상은 자동차가 쌩쌩 달리는 아스팔트 길인데,
공원 안으로 몇 걸음만 들여놓아도 아늑한 시골 풍경입니다.
여기저기 늘어선 버드나무, 꽃창포, 부들, 갈대 들이
아침 바람에 살랑살랑 몸을 흔듭니다.
덩달아 이슬방울도 햇빛을 받아 보석처럼 반짝반짝 빛납니다.
군데군데 예쁘게 자리 잡은 아늑하고 자그마한 연못들에
노랑어리연, 마름, 택사, 물질경이, 자라풀 들이 끝없이 떠 있어
여기가 땅인지 저기가 물인지 분간이 안 갑니다.

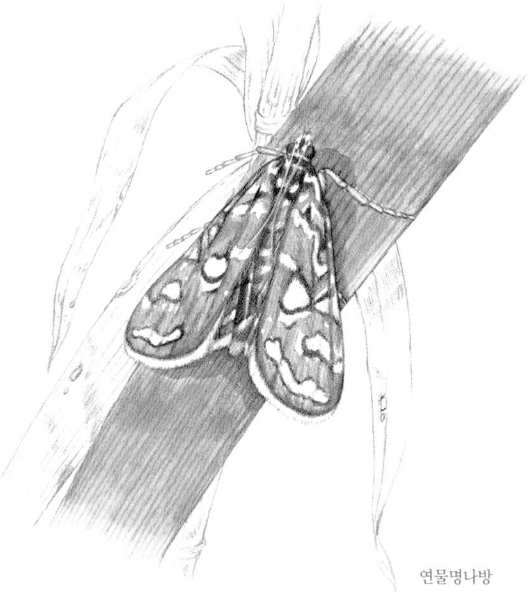

연물명나방

이 꼭지는 나비목 풀명나방과 종인 연물명나방(*Elophila interruptalis*) 이야기입니다.

## 연물명나방
## 애벌레 집

나도 모르게 물가에 앉습니다. 잠시 융단처럼 쫙 깔린 노랑어리연(*Nymphoides peltata*) 군락에 눈이 멈춥니다. 100원짜리 동전만 한 샛노란 노랑어리연 꽃이 꽃잎을 살짝궁 반쯤 열고선 아침 바람에 살랑살랑 춤을 춥니다. 꽃 너머로 기름칠한 것처럼 반질반질한 잎사귀가 햇살에 눈부시게 반짝입니다. 그런데 가위로 오린 듯이 한쪽 귀퉁이가 동그랗게 잘려 나간 잎사귀가 눈에 띕니다. 한눈에 봐도 동전처럼 동그랗게 오려 낸 솜씨가 예사롭지 않네요. 누가 잎사귀를 오렸을까요? 주인공은 바로 연물명나방 애벌레입니다.

연물명나방 애벌레가 노랑어리연 잎을 오려붙여 손톱만 한 뗏목 집을 지었다.

물에 뜨는 물풀의 대표 선수는 노랑어리연입니다. 식물이나 곤

충 이름에 ‘어리’란 말이 들어간 경우가 종종 있는데, ‘어리’는 ‘비슷하다’라는 말입니다. 그러니 노랑어리연은 연(*Nelumbo nucifera*)을 닮았다는 말이지요. 하지만 실제로는 연과 촌수가 아주 먼 남남입니다. 연은 수련목 수련과 가족이고 노랑어리연은 가지목 조름나물과 가족에 속합니다. 노랑어리연은 그다지 깊지 않은 물에서 자랍니다. 노랑어리연 뿌리는 물 맨 밑바닥 개흙 속에 박혀 있고, 가느다란 줄기는 잎사귀가 물 위에 뜰 만큼 길게 자랍니다. 물 위에 뜬 잎사귀는 타원형이고 윤기가 자르르 흐릅니다. 야트막한 물속에 사는데, 얼마나 번식력이 좋은지 여름이 되기도 전에 벌써 연못을 뒤덮습니다.

연물명나방 애벌레가 개구리밥 잎으로 집을 만들었다.

노랑어리연이 연못을 뒤덮는 여름 들머리면 노랑어리연 잎사귀 위는 연물명나방 세상입니다. 잠시 숨을 가다듬고 연못 위에 쫙 깔린 노랑어리연 앞에 앉아 보세요. 연물명나방 애벌레가 사는 모습을 조금이나마 훔쳐볼 수 있지요. 물론 다리가 저릴 때까지 앉아 있어야 보입니다. 과학 수사대처럼 잎사귀를 하나하나 자세히 들여다보세요. 잎사귀와 잎사귀가 서로 겹쳐 있어 배꼽처럼 약간 볼록하게 올라온 잎이 보이나요? 잎사귀 위에 조그마한 잎 조각이 얹혀 있는 것이 보이나요? 또 손톱만 한 잎사귀 조각 두 개가 포개져서 물 위를 살살 떠다니는 것이 보이나요? 모두 연물명나방 애벌레 집입니다. 녀석은 물에 뜨는 식물만 있으면 어느 연못에서나 흔히 볼 수 있습니다. 다만 관심 있는 사람 눈에만 보일 뿐이지요.

애벌레는 길쭉하고 오동통한 소시지처럼 생겼습니다. 다 자란 애벌레는 몸길이가 13밀리미터쯤으로 제법 커서 맨눈으로도 관찰할 수 있습니다. 몸은 투명해서 속이 비치고 연한 녹색을 띱니다.

연물명나방 애벌레

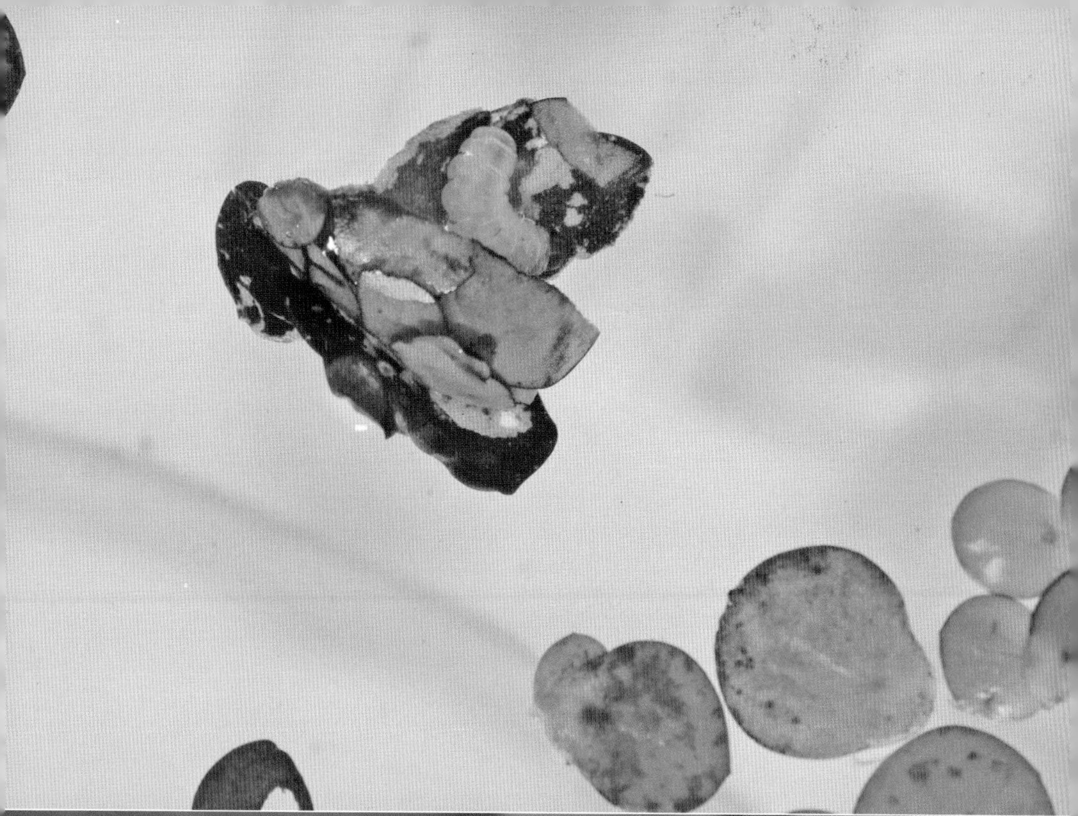

연물명나방 애벌레가 미름 잎을 오려 집을 만들었다.

살갗은 야들야들 부드러워 만지기만 해도 쭈그러질 것 같습니다.

애벌레는 어른벌레가 될 때까지 노랑어리연 잎사귀에 몸을 싣고 물 위를 떠다니며 살아야 합니다. 여차하면 물에 빠져 죽거나 세차게 쏟아지는 빗물에 휩쓸리기도 할 텐데, 어떻게 살아남을까요? 그 비결은 스스로 만든 재치 만점의 집에 있습니다. 녀석들은 간편한 집을 짓고, 그 속에서 애벌레 시절을 편안히 보냅니다.

## 물 위에 만든 집

노랑어리연 잎사귀를 들추니 애벌레가 집을 만들려고 잎사귀를 오리다가 깜짝 놀라 잎들이 겹친 틈으로 도망갑니다. 한참을 기다리니 녀석이 잎사귀 위로 슬그머니 다시 나타납니다. 그러더니 큰턱을 옆으로 오므렸다 벌렸다 하면서 잎사귀 한 귀퉁이를 동그랗게 오립니다. 본도 없이 어림짐작으로 오리는데도 깔끔하게 오려 냅니다. 손톱처럼 오려 낸 잎 조각을 주둥이에 있는 큰턱으로 물어 자기가 앉아 있던 잎사귀 위로 올립니다. 희한한 것은 이때 물 흐름이 잎 조각을 밀어 애벌레 작업을 도와준다는 것입니다. 애벌레는 전혀 헤엄을 칠 줄 몰라 물 성질을 알 리가 없을 텐데, 신기하기만 합니다.

손톱만 한 잎 조각이 자기가 앉아 있던 잎사귀 위로 올라오자 녀석은 잎 조각을 알맞은 자리에 둔 다음 잎사귀와 잎 조각 사이로 들어갑니다. 그러고는 바느질을 시작합니다. 입에 있는 아랫입술샘에서 명주실을 토해 커다란 잎사귀와 손톱만 한 잎 조각을 5밀리미터쯤 간격으로 꼼꼼하게 붙입니다. 마치 실을 바늘에 꿰어 한 땀 한 땀 바느질하듯이 말이죠. 그런데 잎사귀와 잎 조각을 빈틈없이 완전히 붙여 놓으면 얼굴을 밖으로 내밀어 식사하기가 어렵습니다. 영특하게도 애벌레는 머리가 들락날락하도록 군데군데 '개구멍'을 만들어 놓습니다.

이제 아늑한 집이 만들어졌습니다. 그것도 누구나 갖고 싶어 할 '물 위의 집' 말입니다. 녀석은 물 위 집에서 살면서 군데군데 숭숭 뚫어 놓은 개구멍으로 머리를 내밀고 밖을 살핍니다. 뭐가 그리 두려운지 머리를 내밀었다가도 바람만 살짝 지나가도 얼른 집 속으로 쏙 들어갑니다. 그러길 수차례, 얼마나 촐싹대는지 얄미울 정도랍니다. 그러다가 마음이 놓이면 집 밖으로 가슴까지 내밀어 식사를 합니다. 녀석이 먹는 밥과 반찬은 늘 똑같은 노랑어리연 잎사귀. 번데기가 될 때까지 눈만 뜨면 만날 똑같은 밥만 먹는데, 아무리 먹어 대도 질리지 않나 봅니다. 운도 좋지, 집 밖으로 머리만 내밀면 물 위에 온통 노랑어리연 잎사귀가 쫙 깔렸으니 먹을 복이 터졌습니다.

연물명나방 애벌레는 큰턱이 잘 발달된 씹어 먹는 주둥이를 가졌습니다. 그래서 노랑어리연 잎사귀를 큰턱으로 싹둑 베어 야금야금 씹어 먹습니다. 잎에 다가가 단단한 큰턱을 가위처럼 양옆으로 벌려 잎을 싹둑 베어 문 다음 좌우로 오므렸다 폈다 되풀이하면서 씹어 먹습니다. 물론 갓 태어난 어린 애벌레는 큰턱이 충분히 발달하지 못해 단단한 잎맥을 벨 수도, 씹을 수도 없습니다. 그래

연물명나방 애벌레가 노랑어리연 잎을 오려 집을 만들었다.

서 부드러운 잎살만 갉아서 씹어 먹지요.

어느새 녀석은 손톱만 한 '물 위 집'만 남기고 자신이 머물던 커다란 잎사귀를 거의 다 먹어 치웠습니다. 이제 자기 집을 떠날 때가 되었습니다. 자신이 머물던 '물 위 집'을 버리고 새로운 집을 만들어야 합니다. 자, 애벌레를 따라가 볼까요?

녀석은 낡은 집에 몸을 싣고서 잔물결을 타고 다니다가 잎사귀 하나를 고릅니다. 낡은 집에 몸을 숨긴 채 가슴다리 6개로 그 잎을 꽉 잡고는 큰턱으로 잎 가장자리를 오리기 시작합니다. 손톱만 한 잎 조각 하나가 오려지자 낡은 집 둘레에 두고, 또 잎 조각을 하나 더 오리기 시작합니다. 오리는 작업이 끝나면 잎 조각을 주둥이에 있는 큰턱으로 끌어 앞서 오려 두었던 잎 조각 위에 얹어 포갭니다. 이때도 녀석은 물 흐름을 이용하지요. 기막히게도 잎 조각 두 개를 어림짐작으로 오렸을 텐데, 크기가 거의 비슷합니다.

드디어 녀석은 그동안 머물던 낡은 집을 버리고 포개진 잎 조각 사이로 들어갑니다. 처음 집을 지을 때처럼 입에서 실을 토해 잎 조각 가장자리를 5밀리미터쯤 간격으로 붙이기 시작합니다. 드디어 '뗏목 집' 완성! 이제 녀석이 탄 뗏목 집은 잔물결을 타고 물 위를 천천히 떠다닙니다. 떠다니는 범위라고 해 봤자 지름이 20센티미터 정도밖에 안 되지만, 몸길이가 10밀리미터쯤 되는 애벌레에게는 장거리 여행인 셈입니다. 뗏목 집을 타고 이리저리 떠다니다가 먹음직한 노랑어리연 잎사귀를 발견하면 머리를 집 밖으로 내밀어 식사를 합니다. 연못에 노랑어리연 대신에 마름이 자라고 있으면 연물명나방 애벌레는 마름 잎으로 집을 짓고, 마름 잎을 먹으며 자랍니다.

연물명나방 애벌레가 명주실로 잎사귀와 잎 조각을 붙여 집을 만들었다.

연물명나방 애벌레가 밥을 먹으러 집 밖으로 머리를 내밀고 있다.

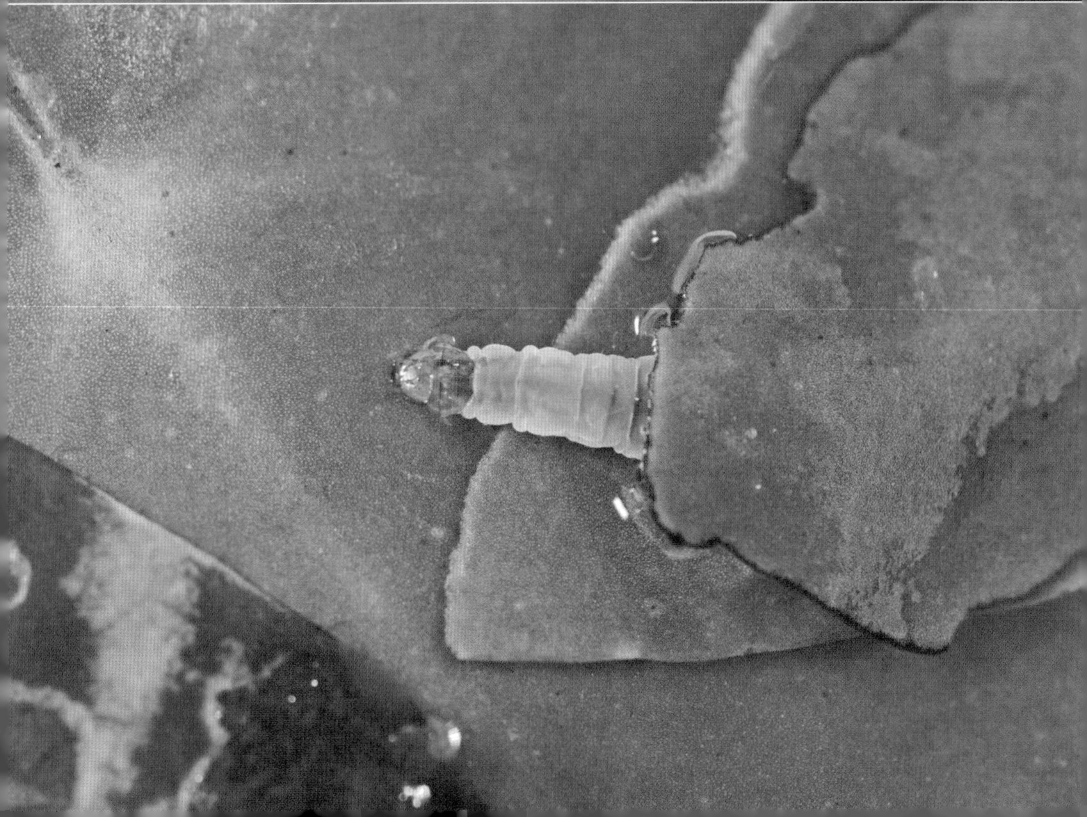

어떤 때는 뗏목 집을 아예 버리고 바로 옆에 있는 노랑어리연 잎 위에 상륙하기도 합니다. 그리고 가장자리를 동그랗게 오리는 대신에 가까이 있는 다른 노랑어리연 잎을 끌어다 알맞게 겹친 다음 그 사이로 들어가 실을 토해 붙여서 집을 만들기도 합니다. 애벌레에게 물 위에 떠 있는 노랑어리연 잎사귀는 모두 제 집인 셈이지요. 물 위를 떠다니는 애벌레 집은 침실, 화장실, 식당, 휴게실이 다 갖춰진 원룸 주택입니다. 입에 있는 아랫입술샘 속에는 꺼내고 또 꺼내도 줄어들지 않는 명주실 창고가 있어 마음만 먹으면 언제든지 집을 뚝딱 만들지요. 그런 녀석이 부럽기만 합니다.

연물명나방은 번데기도 잎을 포개어 만든 잎사귀 집 속에서 만듭니다. 입(아랫입술샘)에서 명주실을 뽑아 머리를 좌우로 휘저으며 잎사귀 표면과 자기 몸을 명주실로 촘촘히 덮습니다. 이렇게 1차 집이 완성되면 1차 집 안에서 자기 몸만 들어갈 수 있는 2차 집인 고치(번데기 방)를 만듭니다. 물샐틈없이 실을 엮어 만든 고치 안에서 애벌레는 마지막 허물을 벗어 곁에 두고 번데기가 됩니다. 번데기는 어른벌레로 탈바꿈할 때까지 물 위에 떠 있는 잎사귀 위에서 줄곧 지냅니다.

연물명나방 애벌레가 물 위에서 살아가는 모습을 보면 감탄에 감탄을 자아냅니다. 하지만 애벌레 삶은 아직까지 다 밝혀지지 않았습니다. 애벌레가 허물을 몇 번 벗는지, 알에서 깨어나 얼마큼 지나야 번데기가 되는지, 허물을 벗으면 허물을 먹어 치우는지, 고치 속 번데기는 언제쯤 어른벌레가 되는지, 어른벌레는 어떻게 고치를 뚫고 밖으로 나오는지, 아쉽게도 이 모든 것이 비밀로 남아 있습니다.

연물명나방 애벌레가 번데기를 만들기 위해 고치를 틀고 있다.

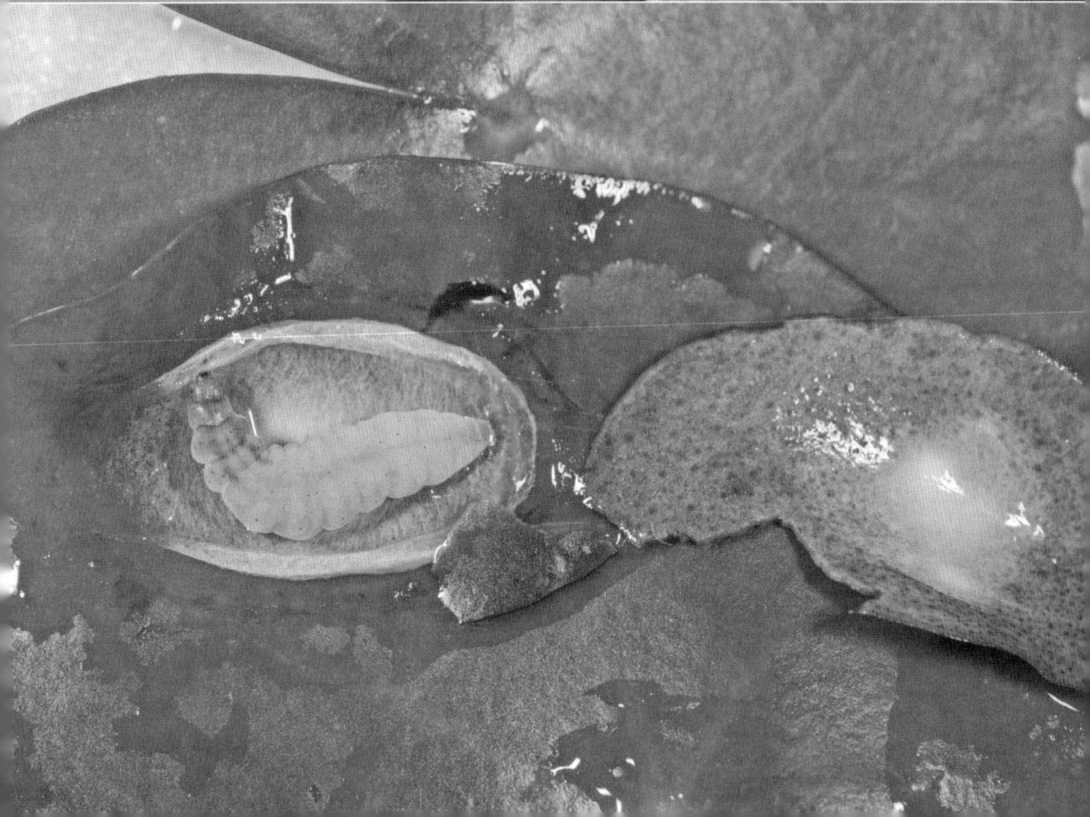

## 곤충이 토해 내는 명주실의 정체

연물명나방은 물에서 살지만 분명히 나비목 가문에 속하는 나방입니다. 세계에서 나비목에 속한 곤충 종 수는 12만 종, 그 가운데 450종이 애벌레 때 물에서 생활합니다. 사는 곳이 어디가 되었건 나비목 애벌레의 공통점은 입에서 명주실을 만들어 낼 수 있다는 것입니다.

이 명주실로 하는 일이 참 많습니다. 애벌레가 식사를 할 때 잎에서 떨어지지 않도록 자기 몸을 잎에다 묶는 일, 번데기를 만들 때 비바람이 불어도 끄덕하지 말라고 자신을 지지대에 동여매거나 안전을 위한 고치를 만드는 일, 천적을 만났을 때 실에 매달린 채 잎 아래로 뚝 떨어져 위험을 피하는 일, 천적을 피하기 위해 잎사귀를 포개어 실로 붙인 집을 만드는 일처럼 쓰임새가 참으로 많습니다.

연물명나방도 나방 후예답게 입에서 명주실을 잘 뽑습니다. 연물명나방 애벌레가 물 위에서 살 수 있는 것은 명주실 덕분입니다. 입에서 뽑은 실로 잎사귀를 붙여 집을 만들고, 그 속에서 숨어 사니까요. 실이 없었다면 물 위에서 살 엄두를 내지 못했을 겁니다. 천적을 피하려면 어딘가 숨어야 하는데, 사방이 온통 물이니 도망칠 수가 없지요. 연물명나방 애벌레는 입 아랫입술샘에서 명주실

1|2
3

1. 연물명나방 번데기 옆쪽
2. 연물명나방 번데기 등 쪽
3. 연물명나방 번데기 배 쪽

잎 조각을 붙인 뒤 그 틈에 만든 고치

을 뽑습니다. 거의 모든 곤충은 아랫입술샘에서 침이 나옵니다. 그런데 나비목 애벌레는 아랫입술샘을 실샘으로 쓰기 때문에 큰턱샘이 침샘 노릇을 합니다.

명주실은 하도 질겨서 잡아당겨도 잘 끊어지지 않습니다. 도대체 명주실 성분이 무엇이기에 이렇게 요술을 부릴까요?

명주실 성분은 피브로인(fibroin)과 세리신(sericin)이라는 당단백질입니다. 피브로인에 P25 단백질과 세리신 단백질이 첨가되면 명주실이 됩니다. 명주실의 70~75퍼센트는 피브로인과 P25 단백질이 차지하고, 나머지 20~25퍼센트는 세리신이 차지합니다. 명주실은 실샘에서 만들어지는데, 우선 명주실의 기본 단백질인 피브로인과 P25가 만들어집니다. 피브로인 분자 농도가 높아지면서 원자나 보통 분자보다 크며 매우 작은 입자로 보이는 물질인 콜로이드 같은 물질을 만듭니다. 그런 다음 실샘의 분비 세포에서 젤라틴 같은 세리신 단백질이 분비됩니다. 세리신이 피브로인, P25와 뭉치면서 젤처럼 되는데, 이것이 바로 명주실입니다. 명주실 안쪽 조직 성분은 피브로인이고, 바깥쪽 조직 성분은 세리신입니다. 피브로인 분자는 물을 좋아하는(친수성) 부분과 물을 싫어하는(소수성) 부분을 다 가지고 있습니다. 그래서 물이 닿아도 명주실은 물에 잘 젖지 않습니다. 또 세리신은 질긴 피브로인 섬유를 젤처럼 빙 둘러 감쌉니다. 세리신이 접착제 노릇을 하기 때문에 애벌레가 실을 이용해 잎사귀 집을 만들거나 고치를 만들 때 피브로인 섬유들이 서로 잘 붙게 됩니다.

거미 가운데 '황금원형거미'로 알려진 거미(*Trichonephila clavipes*)가 뽑는 실은 강도가 강철보다 15퍼센트 낮지만, 밀도는 강철의 17

퍼센트밖에 안 된다고 합니다. 이렇게 실이 질긴 것은 바로 피브로인 단백질 때문입니다.

허물을 옆에 벗어 놓고 고치 속에서 번데기를 만든 연물명나방 애벌레

## 알록달록 화려한 어른벌레

드디어 번데기에서 어른벌레가 태어납니다. 번데기에서 성공적으로 빠져나온 어른 연물명나방이 날개를 활짝 펴면 날개 끝에서

날개 끝까지 길이가 25밀리미터쯤 됩니다. 500원짜리 동전만 하지요. 어른벌레는 애벌레와 번데기 시절을 보낸 물 위 생활을 접고 땅에서 생활을 시작합니다. 그렇다고 고향인 연못을 멀리 벗어나지 않습니다. 연못가에 있는 풀잎이나 나뭇잎에서 빙빙대며 지내는데, 주로 풀 줄기나 풀잎 뒤쪽에 숨어 있어서 접으면 세모꼴이 되는 날개만 삐죽이 보일 때가 많습니다. 어른벌레는 눈치가 얼마나 빠른지 바스락거리기만 해도 저만치 후딱 날아가 다른 풀잎 뒤에 숨습니다. 날개는 온통 비늘로 덮여 있고, 색깔이 알록달록해 참으로 화려합니다. 앞날개와 뒷날개 모두 주황색 바탕에 하얀 점무늬가 흩어져 있고, 하얀 점무늬는 대개 밤색 테두리를 두르고 있습니다.

안쓰럽게도 어른 연물명나방 주둥이는 퇴화되어 흔적만 남았습니다. 그래서 아무것도 먹지 못하지요. 그저 애벌레 때 실컷 모아 둔 에너지를 쓰며 생명을 이어 갈 뿐입니다. 그러니 에너지가 바닥나기 전에 부지런히 짝짓기를 해 알을 낳아야 합니다.

짝짓기를 한 어미 연물명나방은 어디에 알을 낳을까요? 당연히 애벌레 밥인 노랑어리연 잎에 알을 낳습니다. 알은 너무 작아서 맨눈으로 보면 작은 가루 같습니다. 길어 봤자 1밀리미터나 될까요? 하지만 현미경으로 보면 그 아름다움에 홀딱 반합니다. 영락없는 비엔나소시지처럼 생겼고, 하얀 알 껍질은 비늘처럼 생긴 오톨도톨한 돌기로 덮여 있어 마치 망사 옷을 입은 것 같습니다. 어미는 알을 낳을 때 접착제 역할을 하는 부속 물질을 알과 함께 분비합니다. 그래서 알들끼리도 잘 붙어 있고, 노랑어리연 잎에도 잘 붙어 있습니다. 또 분비물 덕분에 알들은 비가 오고 연못 물이 튀어도 알들끼리 떨어지지 않고, 잎사귀에서도 떨어지지 않습니다. 알에서 애벌레가 깨어나면 알 바로 아래 잎살을 살살 갉아 먹어 흔적이 남습니다.

## 왜 연물명나방 애벌레는 물 위에서 살 수 있을까?

혹시 노랑어리연 잎사귀 위에 물이 고여 있는 것을 본 적이 있나요? 노랑어리연 잎사귀 위에는 물기가 없습니다. 왜 그럴까요? 독일 본대학교 식물학자 빌헬름 바르트로트(Wilhelm Barthlott) 교수는 노랑어리연 잎사귀와 성질이 비슷한 연잎을 연구했습니다. 맨눈으로 보면 연잎은 다른 식물 잎사귀보다 굉장히 매끄러워 보입니다. 현미경으로 보면 연잎 표면은 3~10마이크로미터(μm, 1마이크로미터는 100만 분의 1미터) 크기의 아주 작은 혹들로 빽빽이 덮여 있고, 물을 밀어내도록 코팅까지 되어 있습니다. 식물 표면은 왁스층으로 되어 있는데, 특히 연잎은 왁스층이 발달했습니다.

이렇게 연잎 표면이 울퉁불퉁하다 보니 연잎 위에 떨어진 물방울은 잎 바깥으로 또르르 흘러내립니다. 실제로 물방울 하나가 연잎 표면과 닿아 있는 면적은 아주 작습니다. 연잎 표면을 덮고 있는 물방울 표면 가운데 단 2~3퍼센트만이 연잎 표면과 실제로 닿아 있다고 하니, 연잎과 물방물이 찰싹 달라붙기는커녕 '너는 너, 나는 나.'처럼 물방울이 공기 위에 떠 있는 셈이지요.

연물명나방 어른벌레

노랑어리연 잎사귀도 연잎과 비슷해서 물방울이 머물지 못하고 또르르 흘러내립니다. 그러니 비가 오더라도 빗방울이 잎 바깥으로 흘러내리기 때문에 잎 위에서 사는 연물명나방 애벌레와 번데기는 물방울에 갇히는 일 없이 대기 중에 있는 산소로 숨을 쉴 수 있습니다. 식물 성질을 귀신처럼 알아차리고 그에 맞게 오랫동안 적응해 온 녀석들이 대견할 뿐입니다.

## 그곳,
## 시끌벅적한 광장

물 안과 밖을 자유롭게 오고 가도록 허락된 물낯은 수많은 식물들로 가득 차 있습니다. 수생 식물들은 물속 생물들에게 훌륭한 삶터입니다. 식물들은 햇빛을 이용해 영양분을 만들어 연물명나방 같은 초식성 곤충에게 맛있는 밥상을 내어 줍니다. 그 초식성 곤충은 물낯을 걸어 다니는 소금쟁이, 거미, 물맴이 같은 힘센 포식자에게 잡아먹힙니다. 물론 힘센 곤충들도 자기보다 힘이 더 센 새나 잠자리 같은 상위 포식자에게 제물이 되지요. 생태계 먹이망은 지구에 생명체가 생겨난 이래 그들만의 오묘한 법칙에 따라 만들어진 것입니다.

연물명나방 고치에서
기생하는 기생벌류

이렇듯 물에는 눈에 보이지 않는 미생물부터 뭇 생명의 먹이 창고인 플랑크톤, 영양물질 생산 공장인 식물, 식물을 먹는 초식 동물, 초식 동물을 먹는 포식 동물이 함께 살고 있습니다. 육상 식물이 광합성을 해 공기 중으로 산소를 내뿜듯이 물속 식물도 광합성을 해 산소를 물로 내보내고, 육상 생물이 산소를 이용해 호흡을 하듯이 물속 생물도 산소를 이용해 호흡을 합니다. 물속 세상과 물 밖 세상을 가만히 들여다보면 너무나 비슷한 부분이 많습니다. 하지만 두 세상은 분명 서로 다른 세상입니다. 인간이 아무런 장비 없이 물속에 들어가면 숨을 쉬지 못해 죽는 것처럼, 물속 생물 역시 물 밖으로 나오거나, 물이 사라지면 우리와 마찬가지로 죽게 됩니다.

우리는 물속 세상을 쉽게 접할 수도 없고, 직접 눈으로 볼 수도 없어 잊고 지낼 때가 많습니다. 하지만 물속 세상도 우리가 사는 땅 위와 마찬가지로 수많은 생물이 뒤엉켜 살아가는 '생명의 광장'입니다. 다들 함께 모여 식사도 하고, 사냥도 하고, 죽기도 하고, 먹이나 집을 놓고 다투기도 하고, 싸우기도 합니다. 그런데 아무리 시끌벅적해도 누구도 '생명의 광장'을 폐쇄하지 않습니다. 사람들이 필요에 따라 광장을 닫아거는 것과 완전 딴판이지요.

가만 놔두기만 해도 저희들끼리 알아서 잘 돌아가는 물속 생태계는 사람 소유물이 아닙니다. 사람에게는 물속 생태계를 좌지우지 흔들 권리가 애초부터 없습니다. 더욱이 물은 모든 생명의 어머니입니다.

물을 밟고 다니는

# 소금쟁이

**소금쟁이**

소금쟁이들이 물낯에 떼 지어 모여 있습니다.
소금쟁이는 결코 물속에 빠지는 법이 없습니다.

파란 하늘에 뭉게구름이 두둥실 떠다니면,

연못 물에도 파란 하늘과 뭉게구름이 가득 찹니다.

어디선가 바람이 살살 불어오면

연못 물도 살살 일렁거리고,

덩달아 연못 물속을 메운 뭉게구름도

물살 따라 둥둥 떠다닙니다.

고개 숙이면 그 연못 물에 내 얼굴도 떠오르고

물 위에 앉아 있는 소금쟁이 떼도 보입니다.

소금쟁이

이 꼭지에 나오는 소금쟁이는 노린재목 소금쟁이과에 속하는 모든 종을 가리킵니다.

## 물 위에서 사는
## 소금쟁이

초여름 밤하늘에 둥실 떠 있는 보름달, 살랑거리는 밤바람을 맞아서인지 푸푸합니다. 저는 달을 보면 달과 놀았던 중국 당(唐)나라 시인 이태백이 문득문득 떠오릅니다. 영원한 자유인, 열정적인 자연주의자, 지독한 낭만주의자 이태백. 그는 늘 달과 술을 희롱하며 기막힌 시들을 읊었지요.

"꽃 사이에서 한 병 술을 / 혼자 마시는데 친구라곤 없네 / 잔 들어 밝은 달 맞이하니 / 그림자 더불어 세 사람이 되었네 / 달은 본디 술 마실 줄을 모르고 / 그림자는 다만 내 몸을 따라다닐 뿐이네 / 잠시나마 달과 그림자를 데리고 / 이 봄 가기 전에 마음껏 놀아 보세 / 내가 노래하니 달이 어정대고 / 내가 춤추니 그림자도 멋대로 춤추네 / 취하지 않을 때는 함께 서로 즐기다가 / 취한 뒤에는 각기 서로 흩어지네 / 우리의 우정 영원히 맺어 / 아득한 은하수를 두고 서로 기약하네"

〈달 아래 홀로 술 마시며(月下獨酌)〉, 《중국명시감상》 이석호 · 이원규 공저

달을 사랑하고 술을 사랑한 사나이 이태백, 그가 강물 속에 떠 있는 달을 건지러 갔다는 이야기가 전해 옵니다. 천하의 이태백도 달빛이 흐르는 물 위를 걷지는 못했을 것입니다. 물 위를 걸을 수만 있다면 물에 뜬 달을 건져 왔을까요?

그런데 매일같이 햇살을 줍는 곤충이 있습니다. 물 위를 거침없이 걷다가 물속에 비친 밝은 햇살 속으로 미끄러져 가는 녀석, 바

로 소금쟁이지요. 분명 이태백이 놀던 물가 어디엔가 소금쟁이가 있었을 텐데. 그 소금쟁이가 둥그런 달을 가지러 쏜살같이 달려갈 수 있었을 텐데. 하지만 소금쟁이는 주로 낮에 활동하니 이태백이 본 달을 만나는 일은 그리 많지 않았겠지요.

물이 고인 곳에는 소금쟁이들이 몰려듭니다. 마당가 함지박에 떠 놓은 물에도, 소나기가 잠시 만들어 놓은 물웅덩이에도, 골짜기 물이 빠르게 흐르면서 군데군데 만들어 놓은 골짜기 웅덩이에도, 졸졸졸 천천히 흐르는 시냇물에도, 논둑 옆 논도랑과 작은 웅덩이인 둠벙에도, 수련과 노랑어리연이 한가롭게 떠 있는 자그마한 연못에도, 둑을 쌓아 물을 가두어 놓은 저수지에도, 갈대숲으로 둘러싸인 널따란 호수에도, 심지어 드넓은 바다의 짠물에서도 물이 있는 곳 어디나 소금쟁이가 찾아옵니다.

봄부터 가을까지 고여 있는 물만 있으면 어디선가 나타나는 소금쟁이. 길쭉하고 날씬한 몸매를 한껏 자랑이라도 하듯이 한곳에 진득이 앉아 있지 않고 이쪽저쪽으로 쭈르륵쭈르륵 미끄럼 타며 돌아다닙니다. 금방 여기에 있었는데, 눈 한 번 깜박하는 사이에 저리로 쭈르륵 미끄러져 갔다가 또 이리로 쭈르륵 미끄러져 옵니다. 오른쪽, 왼쪽, 앞쪽, 뒤쪽 가리지 않고 마음먹은 대로 몸을 돌리며 돌아다닙니다. 물론 후진은 못합니다. 사진을 찍으려고 다가가면 쌩하고 달아나 버려 얄밉기까지 합니다.

소금쟁이를 자세히 살펴볼까요? 녀석 몸통은 기다란 막대기 같습니다. 몸 색깔은 전체적으로 거무스름하고 몸통과 다리가 이어지는 부분과 몸 아랫면에는 연한 하늘색 솜털이 벨벳처럼 빽빽이 나 있습니다. 머리 양쪽에 붙어 있는 겹눈은 개구리 왕눈이처럼 툭 튀어나왔습니다. 종합정보센터 역할을 하는 더듬이는 가느다란 철사처럼 생겼고, 모두 4마디입니다. 감각 기관이 집중적으로 몰려 있는 마지막 마디는 살짝 부풀어 있고 솜털들이 융단처럼 나 있습니다. 가운데가슴(소순판)은 길쭉하고, 기다란 날개 4장을 가지런히 포개 배 위에 올려놓았습니다. 그런데 연못에 모여 있는 녀석들 날개 길이가 다양하네요. 긴 코트를 입은 것처럼 날개가 배 끝까지 다 덮은 녀석, 배꼽티 입은 것처럼 날개가 배 중간까지 덮은 녀석, 아예 날개가 없는 녀석들처럼 말입니다.

## 소금쟁이라는 이름에 대하여

왜 이 녀석들을 소금쟁이라 부를까요? 소금쟁이란 이름이 어찌 생겨났는지에 대한 이야기는 한두 가지가 아닙니다. 곤충에 이름을 붙일 때는 대부분 생김새, 사는 곳, 행동 같은 곤충 특성에서 따오는 경우가 많지요. 소금쟁이도 소금기가 많은 '짠 곳'에서 산다고 해서 소금(鹽)+쟁이(직업을 나타내는 말)라고 불린다고도 하고, '작은 날것(小禽)'이 폴딱폴딱 뛴다 해서 소금쟁이라고 불린다고도 합니다. 또 바닷물고기 중에 쏨뱅이가 있는데, 쏨뱅이 가시에는 독이 들어 있고 만지면 찌릅니다. 소금쟁이는 뾰족한 주둥이를 가진 노린재 가문이어서 건드리면 찌릅니다. 그래서 독 있는 쏨뱅이에서 따온 '쏨+장이'가 '쏘금장이'로 불리다가 지금은 소금쟁이로 부른다고도 합니다.

이것 말고도 소금쟁이에 대한 그럴 듯한 이야기가 또 있습니다. 소금쟁이를 뜻하는 말에는 '소금장사'도 있고 똥바가지 지게를 뜻하는 '똥방지'도 있습니다. 지금은 흔한 게 소금이어서 가게마다 소금을 팔지만, 옛날에는 소금장수가 소금 가마니를 지게에 짊어지고 다니며 소금을 팔았습니다. 혹시 지게를 짊어지는 모습을 본 적이 있나요? 무거운 소금 가마니가 얹힌 지게를 짊어지기 위해서 먼저 소금장수는 지게 양 끈을 어깨에 메고 두 다리를 어깨 넓이만큼 벌립니다. 그런 다음 무릎을 살짝 구부려 엉거주춤한 자세를 취하지요. 곧이어 한 손으로 작대기를 짚고 일어섭니다. 이렇게 지게를 질 때 다리를 엉거주춤 벌린 자세가 긴 다리를 넓게 벌리고 있는 소금쟁이와 닮았다 해서 소금쟁이라고 이름을 지었다고도 합니다. 정말 이런 연유로 소금쟁이라 불렀다면, 물에 빠지지 않으려고 긴 다리를 벌리고 서 있는 소금쟁이를 보고 지게를 짊어지는 소금장수를 떠올렸으니 조상들의 해학에서 장난기가 묻어납니다.

그런데 소금쟁이 영어 이름은 '워터 스트라이더(water strider)'입니다. 훨씬 사실적이지요. 말 그대로 '물 위를 성큼성큼 걸어 다닌다.'는 뜻입니다. 또한《성경》의〈요한복음〉에 나오는 '예수가 물 위를 걸어 목적지까지 도착했다.'는 구절을 본떠서 소금쟁이를 '예수님 벌레(Jesus bugs)'라고도 부른다니 정말 그럴듯합니다. 소금쟁이란 자그마한 곤충 하나를 두고 이렇게 여러 이름이 붙은 것을 보면, 사람들이 느끼는 감정은 저마다 다릅니다.

소금쟁이가 떠 있는 물낯에 물 보조개가 생겼다.

소금쟁이가 노랑어리연 위에 앉아 쉬고 있다.

## 가녀린
## 긴 다리

소금쟁이를 보면 가장 눈에 띄는 것은 긴 다리입니다. 마치 기다란 철사를 휘어 몸통에 붙여 놓은 것 같습니다. 앞다리 길이는 몸길이보다 훨씬 짧고, 늘 머리 앞쪽으로 가지런히 모은 채 물을 딛고 있다가 먹이가 나타나면 재빨리 뻗어 붙잡습니다. 앞다리에 비해 가운뎃다리와 뒷다리는 얼마나 긴지 몸길이의 거의 두 배나 됩니다. 물 위를 걸어 다닐 때 소금쟁이는 6개 다리에 몸무게를 나누는데, 효과적으로 분산시키기 위해 앞다리뿐만 아니라 특히 가운뎃다리 2개와 뒷다리 2개를 될 수 있는 한 넓게 벌립니다.

다리 역할은 저마다 조금씩 다릅니다. 대개 앞다리는 몸을 떠받치고, 가운뎃다리는 몸을 밀고 나가며 전진시키고, 뒷다리는 방향을 잡는 데 쓰입니다.

소금쟁이는 물 위에서 미끄럼을 정말 잘 탑니다. 소금쟁이가 물 위에서 한 번 미끄럼 타서 가는 거리를 보니 10센티미터쯤 됩니다. 물론 급하면 더 멀리도 가지요. 6개 다리로 힘도 안 들이고 제 키(몸길이)에 몇 배를 미끄러져 가니 두 발로 걸어 다니는 저와 비교하면 마냥 부럽기만 합니다. 실제로 연구를 해 보니 소금쟁이는 1초에 자기 몸길이에 100배쯤 이동할 수 있습니다. 사람으로 치면 키가 180센티미터인 사람이 1초에 180미터를 헤엄치는 것과 같습니다. 대단한 능력이지요. 말이 미끄러지는 거지 실은 6개 다리로 물 위를 걷는 것입니다. 걷는 속도가 하도 빨라 미끄럼 타는 것처럼 보일 뿐입니다.

잠시 뒤 6개 다리로 물을 밟고 서서 잠시 망중한을 즐기는 소금쟁이 포착. 다리와 맞닿은 물낯에 예쁜 보조개가 움푹 파입니다. 물속으로 퐁당 빠지지 않고 물 보조개를 만들며 물 위에 버젓이 서 있다니, 아무리 봐도 신기합니다. 녀석은 물 위에서 한가롭게 몸단장을 합니다. 앞으로 곱게 모은 짧은 앞다리를 더듬이에 대고 훑어 내듯이 비비며 씻습니다. 많은 곤충들이 주둥이 일부인 큰턱으로 몸단장을 하지만, 소금쟁이는 주둥이가 뾰족해서 몸단장하는 데 사용할 수 없습니다.

그런데 몸보다 훨씬 긴 가운뎃다리와 뒷다리는 어떻게 씻을까요? 앞다리가 짧아 가운뎃다리와 뒷다리에 닿지 않을 텐데, 사뭇 궁금해집니다. 영특하게도 가운뎃다리가 뒷다리를 씻어 주고, 뒷다리가 가운뎃다리를 씻어 줍니다. 가운뎃다리를 뒷다리 쪽으로 길게 뻗은 다음 가운뎃다리의 종아리마디로 뒷다리 이곳저곳을 매만지며 씻어 줍니다. 물론 뒷다리도 가운뎃다리가 했던 것처럼 길게 뻗어 가운뎃다리를 매만져 줍니다.

## 물속에 빠지지 않는 까닭

왜 소금쟁이는 물에 빠지지 않을까요? 당연히 이유가 있겠지요. 먼저 소금쟁이 덩치를 볼까요? 소금쟁이는 키(몸길이)가 커 봤자 1.5센티미터이고 몸무게는 고작 0.02그램밖에 되지 않아 굉장히 가볍습니다. 자그마한 녀석이 긴 다리를 넓게 벌리고 6개 다리에 몸무게를 골고루 나누니 물에 뜨기 쉽지요.

그뿐이 아닙니다. 몸과 특히 다리에는 벨벳 같은 솜털이 빽빽이 덮여 있는데, 솜털이 거의 물에 젖지 않습니다. 왜 안 젖을까요? 솜털에 기름기가 많기 때문입니다. 이런 털을 '소수성 털'이라고 합니다. 물과 기름은 섞이지 않는 법! 솜털이 물을 흡수하지 않으니 물에 뜨기 쉽지요.

그렇다면 소금쟁이 다리털에 비누칠을 해 물 위에 놓으면 어떻게 될까요? 비누 분자는 물 분자와 기름 분자 모두와 잘 결합하기 때문에 솜털에서 기름 분자가 떨어져 나가고, 동시에 솜털이 물을 빨아들입니다. 당연히 소금쟁이 다리가 물속으로 쑥 빠져 버리죠.

또한 솜털 사이사이에 수많은 공기 방울이 맺혀 있습니다. 이 공

소금쟁이는 표면 장력 힘으로 물 위에 떠있다.

기 방울이 소금쟁이가 물 위에 뜨는 데 한몫을 합니다. 소금쟁이 다리털을 현미경으로 보면, 솜털 지름이 3마이크로미터(μm, 1마이크로미터는 100만 분의 1미터)에서 수백 마이크로미터에 이르고, 굉장히 미세한 바늘처럼 생겼습니다. 이 바늘처럼 가느다란 솜털이 물속으로 비스듬히 들어가면서 긴 홈을 만듭니다. 그러면 긴 홈에 공기 방울이 맺혀 소금쟁이가 물 위에 뜨는 것을 거들지요

또 있습니다. 다리에 있는 발톱도 소금쟁이가 물속에 빠지지 않도록 거듭니다. 거의 모든 곤충은 사람 발가락에 해당되는 다리 발목마디 끝에 발톱이 발목마디와 거의 일직선으로 쭉 뻗어 나 있는데, 소금쟁이는 발목마디 끝에 있는 발톱이 발목마디와 거의 직각 방향으로 나 있습니다. 이런 식으로 난 발톱을 '앞끝발톱(preapical claw)'이라고 합니다. 만약 소금쟁이 발톱이 쭉 뻗어 나 있다면 얇은 물막을 깨뜨려 다리가 물에 빠지기 쉽습니다. 그런데 다행히도 발톱 방향이 물막을 깨지 않도록 발목마디 안쪽에 나 있어 걱정이 없습니다.

그런데 뭐니 뭐니 해도 소금쟁이가 물 위를 걸을 수 있는 비밀의 열쇠는 신비한 표면 장력 원리입니다. 물은 참 신령스러운 물질입니다. 물 분자끼리는 서로 잘도 붙고, 또 서로 떨어지지 않으려고 합니다. 물 분자들이 서로를 붙들려는 힘은 뜻밖에 상당히 셉니다. 어느 정도냐 하면 강철 분자들이 서로를 붙드는 힘과 맞먹습니다. 물 분자들의 강한 결합력 때문에 물낯은 얇은 막처럼 되어 있습니다. 이 물막 덕분에 소금쟁이처럼 가벼운 곤충이 걸어 다닐 수 있는 것입니다.

## 표면 장력

표면 장력이란 무엇일까요? 표면 장력이란 액체에서만 볼 수 있는 힘으로, 분자들끼리 끌어당기는 힘이 만들어 낸 힘을 말합니다. 우선 물은 수소끼리 결합되어 있어 굉장히 결합력이 강해 풀어지지 않습니다. 물낯에 있는 물 분자는 물낯 안쪽에 있는 물 분자들에 영향을 받아 안쪽으로 끌어당겨집니다(응집력). 그런데 이런 물낯에 소금쟁이 발이 놓이면 부착력이 물 위에서 작용해 위로 끌어당겨집니다. 이런 현상이 표면 장력입니다.

표면 장력=부착력+응집력

응집력: 같은 분자들끼리 끌어당기는 힘

부착력: 서로 다른 성질의 분자들끼리 끌어당기는 힘

힘의 원리에서, 부착력은 물 위쪽 방향으로 끌어당기는 힘이고, 응집력은 대체로 물 아래 방향으로 끌어당기는 힘입니다. 서로 반대 방향으로 끌어당기는 힘이니 두 힘을 합하면 원래 힘(응집력)보다 줄어듭니다. 하지만 소금쟁이 다리에 빼곡히 붙어 있는 솜털에는 물과 잘 섞이지 않는 기름(소수성 털)이 묻어 있습니다. 물을 싫어하는 기름 성분이 묻은 다리를 물 위에 올려놓으면 응집력을 방해하는 부착력이 작아지므로 표면 장력이 커집니다.

또한 분자와 분자 사이에는 '분자간의 결합'이 생깁니다. 따라서 물 분자끼리 연결 고리가 더 강해져, 소금쟁이 다리가 쉽게 뚫을 수 없습니다. 그래서 소금쟁이는 물 위에서 뜰 수 있는 거지요. 만일 소금쟁이 다리가 물속에 퐁당 빠지려면 소금쟁이 다리가 물 분자끼리 끌어당기는 힘을 끊어 내고 그 사이를 파고 들어가야 합니다. 절묘하게도 소금쟁이 발목마디에 붙어 있는 날카로운 발톱은 물낯을 뚫어 내지 못하게 발목마디 안쪽에 숨겨져 있습니다. 이 표면 장력 덕분에 소금쟁이는 1초에 자기 몸길이에 백 배쯤이나 되는 거리를 갈 수 있습니다.

## 소금쟁이는 물 위를 어떻게 걸을까요?

소금쟁이는 다리 6개를 가진 유능한 뱃사공입니다. 앞다리는 짧지만 고운 솜털이 다닥다닥 붙어 있어 몸을 잘 떠받치고, 가운뎃다리는 소금쟁이가 움직일 때 배 젓는 노와 같은 역할을 합니다. 긴 뒷다리는 방향을 틀 때마다 재빠르게 방향을 잡아 주곤 합니다. 한때 소금쟁이가 물 위를 걷는 데는 뉴턴의 작용과 반작용 법칙이 작용한다고 알려진 적이 있습니다. 소금쟁이가 앞으로 걸어갈 때 그 뒤로 잔물결(wave)이 생기는데, 뒤로 밀리는 잔물결의 반작용 때문에 소금쟁이가 앞으로 걸어갈 수 있다고 생각한 것이지요. 하지만 1993년 미국 스탠퍼드대 해양생물학자인 마크 데니 박사는 새로운 사실을 알아냈습니다. 가운뎃다리가 충분한 반작용을 일으키는 잔물결을 만들려면 1초에 25미터 속도로 이동해야 하는데, 소금쟁이 다리 움직임이 반작용을 일으킬 만큼 빠르지 못한 걸 알아차린 것이지요. 하지만 정확한 까닭을 설명하지 못하다가 최근 메사추세츠 공과 대학의 과학자들이 이 비밀을 풀었습니다. 소금쟁이는 잔물결이 아니라 소용돌이(vortex)를 만들어 앞으로 걸어 나아갑니다. 즉, 물 위에서 잔물결과 가운뎃다리가 지나간 자리에서 만들어진 소용돌이를 발견했습니다. 그 소용돌이는 물 위와 바로 그 아래 물속에서 만들어졌습니다. 소금쟁이가 앞으로 나아가게 만드는 이 소용돌이는 소금쟁이가 가운뎃다리로 노를 젓듯이 앞으로 나아가서 생긴 것입니다.

## 미세한 물결로 먹이를 찾다

소금쟁이는 무엇을 먹고 살까요? 아시다시피 소금쟁이는 노린재목입니다. 그래서 노린재목 특징인 뾰족한 주둥이를 가졌습니다. 녀석은 육식성이어서 주둥이를 곤충 몸에 푹 꽂고 식사를 하지요. 그런데 소금쟁이는 작고 가냘파서 살아 있는 곤충을 사냥할 만큼 힘이 세지도 거칠지도 않습니다. 대신에 물 위에 둥둥 떠다니는 주검을 먹고 삽니다. 물 위에는 곤충들 주검, 물고기 주검, 거미류 주검 같은 갖가지 동물 주검이 떠다닙니다. 그 주검을 먹어 치우는 청소부, 소금쟁이는 물 위의 청소부인 셈이지요.

그러고 보니 물에서 사는 노린재류가 꽤 많은 편이네요. 물자라, 물장군, 게아재비, 장구애비, 물둥구리, 물벌레 등등. 물에 사는 노린재류 중에서 유독 소금쟁이, 애소금쟁이, 등빨간소금쟁이 같은 소금쟁이과에 속한 종들만 물속이 아니라 물 위에서 삽니다.

소금쟁이는 물 위에서 어떻게 먹이를 찾을까요? 소금쟁이는 물의 작은 일렁임도 기막히게 잘도 알아차립니다. 물 위에 떠 있을 때, 물에 잔물결이 일면 소금쟁이의 주요 감각 기관인 다리털이 이를 곧장 알아차리고, 물결이 밀려오는 곳, 물결이 이는 횟수, 물결 세기 따위를 잘 따져 먹이 위치와 크기 따위를 알아챕니다. 그뿐이 아닙니다. 물결이 먹잇감에서 오는 것인지 아님 천적이 일으킨 것인지도 재깍 알아차립니다. 아쉽게도 눈은 큰 역할을 못 하는 것 같습니다. 곤충 시력은 잠자리와 파리매 같은 몇몇 곤충을 빼면 대부분 약합니다. 시력이 좋은 곤충이라 해도 사람과 비교하면 훨씬 안 좋습니다.

애소금쟁이가 물에 떠 있는 왕잠자리 애벌레 주검을 먹고 있다.

소금쟁이가 얼마나 예민한지 볼까요? 녀석은 수천 분의 1밀리미터 높이로 물결이 일어도 너끈히 물 위 환경을 읽어 낼 수 있습니다. 수천 분의 1밀리미터 높이를 상상할 수 있나요? 소금쟁이 다리 밑으로 우리 눈에는 보이지도 않는 미미한 물결이 밀려와도 먼저 앞다리를 들고 이어서 가운뎃다리, 뒷다리 순으로 듭니다. 물결이 왼쪽에서 오면 왼쪽 다리를 먼저 들고 이어서 오른쪽 다리를 듭니다. 물론 물결이 오른쪽에서 오면 오른쪽 다리부터 들지요. 아무리 미미한 물결이 오더라도 6개 다리를 차례차례로 드는데, 다리 6개를 한 차례 모두 드는 데 걸리는 시간이 약 1~4천 분의 1초라고 하니 입이 떡 벌어집니다. 말 그대로 전광석화처럼 다리를 들었다 놓는 것이지요. 그토록 재빨리 다리를 움직이는데도 먹이가 떠 있는 위치를 알아챈다니, 그것도 굉장히 정확하게 파악한다니 고개를 절레절레 흔들 수밖에 없습니다. 사람 눈으로는 도저히 볼 수 없는 곤충의 미세한 세계를 알게 되면, 생각지도 못한 그들의 본능적 지략에 뒤통수를 맞은 듯 숨이 멎고 소름이 돋습니다.

소금쟁이 애벌레가 물에 떨어진 검정오이잎벌레를 정신없이 먹고 있다.

소금쟁이가 잔물결을 이용해 먹이를 발견하면 앞다리를 먹이 위에 올려놓고 평소에는 머리 아래쪽에 간직해 두는 주둥이를 뺍니다. 소금쟁이 주둥이는 모두 4마디로 되어 있는데, 특이한 것은 육상에서 사는 침노린재류(침노린재과)와 달리 주둥이가 살짝 넓적한 편입니다. 생김새를 보면 길쭉한 역삼각형에다 몸에서 멀어질수록 가늘어져 끝부분이 꼭 펜촉처럼 생겼습니다. 녀석은 이 주둥이를 먹이에 쿡 찔러 넣고는 소화 효소가 들어 있는 침(타액)을 먹이 속으로 천천히 집어넣습니다. 빨아 먹기 좋도록 속살을 흐물흐물하게 만드는 것이지요. 먹잇감 몸에 있는 단백질이며 지방질이

죽어서 물에 떨어진 하루살이를 애소금쟁이가 먹고 있다.

며 영양분이 어느 정도 녹아 죽이 되면 빨대로 빨아 먹듯이 주둥이로 맛있게 빨아 먹습니다. 죽은 잠자리처럼 덩치 큰 먹이를 발견하면 여러 마리가 몰려들어 식사를 함께하기도 합니다.

한번은 죽은 검정오이잎벌레 몸에 주둥이를 꽂고 정신없이 밥을 먹는 소금쟁이를 건드려 보았지요. 녀석은 곧장 먹이를 버리고 재빨리 도망갑니다. 그리고 얼마 안 있어 어디선가 소금쟁이 한 마리가 조심조심 다가오더니 검정오이잎벌레를 먹습니다. 녀석이 조금 전에 제가 건드렸던 그 녀석인지는 모르겠습니다. 어른 소금쟁이는 다른 곤충 주검을 하루에 5마리에서 10마리쯤 먹어 치운다고 하니 자기 몸무게의 몇십 배를 먹는 셈입니다.

놀랍게도 소금쟁이는 가족이나 종족 주검도 먹습니다. 물론 그런 일은 자주 있는 일이 아니지요. 가물어서 연못에 물이 말라 가거나 연못에 소금쟁이가 너무 많으면 먹잇감이 모자라 가족도 마다 않고 냉큼 먹습니다. 살아 있는 생물에게 배고픔이란 정말 견디기 힘든 일이지요.

소금쟁이 주둥이는 식사 말고도 쓰임새가 있습니다. 작은 곤충이지만 소금쟁이도 나름대로 자기 영역이 있습니다. 행여 다른 녀석이 자기 영역으로 들어오면 훌쩍 미끄러져 달려가 주둥이로 쪼며 위협합니다. 그러면 침입한 녀석은 '어이쿠!' 하고 다른 곳으로 달음질쳐 도망갑니다.

## 소금쟁이는 어떻게 숨을 쉴까

노린재 집안은 땅 위에서 사는 무리와 물에서 사는 무리가 있습니다. 물에서 사는 무리는 땅 위에서 사는 무리와 비교해 몸 생김새가 조금 다르긴 해도 역시 노린재만의 특징을 그대로 가지고 있습니다. 특히 소금쟁이는 물속이 아닌 물 위에서 살기 때문에 물속 생활에 알맞도록 몸 생김새를 바꾸지 않아도 되었지요. 또한 물 위에서 생활하기 때문에 대기 중에 있는 공기를 그대로 들이마시면 됩니다. 그래서 소금쟁이는 땅 위에서 사는 노린재들과 똑같이 가슴과 배 부분에 뚫려 있는 숨구멍으로 숨을 쉽니다.

소금쟁이는 평생을 물에서 살까요? 그렇습니다. 녀석들은 애벌레부터 어른벌레까지 한평생 물을 떠나선 살 수 없습니다. 사는 곳이 물이다 보니 어떤 때는 물속에도 들어갈 수도 있고, 비라도 많이 내리면 몸이 흠뻑 젖을 때도 있습니다. 그렇게 몸이 젖었을 때는 몸에 빼곡히 붙어 있는 털 둘레에 형성된 모반기층(plastron)으로 숨을 쉬기도 합니다. 모반 구조는 물속 곤충들에게 굉장히 중요한 일을 합니다. 몸이 물에 잘 젖지 않게도 해 주고, 털들 사이에 공기 방울을 만들어 몸이 물에 뜨게도 하고, 물 위에서 재빠르게 이동할 수 있게도 합니다.

소금쟁이도 엄연한 노린재 가족입니다. 그런 소금쟁이에게서도 다른 노린재들처럼 고약한 노린내가 날까요? 물론 냄새가 납니다. 녀석은 공격을 받으면 바나나 향기 같은 감미로운 냄새를 풍깁니다. 냄새샘에서 분비한 화학 물질을 배 쪽에 나 있는 냄새 구멍을 통해 몸 밖으로 내보냅니다. 아마도 이 바나나 향기 같은 화학 물질 덕분에 녀석은 물고기 같은 천적으로부터 공격을 덜 받는 것으로 추측하고 있습니다.

## 물 위에서 짝짓기 하는 소금쟁이

3월에서 10월까지 연못에 가면 소금쟁이를 볼 수 있습니다. 어른 소금쟁이는 짝짓기를 해야겠지요. 소금쟁이는 떼 지어 있기 때문에 암수가 만나기란 식은 죽 먹기입니다. 수컷이 암컷에게 다가갑니다. 그러고는 암컷을 자꾸 건드리네요. 다리나 머리로 날개 끝을 건드려 보기도 하고, 암컷 옆구리 쪽에서 등 위로 올라가려고도 합니다. 암컷은 수컷이 마음에 들지 않는지 싫다 좋다 아무런 몸짓 없이 재빨리 쪼르륵 저만큼 가 버립니다. 그 동작이 너무 빨라 고요한 연못에 한순간 생기가 돕니다.

거의 모든 소금쟁이류(소금쟁이과) 수컷은 암컷 등 위로 후다닥 올라가 강제로 짝짓기를 합니다. 암컷 생식기가 겉으로 드러나 있어 수컷은 힘 안 들이고 억지로 짝짓기를 할 수 있습니다. 사람이었다면 큰일 날 일입니다. 그렇게까지 해서 종족 보존을 하려는 수컷이 안쓰럽기까지 합니다.

어디선가 수컷이 쏜살같이 달려오더니 밥을 먹고 있는 암컷을 번갯불처럼 잡고는 재빨리 암컷 꽁무니 쪽에서 등 위에 올라탑니다. 그런 다음 앞다리로 암컷 앞다리와 가운뎃다리 사이인 가운데 가슴을 꽉 잡고 껴안습니다. 그래서인지 소금쟁이 앞다리는 통통합니다. 아직 준비 안 된 암컷이 아무리 싫다고 뒷다리로 밀어내며 뿌리쳐도 수컷은 암컷을 꽉 잡고 놓아주지 않습니다. 수컷은 가운뎃다리 종아리마디를 암컷 가운뎃다리 종아리마디에 겹친 뒤 엇갈려 놓고, 뒷다리 종아리마디도 암컷 뒷다리 종아리마디에 엇갈리게 꼬고 있어 암컷은 수컷에게서 벗어날 수가 없네요. 이윽고 수컷은 날개 아래쪽에 감춰진 배 끝에서 생식기를 꺼내 옆쪽으로 휘어 암컷 생식기에 꽂아 넣습니다. 이윽고 짝짓기 하는 소금쟁이 한 쌍 탄생.

다른 곳도 아닌 물 위에서 하는 짝짓기여서 바라보는 저는 걱정이 이만저만이 아닙니다. 두 마리가 포개져 있으니 몸무게도 두 배일 텐데 혹시 물속으로 퐁당 빠져 익사 사고라도 나면 어쩌나요.

소금쟁이가 물 위에서 짝짓기를 하고 있다.

그런데 그런 걱정은 붙들어 매 두기로 했습니다. 녀석들은 물에 빠지지 않을 묘책을 분명 갖고 있을 테니까요. 오랫동안 녀석들은 포개진 채로 움직이지도 않고, 물속으로 빠지지 않고, 편안히 물 위에서 짝짓기를 합니다. 혹 눈치 없는 다른 녀석들이 이리저리 돌아다니다가 가까이 다가오거나, 짝짓기 중인 수컷 위에 올라타며 방해라도 하면 어떻게 할까요? 대부분 암컷과 수컷 모두 화들짝 놀라 짝짓기 자세를 풀고 도망치기 일쑤입니다. 때때로 겁 없는 녀석들은 포개진 채로 얼른 10센티미터쯤 미끄러져 가서는 계속 짝짓기 할 때도 있습니다. 짝짓기 장면을 놓치고 싶지 않아 카메라를 들이대니 재빨리 다른 곳으로 도망쳐 줄곧 짝짓기를 합니다. 어떤 때는 물 위에 떠 있는 노랑어리연 같은 풀잎 위에서도 합니다. 아무래도 물 위에서 짝짓기를 해서인지 소금쟁이의 짝짓기 시간은 그리 길지 않은 것으로 여겨집니다.

애소금쟁이가 노랑어리연 잎 위에서 짝짓기를 하고 있다.

하지만 어떤 수컷 소금쟁이(*Wilcox*)는 오랫동안 암컷과 짝짓기를 합니다. 길게는 하루 넘게도 짝짓기를 한다니 변강쇠 저리 가라입니다. 짝짓기 할 때 다른 수컷이 얼쩡거리면 짝짓기 중인 암컷에게 가까이 못 오게 막아 냅니다. 사실 그렇게 오래 짝짓기 하는 데는 다 이유가 있지요. 암컷을 오랫동안 붙들어서 암컷에게 다른 수컷과 짝짓기 할 기회를 주지 않으려는 것이지요. 말하자면 정자 전쟁(정자 경쟁)인 셈입니다. 수컷은 자기 정자가 성공적으로 암컷 난자와 수정되길 간절히 빌면서 암컷 등에서 내려오질 않습니다.

암컷은 때때로 수컷이 등 위에서 내려오든 말든 먹이를 먹는 데만 정신을 쏟습니다. 등 위에 달라붙어 있는 수컷에게는 아무런 관심이 없는지, 달라붙어 있는데도 수컷이 거치적거리지도 않나 봅니다. 그런데 말입니다. 암컷은 수컷을 등에 업고 다니면서 이득을 많이 봅니다. 암컷 등에 업힌 수컷은 암컷에게 둘도 없는 수호천사입니다. 등 위에 있는 수컷이 뒤이어 온 다른 수컷을 막아 주니 암컷으로선 후발 주자를 떼어 내는 데 에너지를 쓸 필요가 없습니다. 실제로 짝짓기 중인데도 다른 수컷이 들이대면 암컷은 먹이 사냥 기회가 50퍼센트쯤 줄어든다고 합니다. 만약 다른 수컷을 암컷이 막아야 한다면, 알을 낳기 위해 영양가 많은 밥을 먹고 몸보신해야 할 암컷 입장에선 큰 손해이지요. 수컷이 마음에 들든 아니든 일단 등에 올라타면 그 다음부터 수컷이 거치적거리기는커녕 되레 보디가드인 셈입니다. 수컷 또한 다른 수컷으로부터 암컷을 지켜 내야 자기 유전자를 무사히 넘길 수 있으니 어찌 보면 누이 좋고 매부 좋을 일입니다.

## 물결을 일으켜 보내는 짝짓기 신호

소금쟁이들도 짝을 찾기 위해 그들만의 은밀한 대화를 나눌까요? 그렇습니다. 그들은 물결을 일으켜 은밀한 사랑의 밀어를 나눕니다. 그 대표 선수가 우리나라를 비롯한 동북아시아에서만 사는 등빨간소금쟁이입니다. 등빨간소금쟁이 암컷은 생식기가 드러난 다른 소금쟁이 암컷과 달리 수컷이 강제로 짝짓기를 못 하게 생식기를 몸속에 넣어 두는 쪽으로 진화해 왔습니다. 짝짓기를 하려면 암컷 도움이 절대적으로 필요하기 때문에 등빨간소금쟁이 수컷은 암컷 관심을 얻기 위해 공을 들여야 합니다. 어떻게 할까요? 다행히 등빨간소금쟁이 수컷은 우격다짐 짝짓기 전략을 포기하고 암컷의 환심을 사는 전략을 개발하는 데 공을 들입니다.

일반적으로 소금쟁이류(소금쟁이과)는 암컷에게 구애 신호를 보

소금쟁이는 물결을 만들어 짝에게 신호를 보낸다.

낼 때 1초에 3번에서 10번쯤 물낯을 두들깁니다. 사람으로 치면 1초에 문자 메시지를 3개에서 10개쯤 보내는 것이니, 그 노력이 눈물 날 지경입니다. 심지어 다른 수컷들이 암컷에게 다가가지 못하게 경고 표시로 1초에 80번에서 90번쯤 두들겨 물결을 일으킵니다. 눈 한 번 깜박할 사이에 말이죠. 이렇듯 수컷은 암컷 관심을 끌기 위해, 암컷이 알을 잘 낳도록 기분을 돋우기 위해, 또 다른 수컷이 자기 영역을 넘보지 못하게 하려고 물결을 일으킵니다.

최근에 한 연구팀에서 수컷 등빨간소금쟁이가 암컷에게 보내는 구애 신호를 연구했는데, 재미있는 결과가 나왔습니다. 수컷은 암컷 마음을 사로잡으려 갖은 애를 다 씁니다. 가운뎃다리로 물낯을 톡톡 두들겨 자그마한 물결을 일으키며 사랑의 메시지를 보냅니다. 이 물결은 동그라미를 그리며 멀리멀리 퍼져갑니다. 이러한 물 움직임 속에는 소금쟁이만 알 수 있는 엄청난 정보가 들어 있습니다. 그런데 수컷은 상황에 따라 물낯을 두드리는 세기와 잦기(빈

애실소금쟁이

도) 따위를 달리해 다양한 물결을 일으킵니다. 그들만의 대화법이 지요.

수컷이 보낸 구애 신호가 마음에 들면 암컷은 얼른 몸속에 있는 생식기를 밖으로 당당하게 꺼냅니다. 짝짓기를 허락한다는 표시지요. 그러고 보니 소금쟁이의 중매자는 물이로군요. 그런데 수컷이 보낸 물결에는 놀라운 사실이 숨어 있습니다. 구애 신호를 비롯해 수컷이 일으키는 물결은 '우리 여기 있으니 잡으러 와라.' 하고 물고기를 비롯한 물속 포식자에게 위치를 알려 주는 신호이기도 합니다. 즉 수컷이 보낸 물결은 암컷에게 구애하는 것보다 '지금 내가 포식자를 부르고 있으니 어쩔 거냐?' 하고 포식자가 나타난다는 신호를 보내 암컷을 겁먹게 하는 공포 분위기 조성용입니다. 이런 수컷의 짝짓기 전략은 잘 맞아떨어져 콧대 높았던 암컷은 거부는커녕 얼른 짝짓기를 받아들입니다. 천적이 오지 못하게 수컷 행동을 멈추게 하려는 것인지, 아님 천적이 곧 나타날 테니 그전에 빨리 짝짓기를 해 알을 낳으려는 것인지 알 수는 없지만 말입니다. 또 연구팀은 수컷이 물결을 일으키지 못하게도 했는데, 그때는 암컷이 짝짓기를 천천히 받아들였다고 합니다.

이렇게 소금쟁이와 등빨간소금쟁이의 짝짓기 행동은 다윈이 말한 자연 선택설과 공진화(coevolution) 이론에 잘 들어맞습니다. 거의 모든 소금쟁이는 암컷 생식기가 드러난 덕에 수컷이 억지로 짝짓기를 시도합니다. 이에 불만을 품은 어떤 종 암컷은 생식기를 몸안에 숨기게 되고, 이는 짝짓기를 성공시키기 위해 수컷이 구애 행동 개발에 공을 들이는 결과를 낳았으니 말이지요.

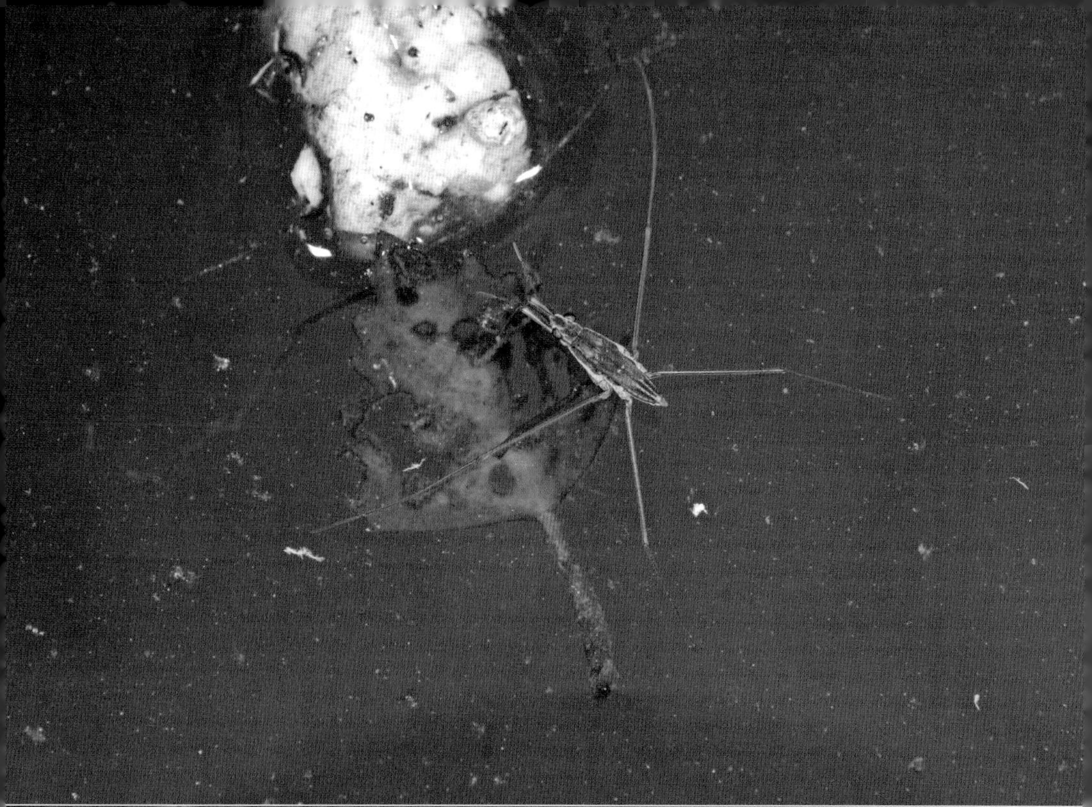
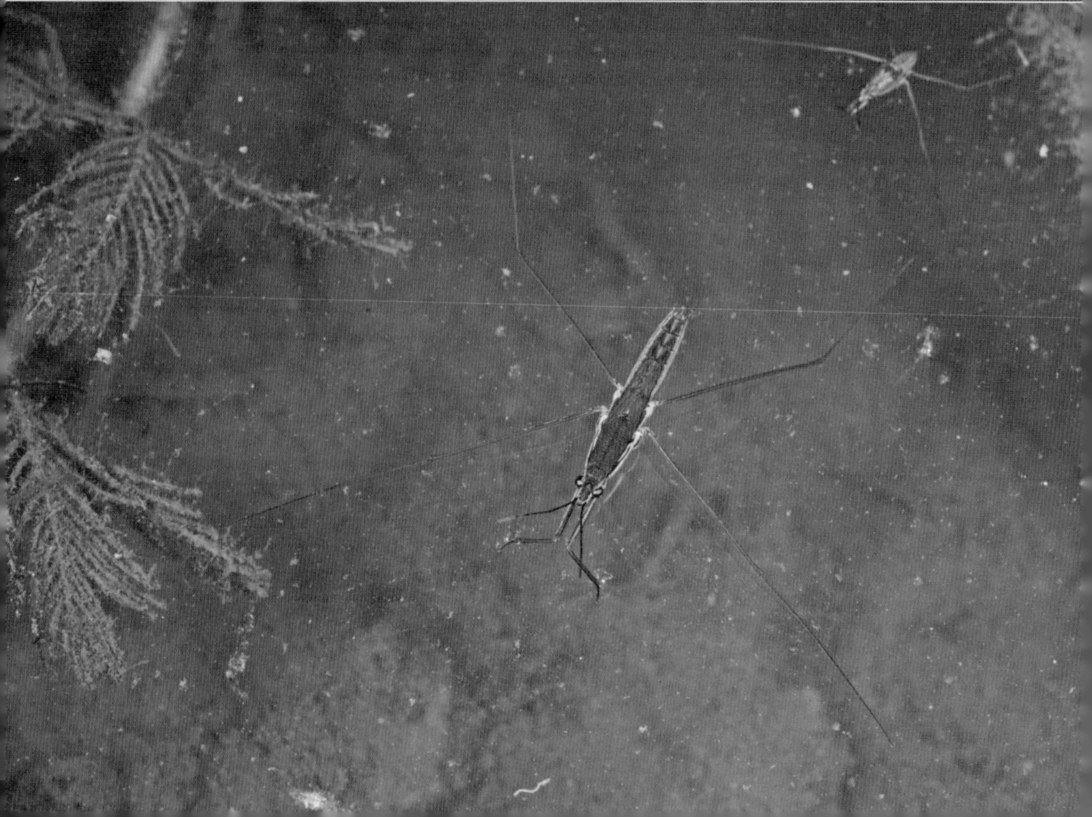

애소금쟁이 애벌레

## 알도 물 위에 낳는 소금쟁이

이제 위대한 의식, 짝짓기를 성대하게 했으니 알을 낳아야 합니다. 짝짓기를 마친 암컷은 알 낳을 곳을 찾아다닙니다. 암컷은 물 가장자리에 있는 물체나 연못이나 시냇물에 떠다니는 식물 잎이나 줄기 따위에 알을 붙여 낳습니다. 알에서 애벌레가 깨어나기까지 걸리는 시간은 종마다 차이가 있습니다. 애소금쟁이는 보통 보름쯤 걸립니다.

모든 소금쟁이류 애벌레는 알에서 깨어나는 순간부터 물 위에서 혼자 힘으로 살아가야 합니다. 애벌레는 어른벌레와 똑같이 거미처럼 긴 다리를 가졌고, 또 물 위를 미끄럼 타듯이 걸어 다니며 먹이를 찾습니다. 물 위에 떠다니는 작은 생물 주검을 발견하면 뾰족한 주둥이를 꽂고 소화 효소가 들어 있는 침(타액)을 넣어 죽으로 만든 뒤 빨아 먹습니다. 애벌레 등에는 날개 주머니(날개 싹)가 달려 있습니다. 허물을 벗을 때마다 날개 주머니가 점차 커지는데, 그만큼 날개가 자라고 있는 것입니다. 그럼 소금쟁이류는 허물을 몇 번 벗어야 어른벌레가 될까요? 이 또한 종마다 차이가 있는데, 애소금쟁이는 5번쯤 허물을 벗어야 어른벌레가 됩니다. 물론 소금쟁이류의 모든 애벌레가 그러하듯이 물 위에 떠 있는 노랑어리연이나 마름 같은 물풀 잎이나 떠다니는 물체에 몸을 의지하고 허물을 벗습니다.

소금쟁이류 애벌레와 어른벌레는 크기만 다를 뿐 생김새는 굉장히 비슷합니다. 다만 어른벌레가 되어야 비로소 완전한 날개를 갖

애소금쟁이 어른벌레

게 되고, 생식 기능도 발달합니다. 소금쟁이류 어른벌레는 추운 겨울이 되면 물가에 자란 식물이나 돌 밑으로 숨어 들어가 겨울을 납니다.

## 소금쟁이,
## 그들도 살고 싶다

소금쟁이류는 노린재 가문(노린재목)에 속하기 때문에 안갖춘탈바꿈(불완전변태)을 합니다. 번데기 과정을 거치지 않고 애벌레에서 곧바로 어른벌레가 되는 것이지요. 안갖춘탈바꿈을 하는 곤충들이 대개 그렇듯이 소금쟁이류 애벌레와 어른벌레는 모두 똑같은 먹이를 먹고, 똑같은 물에서 살아갑니다. 살던 곳 물이 메꿔지거나 말라 버리거나 오염이 되면 애벌레와 어른벌레 모두 지체 없이 다른 물을 찾아 나서야 하는데, 그나마 어른벌레는 날개가 있어 사정이 좀 낫습니다. 날아가면 되니까요. 그럼 날개가 없는 애벌레는 어떻게 해야 하나요?

빙글빙글 잘도 도는

# 왕물맴이

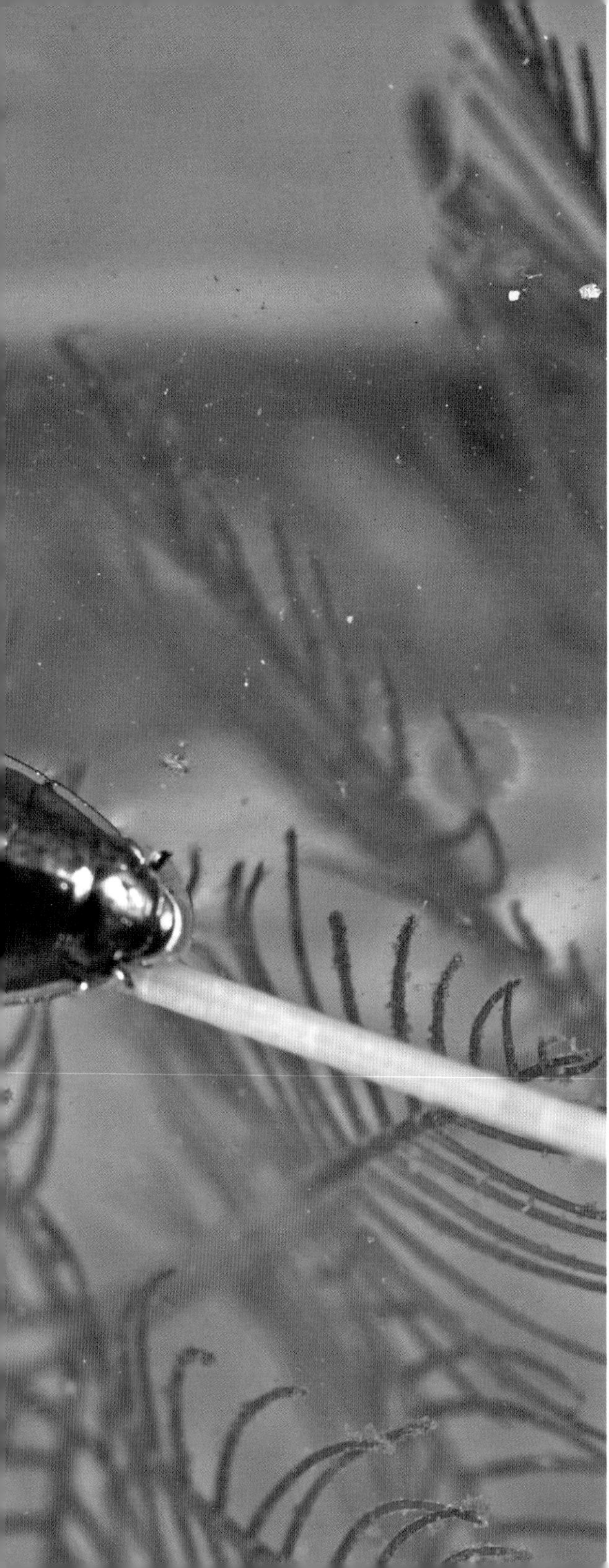

**왕물맴이**

왕물맴이가 물낯에서 쉬고 있습니다.
왕물맴이는 물낯에 떠서 사는
딱정벌레목 곤충입니다.

십수 년 전에 강화도에 곤충 조사하러 갔다가
우연히 김금화 만신이 있는 굿당 둘레를 지나갔습니다.
가까이서 들리는 민요 소리에 귀가 번쩍 뜨였습니다.
큰굿이 열리는지 조용한 동네에
많은 사람들이 찾아와 발 디딜 틈 없이 북적였습니다.
신나게 울리는 꽹과리, 장구, 북, 피리 소리에 어깨가 들썩이니
'곤충 조사고 뭐고 이참에 굿 구경이나 실컷 해 보자.'며
사람들 틈에 끼어 앉았습니다.
정말 신나는 굿판이 벌어졌습니다.
이런 굿판을 구경하는 건 난생처음입니다.
어느 일간지에서 흑백 사진으로만 봤던 만신을
진짜로 처음 대하니 그저 신기하기만 했습니다.

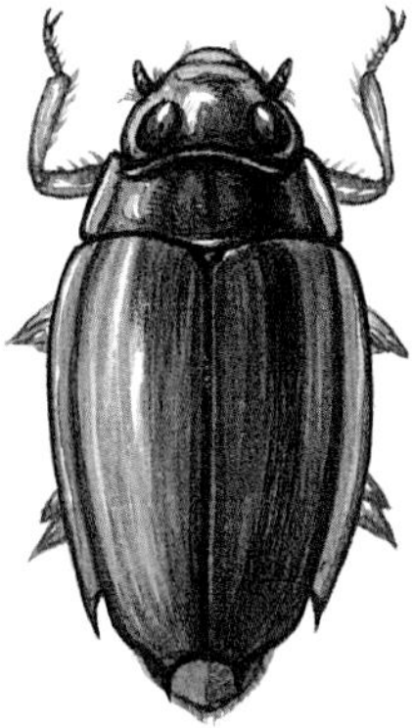

왕물맴이

이 꼭지는 딱정벌레목 물맴이과 종인 왕물맴이(*Dineutus orientalis*) 이야기입니다.

## 연못 속 굿판

마침 '대감 놀이' 굿판이 한창입니다. 만신 몸에서 나오는 소리와 몸짓 하나하나가 어찌나 능글맞고 굽이굽이 잘도 넘어가는지 어깨춤이 절로 나옵니다. 하도 익살스러워 배꼽 떨어져라 웃기도 하고, 하도 구슬퍼 가슴이 저며 들기도 하고, 정말이지 심금을 절절히 울립니다.

느닷없이 만신이 춤을 추기 시작합니다. 껑충껑충 뛰다가, 왼쪽으로 수십 바퀴 돌다가, 또다시 오른쪽으로 수십 바퀴 돌다가, 앞으로 내달렸다, 뒷걸음질쳤다 하며 춤을 춥니다. 그렇게 빙빙 돌 때마다 여러 겹 겹쳐 입은 치마도 같이 돌아 마치 형형색색의 팽이가 빙글빙글 돌아가는 것 같습니다. 어찌 저리도 잘도 돌까? 그녀의 신기(神氣)에 그저 입만 벌어집니다.

굿판을 질펀하게 구경하고 다시 곤충 조사하러 조사지로 향합니다. 마침 연못을 만났습니다. 연못 물가에 쪼그리고 앉아 연못을 구경합니다. 가만히 들여다보니 조용할 것 같은 연못에도 굿판이 벌어집니다. 물 위를 아무 방향 없이 제멋대로 헤엄쳐 다니는 정신없는 녀석이 눈에 확 들어오네요. 제자리에서 뱅글뱅글 미친 듯이 돌다가, 지그재그로 왔다 갔다 하며 돌다가, 앞쪽으로 미끄러지듯 헤엄치다가, 느닷없이 방향을 바꿔 헤엄치니 정말 혼을 쏙 빼놓습니다. 조금 전 굿판에서 빙글빙글 돌며 춤추던 무녀와 너무도 똑 닮았습니다. 누굴까요? 바로 '왕물맴이'입니다.

## 이름값 하는 물맹이

물맹이류(물맹이과)는 이름값을 제대로 합니다. 이름만으로도 저항할 수 없는 매력덩어리. 물에서 정신없이 맴맴 돈다고 물맹이라고 부르니 말입니다. 작은 모터라도 단 것처럼 아주 빠르게 물 위를 빙글빙글 돌면서 떼를 짓는 모습을 단 한 번이라도 보면 입이 다물어지지 않습니다.

처음에는 '물매암이'를 정식 표준어로 삼았다가 지금은 글자 수를 줄여 발음하기 편하게 '물맹이'라고 부릅니다. 또 다른 이름도 있습니다. 오색빛 찬란한 몸으로 무당처럼 빙글빙글 돌며 춤춘다고 '물무당'이라고도 하고, 그 외에도 '물매미, 무당선두리, 헤엄벌

왕물맹이는 느릿느릿 흐르는 물에서 잘 산다.

레'처럼 이름도 여럿입니다. 녀석이 이름 복이 참 많은 것은 그만큼 사람들과 친하게 지냈다는 뜻이겠지요.

물맴이는 딱지날개가 딱딱한 딱정벌레목 가문의 물맴이과 가족입니다. 애벌레도 물에서 살고 어른벌레도 물에서 살아 진수서성 곤충에 속합니다. 다만 물맴이 애벌레는 물 밑바닥에서 살고, 어른벌레는 물 위나 물낯 바로 아래에서 삽니다. 연못, 저수지의 얕은 물가, 물웅덩이나 도랑, 드물게는 골짜기 물웅덩이처럼 주로 느릿느릿 흐르는 물에서 잘 삽니다.

## 진수서성 곤충
## 반수서성 곤충

물에 사는 곤충을 '물살이 곤충'이라고 합니다. 한자로는 '수서 곤충'이라고 합니다. 물살이 곤충 가운데 일부 무리는 평생 동안 물속에서 살고, 일부 무리는 생활사의 일부만 물속에서 삽니다. 애벌레부터 어른벌레까지 물속에서 평생을 사는 녀석들을 '진수서성(眞水棲性) 곤충'이라고 합니다. 알과 애벌레 시절처럼 어른벌레가 아닌 시절에는 물속에서 살고 어른벌레 시절은 땅에서 사는 녀석들은 '반수서성(半水棲性) 곤충'이라고 합니다. 반수서성 곤충은 어른벌레가 되어 뭍으로 올라간다 해도 대개는 물가 둘레에서 생활하고 알을 낳을 때는 물로 되돌아옵니다. 그래서 물을 주 무대로 삼으면서 생활사 일부 또는 전부를 물에서 살아가는 곤충을 모두 넓은 의미로 물살이 곤충에 포함시킵니다.

진수서성 곤충의 대표 선수는 물방개류, 물땡땡이류, 물진드기류 같은 갖춘탈바꿈을 하는 딱정벌레목입니다. 반수서성 곤충의 대표 선수는 안갖춘탈바꿈을 하는 잠자리류, 실잠자리류, 노린재류, 물벌레류, 하루살이류, 강도래류 같은 곤충과 갖춘탈바꿈을 하는 날도래류 같은 곤충입니다.

물낯에서 쉬고 있는 왕물맴이

## 여럿이 함께 빙빙 돌기

햇볕이 쨍쨍 내리쬐는 6월 말쯤, 강릉에 있는 아주 예쁜 연못에서 왕물맴이를 만난 적이 있습니다. 연못 가장자리에는 갈대와 부들 같은 물속 식물들이 연못을 병풍처럼 두르고, 연못 한쪽에 수백 개도 넘는 노랑어리연이 종이배처럼 살포시 떠 있습니다. 그 모습에 반해 잠시 연못가에 섰더니만 곤충들이 놀랐나 봅니다. 갑자기 이리저리 도망치며 연못 위에 잔물결을 수없이 만듭니다. 동그랗게, 동그랗게…….

미안한 마음에 살그머니 앉았습니다. '난 너희들 적이 아니란다. 그냥 구경만 하려는 거야.' 한 5분쯤 기다리니 도망쳤던 곤충들이 다시 '짠' 하며 연못 위로 나타납니다. 물 위를 스케이트 타듯이 미끄러지는 소금쟁이, 살살 부는 봄바람처럼 나긋나긋 날아오는 실잠자리, 독수리처럼 날쌔게 휙휙 날아다니는 왕잠자리, 등에 알을

지고 노랑어리연 잎사귀 사이에 숨어 있는 물자라, 미친 듯이 물 위를 질주하는 폭주족 왕물맴이…….

과연 소문대로 왕물맴이는 물 위를 헤집고 정신없이 빙글빙글 돕니다. 몸길이가 1센티미터쯤 되어서 맨눈으로도 촐싹거리며 도는 게 잘 보입니다. 한 마리가 제가 앉아 있는 연못가로 쪼르륵 미끄럼 타듯 달려오더니 신들린 듯 뱅글뱅글 돌기 시작합니다. 하도 빨리 돌아 몇 번 도는지 셀 수가 없습니다. 왼쪽으로 돌다, 오른쪽으로 돌다, 직선으로 달려갔다가, 방향 바꿔 되돌아왔다가 도대체 럭비공처럼 어디로 튈지 종잡을 수가 없습니다. 2분 넘게 맴맴 돌고 있는데, 어디선가 다른 한 녀석이 미끄럼 타며 달려와 합세합니다. 곧이어 세 마리, 네 마리, 다섯 마리 이렇게 열 마리도 넘게 녀석들이 불어나 빙빙 도니 연못 위는 갑자기 정적이 깨지고 소란스럽기 짝이 없습니다. 마치 '빙빙 돌기 대회'라도 열린 것 같고, '누가누가 더 잘 도나.' 시합이라도 하듯 일제히 물 위를 돌며 집단 춤을 추기 시작합니다.

한 녀석이 돌다가 지쳤는지 물 밖으로 삐죽이 내민 물풀 위에 살며시 앉더니 꼼짝도 안 합니다. 이내 다른 녀석들도 지쳤는지 하나둘 차례차례 쉬고 있는 녀석 옆에 얌전히 앉아 잠자듯 쉽니다. 그것도 잠시, 2분쯤 지나니 천방지축 나대는 본성이 또 발동하나 봅니다. 갑자기 한 녀석이 돌기 시작하자 다른 녀석들도 한꺼번에 돌기 시작합니다. 마치 조종당하는 로봇처럼 말이죠. 다시 연못은 한바탕 난리를 치르고, 그러다 지치면 쉬고, 쉬다가 또 맴맴 돕니다. 재미있는 것은 2분쯤 빙빙 돌고 나면 물 위에 떠 있는 죽은 갈댓잎 같은 물풀 위에 앉아서 쉽니다.

그런데 왜 이렇게 도는 걸까요? 그것도 집단으로 빙빙 도니 무슨 까닭이라도 있는 걸까요? 녀석들의 집단행동을 연구한 사람이 있습니다. 영국 드몽포르대학교 교수인 와트(P. J. Watt)와 채프먼(R. Chapman)은 뜻밖의 결과를 얻었습니다. 물맴이류가 하는 집단행동은 그들에게 이득도 되고 동시에 손해도 된다고 합니다. 무리를 지으면 천적이 다가오는 것을 빨리 알아차릴 수 있고, 짝도 먹이도 쉽게 찾을 수 있습니다. 반면에 무리를 크게 지을수록 되레 물고기 공격을 더 받는다고 합니다. 녀석들의 집단행동에 대해 더 연구가 이뤄지면 흥미로운 결과가 많이 나올 것 같습니다.

## 눈이 4개?

연못 물 위에 떠 있는 물풀에서 쉬고 있는 왕물맴이들에게 손을 살금살금 내밀어 후닥닥 잡아 올립니다. 주먹 쥔 손을 펴 보니 왕물맴이는 없고 물풀만 몇 조각 있습니다. 연못을 보니 그새 녀석들이 모두 도망쳐 버렸네요. 다시 보려면 마냥 기다려야 합니다. 한참 지나니 녀석들이 나타납니다. 다시 슬그머니 물속에 손을 넣어 잽싸게 낚아챘습니다. 역시 이번에도 실패. 번개같이 빠른 녀석들을 맨손으로 잡으려 하다니 우습지요. 할 수 없이 차에 싣고 다니는 뜰채를 가져와 예닐곱 마리 건져 올렸습니다. 맑은 연못 물을 담은 그릇에 녀석들을 넣고는 사진도 찍고, 확대경으로 이리저리 자세히 톺아봅니다.

왕물맴이 몸색은 검은색이지만 보는 각도에 따라 보랏빛, 하늘빛, 초록빛, 붉은빛, 청동빛 같은 광택이 휘황찬란하게 빛납니다. 마치 몸 전체에 무지개가 피어난 것 같습니다. 게다가 앞가슴등판 옆 테두리와 딱지날개 옆 테두리는 노란 띠를 두르고 있고, 딱지날개 꽁무니 아래쪽 테두리에는 뾰족한 침 같은 가시돌기가 4개 나 있습니다. 모두 왕물맴이에게서만 볼 수 있는 특징들이죠. 몸은 물에서 지내기 좋게 유선형으로 생겼고, 만져 보려 하니 얼마나 미끄러운지 미꾸라지 빠져나가듯 자꾸 놓칩니다. 땅에 사는 딱정벌레들과 달리 딱지날개에 홈 줄이 거의 없다 보니 참기름 바른 듯이 매끈해서 그렇습니다. 많은 딱정벌레는 딱지날개에 점각이라고 하는 미세한 홈들이 길게 줄지어 있습니다. 이 홈 줄을 '점각열(點刻列)'이라고 합니다.

왕물맴이는 눈이 위아래로 나누어졌다. 또 앞다리가 아주 길다.

왕물맴이 몸을 하나하나 뜯어보면 신기한 것이 한두 가지가 아닙니다. 위아래로 나뉘어 있는 겹눈, 짧은 더듬이, 기다란 앞다리, 짧은 가운뎃다리와 뒷다리. 그중에서도 왕물맴이가 가장 자신 있게 자랑할 수 있는 것은 바로 겹눈입니다. 녀석들 겹눈은 다른 딱정벌레처럼 2개인데, 어떻게 된 일인지 각각 위아래로 나뉘어 있습니다. 다시 말해 겹눈은 분명 2개인데, 위아래로 나뉘어 있어 겹눈이 4개인 것처럼 보입니다. 겉으로 보면 겹눈이 위아래로 떨어져 있지만 몸속에서는 이어져 있습니다.

왜 왕물맴이는 멀쩡한 겹눈을 위아래로 나누었을까요? 물속과 물 밖을 한꺼번에 보기 위해서지요. 즉 물 위와 물속을 한꺼번에 보며 적을 살피기도 하고, 먹잇감도 사냥하기 위해서랍니다. 물속

왕물맴이 더듬이는 아주 짧다.

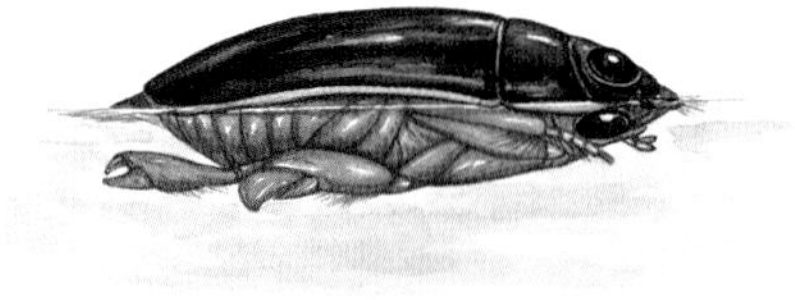

물맴이 옆모습. 겹눈이 위아래로 나눠져 있다.

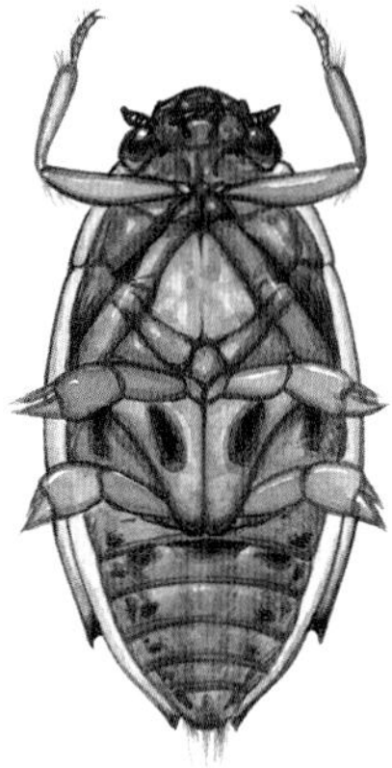

물맴이 배 쪽 모습

과 물 밖에는 물낯에서 사는 왕물맴이를 노리는 천적들이 많습니다. 물속에는 물고기나 물자라 같은 천적이 있고, 물 밖에는 새나 잠자리 같은 힘센 천적이 있습니다. 그래서 위쪽 겹눈으로는 물 밖 세상을 보고, 아래쪽 겹눈으로는 물속 세상을 보면서 실시간 경계 태세 중입니다. 물론 먹어야 사는 법! 먹잇감을 찾아다닐 때도 물속과 물 밖 양쪽을 동시에 보는 것이 훨씬 안전하겠지요. 아무튼 눈이 위아래로 나뉘었다니 신기할 뿐입니다.

## 아주 짧은 더듬이

왕물맴이에게는 겹눈 말고도 특이하게 생긴 것이 또 있습니다.

아주 짧은 더듬이입니다. 얼마나 짧은지 자기 머리 너비보다 더 짧습니다. 더구나 더듬이가 겹눈 아래쪽에 있어 언뜻 보면 찾기도 힘들고, 설령 찾는다 해도 더듬이가 아닌 다른 장식물로 착각합니다. 딱정벌레목 가문 곤충들 대부분은 더듬이가 11마디로 이루어졌는데, 왕물맴이 더듬이는 8마디뿐입니다. 마디들은 모두 짧고 뭉뚝하며 서로 포개지듯 딱 달라붙어 있어 더듬이가 무슨 나무토막 같습니다. 더듬이 모양새를 보면 첫 번째와 두 번째 마디는 굉장히 크고, 나머지 마디들은 작아서 마치 거꾸로 선 곤봉 같기도 합니다. 물에서 무슨 일이 일어나는지 정보를 모으는 데 더듬이가 큰 몫을 합니다.

물맴이류는 물낯에 사는 다른 곤충들처럼 잔물결에 엄청 예민합니다. 물낯에 떨어진 것이 먹이 곤충인지 아닌지도 알아차리지요. 잔물결이 계속 일지 않고 멈추면 녀석들은 장애물로 판단하고 장애물과 부딪치지 않으려고 그쪽으로 가지 않거나 돌아서 가기도 합니다. 친구들이 빙글빙글 돌면서 일으킨 잔물결도 구별해 낼 수 있고, 잔물결로 먹잇감을 알아낼 수도 있습니다. 또한 짝짓기 상대를 만나면 잔물결을 일으키며 '너에게 관심 있어.' 하며 사랑의 신호를 보내기도 합니다. 참 똑똑한 녀석입니다.

그런데 물 위에서 빙글빙글 돌면서도, 거기에다 더듬이가 엄청 짧은데도 어떻게 미미한 잔물결을 귀신같이 알아챌까요? 그건 감각 기관이 더듬이 둘째 마디(자루마디)에 몰려 있어 물 위에서 이는 약한 진동조차 놓치지 않기 때문입니다. 도대체 더듬이 둘째마디에는 어떤 감각 기관들이 몰려 있는 걸까요?

일반적으로 곤충 더듬이에는 감각 기관인 '막대감각기'가 수없이 있습니다. 특히 둘째 마디와 셋째 마디가 이어지는 관절에 집중적으로 몰려 있는데, 이곳에 몰린 감각 기관을 '존스턴 기관(Johnston's organ)'이라고 특별히 부릅니다. 물맴이류 경우는 존스턴 기관이 더듬이 둘째 마디에 몰려 있어 물 흐름이 빠른지, 느린지, 휘몰아치는지, 잔물결이 이는지 같은 물낯 진동을 더 잘 파악하여 물낯의 환경 변화를 재빨리 알아냅니다. 또한 헤엄을 치며 앞으로 나아갈 때는 물살 때문에 더듬이가 자연스럽게 뒤로 향하는데, 이때 존스턴 기관이 몰려 있는 둘째 마디가 더듬이 방향과 자기 위치를 파악해 헤엄치는 속도를 조절하기도 합니다. 심지어 중력까지도 알아차린다고 하니 정말 대단한 기관입니다.

독일 프리드리히 에거스(Friedrich Eggers) 박사 연구에 따르면 물맴이류 더듬이를 없애면 코앞에 물체가 있는지 없는지조차 알아차릴 수 없다고 합니다. 그러니 더듬이는 녀석들에게 없어서는 안 될 재산 목록 1호인 셈입니다. 물맴이류뿐 아니라 모기 애벌레나 물방개 같은 물살이 곤충에게도 존스턴 기관이 있어 아주 요긴하게 쓰입니다.

## 빙글빙글
## 돌 수 있는 까닭은?

왕물맴이 다리를 보려고 하니 숨겨 놓고 좀처럼 보여 주지 않습니다. 가끔 앞다리를 몸 밖으로 내밀어 구부리고 있을 때도 있지만, 왕물맴이를 위에서 내려다보면 다리 없이 타원형 몸만 돌아다니는 것 같습니다. 그래서 녀석의 다리를 보려면 발랑 뒤집어 놓아야 합니다.

왕물맴이 다리는 모두 노처럼 납작하게 생겼습니다. 헤엄칠 때 물을 밀어내기 좋게 생긴 것이지요. 앞다리는 다른 다리보다 길어서 먹잇감을 끌어안기 좋게 생겼습니다. 특히 넓적다리마디와 종아리마디가 튼튼하게 생겼습니다. 또 앞다리에는 억세고, 부드럽고, 길고, 짤막한 털들이 빼곡히 덮여 있습니다. 그런데 가운뎃다리와 뒷다리 길이는 얼마나 짧은지 앞다리 절반밖에 되지 않습니다. 몸 비례가 엽기적일 만큼 우스꽝스럽습니다.

놀랍게도 물맴이가 물낯에서 미친 듯이 빠른 속도로 움직일 수 있는 것은 가운뎃다리와 뒷다리 2쌍으로 헤엄치기 때문입니다. 즉 왕물맴이가 눈 깜짝할 사이에 폭발적인 속력을 내며 빙글빙글 돌 수 있는 것은 바로 앞으로 나아가기보다 빙글빙글 돌기에 알맞은 짧은 가운뎃다리와 뒷다리 덕분인 것이지요. 물방개는 뒷다리 1쌍으로 헤엄을 치지만 물맴이류는 가운뎃다리와 뒷다리 2쌍으로 헤엄을 칩니다. 특히 왕물맴이는 짧고 넓적한 가운뎃다리와 뒷다리를 초당 60번쯤 돌려 저으면서 물 위에서 재빠르게 움직입니다. 게다가 가운뎃다리와 뒷다리 가두리에 털까지 나 있어 헤엄치는 것을 돕습니다.

## 왜 물에 잘 뜰까

왕물맴이는 몸이 달걀처럼 미끈한 타원형이다.

왕물맴이가 물에 잘 뜨는 데는 몇 가지 까닭이 있습니다. 먼저 헤엄치는 왕물맴이를 보면 보트를 보는 것 같습니다. 몸 윗부분은 물 밖에 나와 있고 몸 아랫면은 물속에 잠겨 있는데, 등 쪽은 볼록하게 튀어나왔고, 배 쪽은 보트 밑바닥처럼 넓적하고 판판합니다. 물속으로 가라앉지 않고 쉽게 뜰 수 있는 몸을 가졌지요. 또 딱지날개와 배 사이에 공기 방울(산소 탱크, air bubble)이 있어 물에 잘 뜨도록 돕습니다. 거기에다 몸이 달걀처럼 미끈한 타원형이어서 물 저항을 적게 받습니다.

또한 왕물맴이는 지혜롭게도 소금쟁이처럼 표면 장력을 이용합니다. 몸 가두리에는 부드러운 잔털이 빼곡히 줄지어 나 있습니다. 특히 입틀 가장자리와 배 끝 가장자리에 줄지어 난 부드러운 털들이 물낯에 자잘한 물 보조개를 만들며 떠 있는 것을 보면 그야말로 예술입니다. 가느다란 털들에는 물을 밀어내는 기름기가 묻어 있어 물에 젖지도, 물낯의 얇은 막을 깨지도 않습니다. 또한 털들에 붙잡혀 있는 공기도 왕물맴이를 거뜬히 물에 뜨도록 하는 데 한몫합니다. 곤충 몸을 물에 뜨게 하는 일등 공신인 표면 장력 얘기는 소금쟁이 편에 해 두었습니다.

물맴이류는 늘 물 위에서 뱅글뱅글 돌며 사는 걸까요? 꼭 그런 것은 아닙니다. 물낯의 막이 깨져 물속으로 빠질 때도 있고, 천적을 만나는 위험한 상황에 부딪칠 때도 있습니다. 그러면 물속으로 잽싸게 들어가 물풀 사이에 숨습니다. 그럼 물속에서는 어떻게 숨

왕물맴이 주둥이에 부드러운 털들이 나 있어서 물에 잘 뜰 수 있다.

을 쉴까요? 물 위에서는 공기가 사방에 있으니 호흡하는 데 아무 문제가 없지만, 아가미도 없는 어른벌레가 물속에서 버티기란 힘들지 않을까요? 걱정할 것이 없습니다. 녀석들은 물 위에 있을 때 딱지날개와 배 사이에 있는 공기 방울에 공기가 채워집니다. 서둘러 물속으로 들어가더라도 공기 방울 속 산소를 쓰면 되니 문제 될 것이 없습니다. 산소가 다 떨어지면 다시 물낯으로 올라와 공기를 공기 방울에 채워 넣습니다.

## 배 꽁무니에서 나오는 화학무기

앞서 말했듯이 왕물맴이는 눈이 머리 위쪽과 아래쪽에 나뉘어 있어 물 밖 공중 세계와 물속 수중 세계를 한꺼번에 볼 수 있습니다. 그런 만큼 천적이 다가오는지 여부를 잘 살필 수 있지요. 게다가 몸이 아주 미끈거리기 때문에 천적에게 잘 잡히지 않아 손쉽게 도망갈 수 있습니다. 그런데 이것만으로 자신을 지키기가 버거웠나 봅니다. 자신을 보호해 줄 또 다른 무기가 있습니다. 왕물맴이는 화학 무기를 만들어 힘센 사냥꾼이 달려들면 재까닥 발사합니다.

한번은 물풀에 매달려 머리를 물 바닥 쪽으로 향한 채 거꾸로 물구나무서는 왕물맴이를 만났습니다. 그런데 이게 웬일인가요? 실리콘 같은 하얀 고리가 녀석의 배 끝 꽁무니에 끼워지고 있네요. 처음에는 공기 방울이라고 생각하고 거들떠보지도 않았는데, 아무래도 뭔가 이상해 쪼그리고 앉았습니다. 사진 찍느라 플래시가 터져도 물구나무선 채로 꼼짝도 하지 않습니다. 그런데 하얀 고리 형태가 천천히 허물어지면서 물속으로 퍼져 나갑니다. 아주 천천히 퍼지기 때문에 발이 저려 옴짝달싹 못할 때까지도 하얀 고리 형태가 완전히 사라지지 않고 남아 있습니다.

하얀 고리의 정체는 무엇일까요? 녀석의 화학 방어 무기입니다. 녀석이 내뿜은 방어 물질은 희고 걸쭉합니다. 가스를 내뿜듯이 한 번에 빵 터뜨리지 않고 배 꽁무니에서 천천히 오래오래 분비하기 때문에 보고 있으면 배 끝 꽁무니에 하얀 띠를 두르는 것 같습니다. 걸쭉한 하얀 띠는 조금씩 물속으로 녹아 들어갑니다. 재미있게도 배 끝 가장자리에는 화학 물질이 쉽게 녹지 않도록 방어 물질을 붙잡아 주는 털들이 빼곡히 줄지어 나 있습니다. 이 털들은 왕물맴

왕물맴이는 꽁무니에서 방어 물질을 내뿜는다.

이가 내뿜은 화학 물질을 살살 걸러서 천천히 물속으로 녹아들어가게 합니다. 털들이 여과기 노릇을 하는 셈이지요.

물맴이류는 공격을 받으면 하얀 방어 물질을 뿜어내는 데 1분 30초쯤 걸리니 굉장히 천천히 방어 물질을 내뿜는 셈입니다. 이렇게 녀석들은 오랫동안 방어 물질을 조금씩 천천히 내뿜으면서 '난 맛없어. 가까이 오지 마.' 하며 자신이 맛없는 존재란 것을 만천하에 광고하고 있는 것이지요. 그렇다면 물고기는 녀석들을 잡아먹지 않을까요? 아직까지는 물맴이류가 쓰는 전략이 성공한 것 같습니다. 하지만 앞으로 수많은 세월이 지나면 물고기도 물맴이류를 잡아먹을 어떤 전략을 만들어 낼지도 모릅니다.

## 물맴이의 방어 물질을 씻어 내는 농어

미국의 화학생태학자인 토마스 아이스너(Thomas Eisner)는 물고기가 물맴이(*Gyrinus japonicus*)를 잡아먹는 것을 본 적이 없다면서 왜 그런지 본격적인 연구에 들어갔습니다. 그 까닭은 앞서 말했듯이 물맴이류가 화학 방어 무기를 내뿜기 때문이지요. 녀석의 배 끝 쪽에는 방어 물질을 내뿜는 분비샘이 한 쌍 있습니다. 분비샘은 녀석이 만들어 낸 방어 무기를 저장하는 주머니입니다. 천적이 나타나 위험을 느끼면 분비샘에서 방어 물질을 내뿜어 배 꽁무니에 실리콘 같은 고리를 두릅니다.

물맴이류는 방어 물질을 한 가지 물질로 만듭니다. 물맴이류 가운데 물맴이가 속한 물맴이속(*Gyrinus*)과 왕물맴이가 속한 왕물맴이속(*Dineutus*)을 통해 세계 최초로 알려진 이 물질은 '노르세스퀴테르페노이드 알데히드(nor-sesquiterpenoid aldehyde)'입니다. '기리니달'이라고 하는 테르펜(terpen) 종류이지요.

아이스너는 농어란 물고기에게 물맴이류를 먹이로 주며 실험을 했습니다. 실험 결과를 보면 농어 76마리 가운데 17마리가 물맴이류를 물었다가 곧바로 뱉어 버렸고, 3마리만 물맴이류를 먹었습니다. 이런 결과는 분명 농어가 물맴이류를 싫어한다는 증거입니다. 그런데 한 번은 이런 경우도 있었다고 합니다. 농어에게 물맴이를 밥으로 주었더니 농어들은 물맴이류를 덥석 물었다가 늘 그랬듯이 곧장 뱉었지만, 유독 한 녀석은 곧바로 물맴이류를 뱉지 않고 입속에 넣고는 눈만 껌뻑껌뻑하면서 아가미뚜껑을 열었다 닫았다 했습니다. 맛이 고약하면 바로 뱉으면 될 텐데, 왜 줄곧 입에 물고 있었을까요?

그 농어는 물맴이류가 자기 입속에서 내뿜은 방어 물질을 씻어 내고 있었습니다. 말하자면 입안 청소 중인 셈이지요. 아가미뚜껑이 열리면 입으로 빨아들인 물이 아가미 밖으로 빠져나가고, 아가미뚜껑이 닫히면 아가미 안으로 들어온 물이 입 밖으로 빠져나갑니다. 그러는 와중에 입속에 있는 방어 물질도 덩달아 씻겨 나가는 거지요. 농어가 물맴이류를 물고 입안을 청소하는 데 걸린 시간은 1분 18초입니다. 방어 물질을 만들어 내는 물맴이류도 대단하지만, 방어 물질을 물로 씻어 내는 농어는 더욱 영악합니다.

## 어른벌레는 물 위
## 애벌레는 물속

물속에는 많은 생물들이 삽니다. 몰개나 송사리 같은 작은 물고기, 잉어나 붕어 같은 큰 물고기와 올챙이, 새우, 물달팽이, 하루살이, 잠자리나 물벼룩 같은 곤충처럼 수많은 생물들이 물에 목숨을 맡기고 살아갑니다. 뿐만 아닙니다. 물속에는 육상에서 살다 우연히 물속으로 떨어져 죽은 생물도 있습니다. 그러니 물속은 생물들의 백화점인 셈입니다.

왕물맴이 어른벌레와 애벌레는 둘 다 물에서 삽니다. 물맴이류 곤충이 모두 그렇습니다. 물이 없으면 죽은 목숨이지요. 어른벌레는 물낯에서 살고, 애벌레는 물속 밑바닥에서 삽니다. 또 어른벌레와 애벌레 모두 자기보다 힘없는 생물을 먹고 삽니다. 어른벌레는

물에 모여 있는 물맴이

물 위에 떨어져 죽은 동물을 먹고, 애벌레는 개흙 속이나 물풀 뿌리 둘레에 가만히 숨어 있다가 가까이 다가오는 물속 생물을 잡아 먹습니다.

왕물맴이 어른벌레는 소금쟁이처럼 물낯을 쭈르륵 미끄럼 타며 빙빙 돌다가 먹잇감이 물 위에 떨어지면 재까닥 달려가 먹잇감을 꽉 뭅니다. 물었다 놓았다 여러 번 되풀이하며 먹이 둘레를 맴돌다가 큰턱으로 먹잇감을 물어뜯기 시작합니다. 둥둥 물낯에 떠 있는 먹이에 모여 야금야금 살점을 뜯어 씹어 먹는 '물 위의 식사'는 참 근사하고 앙증맞습니다. 그런데 이 앙증맞은 왕물맴이도 동족을 잡아먹습니다.

한참 전에 연구실에서 왕물맴이 습성이 궁금해 3마리를 어항에 넣고 키운 적이 있습니다. 날아갈까 봐 어항 뚜껑에 자잘한 구멍을 냈습니다. 녀석들에게 밥으로 물달팽이를 주었습니다. 왕물맴이는 하루에 2마리씩 물달팽이를 잡아먹었습니다. 4일째 되는 날, 큰 일이 벌어졌습니다. 밥을 주려고 어항 뚜껑을 열었는데, 떠들썩하던 어항 속이 허전합니다. 아! 한 마리가 사라지고 두 마리만이 남아 있습니다. 나머지 한 마리는? 딱지날개만이 물낯에 둥둥 떠다니고 있는 걸 보니 동료에게 잡아먹혔군요. 그때 두 녀석 중 한 녀석이 잽싸게 동료이자 동족인 왕물맴이를 공격합니다. 그새 공격을 몇 차례 당했는지 공격당한 왕물맴이는 꼼짝도 못 하고 몸이 뒤집힙니다. 그러자 배고픈 왕물맴이는 동료에게 달려들어 다리를 뜯어 먹기 시작합니다. 밥이 된 동료는 바둥거리지도 요동치지도 않고 기꺼이 몸을 내어 줍니다. 녀석이 동료를 딱지날개와 발목마디만 남기고 먹어 치우는 데 30쯤 걸렸습니다.

이렇게 곤충 세계에서 동족을 잡아먹는 동족 포식 현상(cannibalism)은 흔히 있는 일입니다. 보통 먹이가 모자랄 때에 이런 일이 벌어지는데, 굶주린 배를 채우기 위해 형제자매도, 친척도 그저 먹잇감으로 보일 뿐입니다. 극한 상황에서는 모두가 먹고 먹히는 먹이망의 한 구성원일 뿐이지요. 먹어야 살고, 살아남아야 유전자를 후손에 넘겨줄 수 있습니다. 동족 포식을 마다 않는 곤충 세계의 생존 본능에 머리가 숙여집니다. 살아남은 누군가는 가족, 친척과 나눠 가진 유전자를 후손에게 전달하겠지요.

그럼 왕물맴이 애벌레는 어떻게 사냥을 할까요? 왕물맴이 애벌레는 큰턱이 기다랗고 날카로운 낫처럼 생겨 보고 있으면 소름이 돋을 정도입니다. 물속 밑바닥 흙 속에 몸을 숨기고 있다가 먹잇감이 가까이 다가오면 잽싸게 튀어나와 무시무시하게 생긴 큰턱으로 와싹 물어 버립니다. 또는 밑바닥을 기어 다니다가 힘 약한 곤충을 잡아먹기도 합니다.

왕물맴이가 동족을 잡아먹고 있다.

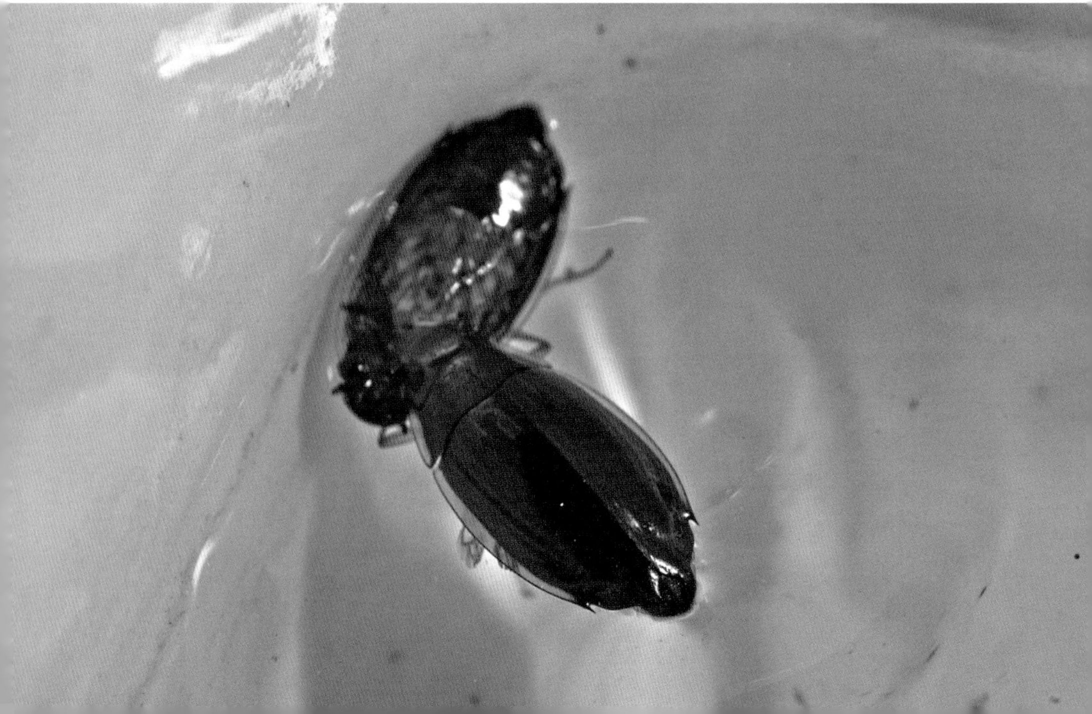

어른벌레와 달리 애벌레는 씹어 먹지 않고 먼저 큰턱을 먹잇감에 주삿바늘 찌르듯이 푹 꽂아 두고, 큰턱 속에 기다랗게 뚫린 관을 통해 침(타액)을 먹잇감에 서서히 집어넣습니다. 잠시 뒤 먹이가 흐물흐물 먹기 좋게 녹으면, 그제야 우아한 식사를 합니다. 큰턱 속으로 뚫린 관으로 암죽 요리를 살살 들이마십니다. 다 먹고 나면 단단한 껍질만 남습니다. 빈 껍질은 물속을 떠돌다가 미생물 밥이 되겠지요.

물속에서 사는 왕물맴이 애벌레는 어떻게 숨을 쉴까요? 애벌레는 물 아래쪽에서 위로 절대 올라오지 않습니다. 공기를 가지러 물낯으로 올라갈 필요가 없지요. 녀석에게는 비장의 무기가 있습니다. 바로 아가미(gill)입니다. 배 옆구리에 깃털처럼 생긴 옆 아가미(lateral gills)가 8쌍 매달려 살랑살랑 움직이며 산소를 얻습니다. 또 9번째 배마디에 기관 아가미가 있어 산소를 얻습니다.(물속 곤충의 호흡 방법은 '게아재비' 편에서 자세히 설명하고 있습니다. 164쪽 참고.)

아쉽게도 물맴이류의 사생활은 많은 부분이 베일에 싸여 있습니다. 언젠가 이들의 사생활을 들여다볼 날이 오겠지요. 비밀이 벗겨지는 그날을 손꼽아 기다립니다.

## 물속
## 청소부

모든 생물은 한 번 나면 죽습니다. 물속에서 사는 생물도, 땅 위

물낯에서 쉬고 있는 왕물맴이

에서 사는 생물도 나고 죽는 건 정해진 이치입니다. 물속에도 많은 생명들이 넘쳐 나니 하루에도 죽는 생물이 셀 수 없을 정도지요. 또한 땅에서 사는 생물도 우연히 물 위에 떨어지기도 하고 빗물이나 바람 타고 물속으로 들어올 수 있습니다. 물에 들어온 죽은 시체들은 누군가 먹어 분해해야 합니다. 왕물맴이는 살아 있는 생물을 먹기도 하고, 물 위나 물속에 떠다니는 죽은 곤충이나 작은 동물들을 먹기도 합니다. 애벌레는 물 밑에서, 어른벌레는 물낯에서 물결 타고 떠다니는 생물과 죽은 시체를 다 먹어 치웁니다. 물속 청소부인 셈이지요.

아마도 물에 청소부가 없었다면 연못은 떠다니는 주검으로 붐비겠지요. 그러면 물도 썩을 테고, 식물도 못 자랄 테고, 또 그 물에 깃들어 사는 많은 생물들이 고초를 겪어야 되는 건 안 봐도 빤한 일입니다.

또한 왕물맴이 자신도 물고기나 새들, 잠자리 같은 힘센 사냥꾼들에게 훌륭한 밥이 되어 줍니다. 이렇게 작은 연못 하나에서도 먹고 먹히는 먹이망이 얽히고설켜 있습니다. 자신들끼리 적절한 균형을 이루면서 역동적인 물속 세상을 만들어 가고 있습니다.

물에 누워
헤엄치는

# 송장헤엄치게

**송장헤엄치게 1령 애벌레**

송장헤엄치게 1령 애벌레가 몸을 발라당
거꾸로 뒤집은 채 물낯에 떠 있습니다.

오랜만에 영화를 보았습니다.

영화는 '시'

세계 영화제에서 각본상을 받았다는 작품.

영화의 첫 장면은 굉장히 강렬합니다.

'엎드린 채 물 위로 떠오른 주검.

그것도 세일러복을 입은 여학생의 뒷모습.'

순간 얼마나 끔찍했던지 나도 모르게 눈이 질끈 감겼습니다.

난데없는 주검 얘기에 당황하셨나요?

그러실 필요 없습니다.

사람들이 특별한 이름을 선사한

곤충 얘기를 하려던 참이니까요.

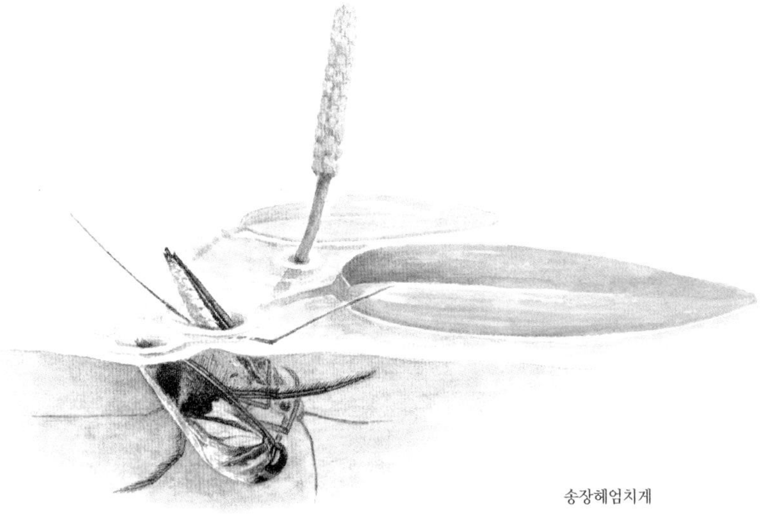

송장헤엄치게

이 꼭지는 노린재목 송장헤엄치게과 종인 송장헤엄치게(*Notonecta triguttata*) 이야기입니다.

## 타고난 배영 선수
## 송장헤엄치게

7월의 연못은 온통 생명들로 가득합니다. 햇빛 받아 반짝이는 물 위에 초록 카펫처럼 쫙 깔린 노랑어리연 잎과 그 잎 사이로 수줍게 피어난 노오란 꽃, 불가사리 같은 마름 잎, 손바닥만 한 수련 잎, 앙증맞은 개구리밥, 노랑어리연 잎 사이에 숨은 개구리, 알 업은 물자라, 미끄럼 타는 소금쟁이, 떼 지어 헤엄치는 송사리가 바글바글합니다. 넋을 잃고 연못 속살을 구경하는데, 마침 공을 툭툭 차듯이 물속을 미끄러져 떠다니는 녀석이 보입니다. 그것도 몸을 발라당 뒤집고 물에 누워 헤엄치는 녀석. 누구일까요? 바로 송장헤엄치게입니다. 살랑거리는 잔물결 따라 덥수룩한 배를 내놓고 물에 둥둥 떠다니는 송장헤엄치게. 그 모습이 물 위를 떠다니는 영화 속 시체와 똑 닮았습니다. '시체헤엄치게'가 아닌 '송장헤엄치게'! 헤엄치는 품새나 이름이 하도 엽기적이라 한 번 보고 들으면 절대 잊어버리지 않습니다. 누군지 기막히게 이름을 지었습니다. 서양에서는 송장헤엄치게를 누워서 헤엄친다고 '배영 선수(back swimmer)'라고 합니다. 우리 이름에서는 짓궂은 해학적 비유가, 서양 이름에선 사실적 모더니즘이 묻어나니 이름 하나만으로도 문화가 다른 사람들의 내면세계가 들여다보입니다.

송장헤엄치게는 많은 시간을 물속에 태평하게 드러누워 지냅니다. 사냥할 때나 천적을 피할 때만 빼고 말이죠. 반달처럼 볼록한 등은 물 바닥 쪽으로 향하고 납작한 배는 하늘을 보며 눕습니다. 팔자치고는 상팔자입니다. 쉴 때는 물속에서 비스듬히 물구나무서서 물에 잠겨 있는 마름이나 노랑어리연 줄기를 붙잡고 숨어 있습니다. 그러다가 숨 쉴 때면 물 위쪽으로 떠올라 헤엄칩니다. 물낯 바로 아래에서 배를 드러낸 채 누워서 기다란 뒷다리를 휘적휘적 저으며 떠다니는 모습이 꼭 노 젓는 나룻배 같습니다.

송장헤엄치게는 등은 물 바닥을 보고, 배는 하늘을 보고 누워 헤엄친다.

몸길이는 13밀리미터쯤 되어서 맨눈으로도 잘 보이고, 몸 생김새는 물속에서 헤엄치기 좋은 유선형입니다. 송장헤엄치게는 이름도 엽기적이지만 생김새도 희한합니다. 길쭉하게 튀어나온 붉은 겹눈과 뾰족한 주둥이를 가진 얼굴은 방독면을 쓴 외계인처럼 요상합니다. 겹눈은 얼마나 큰지 머리 절반쯤 되어 물 밑도 볼 수 있고, 물 밖도 볼 수 있습니다. 물낯 아래에 드러누운 채 물 바닥에 사는 잠자리 애벌레 같은 먹잇감을 찾으랴, 자기를 노리는 물속 천적과 물 밖 천적을 살피랴, 누워 헤엄치다 혹 부딪칠지도 모르는 바위 같은 위험한 장애물을 피하랴, 이렇게 겹눈은 늘 바쁩니다.

녀석 다리는 정말이지 균형이라고는 찾아볼 수 없는 비대칭입니다. 우선 앞다리와 가운뎃다리는 '사냥용(끌어안기용)'이고 뒷다리는 '헤엄용'입니다. 그러다 보니 다리 길이가 너무 차이가 나 불협화음 그 자체입니다. 앞다리 길이는 뒷다리 길이의 절반도 안 될 만큼 짜리몽땅해 마치 거북이 목 같습니다. 짧기는 하지만 알맞게 휘어져 먹잇감을 낚아채기 안성맞춤입니다. 더구나 침 같은 날카로운 가시털과 발톱까지 있어 먹잇감을 꽉 잡을 수 있지요. 이에 비해 황새 다리 같은 뒷다리는 얼마나 긴지 제 몸길이와 맞먹습니다. 역시 '헤엄용'답게 노처럼 생겼습니다.

그럼 녀석들은 뒷다리로 어떻게 노를 저을까요? 뒷다리를 머리 쪽에서 배 꽁무니 방향으로 쓱쓱 움직이며 앞으로 나아갑니다. 사

송장헤엄치게 겹눈은 빨갛다.

람들이 나룻배를 저을 때는 노를 물 위로 들어 올리면서 젓지만, 물속 곤충은 다리 근육을 물 밖으로 들어 올릴 수 없습니다. 그래서 앞쪽으로 나아가기 위해선 뒷다리를 머리 쪽에서 배 꽁무니 쪽으로 움직이며 쓱쓱 저어야 합니다. 이때 다리에 난 털이 조수 노릇을 자청합니다. 사람 종아리에 해당하는 종아리마디와 사람 발가락에 해당하는 발목마디 안쪽에는 털들이 한쪽 방향으로 물샐틈없이 빽빽이 나 있습니다. 다리로 노를 저을 때 이 털들이 앞쪽으로 잘 헤엄쳐 나아가도록 도와줍니다. 빽빽이 나 있는 털들의 전체 표면적이 넓을수록 물을 밀어내는 힘 또한 커집니다.

그런데 놀랍게도 물에 가만히 떠 있다가도 양쪽 다리를 머리 쪽으로 가져갔다가 순식간에 배 꽁무니 쪽으로 쓱 내려 저으면 몸은 벌써 10센티미터 넘게 나아가 있습니다. 녀석은 방향을 바꿀 수도 있습니다. 왼쪽으로 가고 싶으면 오른쪽 다리로만 노를 젓고, 오른쪽으로 가고 싶으면 왼쪽 다리로만 노를 젓습니다. 나룻배 방향을 바꿀 때 한쪽 노만 젓는 것과 똑같지요.

## 비슷하게 생긴
## 어른벌레와 애벌레

송장헤엄치게는 늘 배만 보여 주니 도대체 어른벌레인지 애벌레인지, 몸은 무슨 색깔인지 알 수가 없습니다. 연못가에 한참을 앉아 있으면 녀석은 제가 가까이 있는 것을 잊었는지 어느새 제 발

가까이 헤엄쳐 옵니다. 잘 만났구나! 구경 좀 해 보자! 녀석에게 살그머니 손을 내미니 쏜살같이 저만치 도망갑니다. 옛날 같으면 신었던 고무신을 벗어서 잡으면 될 텐데, 고무신은 없고 대신 뜰채로 물속을 살살 훑어 올립니다.

뜰채에 걸린 녀석은 송장헤엄치게 애벌레 두 마리. 그런데 갑자기 녀석들이 물고기처럼 펄떡펄떡 뛰더니 뜰채 밖으로 튀어 나가 물속으로 풍덩! 또다시 뜰채로 물속을 조심스럽게 쓸어 올립니다. 이번에는 제법 많은 녀석들이 뜰채에 걸려들었습니다. 잠자리 애벌레, 물자라 애벌레, 실잠자리 애벌레, 물진드기, 송장헤엄치게 어른벌레 한 마리와 애벌레 세 마리. 덕분에 오늘은 송장헤엄치게 애벌레와 어른벌레를 한자리에서 한꺼번에 관찰할 수 있겠군요. 그런데 뜰채에 물이 없어서일까요? 송장헤엄치게가 누워 있지 않고 바로 앉아 있습니다. 긴 뒷다리를 접지도 못하고 그렇다고 쭉 펴지도 못하고 엉거주춤 앉아 있습니다.

녀석들을 연못 물을 담은 관찰 그릇에 옮겨 놓으니 관찰 그릇은 금세 곤충 백화점이 되었네요. 송장헤엄치게 어른과 새끼는 자기가 사는 연못으로 보내 달라고 시위라도 하듯이 좁은 그릇 안을 정신없이 헤집고 다닙니다. 드러누워 헤엄치면서 말이죠. 같이 있던 곤충들은 녀석들 등쌀에 어쩔 줄 몰라 덩달아 우당탕 이리저리 헤엄치며 돌아다닙니다. 그야말로 북새통도 그런 북새통이 없습니다. 이쯤에서 카메라를 꺼내 녀석들 하나하나를 정성 들여 기념사진 찍어 주노라니 송장헤엄치게 어른벌레와 애벌레도 제풀에 꺾여 얌전히 물에 떠 있습니다.

그런데 물에 누워 있는 애벌레와 어른벌레는 잘 분간이 안 갑니다. 그래서 누워 있는 애벌레를 뒤집어 보니 날개가 없군요. 언뜻 보고도 어른벌레인지 애벌레인지 금방 가려내려면 날개를 보면 됩니다. 날개가 없으면 애벌레, 날개가 있으면 어른벌레니까요. 그렇지만 엄밀하게 따지면 애벌레 몸속에서 날개 싹이 자라고 있으니 애벌레한테도 날개가 있는 것이지요. 단지 우리 눈에만 안 보일 뿐입니다.

송장헤엄치게 애벌레 등 쪽

그런데 말이지요. 송장헤엄치게 애벌레 몸 색깔을 본 적이 있나요? 등 쪽 몸 색깔이 얼마나 예쁜지 모릅니다. 고려청자 색깔 같다고나 할까요. 몸은 청자 같은 푸른색, 눈은 흑장미 색입니다. 얼마나 고운지 자연색이 빚어낸 아름다운 조화에 홀딱 반해 침만 꿀꺽 넘어갑니다. 아쉽게도 이렇게 아름다운 애벌레 몸 색깔은 그리 오래가지 못합니다. 애벌레가 어른벌레가 되기까지 여러 번 허물을 벗는 사이 청자빛 고운 색깔은 차차 거무튀튀한 색으로 바뀝니다. 녀석을 호시탐탐 노리는 천적을 피하려면 아무래도 몸 색깔이 연못 둘레 색깔과 닮는 것이 유리할 테니까요.

## '안갖춘탈바꿈'하는 송장헤엄치게

송장헤엄치게는 노린재목 가문의 가족이라 '안갖춘탈바꿈(불완전변태)'을 합니다. 나비목, 파리목, 벌목이나 딱정벌레목 가문의 가족과 달리 번데기 시절을 거치지 않고 애벌레에서 곧바로 어른

송장헤엄치게 애벌레 배 쪽

송장헤엄치게 어른 벌레 등 쪽

벌레가 되지요. 송장헤엄치게처럼 안갖춘탈바꿈을 하는 곤충들은 여러 애벌레 단계를 거칩니다. 알에서 갓 깨어난 1령 애벌레는 여러 번 허물을 벗으면서 몸집을 키웁니다. 애벌레가 하는 일은 오로지 먹는 일. 애벌레는 그 밖의 일은 할 줄 아는 게 별로 없습니다. 애벌레 때는 생식기가 발달하지 않아 짝짓기 흉내조차 낼 수 없습니다. 다 자란 애벌레는 마지막 허물을 벗고 어른벌레가 됩니다.

애벌레는 꼭 허물을 벗어야만 할까요? 그렇습니다. 곤충 몸은 가볍고 질긴 큐티클(cuticle) 껍질에 싸여 있기 때문에 껍질 속에서 몸이 어느 만큼 커지면 그 껍질을 벗어야 합니다. 그렇지 않으면 쇠심줄보다 더 질긴 큐티클에 갇혀 죽게 됩니다. 그래서 허물을 벗을 때마다 애벌레 몸은 부쩍 커집니다. 그러니 몸 크기와 날개가 있고 없고에 따라 애벌레와 어른벌레를 알 수 있지만 생김새는 정말 비슷합니다.

마지막 허물을 벗고 어른벌레가 된 송장헤엄치게는 몸집도 커지고, 날개가 완전히 배를 덮고, 몸 색깔도 점잖게 바뀝니다. 어른 송장헤엄치게 날개는 거무튀튀한 검보라색이지만 벨벳처럼 부드럽고, 기름기 있는 짧은 털이 덮여 있어 물에 잘 젖지 않습니다. 배에는 긴 밤색 털이 수북이 덮여 있어 연못 둘레와 색깔이 비슷해 천적 눈에 잘 띄지 않습니다. 보호색을 띠고 있는 것이지요.

어른벌레는 생식기를 갖췄으니 녀석이 해야 할 일은 대를 잇는 일. 짝짓기를 마친 엄마 어른벌레는 물풀 줄기나 잎사귀 겉에 알을 하나씩 하나씩 낳는데, 알을 낳을 때 산란관 옆에 있는 부속샘에서 접착 물질이 함께 나와 알들이 서로 떨어지지 않도록, 또 물풀에서 떨어지지 않도록 붙여 놓습니다.

송장헤엄치게 어른벌레 배 쪽. 송장헤엄치게 어른벌레 배에는 가느다랗고 긴 털이 잔뜩 나 있다.

물속 감춰진 세계에서 사는 송장헤엄치게가 허물을 몇 번 벗으며 어떻게 사는지 거의 알려진 게 없습니다. 육상 노린재류는 거의 허물을 4번 벗으며 자라는 것으로 미루어 보면 송장헤엄치게도 허물을 4번 벗는 것으로 여겨집니다. 다만 연못 물속에서 크기가 다른 애벌레와 어른벌레가 함께 발견되는 걸 보면 개체마다 생활 주기가 조금씩 다른 것 같습니다.

## 목숨 걸고 '물 찾아 삼만 리'

송장헤엄치게가 날개를 펴고 나는 것을 보셨나요? 녀석은 굉장히 잘 납니다. 특히 여름밤이면 물가 가까운 곳에 있는 불빛 둘레로 잘 날아옵니다. 날아온 녀석을 무심결에 손으로 잡으면 뾰족한 주둥이로 손을 찌르기도 합니다. 당연히 따갑고 아프지요. 물론 낮에도 관찰하려고 잠시 연못에서 건져 관찰 그릇에 옮겨 놓으면 붕~ 힘차게 날아 물로 갑니다. 송장헤엄치게는 날개를 뒤덮고 있는 털이 물에 젖지 않아 언제든 마음만 먹으면 날 수 있습니다.

송장헤엄치게가 날 때는 나름 큰 까닭이 있습니다. 심한 가뭄이 들면 물이 말라 연못 바닥이 드러납니다. 물론 가물면 물이 없으니 다른 물을 찾아 날아갑니다. 가뭄으로 물이 마르면 그나마 낫습니다. 시간이 지나 비가 내리면 연못에 다시 물이 고여 가물었던 연못은 다시 여러 생명의 터전으로 바뀌니까요. 문제는 사람들 간섭으로 물이 마를 수 있다는 것이지요. 사람들이 강이나 하천을 정비한답시고, 또 개발이란 이름으로 자연의 물길을 막아 버리면, 연못으로 물이 흘러들지 못합니다. 게다가 멀쩡한 습지를 뒤엎어 뭉개고, 강이나 개울 옆에 길을 내고, 그것도 모자라 시멘트로 발라 놓기까지 하면, 당연히 물길이 막혀 둘레 습지나 연못은 시나브로 사라져 갑니다. 그러면 물속에 사는 모든 생명에게 비상이 걸립니다. 녀석들 집은 물인데, 물은 녀석들에게 생명인데, 물이 사라진다니 큰 재앙이 아닐 수 없습니다. 모두에게 죽음이 코앞에 닥쳤습니다. 머뭇거리다간 그대로 죽을 수밖에 없습니다. 송장헤엄치게도 '물 찾아 삼만 리'를 마다 않고 필사적으로 물을 찾아 떠나야 합니다. 서둘러 튼튼한 날개를 활짝 펴고 공중으로 날아올라 생명을 이어 줄 물을 찾아 멀리멀리 떠납니다.

도대체 이 조그만 녀석이 어떻게 물을 찾아낼까요? 물론 겹눈으로 물을 찾습니다. 사람과 마찬가지로 거의 모든 곤충들도 눈이 굉장히 중요한 감각 기관입니다. 송장헤엄치게 겹눈이 머리 대부분을 차지하고 있는 것만 봐도 중요하단 것을 대번에 알 수 있지요. 태양 광선은 지구에 도착하면 대지에 있는 분자들과 부딪쳐 산란되면서 편광이 생깁니다. 산란되어 꺾이는 방향은 태양 광선이 퍼져 나가는 방향과 수직입니다. 뿐만 아닙니다. 태양 광선이 평평한 면에 반사되는데, 이때도 태양 광선이 꺾여 편광이 생깁니다. 이처럼 평평한 면에 부딪쳐 꺾이는 태양 광선을 편광(偏光, 일정한 방향으로 진동하는 빛)이라고 합니다. 반사면이 평평하다 보니 그 면에 부딪친 태양 광선은 일정한 방향으로 치우쳐 꺾이지요.

지구에는 수많은 평면들이 있습니다. 그중에서 지구를 70퍼센트

덮고 있는 물낯이 가장 큰 평면입니다. 놀랍게도 곤충들은 편광을 잘 이용합니다. 구름에 가려 태양을 볼 수 없어도 편광을 이용해 태양 위치를 정확히 알아차립니다. 특히 송장헤엄치게 같은 물속 곤충들은 편광을 팔 걷어붙이고 활용합니다. 송장헤엄치게 몸통 아랫면, 즉 머리 아랫면에는 편광을 감지하고 측정하는 특수한 낱눈들이 달려 있습니다. 그 특수한 낱눈으로 태양 빛을 반사시키는 물을 찾아 용감한 여행을 떠나는 것이지요. 때때로 인간이 만든 문명의 덫에 걸려들기도 합니다. 높은 건물마다 번쩍번쩍 빛나는 평평한 유리창은 물처럼 편광을 일으켜 햇빛을 일정한 방향으로 반사시킵니다. 안타깝게도 물을 찾던 곤충들은 유리창이 물인 줄 알고 신나게 달려듭니다. 개발로 인해 살 곳을 잃어버린 것도 억울한데, 궁여지책으로 물 많은 연못이며 습지를 찾아 날아가던 중 딱딱한 유리창에 부딪쳐 죽게 되지요. 목숨 걸고 떠난 여행이 말 그대로 죽음의 여행이 된 셈입니다. 생각할수록 참 가슴 아픈 현실입니다.

## 곡괭이 같은
## 주둥이

송장헤엄치게 집은 물, 녀석의 밥은 물속에 널려 있습니다. 송사리나 몰개 같은 물고기, 올챙이, 물자라, 잠자리 애벌레, 실잠자리 애벌레 따위가 모두 녀석의 밥이지요. 송장헤엄치게는 어떻게 밥을 먹고 살까요? 밥은 쭉쭉 빨아 들이마시며 먹습니다. 녀석은 노린재목 가문 식구라서 찔러서 빨아 먹는 뾰족한 주둥이를 가졌습니다.

그런데 같은 노린재 집안이라 해도 종마다 뾰족한 주둥이 생김새에 차이가 있습니다. 소금쟁이 주둥이는 짧고 가늘고, 물자라 주둥이는 뭉툭하고, 에사키뿔노린재 주둥이는 바늘처럼 가느다랗습니다. 송장헤엄치게 주둥이는 곡괭이처럼 생겼습니다. 무쇠도 뚫을 것 같은 기세라 카리스마가 철철 넘칩니다. 4마디로 되어 있는 주둥이가 얼마나 긴지 앞다리 첫 번째 마디(밑마디)에까지 이릅니다. 평상시 먹이를 먹지 않을 때는 주둥이를 배 끝 쪽으로 향하게 해 몸에 딱 붙여 둡니다. 그러다가 먹이를 잡으면 침 주둥이를 치켜들어 사냥감에 가차 없이 푹 찔러 넣습니다. 무시무시한 주둥이에 한번 걸린 먹이는 제대로 반항 한번 못 한 채 녀석의 맛있는 밥이 됩니다.

## 동족도 잡아먹는 송장헤엄치게

송장헤엄치게는 굶주리면 종족도 마다 않고 잡아먹습니다. 녀석들이 제 종족을 잡아먹는 것은 그리 놀라운 일이 아닙니다. 거의 모든 곤충은 사람과 달리 가족이나 혈족 간에 유대감이 없지요. 그저 종족도 생태계에 존재하는 하나하나의 개체일 뿐입니다. 서로 경쟁자가 될 수 있고, 먹잇감도 될 수 있습니다.

어느 날 물가에 앉아 있다가 드라마틱한 포식 현장을 목격했습니다. 어른 송장헤엄치게가 아기 송장헤엄치게를 덮치는 장면 포착! 어른 송장헤엄치게가 마름 잎이 떠 있는 연못에서 한가로이 드러누워 있습니다. 갑자기 녀석이 몸을 뒤집어 좀처럼 보여 주지 않던 등을 보입니다. 웬일일까? 그 비싼 등을 보여 주다니. 녀석은 몸을 뒤집자마자 순식간에 펭귄이 바닷물 속으로 헤엄쳐 들어가듯 물속으로 들어갑니다. 그리고 금방 뭔가를 끌어안고 물낯으로 떠오릅니다. 아기 송장헤엄치게를 낚아채 왔네요. 그런데 아기 몸 크기가 만만치 않군요. 아기 송장헤엄치게치고는 꽤 큽니다. 먹잇감 몸집이 헤비급인데다 심하게 버둥대기까지 하니 제대로 제압할 수 있을까 싶네요. 그래도 명색이 명사냥꾼 소릴 듣는 어른 송장헤엄치게. 녀석은 튼튼한 앞다리와 가운뎃다리로 먹이를 꼭 끌어안고 주둥이를 먹잇감에 푹 찔러 넣습니다.

송장헤엄치게 어른벌레가 같은 종 애벌레를 끌어안은 채 잡아먹고 있다.

그러자 아기 송장헤엄치게가 반격을 시작합니다. 까짓것 죽을 때 죽더라도 거세게 저항을 해 볼 참입니다. 사냥꾼 다리 안에 갇힌 애벌레는 6개 다리를 격렬하게 움직이며 발버둥 칩니다. 몸통도 이리저리 움직이며 흔들어 댑니다. 얼마나 거세게 버둥거리는지 어른 송장헤엄치게의 짧은 앞다리와 가운뎃다리에 잡혀 있던 아기 송장헤엄치게가 금방이라도 풀려날 것 같습니다. 그럴 때마다 어른 송장헤엄치게는 몸부림치는 아기 송장헤엄치게를 꼭 껴안고 이쪽저쪽으로 헤엄쳐 장소를 옮깁니다. 먹잇감의 혼이라도 빼놓을 듯이 말이죠. 마치 씨름 경기 중계방송을 보는 것 같습니다. 힘센 씨름 선수는 상대 선수 샅바를 꽉 움켜쥐고 상대방을 끌어안아 넘어뜨리려 하고, 상대 선수는 넘어지지 않으려 발버둥 치는 모습하고 어찌나 똑같은지……. 재미있게도 사냥 내내 어른 송장헤

엄치게는 눕는 것을 포기하고 등을 보여 주며 아기 송장헤엄치게에 집중합니다. 덕분에 만날 못생긴 배만 보여 주던 어른 송장헤엄치게 등짝을 실컷 보았지요.

그렇게 2분쯤 지났을까? 어른 송장헤엄치게가 찔러 넣은 소화 효소가 들어 있는 침(타액) 때문에 아기 송장헤엄치게 몸에서 힘이 시나브로 빠집니다. 그제야 마음이 놓이는지 어른 송장헤엄치게는 다시 몸을 뒤집어 못생긴 배를 드러내 놓고 물 위에 드러눕습니다, 여전히 애벌레를 다리 4개로 꼭 끌어안고서 말이죠. 이때 물에 잘 떠 있도록 뒷다리를 머리 쪽에서 배 끝 쪽으로 노처럼 쓱쓱 젓습니다. 아기 송장헤엄치게는 어른 송장헤엄치게 주둥이에 꽂힌 채 사냥꾼 배 위에서 꼼지락거리며 힘없이 죽어 갑니다. 어른 송장헤엄치게가 찔러 넣은 소화 효소가 점점 먹잇감을 흐물흐물 죽처럼 녹이기 때문이지요.

드디어 아기 송장헤엄치게가 죽었는지 꼼짝도 안 하고 무표정하게 늘어져 있습니다. 드디어 요리 완성! 이제 어른 송장헤엄치게는 먹기만 하면 됩니다. 자기 식탁인 배 위에 먹음직스럽게 차려 놓은 '아기 송장헤엄치게 죽'을 우아하게 먹기만 하면 됩니다. 살랑거리는 물결을 타고 아기 송장헤엄치게 몸에 꽂힌 곡괭이 같은 우악스런 주둥이로 죽이 된 속살을 천천히 빨아 먹습니다. 갑자기 호기심이 일어나 밥 먹는 어른 송장헤엄치게를 슬쩍 건드려 봅니다. 예상했던 대로 아기 송장헤엄치게를 꼭 껴안고 다른 곳으로 도망가 마저 식사합니다. 그렇게 '아기 송장헤엄치게 죽'을 다 먹는 데 30분쯤 걸렸습니다. 식사를 마친 녀석은 껍질만 남은 아기 송장헤엄치게에서 주둥이를 쏙 빼고 저쪽으로 가 버립니다. 체액을 몽땅 사냥꾼에게 바치고 빈 껍질만 남아 물낯을 둥둥 떠다니는 아기 송장헤엄치게. 안쓰럽기도 하고, 자연의 질서에 고개가 숙여지기도 하고, 갑자기 생각이 많아집니다. (노린재목의 식사법은 '물장군' 편에 설명해 두었습니다. 183쪽 참고)

## 물속에서 숨쉬기

평생 물속에서 사는 송장헤엄치게는 어떻게 숨을 쉴까요? 여느 생물들처럼 녀석도 먹지 않으면 죽는 것과 같이 숨도 쉬지 않으면 죽습니다. 아주 오래전에 송장헤엄치게 조상은 땅 위에서 살았습니다. 그러다가 어느 시기엔가 후손 중 몇몇이 물에서 살기 시작했습니다. 이 때 가장 큰 문제는 호흡이었습니다. 땅 위에서는 대기 중에 공기가 떠다니니 그냥 들이마시면 됩니다. 하지만 물속에는 땅 위에서처럼 대기 중에 떠다니는 공기가 없고, 대신 산소가 물에 녹아 있어 숨구멍을 통한 공기 호흡이 불가능합니다. 그래서 물속에 터전을 잡은 송장헤엄치게는 물속에 녹아 있는 산소(용존 산소)를 이용하기 위해 기막힌 아이디어를 개발합니다.

송장헤엄치게는 대기 중에 깔린 공기를 호흡에 사용합니다. 그래서 녀석들은 물낯 가까이 수시로 떠올라 대기 중에 있는 신선한 공기를 직접 가지고 갑니다. 송장헤엄치게가 물낯 가까이에서 둥둥 떠다니는 까닭이 바로 공기를 가져가기 위해서입니다. 한량처럼 드러누워 쉬고 있는 것이 아닙니다. 물풀에 매달려 숨을 쉬다가 도 공기가 떨어지면 주기적으로 물낯 가까이 떠올라 신선한 공기를 가져가고, 공기가 떨어지면 또 떠올라 가져갑니다.

송장헤엄치게 애벌레가 뒷다리를 움직여 배에 공기 방울을 모으는 과정이다.

그렇다면 송장헤엄치게는 그 공기를 어떻게 가져갈까요? 송장헤엄치게는 산소 탱크 노릇을 하는 공기 방울(air bubble) 속에 공기를 꼭 담아 가져갑니다. 공기 방울은 물속에서 일종의 아가미(gill) 역할을 해 '가스 아가미(gas gill)'라고도 하고, 또는 '물리적 아가미(physical gill)'라고도 합니다. 공기 방울 속에는 산소(대기 중 산소량 약 21퍼센트, 물속 산소량 약 33퍼센트)도 들어 있고, 질소(대기 중 질소량 79퍼센트, 물속 질소량 64퍼센트)도 들어 있습니다.

## 공기 방울은 몸 어느 부분에 달고 다닐까

송장헤엄치게의 공기 방울, 즉 산소 탱크는 몸 어느 부분에 있을까요? 송장헤엄치게는 여러 군데에 공기 방울을 달고 다닙니다. 특히 어른벌레는 날개가 있어 공기 방울에 공기를 채우기가 좋습니다. 배 쪽(가슴과 배), 날개 아래쪽, 날개 위쪽에 말이지요. 공기가 필요해 물낯 가까이 헤엄쳐 올라온 송장헤엄치게는 배와 배 끝이 하늘을 향하도록 비스듬히 누워서 배 끝으로 물낯을 찔러 얇은 물막을 깨뜨립니다. 그런 다음 날개를 살짝 벌려 물 밖 세상의 공기를 공기 방울 안에 채워 넣습니다. 날개 아래쪽 공기 방울 안에, 날

1

2

3

4

5

6

7

개 위쪽에 빽빽하게 난 짧은 털들 둘레에 있는 얇은 필름 같은 공기 방울 안에, 배 쪽의 털이 덮고 있는 여물통 같은 공기 방울 안에 채워 넣습니다.

희한한 것은 몸을 빽빽이 덮고 있는 짧은 털들까지도 공기를 모으는 데 한몫합니다. 이 털들은 대부분 촘촘히 나 있어 털 뭉치를 이룹니다. 공기 방울을 빽빽하게 덮는 짧은 털 뭉치에는 굉장히 얇은 공기층이 만들어지는데, 이 얇은 공기층을 모반기층(plastron, 毛盤氣層)이라고 하지요. 신기하게도 이 털들은 기름기가 있어 물에 젖지 않습니다. 더구나 털들이 모두 옆으로 드러누워 있어 공기 방울을 잘 보관할 수 있습니다. 그 지혜가 기막히지요. 모반 또한 숨구멍과 이어져 있어 호흡에 중요한 역할을 합니다. 물낯 가까이 누워 있는 녀석의 배 부분이 유난히 반짝이고 은색으로 빛나는 것은 공기 방울을 덮고 있는 털 뭉치에 생긴 공기층(모반기층) 때문입니다. (모반기층 호흡에 관해 '게아재비' 편에서 설명해 두었습니다. 164쪽 참고)

이렇게 몸이 공기 방울과 공기층(모반기층)으로 빵빵하게 둘러싸여 있으니 공기 방울과 모반기층이 부레 역할도 해 녀석이 물에 뜨는 것을 돕습니다. 그래서 물낯 가까이 떠 있을 때는 평형 상태를 유지하려고 줄곧 기다란 주둥이를 움직여 조절하고, 움직임을 멈출 때는 대부분의 경우 마름이나 노랑어리연 같은 식물을 붙잡습니다. 안 그러면 코르크처럼 물 위로 둥둥 뜰지 모르니까요.

## 공기는 어떻게 세포에 전달될까?

공기 방울 속 공기는 어떻게 송장헤엄치게 몸속 구석구석까지 전달될까요? 공기 방울은 송장헤엄치게의 모든 숨구멍과 이어져 있습니다. 숨구멍으로 들어온 공기는 곤충들 몸속에서 공기를 실어 나르는 공기 통로인 기관(trachea, 氣管)을 타고 점점 조직 속으로 들어갑니다. 사람으로 치자면 곤충의 기관은 혈관에 해당되지요.

공기를 실은 기관은 조직 속으로 들어가면서 점점 작은 기관지(氣管支, tracheole)로 갈라지고 또 갈라집니다. 이렇게 연속적으로 가지를 쳐 나가다가 기관지 끝은 필요한 세포에 닿아 산소를 전달해 줍니다. 이런 식으로 공기 방울 속 공기가 몸속 구석구석까지 전달되는 것입니다.

놀랍게도 지방 세포에서 분화된 기관 세포는 헤모글로빈으로 채워져 있습니다. 곤충에게도 헤모글로빈이 있다니! 송장헤엄치게는 헤모글로빈을 가지고 있어서, 이 헤모글로빈 때문에 적은 공기 방울로도 물속에 오래 머물 수 있고, 사냥할 때 재빨리 움직일 수 있습니다.

이렇게 공기를 공기 방울에 모아 둔 덕분에 송장헤엄치게는 환경이 안 좋을 때 짧게는 30분에서 길게는 6시간 동안 물속에 잠수할 수 있습니다. 그게 어떻게 가능할까요? 공기 방울 그 자체가 물속에 녹아 있는 산소를 물속에서 빨아들이기 때문이지요. 말하자면 공기 방울이 아가미처럼 기능을 합니다. 놀랍지 않나요? (아가미 호흡에 관해 '게아재비' 편에서 설명해 두었습니다. 164쪽 참고)

## 애벌레는 어떻게 산소를 얻을까

송장헤엄치게 애벌레는 날개가 없습니다. 날개 없는 녀석은 공기를 어떻게 얻을까요? 이가 없으면 잇몸으로 사는 법이죠. 애벌레는 주로 몸통 배 쪽(배, 가슴)에 있는 공기 방울 안에다 공기를 모읍니다. 어른벌레처럼 애벌레의 공기 방울 둘레에도 털 뭉치가 빽빽이 나 있어 모반기층을 형성합니다. 물론 이 모반기층도 공기를 모으는데 한몫을 하지요.

드러누워 있는 송장헤엄치게 애벌레와 어른벌레를 자세히 보면 가슴과 배 부분에 커다랗게 부풀어 오른 풍선 같은 큰 주머니가 있습니다. 얼마나 큰지 가슴과 배 부분을 거의 다 차지할 정도입니다. 이 풍선 같은 주머니가 공기 방울이지요. 어른벌레는 털 뭉치로 덮여 있어 표시가 잘 안 나지만, 애벌레는 비교적 잘 보입니다. 알에서 막 깨어난 애벌레도 공기 방울을 달고 있는데, 애벌레는 날개가 없으니 주로 털이 있는 부분에 공기 방울이 있습니다.

한번은 송장헤엄치게 애벌레가 배마디와 가슴에 있는 공기 방울에 공기를 채우는 장면을 본 적이 있습니다. 얼마나 재미있는 쇼를 하는지 혼자 보기 아까울 정도였지요. 녀석은 누운 채로 다리를 꼬무락거리며 공기 방울을 풍선처럼 부풀리고 있었습니다.

기다란 왼쪽 뒷다리를 접어 오른쪽 뒷다리 위에 얹고 비비기도 하고, 꼬기도 하고, 쓰다듬기도 합니다. 뒷다리가 그렇게 움직일 때마다 몸통과 다리가 붙어 있는 밑마디 쪽이 들립니다. 그러면 왼쪽에 있는 여물통처럼 생긴 공기 방울이 부풉니다. 입으로 불고 있는 풍선처럼 말이죠. 그러고는 이내 왼쪽 다리를 제자리에 놓습니다. 이번에는 오른쪽 뒷다리 차례인가 봅니다. 좀 전처럼 오른쪽 뒷다리를 왼쪽 뒷다리 위에 올려놓고 비비고, 쓰다듬고, 문지르고, 꼽니다. 그러면 역시 오른쪽 공기 방울이 빵빵하게 부풉니다. 뒷다리로는 성이 안 차는지 앞다리와 가운뎃다리로도 앙코르 공연을 펼칩니다. 앞다리와 가운뎃다리는 길이가 짧아서인지 다리 4개를 한꺼번에 가슴 쪽으로 모아 오그렸다 폈다 하며 온몸을 쥐어짜듯 몸부림칩니다. 그럴 때마다 가슴에 있는 자그마한 공기 방울에 공기가 들어가 부풀어 오르고 동시에 공기 방울 가장자리를 덮고 있는 털 뭉치를 한꺼번에 활짝 펼칩니다. 마치 말미잘이 촉수를 한꺼번에 펼치는 것처럼. 눈 깜짝하고 나니 부채처럼 펼쳤던 털 뭉치는 풀들이 폭풍에 쓰러져 땅바닥에 누운 것처럼 얌전히 옆으로 눕습니다. 이렇게 해서 애벌레가 품은 공기 방울 속에 공기가 채워집니다.

## 물은
## 송장헤엄치게 집

송장헤엄치게 애벌레는 날개가 없습니다. 생긴 것도 별스럽고, 행동 습성 하나하나도 별스럽고, 이름도 엽기적인 송장헤엄치게! 송장헤엄치게는 물이 없으면 그야말로 죽음입니다. 물을 떠나서는 절대 살 수 없으니까요. 곤충들에게 있어 물이라고 다 같은 물이 아닙니다. 송장헤엄치게가 일생 동안 터를 잡고 살아가는 물은 '물

송장헤엄치게 애벌레가 왕잠자리 애벌레를 사냥했다.

흐름이 느린 물'입니다. 즉 연못, 논, 둠벙이나 호수에 잠긴 물입니다. 느릿느릿 흐르는 물속에는 많은 생물들이 살아갑니다. 우리가 볼 수도 없고 알 수도 없는 미생물부터 연 같은 물속 식물, 가시고기 같은 물고기, 물방개 같은 물속 곤충, 달팽이 같은 연체동물, 그리고 올챙이와 개구리, 뱀까지……. 그 많은 물속 생물들 틈바구니에서 송장헤엄치게도 살고 있습니다. 녀석은 타고난 사냥 솜씨로 자신보다 힘없는 생물들을 잡아먹고 삽니다. 어떤 때는 물 위에 떠다니는 곤충 주검이나 물고기 주검을 먹어 치우기도 합니다. 물속 청소부 노릇도 하는 셈이지요. 송장헤엄치게가 먹으면서 싼 똥과 잘게 1차 분해된 먹이 찌꺼기는 또 다시 미생물이나 다른 물속 생물에 의해 더 잘게잘게 분해됩니다. 그래서 최종적으로 분해된 원소는 흙에 섞여 흐르는 물 따라 떠내려가면서 물가 곳곳에 사는 식물의 거름이 되어 줍니다.

때로는 송장헤엄치게도 힘센 포식자의 밥이 됩니다. 힘없는 생물을 잡아먹는 포식자지만 한편으로는 잠자리, 새, 거미처럼 자신보다 더 힘센 포식자들에게 기꺼이 밥이 되어 주기도 합니다. 그럼으로써 연못 둘레는 얽히고설킨 먹이망이 만들어져 많은 생명들로 넘쳐납니다. 그런데 말이지요. 작은 연못 하나에 의지하고 사는 생명들이 셀 수 없이 많다는 걸 사람들은 잊고 삽니다. 어떤 까닭에서인지 물길을 막아 연못에 흘러 들어오는 물의 씨를 말리고, 멀쩡한 연못 둘레 땅을 갈아엎어 연못이 물 없는 땅으로 바뀌어 갑니다. 그 물에 의지하고 기대어 사는 물속 생물들은 영문도 모른 채 물을 찾아 헤맵니다. '물은 모든 생명의 원천'입니다.

송장헤엄치게가 물자라에게 잡아먹히고 있다.

# 물속살이
# 곤충

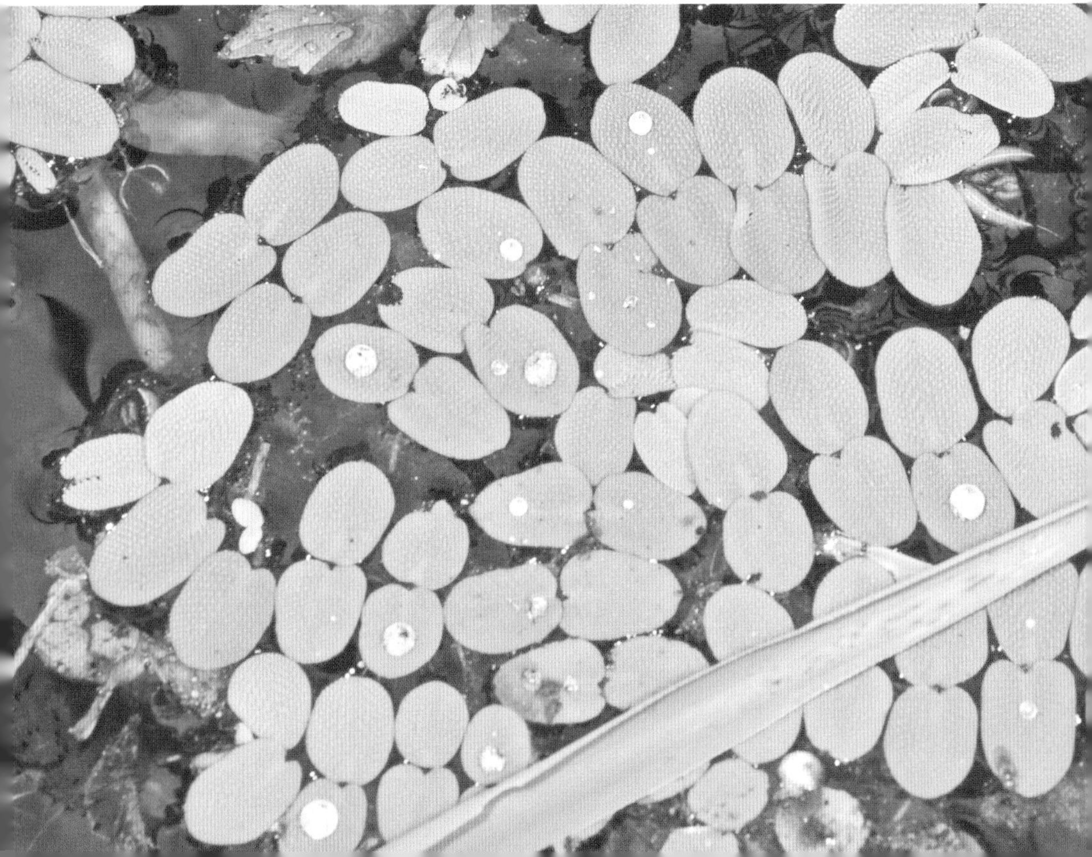

생활사 전부 또는 일부를 물속에서 사는 곤충을 모두 '물살이 곤충(물속 곤충, 수서 곤충)'이라고 합니다. 물을 떠나서는 생존이 불가능한 곤충이 바로 물살이 곤충이지요. 곤충 가운데 물살이 곤충이 차지하는 수는 생각보다 제법 많습니다. 곤충을 33개 무리(목)로 나눴을 때, 12개 무리(목)가 물살이 곤충이니까요. 물살이 곤충에는 주요한 곤충 무리가 포함되어 있습니다. 예를 들면 하루살이목, 강도래목, 날도래목, 뱀잠자리목, 잠자리목 가문 가운데 거의 모든 종이 물살이 곤충입니다.

물속에서 장구 치는

# 장구애비

**장구애비**

장구애비 어른벌레가 기다란 호흡관을
물 밖으로 내밀고 숨을 쉬고 있습니다.

얼마 전에 서울 한복판 공연장에서
김덕수 사물놀이패 공연을 신명나게 구경했습니다.
옛 추억이 떠올라 공연 내내 절절한 감동이 휘몰아쳤습니다.
징, 북, 꽹과리와 장구가 서로 어울려 감기는 소리는
얼마나 시원한지 가슴이 뻥 뚫리는 것 같았지요.
특히 이 시대 최고의 예인 김덕수가
한바탕 놀며 치는 장구 소리는 얼마나 현란한지
숨 막힐 지경이었습니다.

장구애비

이 꼭지는 노린재목 장구애비과 종인 장구애비(*Laccotrephes japonensis*) 이야기입니다.

# 거무튀튀한 장구애비

지금이야 악기 하면 피아노, 바이올린, 첼로, 플룻을 손꼽지만, 저는 어려서부터 장구, 북, 징, 꽹과리 같은 우리 악기를 많이 보았습니다. 특히 추석이나 정월 대보름날처럼 보름달이 떠오르는 밤에는 다들 모여 한바탕 풍물놀이를 하며 흥겹게 달맞이를 했습니다. '깽개개갱 깽개개갱' 시끄럽게 울려 퍼지는 꽹과리 소리에 들뜬 분위기는 한층 더 고조되었고, '쿵따쿵따 덩더꿍 쿵따쿵따 덩더꿍' 구성진 장구 소리에 모두들 어깨가 들썩들썩했지요. 아무래도 그날 밤 최고의 인기 스타는 장구재비 그리고 꽹과리재비였습니다. 장구재비가 장구를 어깨에 메고 장구채와 손바닥으로 장단 맞춰 두드리면 다들 장구 장단에 맞춰 덩실덩실 춤을 추었지요.

그런데 사람만 장구를 칠까요? 혹시 곤충 중에서 장구 치는 곤충은 없을까요? 있습니다. 바로 장구애비! 긴 다리로 물풀 사이를 겅중겅중 춤추듯이 헤엄치는 장구애비. 녀석이 헤엄을 칠 때 앞다리 2개를 벌렸다, 살짝 오므렸다 하며 허우적거리는 모습은 장구재비와 비슷합니다. 못생긴 녀석이 장구 치는 흉내는 참 잘도 냅니다. 불과 10년 전만 해도 물속을 뒤적거리면 물풀 사이에는 늘 장구애비가 있었지요. 그때는 하도 흔해 푸대접 받던 녀석인데, 요즘은 몸값이 좀 비싸졌습니다. 녀석을 보려고 연못을 뒤져도 잘 나타나지 않으니 말입니다. 농약 등쌀에, 작은 습지를 갈아엎는 개발 등쌀에, 하천을 반듯하게 줄 세우는 정비 등쌀에 장구애비가 살 집을 잃었습니다. 물이 없으면 죽은 목숨인 장구애비. 그들이 살아갈 연못과 도랑이 사라지고 있으니 문제도 보통 문제가 아닙니다.

장구애비는 평생을 물속에서 삽니다. 물 밖으로 나들이 한 번 나왔다가는 죽을 수 있습니다. 물속을 떠나서는 살 수 없는 거지요. 그래서인지 녀석 몸은 '물속용'입니다. 몸 색깔은 물 바닥 진흙처럼 거무튀튀해서 연못 바닥이나 물풀 사이에 숨어 있으면 잘 보이지 않습니다. 영악하게도 물 바닥에 납작 엎드려 숨어 있을 때는 온몸에 흙가루를 뒤집어쓰고 있어 흙인지 장구애비인지 분간이 안 가지요.

장구애비 몸빛은 진흙처럼 거무튀튀해 몸을 숨기기에 안성맞춤이다.

장구애비는 몸길이가 30~38밀리미터쯤 될 만큼 제법 커서 맨눈으로도 잘 볼 수 있습니다. 녀석의 배 끝에는 철사처럼 생긴 기다란 호흡관이 붙어 있습니다. 암컷은 몸길이와 호흡관 길이가 거의 맞먹고, 수컷은 몸길이보다 호흡관 길이가 더 깁니다. 게다가 등과 배가 거의 붙을 만큼 납작합니다. 몸통에 비해 굉장히 작은 머리는 앞으로 쭉 뻗어 있고, 평소에는 자라 목처럼 앞가슴등판 속에 움츠려 넣습니다. 머리에 붙어 있는 겹눈은 동그란 공처럼 생겼고, 더듬이는 굉장히 짧아 여간해서 보이지 않습니다. 주둥이는 노린재목 가문답게 푹 찌를 수 있는 침처럼 생겼습니다. 험악하기보다 순하게 생겨 먹잇감을 제대로 잡을 수 있을지 걱정이 될 정도입니다.

뭐니 뭐니 해도 장구애비 하면 앞다리가 압권입니다. 앞다리는 먹이 조달을 위한 사냥용입니다. 앞다리 넓적다리마디는 그냥 딱 봐도 튼실해 보여 타고난 사냥꾼이란 것을 금방 알 수 있습니다. 더구나 넓적다리마디는 머리통보다 더 굵고, 몸 쪽으로 휘어져 있으며 안쪽에 송곳니 같은 뾰족한 가시까지 붙어 있어 무엇이든 끌어안기에 딱 좋게 생겼지요.

장구애비 앞다리는 아주 크고 튼튼하고, 주둥이는 매우 뾰족하다.

반면에 가운뎃다리와 뒷다리는 황새 다리처럼 길고 가늘어 헤엄치는 데 안성맞춤입니다. 녀석은 뒷다리를 노처럼 쓱쓱 저으며 헤엄칩니다. 그런데 녀석은 긴 다리로 헤엄만 칠 줄 알지 속도를 내는 데는 젬병입니다. 어떤 때는 헤엄친다기보다 되레 긴 다리로 물속을 엉금엉금 허우적거리며 걸어 다니는 것처럼 보입니다. 그래서인지 물풀 줄기가 있으면 꼭 잡고 매달려 있습니다. 물론 물풀 속에 있으면 풀과 구분이 잘 안 되어 포식자를 피할 수 있습니다. 그러고 보니 알통 붙은 앞다리는 먹잇감을 붙드는 사냥용이고, 기다란 가운뎃다리와 뒷다리는 헤엄용인 셈이군요.

## 장구애비 특허품
## 공기 빨대

물속에서 살다 보니 장구애비는 해결할 것이 한둘이 아닙니다. 숨도 쉬어야지, 헤엄도 쳐야지, 밥도 먹어야지 참 바쁩니다.

특히 조상들이 땅 위에서 살았기 때문에 물속으로 이사 와 물속 생활을 시작한 장구애비에게 가장 큰 문제는 호흡이었습니다. 육상에는 널린 게 공기라 그저 숨구멍으로 들이마시면 되지만, 물속에서는 사정이 다릅니다. 공중에 그 많던 산소가 물속에서는 물에 녹아 있으니 그림의 떡일 수밖에. 그래서 장구애비는 조상 대대로 수많은 세월을 보내면서 물속에서도 숨 쉴 수 있는 빼어난 발명품을 갖고 있습니다. 다른 곤충에게는 거의 찾아볼 수 없는 특허품!

그것이 뭘까요? 바로 호흡관(숨관)입니다.

장구애비 호흡관은 아주 길다.

녀석을 보자마자 눈에 확 들어오는 것이 호흡관입니다. 배 끝에 철사처럼 기다랗게 붙어 있지요. 호흡관은 굉장히 얇아 잘 부러질 것 같은데, 만져 보면 철사처럼 단단하고 휘어도 부러지지 않습니다. 게다가 호흡관은 얼마나 긴지 제 몸통 길이와 똑같습니다. 수컷 호흡관은 좀 더 길지만 말입니다. 호흡관이 길수록 장구애비는 더 편리합니다. 물낯에서 좀 더 떨어진 깊은 물속에서도 호흡관을 물 밖으로 내밀고 숨 쉴 수 있으니까요.

곤충에게 이렇게 긴 호흡관이 있다니! 도대체 어떻게 생겨난 것일까요? 원래 곤충들은 배 꽁무니에 꼬리털 한 쌍을 가지고 있습니다. 꼬리털은 감각 기관인데, 곤충이 사는 곳이 어디냐에 따라 생김새와 쓰임이 바뀌었습니다. 집게벌레는 집게로, 어른 강도래는 단단한 긴 꼬리털로, 어른 하루살이는 철사같이 가늘고 기다란 꼬리털로, 어른 잠자리는 암컷을 움켜쥐는 파악기(교미 부속기)로, 장구애비는 물속에서 숨 쉴 수 있게 호흡관이 되었지요.

재미있게도 장구애비 애벌레와 어른벌레 호흡관은 개수도 다르고 길이도 다릅니다. 애벌레 호흡관은 어른벌레보다 훨씬 짧습니다. 그래서 많은 사람들이 호흡관이 짧은 어른 메추리장구애비와 장구애비 애벌레를 헛갈려 합니다. 그리고 장구애비 애벌레 호흡관은 관 하나로 되어 있습니다. 하지만 어른벌레 호흡관은 관 두 개가 합쳐져 있습니다. 눈으로 보면 하나의 관으로 보이지만 말입니다.

메추리장구애비는 호흡관이 짧다.

장구애비는 호흡관으로 어떻게 숨을 쉴까요? 우선 애벌

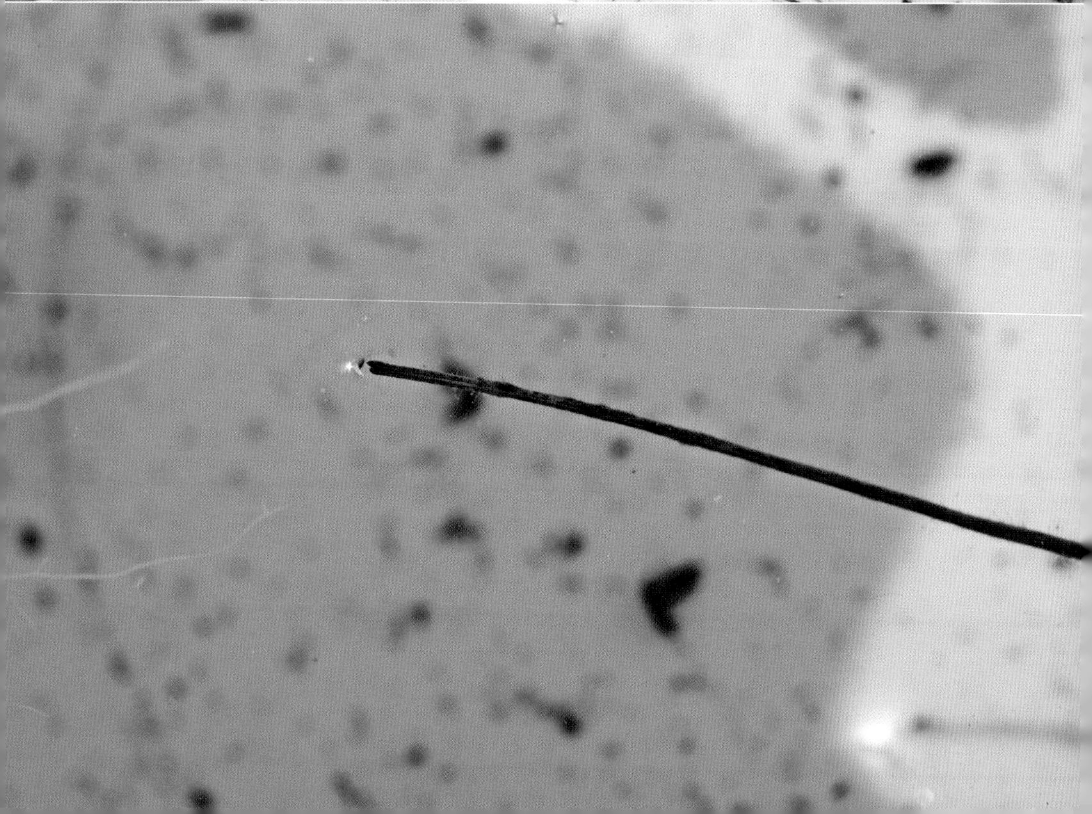

레와 어른벌레 모두 대기 중에 떠다니는 공기로 숨을 쉽니다. 그런데 문제는 녀석이 사는 곳은 물속입니다. 과연 물속에 살면서 어떻게 공기 호흡을 할까요? 해결사는 호흡관! 공기 빨대인 호흡관만 있으면 만사형통이지요. 장구애비는 공기 빨대로 물 위 공기를 충분히 들이마시면 물속으로 들어갑니다. 물속에 있다가 산소가 떨어지면 어기적어기적 걷듯이 물낯 가까이로 헤엄쳐 옵니다. 그리고 몸을 180도 방향을 바꿔 앞다리는 물 바닥 쪽으로, 배 끝은 하늘 쪽을 향해 물구나무섭니다. 물론 비스듬히 서야 몸 균형을 잘 잡을 수 있지요. 그런 다음 기다란 호흡관을 물낯에 대고 필름 같은 얇은 물막을 깹니다. 그리고 물 위에 지천으로 깔린 공기를 호흡관 끝에 있는 숨구멍을 통해 원 없이 들이마십니다. 호흡관으로 뚫은 물낯은 보조개처럼 옴폭 파이고, 보일 듯 말 듯 잔잔한 물결이 숨죽인 채 일어납니다. 산소가 어느 정도 채워지면 물구나무를 그만 서고 방향을 바꿔 물속 물풀 쪽으로 겅중겅중 걷듯이 헤엄쳐 갑니다. 그리고 공기가 다 떨어질 때까지 느긋하게 풀 줄기에 매달려

2~4번째 배마디 옆구리에 타원형 평형 감각 기관이 보인다.

쉽니다.

쉬다 산소가 다 떨어지면 다시 물낯 쪽으로 헤엄쳐 옵니다. 바닷물 속에 사는 고래가 산소를 들이마실 때마다 수시로 바닷물 위로 떠오르는 것처럼, 녀석들도 공기를 마시러 수시로 연못 물낯으로 떠오릅니다. 다만 몸은 천적에게 들킬지도 모르니 물속에 숨겨 놓고 배 꽁무니에 달린 호흡관만 물 밖으로 내밀고서 말이죠. 이렇게 몸은 물속에 숨기고 공기 빨대만 물 밖으로 삐죽이 내놓고 있으니 장구애비를 물 위에서 제대로 구경하는 건 하늘의 별 따기입니다.

이뿐만 아닙니다. 녀석은 '평형 감각 기관(static sense organ)'도 가지고 있습니다. 평형 감각 기관은 타원형으로 생겼고, 두 번째, 세 번째, 네 번째 배마디 옆구리 쪽에 각각 1쌍씩 모두 3쌍이 있습니다. 평형 감각 기관은 물속에서 자세를 흐트러뜨리지 않고 방향을 잘 잡도록 도와줍니다. 아마도 이 기관은 어른 장구애비에게만 있나 봅니다. 애벌레 때도 혹시 있나 싶어 종령 애벌레 배를 여기저기 살펴보았지만 평형 감각 기관은 보이지 않았습니다.

평형 감각 기관은 애벌레에게는 없고 어른벌레한테만 있다.

# 물속 사냥꾼
# 장구애비

장구애비는 애벌레와 어른벌레가 물속에서 다 같이 오순도순 함께 살아갑니다. 그렇다고 장구애비가 가족 생활을 한다는 얘기는 아닙니다. 자신들이 형제간인지, 자매간인지, 누가 삼촌이고, 누가 이모인지 전혀 모르고 연못이라는 같은 공간에서 함께 살고 있다는 얘기지요. 어쨌든 생김새를 보면 애기와 어른이 붕어빵처럼 똑 닮았습니다. 게다가 먹이 사냥하는 솜씨까지 똑 닮았으니 유전자 힘이 참 대단합니다.

장구애비는 어른벌레나 애벌레 모두 올챙이, 물고기, 잠자리 애벌레, 물자라 같은 힘없는 물속 생물을 잡아먹고 삽니다. 물속에서 사는 장구애비는 땅에서 사는 사마귀와 사냥법이 많이 비슷합니다. 둘 다 낫같이 무섭게 생긴 앞다리, 기다란 가운뎃다리와 뒷다리가 엇비슷하고, 엉기적엉기적 걸어 다니는 폼도 닮았습니다. 그러고 보니 장구애비는 물속 세계의 포식자, 사마귀는 육상 세계의 타고난 포식자입니다.

포식자에게는 저 나름대로 독특한 사냥법이 있습니다. 사자처럼 죽을힘을 다해 먹이를 쫓아가는 추격형, 사마귀처럼 비가 오나 눈이 오나 꼼짝 않고 숨어 기다리며 사냥하는 잠복형, 개미지옥처럼 덫을 놓아 먹잇감이 걸려들기를 자나 깨나 비는 덫형(함정형)이 있지요. 그 가운데 장구애비와 사마귀는 둘 다 잠복형이라 숨어 기다리다 먹잇감이 나타나면 낚아챕니다. 잠복형 사냥은 '참을 인(忍)자 세 개'도 모자랄 만큼 인내심이 필요하지만, 먹잇감을 찾아 헤매는 데 에너지를 사용하지 않으니 경제적입니다.

마침 장구애비가 붕어마름 속에 숨어 있는 것도 모르고 참붕어 새끼가 녀석 코앞에서 얼쩡거립니다. 배가 고팠는지 장구애비가 바짝 긴장을 하네요. 참붕어를 겨냥한 채 쏜살같이 물풀에서 헤엄쳐 나와 낫 같은 앞다리 하나로 참붕어를 낚아챕니다. 거북이처럼 엉금엉금 걸어 다니는 녀석들이 사냥할 때는 얼마나 빠르던지, 굼벵이도 구르는 재주가 있다고 느릿느릿하던 녀석의 사냥 솜씨는 정말 기가 막힙니다.

장구애비는 순식간에 참붕어 아가미 쪽에 주둥이를 꽂았습니다. 장구애비 주둥이가 짧다 보니 그 모습이 꼭 뽀뽀하는 것 같습니다. 그러자 참붕어는 몸을 위아래로 펄떡거리며 발버둥 칩니다. '이놈이 하룻강아지 범 무서운 줄 모르네.' 하면서 장구애비는 천천히 나머지 앞다리로 발버둥 치는 참붕어 꼬리 쪽을 휘어 감습니다. 그래도 살아날 거란 희망을 버리지 않는 참붕어. 참붕어는 젖 먹던 힘까지 다 쓰며 장구애비 품에서 빠져나오려고 몸부림을 칩니다. 그것도 잠시, 몇 분이나 지났을까요? 참붕어는 시나브로 힘이 빠집니다. 몸부림치던 몸이 축 늘어져 가끔씩 꿈틀댈 뿐 '날 잡아 잡수.' 하듯이 널브러집니다.

이렇게 장구애비는 물풀 사이나 물 바닥에 쌓인 가랑잎 틈에 숨어 있다가 멋모르고 지나가는 먹이를 잡아먹는 잠복형 사냥꾼입니다. 녀석들은 몸 색깔이 물속 식물과 비슷해서 들키지 않고 숨어 있을 수 있습니다. 그래서 녀석들은 평지에 물이 느릿느릿 흐르는 시냇가 가장자리나 물이 저벅저벅 고여 있는 연못, 농수로, 늪 가장자리 같은 곳에서 삽니다.

장구애비는 사냥 솜씨도 좋지만 요리 솜씨도 탁월합니다. 참붕어를 낚아채자마자 맨 먼저 뾰족한 주둥이를 참붕어 몸에 꽂고 침(타액)을 집어넣습니다. 뾰족한 주둥이 안쪽에는 관이 두 개 있는데, 관 하나는 침이 지나는 통로이고, 다른 하나는 음식이 지나는 통로입니다. 녀석은 소화 효소가 들어 있는 침을 넣은 뒤 참붕어 속살이 흐물흐물 녹을 때까지 기다립니다. 소화 효소가 퍼져 나갈수록 참붕어는 맥을 못 추고 죽어 갑니다. 소화 효소가 몸 구석구석까지 퍼져 속살이 암죽이 되면 멋진 참붕어 요리 탄생. 이제 먹기만 하면 됩니다. 장구애비는 주둥이로 암죽을 쭉쭉 빨아 들이마시면서 오랫동안 식사를 즐깁니다. 또 호기심이 일어 먹는 데 정신이 팔린 녀석을 살짝 건드리니 참붕어를 꽉 잡은 채 물풀 속으로 도망칩니다. 다 먹고 남은 것은 참붕어 허물뿐이네요. 참붕어 허물은 물 위에 처량하게 둥둥 떠다니며 미생물이나 다른 곤충의 밥이 되겠지요.

장구애비 애벌레가 왕잠자리 애벌레를 사냥하고 있다.

어미 장구애비는 알을 물 바닥에 쌓인 가랑잎, 나뭇가지 같은 식물의 갈라진 틈, 물속 식물의 줄기 같은 곳에 낳습니다. 또 어른벌레나 애벌레 모두 추운 겨울이 오면 연못 바닥에 쌓인 가랑잎이나 나뭇가지 틈에 숨어 겨울잠을 자며 봄이 오길 기다립니다.

장구애비는 어른과 새끼 모두 물속에서 먹고 자고 싸고 짝지으며 살아갑니다. 별반 우리와 다를 것이 없지요. 단지 우리는 땅 위에서 살아가고, 장구애비는 우리가 눈길을 거의 주지 않아 잘 알지 못하는 물속 세상에서 살아갈 뿐입니다.

## 어떤 물에
## 어떤 곤충이 살고 있을까?

우리 몸의 70퍼센트가 물인 것처럼, 지구 표면도 70퍼센트 넘게 물을 품고 있습니다. 바닷물이 지구의 물 대부분을 차지하지만, 바다가 아닌 땅에도 물이 있습니다. 땅에는 강물처럼 흐르는 물도 있고, 호수처럼 고여 있는 물도 있고, 땅속에 흐르는 물도 있습니다. 이처럼 흐르는 물과 고여 있는 물 생태계를 '담수 생태계(freshwater ecosystem)'라고 합니다. 담수 생태계는 강과 골짜기 물처럼 흐르는 물 생태계인 '유수 생태계(lotic ecosystem)'와 연못과 호수처럼 고여 있는 물 생태계인 '정수 생태계(lentic ecosystem)'로 나뉘집니다.

육상 물은 소금기가 없어 민물(담수, freshwater)이라고 합니다. 흥미롭게도 민물에는 날개를 가진 곤충들이 살고 있습니다. 민물고기가 사는 물에서 곤충들이 함께 살고 있는 거지요. 그래서 물에 사는 곤충을 연구하는 '수서 곤충학(Aquatic entomology)'이란 학문이 생겨났습니다. 물에서 평생을 사는 곤충과 한살이 중 일부 시기만 사는 곤충을 특별히 '수서 곤충(Aquatic insects)'이라고 합니다.

그런데 육상의 물은 모두 똑같은 물이 아닙니다. 골짜기 물, 강물, 연못 물처럼 종류가 참 여러 가지입니다. 그래서 곤충들도 저마다 살고 있는 물이 다릅니다. 몸집이 작고 여린 곤충들은 둘레 환경에 대단히 민감합니다. 달리 말하면 환경 변화에 큰 영향을 받는다는 것입니다. 작은 차이도 곤충에게는 목숨이 왔다 갔다 하는 큰 차이가 됩니다. 그럼, 곤충이 살고 있는 여러 가지 물 종류를 살펴볼까요?

1. 유수 생태계(lotic ecosystem)

물이 처음 흘러나오는 발원지, 산간 골짜기 물, 시냇물, 작은 하천, 강처럼 흐르는 물 생태계를 말합니다. 그래서 '하천 생태계'라고도 합니다. 흐르는 물에 사는 곤충은 주로 하루살이 애벌레, 강도래목 애벌레, 날도래목 애벌레 따위가 있습니다.

1) 강과 하천: 하천이란 말이 아우르는 범위는 굉장히 넓습니다. 넓은 면적에 많은 물이 흐르는 지역을 하천이라고 합니다. 물이 많이 흐르는 하천을 강(江)이라고 하고, 물이 적게 흐르는 하천을 천(川)이라고 하지만 그 기준은 뚜렷하지 않습니다. 예를 들면 동진강과 형산강 같은 강은 삽교천 같은 천보다 물 양이 훨씬 적습니

다. 산속 옹달샘에서 흘러나온 물은 산골짜기를 거치고 들판을 흐르면서 수없이 많은 물줄기와 만나 합쳐져 맨 마지막으로 흘러가는 곳이 강입니다. 강은 땅 위에 있는 모든 물을 품어 내는 큰 물그릇입니다. 현재 '4대강 살리기'로 잘 알려진 금강, 낙동강, 영산강, 한강과 섬진강은 대표적인 우리나라 강입니다. 강에는 수많은 생물들이 터를 잡고 삽니다. 강은 미생물, 곤충, 새우 같은 갑각류, 조개 같은 연체동물, 물고기, 새, 심지어 수달 같은 포유류까지 수를 헤아릴 수 없이 많은 생물들을 품습니다.

2. 정수 생태계(lentic ecosystem)

고여 있는 물은 그 깊이와 규모, 서식하는 식생(植生, 일정 장소에 모여 사는 특유한 식물 집단)에 따라 습지, 늪, 호수, 연못 따위로 나눕니다. 고인 물속에 사는 곤충은 주로 잠자리목 애벌레, 수서 노린재, 물방개 같은 수서 딱정벌레 따위가 있습니다.

1) 웅덩이: 사람이 쓰기 위해 물을 가두어 둔 가장 작은 규모의 것을 웅덩이라고 합니다. 또는 움푹 파여 물이 고인 곳도 웅덩이라고 합니다. 웅덩이 깊이는 사람 허리를 조금 넘기는 정도입니다. 보통 웅덩이라는 말 대신에 못이란 말을 씁니다.

2) 못(연못): 넓고 오목하게 파인 땅에 물이 고여 있는 곳을 일컫는데, 웅덩이라고도 하지만 보통 못이란 말을 더 많이 씁니다. 못 가운데서도 연이 자라는 곳을 연못이라고 합니다. 일반인들은 못과 연못을 같은 의미로 사용합니다. 못 깊이는 1미터 정도로 얕기 때

문에 물 밑바닥 개흙에 뿌리를 박고, 줄기는 기다랗게 자라고, 잎사귀를 물 위에 띄우는 연이나 부들 같은 정수식물이 자라기에 딱 좋습니다.

3) 늪(소): 못보다 규모가 조금 더 큰 곳을 늪이라고 하고 한자말로는 소(沼)라고 합니다. 움푹하게 깊이 파인 곳에 늘 물이 차 있고 발을 디디면 푹 빠지는 곳을 일컫습니다. 늪은 땅이 우묵하게 파인 곳에 물이 차올라 생기기도 하고, 우포늪처럼 큰 강으로 흘러드는 작은 하천이 구불구불 흐르다 자연적으로 물길이 막혀 생기기도 합니다. 늪 깊이는 5미터 정도로 깊고 늪 바닥은 진흙이어서 나사말, 검정말 같은 물속에 잠겨서 사는 침수식물이 잘 자랍니다.

4) **호수와 저수지**: 땅이 우묵하게 파여 물이 고인 곳으로 못이나 늪보다 훨씬 더 깊고 넓은 곳을 호수라고 합니다. 호수 가운데는 연안 식물이 살지 못할 만큼 깊습니다. 물 깊이가 늘 5미터가 넘어야 호수로 보는데, 백두산 천지나 한라산 백록담처럼 자연적으로 만들어진 호수는 매우 드뭅니다.

저수지는 사람이 흐르는 물길을 막아서 물을 모아 놓은 곳을 말합니다. 산간 골짜기에 둑을 쌓아 골짜기 물을 모아 둔 곳, 하천에 댐을 쌓아 물을 가둔 곳, 작은 하천에 만든 보 따위가 있습니다.

소양호나 팔당호는 하천에 댐을 쌓아 물을 가둔 저수지이자 규모로 보았을 때 호수라고 할 수 있습니다. 자연적으로 생긴 천지나 백록담과 달리 인공 호수에 해당합니다.

5) **습지**: 물을 머금고 있는 땅을 모두 습지라고 합니다. 그래서 습지의 범위는 어마어마하게 큽니다. 습지에 대한 공식적인 정의는 크게 두 가지입니다.

- 람사르 협약에서 정의한 습지(1971년 채택)

습지는 자연적이든 인공적이든, 영구적이든 일시적이든, 물이 고여 있든 흐르고 있든, 육상의 물이든(담수) 밀물과 썰물이 오가는 물(기수)이든 짠물(염수)이든 관계없이 늪, 습원, 이탄지 또는 물이 있는 지역을 말합니다.

- 습지 보전법에서 정의한 습지

습지는 육상의 물, 밀물과 썰물이 오가는 물, 짠물이 영구적으로 또는 일시적으로 덮고 있는 지역을 말합니다.

습지는 수많은 생물이 사는 곳이며 생태적으로 굉장히 중요한 역할을 합니다. 특히 습지는 지구 표면을 6퍼센트나 차지하고 있어 습지에서 사는 생물만 해도 세계 생물의 20퍼센트나 됩니다. 습지는 자연 자원의 심장이며 물질 순환의 중심이며 수많은 생물의 저장고입니다.

6) **둠벙**: 웅덩이, 못, 늪을 뜻하는 방언입니다. 몇몇 학자는 둠벙을 물웅덩이, 못, 연못, 늪, 저수지 모두를 아우르는 용어로 정리했습니다.

## 자연의 순리에 올라타기

장구애비는 빠르게 흐르는 물보다 느리게 흘러 가랑잎, 나뭇가지, 검정말 같은 물풀 따위가 연못 바닥에 쌓여 유기물이 많은 물을 좋아합니다. 거의 모든 시간을 물풀에 매달려 있거나 바닥에 가라앉은 가랑잎에 몸을 숨기고 있기 때문입니다. 또한 장구애비는 움직임이 빠릿빠릿하지 않아 빠르게 흐르는 물에서는 자기 몸을 가눌 수가 없습니다.

농사를 손으로 짓던 시절, 논도랑에는 많은 물속 생물이 터를 잡고 살았습니다. 특히 장구애비는 논도랑의 터줏대감으로 자기보다 힘없는 올챙이나 물고기, 잠자리 애벌레 같은 물속 동물을 잡아먹

었습니다.

지금은 저벅저벅하게 고인 논도랑 물이 추억이 되었습니다. 기계화가 되면서 논들이 바둑판처럼 반듯반듯하게 정리되었고, 생명이 숨 쉬던 논도랑은 시멘트 바른 농수로로 바뀐 지 오랩니다. 농수로에는 물만 있을 뿐 예전에 논도랑에서 뛰놀던 물속 생물은 거의 사라졌습니다. 어디 그뿐인가요? 시냇물이나 하천 물이 흐르다 만들어진 연못도 개발 등쌀을 못 이겨 사라지고 있습니다. 물에 실려 와 저절로 쌓인 흙, 하천가 가장자리에 유기물이 듬뿍 섞인 기름진 흙 언덕 들이 포클레인으로 뒤엎어지고 깎여 물속 식물, 물풀을 먹고 사는 초식 동물, 초식 동물을 먹고 사는 장구애비 같은 포식 생물이 살아갈 고인 물이 사라지고 있습니다. 물이든 생물이든 모두 자연의 순리에 따라 흐르고 살아갈 뿐입니다. 자연의 일부인 우리네 사람들이 감 놔라 대추 놔라 하며 자연의 순리에 성급히 끼어들려고 해서는 안 됩니다. 겸손하게 순리를 알고 순리에 동승하는 법을 배워야 할 일입니다.

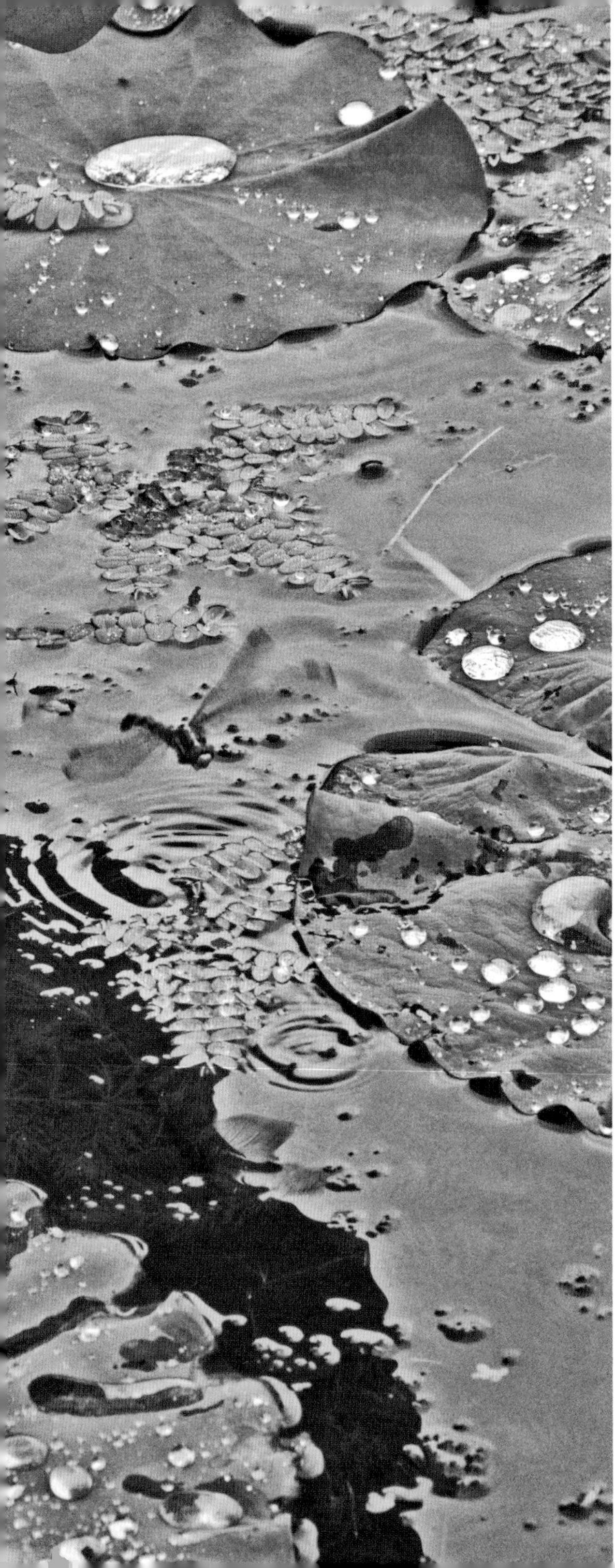

물속 사마귀

# 게아재비

**게아재비**

게아재비는 연못에서 삽니다.
기다란 나뭇가지처럼 생겨서
찬찬히 잘 살펴봐야 보입니다.

연못 속을 잘 들여다보면
사마귀처럼 생긴 시커먼 곤충이 헤엄쳐 다닙니다.
마치 길쭉한 나무토막에
가느다란 나뭇개비 몇 개 꽂아서 만든 장난감 같은 곤충!
이름도 희한한 게아재비입니다.
언뜻 보기에 사마귀 같기도 하고,
나뭇가지와 똑 닮은 대벌레 같기도 하고,
길쭉한 게 영 볼품이 없습니다.
아마도 못생긴 곤충 대회가 열리면
최소한 동상은 탈 것 같은 예감이 듭니다.

게아재비

이 꼭지는 노린재목 장구애비과 종인 게아재비(*Ranatra chinensis*) 이야기입니다.

## 장구애비와
## 가까운 친척

게아재비라는 이름은 어떻게 붙었을까요? 이름이 왜 게아재비인지 감이 안 잡힙니다. 아마도 '게+아재비'에서 비롯된 이름 같아 보이는데, 뜻풀이를 하면 '게의 아저씨(삼촌) 같은 것'쯤 되겠지요. 다리가 길어 게를 닮았다고 한 것일까요? 글쎄요, 고개만 갸우뚱해집니다. 오히려 사마귀와 닮았다고 해서 부르는 또 다른 이름인 '물사마귀'가 더 그럴듯해 보입니다.

몸 색깔은 거무튀튀한 밤색이고, 야외 연못에서 보면 흙 같은 먼지를 늘 뒤집어쓰고 있습니다. 몸뚱이는 아주 길어서 머리부터 호흡관까지 자그마치 9센티미터나 됩니다. 머리는 기다란 몸통에 비해 어울리지 않게 작고, 동그란 겹눈은 옆으로 툭 튀어나온 게 구슬 같아 깜찍합니다. 생김새를 보면 곤충이 뭐 이렇게 생겼나 싶어 가슴이 먹먹합니다. 주둥이는 노린재목 가문답게 뭐든지 푹 찔러 넣을 수 있는 침처럼 뾰족합니다.

게아재비는 눈이 아주 동그랗다.

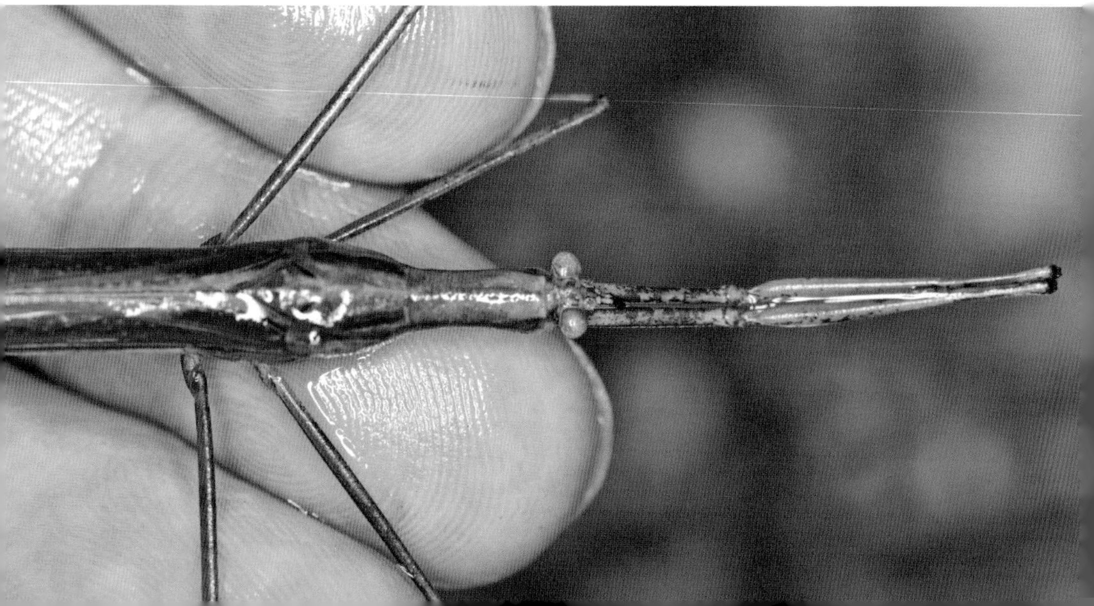

게아재비는 꼭 사마귀와 닮았다.

사마귀가 떠오르는 게아재비 앞다리는 집게처럼 생겨 먹잇감을 정확히 움켜쥡니다. 심지어 넓적다리마디에는 날카로운 가시돌기까지 나 있고, 발목마디는 낫의 예리한 날처럼 생겨 먹잇감을 잘 끌어안을 수 있습니다. 포식성 곤충 특징을 제대로 갖추고 있는 것이지요. 가운뎃다리와 뒷다리도 얼마나 긴지 호흡관을 뺀 제 몸길이보다 더 깁니다. 다리가 이렇게 길다 보니 물론 헤엄도 칠 줄 알지만 바닥에 가라앉은 나뭇가지나 물풀 따위를 잡고 걷기도 잘합니다.

녀석을 뒤집어 배를 보면 두 번째, 세 번째, 네 번째 배마디 옆면에 타원형으로 생긴 평형 감각 기관이 있습니다. 평형 감각 기관은 물속에서 균형과 방향을 잘 잡도록 해 주기 때문에 게아재비는 원하는 방향대로 움직일 수 있습니다.

뭐니 뭐니 해도 녀석의 자랑거리는 배 끝에 난 호흡관(숨관)입니다. 호흡관이 자기 몸길이만큼이나 깁니다. 특히 수컷 호흡관은 몸길이보다 더 길고, 암컷 호흡관은 몸길이와 비슷합니다. 숨을 쉴 때는 물구나무선 채 호흡관으로 물낯의 물막을 뚫고 물 밖 세상에 있는 산소를 가져옵니다.

## 물에 사는 곤충의 호흡 방식

생활사 전부 또는 일부를 물속에서 사는 곤충을 모두 '물살이곤

충(물속 곤충, 수서 곤충)'이라고 합니다. 물을 떠나서는 생존이 불가능한 곤충이 바로 물살이 곤충이지요.

곤충 가운데 물살이 곤충이 차지하는 수는 생각보다 제법 많습니다. 곤충을 33개 무리(목)로 나눴을 때, 12개 무리(목)가 물살이 곤충이니까요. 물살이 곤충에는 주요한 곤충 무리가 포함되어 있습니다. 예를 들면 하루살이목, 강도래목, 날도래목, 뱀잠자리목, 잠자리목 가문 가운데 거의 모든 종이 물살이 곤충이지요.

곤충이 물속에서 살기 시작했을 때, 처음에는 쉽지 않았을 것입니다. 그중에서 가장 큰 문제는 호흡이었을 것입니다. 육상에 사는 곤충은 숨구멍으로 공기 중에 있는 산소를 들이마시며 호흡을 합니다. 숨구멍이 육상용이다 보니 물속에서는 쓸모없게 되었습니다. 특히 육상에서는 산소 분자가 사방에 떠 있어 구하기 쉬운데, 물속에서는 산소가 물에 녹아 있어 이것을 쓰려면 새로운 방법을 찾아야 합니다.

물살이 곤충이 산소를 얻는 방법은 크게 두 가지입니다. 하나는 땅 위 곤충처럼 공기 중에 있는 산소를 직접 이용하는 것이고, 다른 하나는 물에 녹아 있는 산소를 이용하는 것입니다.

### 1. 공기 중에 있는 산소를 이용하는 방법

물 밖 공기를 이용하려면 공기층과 닿아야 합니다. 그래서 공기를 들이마시는 곤충들은 빨대 같은 긴 호흡관을 가지고 있고, 이 호흡관을 물 밖으로 내밀어 공기를 얻습니다.

#### 1) 긴 호흡관을 이용하는 방법

호흡관을 이용해 산소 호흡을 하는 방법입니다. 호흡관을 가진 곤충은 숨구멍이 길고 가느다란 호흡관 끝에 열려 있습니다. 몸은 물속에 있고, 빨대 같은 호흡관만 물 밖으로 내밀어 대기 중에 있는 공기를 그대로 들이마십니다. 예를 들면 '쥐꼬리구더기'라고 부르는 파리목 꽃등에(*Eristalis tenax*) 애벌레는 몸길이가 1센티미터쯤 되는데, 호흡관은 6센티미터나 될 만큼 길고, 게다가 잘 늘어나고 줄어들어 물 높이가 바뀌면 호흡관 길이를 스스로 조절합니다. 또 장구애비과에 속하는 장구애비와 게아재비도 물속에서 물구나무선 자세로 호흡관을 물 밖으로 꺼내 대기 중에 있는 공기를 들이마십니다. 신기하게도 호흡관 끝에 뚫려 있는 숨구멍 둘레에는 대부분 물을 밀어내는 기름기 있는 털(소수성 털)이 꽃술처럼 나 있습니다. 기름기 많은 털은 숨구멍 속으로 물이 들어오는 것을 막아줍니다. 또 물속에서는 숨구멍을 꽃술처럼 덮고 있는 털들이 물 밖으로 호흡관을 내밀면 우산처럼 활짝 펼쳐지면서 숨구멍 입구에 있던 물을 밀어내고, 대신에 공기가 들어올 수 있도록 해 줍니다. 놀랍지요? 대표적인 예로는 일부 노린재류와 일부 파리류가 있습니다. 또 뿌리잎벌레류와 늪모기류도 직접 공기를 빨아들입니다. 녀석들은 배 끝에 달린 톱 같은 부속지로 물속 식물 줄기에 상처를 내어 식물 줄기 속에 있는 공기를 들이마십니다. 공기를 훔치는 것이지요.

2) 물낯에서 공기를 직접 얻는 방법

육상 곤충처럼 대기 중에 있는 공기를 숨구멍을 통해 직접 들이마시는 호흡 방법입니다. 물 위를 걷거나, 물속에서도 지내지만 물

낮에서 거의 모든 시간을 보내는 물살이 곤충이 있습니다. 가장 잘 알려진 곤충으로는 소금쟁이류, 물맴이류, 톡토기류가 있습니다.

### 2. 가스 아가미 호흡

가스 아가미(gas gill) 또는 물리적 아가미(physical gill) 호흡은 공기 방울로 산소 호흡을 하는 숨쉬기 방법입니다. 공기 방울을 얻는 방법은 물방개의 예를 들면 물낯에 비스듬히 물구나무선 자세로 배 끝으로 물막을 깨서 대기 중에 있는 공기가 날개 아래쪽으로 들어가게 합니다. 그런 다음 물속에서 공기 방울 속 산소로 호흡을 하는데, 산소가 소모되면 확산 작용으로 물속에 녹아 있는 산소가 공기 방울 속으로 계속 채워집니다. 곤충들은 공기 방울에 채운 대기 중 산소로는 20분쯤 물속에서 버틸 수 있지만, 물속에서 줄곧 공급되는 산소로는 최대 36시간 동안 물속에서 버틸 수 있습니다.

공기 방울을 매달고 다니는 종류는 굉장히 많습니다. 특히 딱정벌레목에 속한 종들은 대부분 공기 방울을 달고 있습니다. 딱정벌레목의 물땡땡이류, 물방개류, 여울벌레류와 노린재목의 소금쟁이류(Gerris), 깨알소금쟁이류(Velia), 물벌레류, 송장헤엄치게류 그리고 나비목의 불나방과 애벌레, 명나방과 애벌레 같은 곤충이 있습니다.

곤충마다 공기 방울이 매달리는 위치가 다릅니다. 노린재목 애송장헤엄치게(*Anisops ogasawarensis*)는 배 등쪽과 날개 사이에, 송장헤엄치게(*Notonecta triguttata*)는 배 쪽 부분(가슴과 배), 날개 아래와 날개 위쪽에, 딱정벌레목 물방개과(Dytiscidae)도 딱지날개와 배 등 쪽 사이에 공기 방울을 갖고 있습니다.

### 3. 피부 호흡

물에 녹아 있는 산소를 피부(표피)를 통해 빨아들여 숨 쉬는 방법입니다. 피부를 통해 들어온 산소는 기관계에 모이고, 기관계에서 몸속으로 산소가 확산되면서 몸 각 조직에 산소가 빠르게 공급됩니다. 사람 핏줄이 혈액 통로라면, 곤충 기관은 공기 통로입니다. 깔따구류(*Chironomus*) 애벌레나 먹파리류(*Simulium*) 애벌레 같은 몇몇 곤충들이 이렇게 숨을 쉽니다.

하지만 피부로 빨아들인 산소로는 호흡이 넉넉하지 않습니다. 그래서 기관 아가미, 모반기층, 기문 아가미 따위를 함께 씁니다.

### 4. 기관 아가미 호흡

피부가 얇게 늘어난 기관 아가미(tracheal gill)를 통해 물에 녹아 있는 산소를 빨아들여 호흡하는 방법입니다. 기관 아가미는 엷은 큐티클로 덮여 있고, 기관과 사람의 실핏줄에 해당하는 가느다란 기관지가 그물처럼 얽혀 있습니다. 확산 작용으로 흡수된 산소는 기관 아가미의 기관과 기관지, 몸속 기관과 기관지에 채워지고, 채워진 산소는 확산 작용으로 몸 각 조직으로 퍼져 나갑니다.

딱정벌레목 애벌레, 날도래목 애벌레, 하루살이목 애벌레, 파리목 애벌레, 나비목 애벌레, 강도래목 애벌레, 실잠자리류(실잠자리아목) 애벌레, 잠자리류(잠자리아목) 애벌레가 기관 아가미 호흡을 합니다. 이들 애벌레는 피부에도 숨구멍이 있습니다. 하지만 이 숨구멍은 뚫려 있지 않아 산소를 이용하지 못합니다.

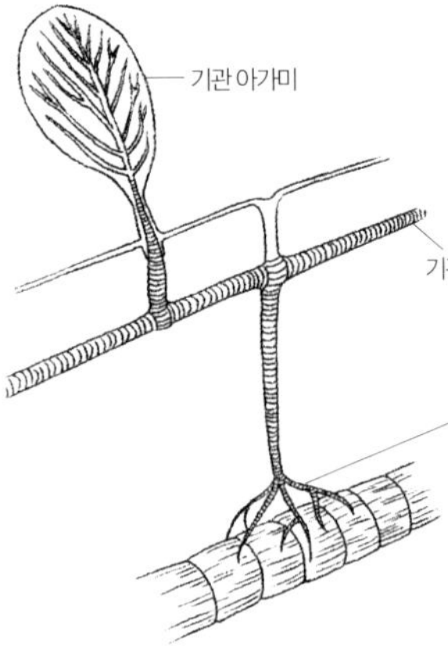

물속 호흡에 적응한 기관계

### 5. 모반기층 호흡

모반기층(plastron)에 형성된 공기로 숨을 쉬는 호흡 방법입니다. 모반기층은 몸 표면에 빽빽하게 나 있는 미세한 털이나 털 다발에 매달려 있는 굉장히 얇은 공기층을 말합니다. 털 다발에 붙어 있는 공기층이지요. 모반기층은 숨구멍과 이어져 산소가 몸속 기관계를 채우고, 채워진 산소는 확산 작용으로 몸의 각 조직으로 퍼져 나갑니다. 모반기층은 확산 작용을 통해 산소를 얻는데, 호흡을 해도 작아지지 않고 웬만한 수압에도 떨어져 나가지 않습니다. 모반기층이 있는 곤충은 산소 농도가 높은 물일수록 오래도록 물속에서 지낼 수 있습니다. 그래서 이들 곤충은 알 상태일 때, 아니면 물낯으로 떠오를 수 없는 추운 겨울 동안에 오로지 모반기층 호흡으로 숨을 쉽니다.

노린재목의 물벌레과, 물둥구리과, 동굴물벌레과, 물빈대과, 소금쟁이류와 딱정벌레목의 물방개과, 물맴이과, 물진드기과, 자색

물방개과, 여울벌레상과, 물땡땡이과 그리고 나비목의 쌍띠불나방류 애벌레, 날도래목에서 모반기층을 볼 수 있습니다.

### 6. 기문 아가미 호흡

기문 아가미(spiracular gill)를 통해 산소를 얻어 호흡하는 방법입니다. 기문 아가미는 곤충 피부가 늘어져 생긴 아가미에 모반기층이 발달한 아가미를 말합니다. 기문 아가미에 있는 모반기층에는 물에 녹은 산소가 아니라 공기 중의 산소가 직접 들어갑니다. 물가장자리에 사는 물살이 곤충과 물이 들어왔다 빠졌다 하는 습지에 사는 물살이 곤충은 물속 호흡과 공기 호흡을 번갈아 해야 합니다. 조간대에 사는 먹파리과, 각다귀과, 물삿갓벌레과의 번데기, 개울가에 사는 몇몇 딱정벌레류, 해변파리류가 이렇게 숨을 쉽니다.

## 가까운 친척

게아재비와 장구애비는 가까운 친척입니다. 둘 다 장구애비과에 드는 곤충입니다. 모든 습성이나 행동이 장구애비와 굉장히 비슷합니다. 녀석은 평생을 물속에서 사는데, 물풀이 많이 나 있거나 가랑잎이 많이 떨어져 있는 웅덩이나 하천 가장자리에서 삽니다. 생김새에서 느껴지듯이 움직임이 재빠르지 않아 쫓아다니며 사냥하기보다 물풀에 숨어 있다가 지나가는 먹이를 낚아채는 잠복형입니다. 몸이 나뭇가지처럼 길어서 물풀 줄기에 매달려 있으면, 게아재비가 숨어 있는지 눈치채지 못하고 지나가다 잡힙니다. 게아재비는 먹성이 좋아 새우류, 물개, 하루살이 애벌레, 모기 애벌레나 번데기 따위를 눈에 띄는 대로 잡아먹습니다.

게아재비가 물방개류 애벌레를 사냥하고 있다.

한적한 연못에 마침 가시고기가 나들이를 나왔다가 게아재비한테 걸려들었습니다. 가시고기는 게아재비가 물풀에 숨어 있는 것을 모르고 변을 당한 거지요. 게아재비는 평소에는 느림보 축에 끼지만, 가시고기가 느긋하게 헤엄쳐 가까이 오는 것을 보자마자 앞다리로 잽싸게 낚아챕니다. 그런 다음 가시고기를 끌어안은 채 주둥이를 몸에 푹 찔러 넣습니다. 왜일까요? 가시고기에다 소화 효소가 들어 있는 침(타액)을 집어넣고 있는 것이지요. 주둥이 속에 있는 관을 통해 들어간 소화 효소는 가시고기에게는 독액이어서 가시고기 몸을 녹입니다. 가시고시가 살겠다고 아무리 발버둥을 쳐봤자 게아재비의 갈퀴 같은 긴 앞다리에서 벗어날 수 없습니다. 시간이 갈수록 가시고기는 시나브로 힘이 빠져 축 늘어집니다. 드디어 가시고기 죽이 완성되고, 이제 먹는 일만 남았군요. 게아재비는 가시고기 체액을 맛있게 빨아 먹으면서 종종 숨을 쉬기 위해 호흡관으로 물막을 깨 공기를 들이마십니다. 빈 껍질만 남은 가시고기는 물에 둥둥 떠다니며 또 다른 생물의 밥이 되겠지요.

그런데 이게 웬일입니까? 게아재비가 가시고기를 먹고 난 뒤 물풀 줄기 사이에 들어가려는데 사냥꾼이 나타났습니다. 게아재비를 노리는 사냥꾼은 다름 아닌 물자라. 게아재비를 낚아챈 물자라는 가시고기처럼 몸부림치는 게아재비를 꼭 껴안고 요리하기 시작합니다.

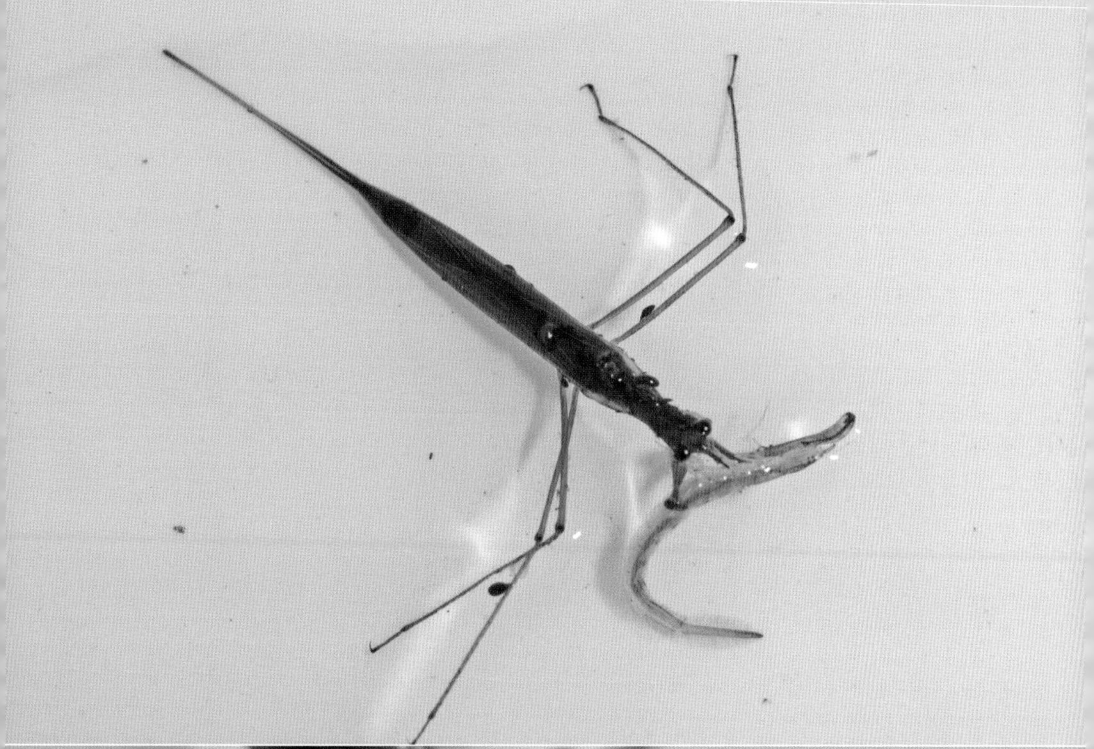
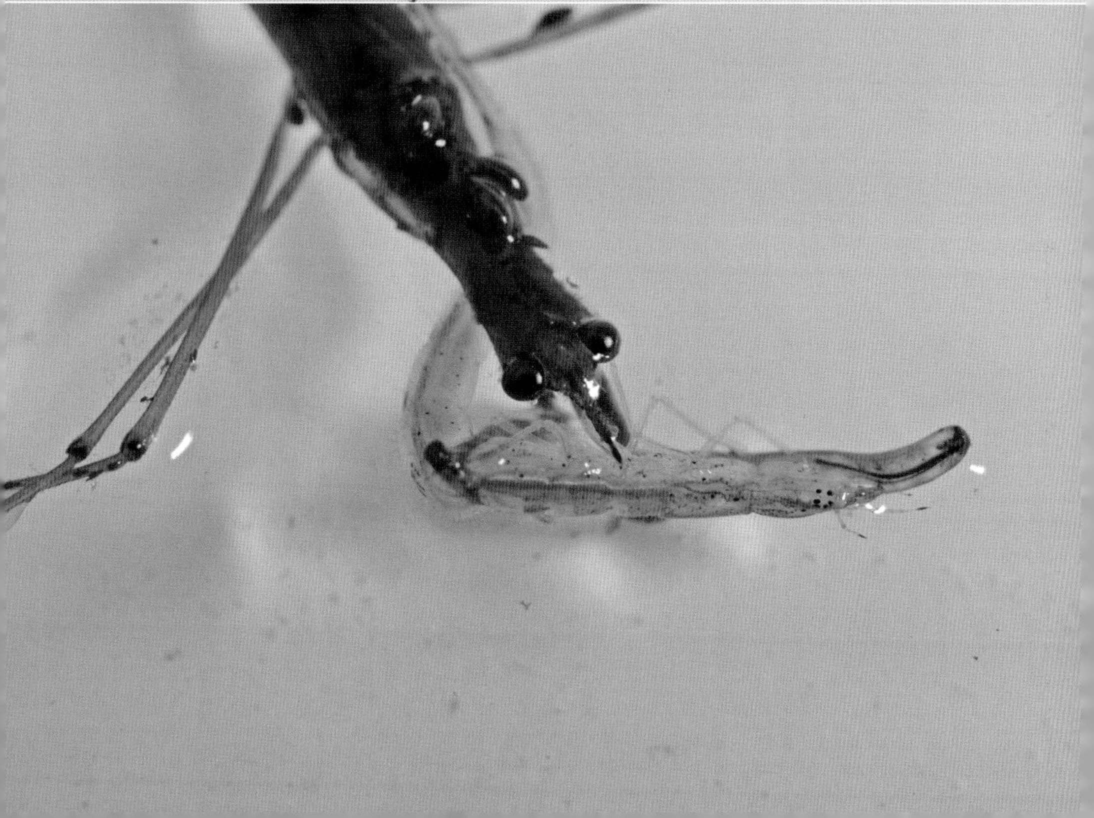

게아재비 애벌레가 둠벙 속에서 헤엄치고 있다.

## 게아재비 애벌레

게아재비도 여느 노린재들과 마찬가지로 안갖춘탈바꿈을 합니다. 알에서 갓 깨어난 1령 애벌레부터 어른벌레까지 생김새가 비슷합니다. 알은 물가에 있는 이끼나 축축한 땅에 낳는데, 알에는 긴 수염처럼 생긴 호흡뿔이 붙어 있습니다. 호흡뿔은 물 밖 세상에 드러나 있어 대기 중에 있는 공기를 이용할 수 있지요. 어른 게아재비와 달리 어린 애벌레는 엉금엉금 걸어 다니는 모습이 귀여운 편입니다. 또 애벌레 때는 힘센 곤충들이 노리고 있으니 한시도 경계를 멈추지 말아야 합니다. 물자라, 물방개 애벌레, 장구애비처럼 게아재비를 노리는 곤충들은 힘이 장사여서 새끼 게아재비를 너끈히 잡아먹습니다. 명사냥꾼 게아재비도 자기보다 힘센 곤충에게 걸리면 꼼짝없이 밥이 됩니다.

연못 속 생태계는 먹고 먹히는 살벌한 현장이기도 하지만, 그들만의 먹이 관계에 따라 건강하고 균형 있게 유지됩니다. 햇빛을 받아 영양물질을 만들어 내는 물속 광합성 식물, 그 식물을 먹고 자라는 연물명나방 같은 초식 동물, 그 초식 동물을 먹고 사는 장구애비 같은 포식 동물, 그 포식 동물을 먹고 사는 물고기나 거미 같은 힘센 포식 동물, 그 포식 동물을 먹고 사는 우리네 사람들까지 어느 것 하나 빠져서는 안 될 '생태계의 구성원'인 것입니다.

자식을 끔찍이 돌보는

# 물장군

물장군

물장군이 사는 연못입니다.
물장군은 연못, 둠벙, 논도랑, 늪,
하천의 고인 물이나
물살이 느린 곳에서 삽니다.

저는 어렸을 적 산골 동네에서 컸습니다.
집에서 농사를 지었기 때문에
어릴 적 학교 갔다 오면 늘 하는 일이 있습니다.
주전자에 미숫가루 탄 물을 가득 담아
부모님께 가져다 드리는 일입니다.
가끔은 주전자에 막걸리도 들어 있었지요.
집 앞뜰을 지나 신작로를 가로질러 논을 지나고,
폴짝폴짝 징검다리 건너 시냇물 지나면 부모님이 절 반기십니다.
쫑알쫑알 어리광 부리다 부모님께서 다시 일하시면
빈 주전자를 들고 논둑길 걸어 집으로 돌아옵니다.

물장군

이 꼭지는 노린재목 물장군과 종인 물장군(*Lethocerus deyrolli*) 이야기입니다.

# 물속 곤충 대장
# 물장군

집으로 돌아오는 논둑길 옆 논도랑에는 이것저것 볼 것이 많습니다. 우렁이, 미꾸라지, 몰개, 물방개, 송사리…… 특히 엄지손톱만 한 우렁이가 바닥에 발을 내밀고 발자국을 내며 굼실굼실 걸어가는 모습이 얼마나 귀엽던지. 도랑에 들어가 우렁이를 잡으려고 손을 물속에 집어넣으면, 개흙 속에 숨어 있던 미꾸리지 한 마리가 우당탕 달아나면서 도랑물은 금방 흙탕물이 되어 버립니다. 순간 아수라장이 된 도랑물 물풀 사이에서 엄지손가락만 한 곤충들이 슬금슬금 기어 나와 제 손 위로 기어 올라옵니다. 만지면 어떤 때는 따갑게 쏩니다. 깜짝 놀라 손을 마구 뿌리치면 손에 붙었던 녀석들이 논둑길 바닥에 떨어져 다시 엉금엉금 기어 다닙니다. 얼마나 큰지 몸 크기에 기가 눌려 감히 잡아 보지도 못하고 논둑 둘레에 떨어져 있는 나뭇가지를 주워서 저쪽으로 슬슬 밀어냅니다.

우리 동네에서는 그 녀석을 '물강구'라고 했는데, 다름 아닌 '물장군'이었습니다. 그때만 해도 논도랑이나 논 한가운데 있는 둠벙(웅덩이)에서 제법 많이 구경했는데, 지금은 환경부에서 달아 준 '멸종위기종' 훈장을 달고 사는 '귀하신 몸'이 되어 버렸습니다.

작은 연못은 또 하나의 우주! 잠깐 연못을 들여다봐도 개구리밥, 마름, 수련 같은 물 위를 둥둥 떠다니는 식물들이 한눈에 들어오고 달팽이, 올챙이, 물고기, 물방개, 잠자리 애벌레, 물자라, 장구애비, 물장군 같은 여러 가지 동물들을 볼 수 있지요.

몇십 년 전만 해도 물장군은 집 둘레 웅덩이나 연못처럼 물이 느릿느릿 흐르는 물속이면 어디서나 볼 수 있었던 곤충이었습니다. 처마 밑 마루에 달린 남포등 불빛에 날아와 부딪혀 마룻바닥에 떨어지기도 하고, 논도랑에 물고기 잡으려고 들어가면 다리 위로 슬금슬금 기어오르기도 했지요. 지금은 물장군을 보는 것이 하늘의 별 따기. 너도나도 눈에 불을 켜고 찾을 만큼 귀해졌습니다. 누가 물장군을 봤다고 입만 뻥끗해도 눈을 동그랗게 뜨고 귀를 번쩍 세웁니다. 30년 전만 해도 물풀을 헤집으면 거북이 같은 거대한 몸을 이끌고 기어 나오던 녀석인데, 이렇게 온데간데없이 사라지고 있으니 오죽하면 '멸종위기 야생생물 Ⅱ급 보호종'이란 낯선 훈장을 달고 공개 수배되는 처지가 되었을까요?

물장군! 이름만 들어도 얼마나 큰지 상상이 갑니다. 흔히 몸집이 크고 기골이 장대한 사람을 보면 '장군감'이라고 합니다. 튼실하게 살이 오른 통통한 갓난아기를 보면 누구든지 툭 나오는 말은 "아이구! 장군감이네!"이지요. 물장군은 물속 곤충 세계의 장군입니다. 물장군은 몸길이가 6센티미터쯤 되니 몸집 크기로 따지면 물속 곤충 가운데 단연 1등입니다.

우리 선조들은 먼 옛날부터 농사지으며 살았기 때문에 논이 많은 우리나라에는 물장군이 흔했습니다. 그러다 보니 물장군 별명도 지방마다 여러 가지입니다. 부여나 군산 지방에선 '물강구', 강원 지방에선 '물장수', 경상북도 지방에선 '물짱구', 경상남도 합천 지방에선 '물찍게', 지리산 둘레의 순창과 남원 지방에서는 '물소'라고 합니다. 특히 '물소'라는 이름은 크고 널찍한 몸에 붙어 있는 굵고 넓적한 앞다리가 꼭 소의 굵은 뿔처럼 보여 붙여졌다 하니 정말 그럴듯합니다. 외국에서도 역시 큰 몸집을 빗대어 이름을 지었

습니다. 중국 사람들은 '논밭에서 사는 자라'라는 뜻인 '전별(田鱉)'이라고 하고, 서양 사람들은 우리말로 풀면 '거인벌레'쯤 되는 '자이언트 버그(Giant bug)'라고 합니다. 그들 역시 물장군의 거대한 몸집과 우악스러워 보이는 힘에 압도된 모양입니다.

## 카리스마 넘치는 매력덩어리

물장군은 평생 동안 물을 떠나선 살 수 없습니다. 그것도 애벌레와 어른벌레 모두 물속에서 삽니다. 그러다 보니 녀석들의 몸 생김새도 물속에서 헤엄치며 살아갈 수 있게 발달되었습니다. 물 저항을 덜 받기 위해 몸은 기다란 달걀처럼 생겼고, 머리는 세모꼴이고, 그러다 보니 머리 양옆에 붙은 겹눈은 살짝 찌그러져 있습니다. 물장군에게는 '노린재 가문(노린재목)에서 가장 큰 곤충', '물속 곤충 중에서 가장 큰 곤충'이라는 타이틀이 따라다닙니다.

물장군을 보면 어디 하나 나무랄 데 없는 매력덩어리입니다. 몸집은 커서 훤칠하고 몸은 온통 근육질처럼 보입니다. 반달처럼 생긴 앞가슴등판에 붙은 앞다리는 얼마나 넓적하고 굵은지 카리스마가 철철 넘칩니다. 역기를 든 근육질 역도 선수의 굵은 팔뚝하고 똑 닮았습니다. 바늘로 찌르면 되레 바늘이 휘어질 것처럼 단단한 근육질 말입니다. 몸매로 치면 단연 곤충계의 미스터 코리아감입니다.

앞다리는 왜 엽기적으로 발달했을까요? 먹잇감을 사냥하기 위해서지요. 사냥 전용인 앞다리를 보면 넓적다리마디가 굵직한 알

물장군이 연못 물풀에서 느긋하게 쉬고 있다.

통다리여서 먹잇감이 못 빠져나가게 끌어안기 좋습니다. 게다가 발끝에는 날카로운 발톱이 낫처럼 예리하게 휘어져 있어 잡힌 먹잇감이 도망치지 못하게 합니다. 가운뎃다리와 뒷다리도 사냥한 먹잇감이 도망치지 못하게 꼭 붙드는 일을 하니 사냥 보조용 다리인 셈입니다.

녀석의 다리는 먹잇감 외에도 무언가 붙잡을 때도, 헤엄칠 때도 쓰입니다. 앞다리는 물풀 사이에 들어가 풀 줄기를 잡고 숨어 있을 때 쓰입니다. 가운뎃다리와 뒷다리는 헤엄칠 때 사용하는데, 종아리마디와 발목마디에는 잔털이 한 방향으로 촘촘히 나 있어 헤엄치는 것을 돕습니다. 특히 뒷다리는 가운뎃다리보다 더 납작하고 길어서 쓱쓱 노를 저어 앞으로 잘 나가게 합니다.

## 유능한 사냥꾼

물장군은 무엇을 잡아서 어떻게 먹고 살까요? 물장군은 연못, 둠벙(웅덩이), 논도랑, 늪, 하천에 고인 물이나 물살이 느린 물 같은 곳에 사는 올챙이, 작은 물고기, 개구리, 잠자리 애벌레, 물방개 따위를 잡아먹습니다. 얼마나 힘이 센지 새끼 오리, 붉은귀거북, 황소개구리도 잡아먹을 수 있다고 하니 아무도 물장군을 당해 낼 수 없습니다. 그래서 중국과 미국에서는 양식장에 있는 물고기 개체 수를 알맞은 수준으로 유지하기 위해 물장군을 이용하기도 합니다.

물장군이 유능하고 훌륭한 사냥꾼이 될 수 있었던 것 중 하나는 주둥이 때문입니다. 물장군은 노린재목 가문 식구입니다. 모든 노린재 주둥이는 바늘처럼 뾰족해서 먹이 속에 푹 찔러 넣고 액체를 빨아 먹을 수 있습니다.

본래 곤충 입(입틀)은 윗입술, 아랫입술, 큰턱 한 쌍, 작은턱 한 쌍, 혀로 구성되어 있습니다. 오랜 세월이 지나면서 무엇을 먹느냐에 따라 곤충들 입틀이 바뀌었는데, 노린재 가문은 동물이나 식물 조직 속에 푹 찔러 넣을 수 있게 큰턱과 작은턱이 칼날처럼 뾰족하게 바뀌었습니다.

여느 노린재와 마찬가지로 물장군도 주둥이에 관이 두 개 있습니다. 한쪽 관으로는 먹이를 빨아 먹고 다른 관으로는 소화 효소가 들어 있는 침(타액)을 분비합니다. 이 침은 침샘에서 만들어져 주둥이 관을 따라 먹이 속으로 들어갑니다.

물장군은 먹잇감을 사냥하면 튼실한 앞다리로 끌어안고 날카로운 주둥이를 푹 찌릅니다. 찔린 먹잇감은 필사적으로 발버둥 칩니다. 그러면 그럴수록 물장군은 먹잇감을 우람한 앞다리로 꼭 옥죄며 소화 효소가 들어있는 침을 먹잇감 몸속에 집어넣습니다. 버둥거리던 먹잇감은 점점 힘이 빠지면서 축 늘어져 죽어 갑니다. 소화 효소가 서서히 퍼지면서 몸속 기관과 조직을 녹이기 때문이지요. 먹잇감이 거의 소화되어 묽은 죽처럼 바뀌면 그제야 물장군은 맛있게 요리한 먹이의 체액을 빨아 마시며 만찬을 즐깁니다.

## 배 꽁무니로 숨 쉬는 물장군

물속에 사는 물장군은 어떻게 숨을 쉴까요? 물속에 녹아 있는 산소는 쓸 수 없으니 그림의 떡입니다. 그 대신 물속에서 살 수 있는 뛰어난 무기가 있지요. 녀석의 배 끝에 있는 짧은 호흡관! 호흡관 끝에는 숨구멍(기문)이 뚫려 있는데, 이 숨구멍은 세로 모양의 기관(종주기관주간, longitudinal trunk)과 이어져 있습니다. 물낯 가까이 떠올라 비스듬히 물구나무선 채로 배 끝을 물 밖으로 내밀어 공기를 들이마시며 호흡을 합니다.

그런데 신기하게도 녀석들은 크고 육중한 몸을 가졌는데도 천적 눈에 잘 띄지 않습니다. 왜 그런 줄 아시나요? 녀석들은 수련 잎이나 물풀이 우거진 물낯으로 떠오르기 때문이죠. 거기에다 머리를 물 바닥 쪽을 향해 두고 비스듬히 물구나무서서는 배 끝부분만 물 위로 살짝 내놓고 공기를 모으기 때문이지요. 이때 겉날개를 살짝 벌려 배 등 쪽과 날개 사이에 있는 빈 곳에 산소를 모아 가기도 합니다. 물론 물장군 애벌레도 배 끝에 있는 호흡관을 물 밖으로 내밀어 공기를 들이마시고, 날개가 없으니 몸에 있는 잔털 사이에 공기를 모으기도 합니다. 물속에 있다가 산소가 떨어지면 다시 물낯 가까이 올라와 배 끝부분만 물 밖에 내놓고 산소를 모읍니다. 이렇게 죽을 때까지 똑같은 일을 되풀이합니다.

물장군은 안갖춘탈바꿈을 합니다. 번데기 시기 없이 애벌레에서 곧바로 어른벌레가 되는 것이지요. 어른벌레가 될 때까지 모두 5번 허물을 벗습니다. 애벌레도 어른벌레처럼 자기보다 힘없는 물

속 생물을 잡아먹고 삽니다. 말이 애벌레지 몸 크기나 힘으로 따지면 웬만한 곤충 어른벌레 못지않게 힘이 셉니다. 그러고 보니 물속 곤충 가운데에서 노린재 가문만 안갖춘탈바꿈을 하면서 애벌레와 어른벌레가 모두 물속에서 사는군요.

물장군 1령 애벌레가 물풀 속에서 쉬고 있다.

## 짝짓는 물장군

물장군은 늦봄에 겨울잠에서 깨어나 한 달 남짓 부지런히 먹으면서 짝짓기 준비를 합니다. 6월 말쯤이면 짝짓기 준비 완료. 수컷은 암컷을 불러들이려고 우람한 앞다리를 구부렸다 폈다 되풀이하면서 잔물결을 일으킵니다. 그 모습이 마치 '팔 굽혀 펴기'를 하는 것 같지요. 유혹의 은밀한 잔물결을 알아챈 암컷은 물결의 진원지를 향해 헤엄쳐 갑니다. 수컷을 발견하면 암컷은 둘레에 있는 부들 줄기나 말뚝을 가운뎃다리와 뒷다리로 붙잡고 몸을 움직여 잔물결을 일으킵니다. 수컷에게 뭔가 신호를 보낸다고 볼 수 있지요.

그런데 두 녀석이 서로 마음에 들었는지 갑자기 함께 알 낳을 곳을 보러 다닙니다. 마치 예비부부가 신혼집을 보러 다니듯이 말이죠. 둘은 둘레에 있는 부들 줄기 물 밖 부분을 오르락내리락하는데, 재미있는 것은 부들 줄기에 올라가서는 물속으로 다이빙하듯 뛰어듭니다. 왜 그러는 걸까요? 기특하게도 앞으로 태어날 새끼가 탈 없이 물속으로 들어갈 수 있는지 미리 알아보는 것입니다. 두 녀석은 부들 줄기 하나를 골랐습니다. 물낯에서 20센티미터 높이쯤 되는 곳에 알 낳을 곳을 마련할 생각인 것 같습니다.

드디어 암컷과 수컷은 짝짓기에 들어갑니다. 녀석들은 주로 오밤중과 새벽 사이에 짝짓기를 하고 알을 낳습니다. 신기하게도 녀석들은 짝짓기를 짧게 합니다. 한 2분 정도나 할까? 짝짓기를 마친 암컷은 앞서 점찍었던 부들을 찾아 줄기 위로 오릅니다. 그런 다음 줄기에 산란관을 대고는 알을 낳습니다. 이때 부속샘에서 거품 같은 하얀 물질을 내어 알을 감싸듯 바릅니다. 하얀 물질이 알집인 것입니다. 희한한 것은 앞서 짝짓기 한 수컷과 또다시 짝짓기를 2분쯤 한 뒤 조금 전에 낳았던 알집에다 또 하얀 물질을 내어 바르면서 알을 낳습니다. 이렇게 30번쯤 짝짓기를 되풀이하여 알을 100개쯤 낳았습니다. 하얀 거품은 알들끼리 떨어지지 않도록 할 뿐 아니라 알들이 풀 줄기에서 떨어지지 않도록 딱 붙여 놓습니다. 몇 시간이 지나면 하얀 거품은 없어지고 예쁜 알만 남습니다. 부들 줄기에 촘촘히 매달려 있는 백여 개 알은 마치 솔방울이 달려 있는 것 같습니다. 하얀 색에 세로로 까만 줄이 여러 개 그려져 있는 알들에게서 세련미가 느껴져 예술 작품을 보는 것 같습니다.

물장군 애벌레가 깨어 나오고 있다.

## 물장군 아빠 육아 일기

알을 낳은 암컷은 물속으로 쏜살같이 들어가고 수컷은 기다렸다는 듯이 알들을 접수합니다. 이제부터 알 돌보는 일은 아빠 몫. 보통은 짝짓기만 하고 나 몰라라 하며 가 버리는데, 물장군 아빠는 오로지 알 돌보는 데 온 신경을 다 쏟습니다. 곤충 세계의 아빠치고는 최고 수준입니다. 알이 붙은 부들 줄기를 듬직한 앞다리로 감싸 안으면 바위처럼 커다란 몸뚱이가 알을 다 가립니다. 누구도 알을 넘보지 못하도록 알을 꼭 보듬고 있는 거지요.

때때로 알이 햇빛에 마를세라 자기 몸에 물을 묻혀 알에다 발라 주기도 하고, 햇볕이 뜨거울세라 우람한 몸으로 알을 가려 그늘지게 해 줍니다. 그뿐이 아닙니다. 알과 알 사이를 뾰족한 주둥이로 벌려 주는데, 알이 썩지 않도록 공기를 잘 통하게 하는 것입니다. 거미나 잠자리가 얼씬거리면 앞다리를 들어 겁을 줘서 쫓아냅니다. 거의 쉬지도 않고 몸이 부서져라 지극정성으로 알을 돌보는 아

애벌레가 모두 빠져나가고 알 껍질만 남았다.

빠. 그렇게 하루, 이틀, 사흘, 나흘…… 고행의 시간이 흘러갑니다.

그런데 기막힌 일이 일어납니다. 어디선가 도둑 암컷이 나타나 아빠 물장군을 위협해 알들을 먹어 치우려고 합니다. 아빠 물장군은 앞다리를 들어 도둑 암컷을 쫓고, 도둑 암컷이 또 다가오면 또 쫓습니다. 도둑 암컷은 왜 멀쩡한 알들을 먹으려고 할까요?

눈치채셨겠지만, 다른 암컷 알을 먹어 치우고 그 알을 지키는 아빠 물장군과 짝짓기를 해 자기 알을 낳으려는 속셈입니다. 자기 유전자를 퍼뜨리기 위해 다른 암컷이 낳은 알을 없애려는 거지요. 아빠 물장군은 어느 암컷 알이든 상관 않고 낳기만 하면 로봇처럼 기다렸다는 듯이 알을 지킬 테니까요. 도둑 암컷의 행동을 보면 '너 죽고 나 살자.'라는 말이 딱 어울리는 것 같습니다. 아무래도 그렇지, 지금 알을 돌보고 있는 상황인데, 어떻게 짝짓기를 하려고 하는지. 정말이지 알 수 없는 그들의 세계에 눈이 동그랗게 떠집니다.

아빠는 알을 보살피고, 엄마는 무엇을 할까요? 죽을까요? 아닙니다. 알을 낳은 엄마는 애벌레가 태어날 즈음이면 또 다른 수컷과 짝짓기를 해 알을 낳습니다. 또 그 알에서 새끼가 태어날 즈음이면 또 다른 수컷과 짝짓기를 해 알을 낳습니다. 이렇게 서너 차례에 걸쳐 알을 300개에서 500개 낳은 뒤 죽습니다. 두 번째, 세 번째 알을 낳을 때는 확실히 첫 번째 낳을 때보다 알 수가 적습니다. 그래도 어디서 그런 힘이 나오는지 정말 신기하기만 합니다.

## 아기 물장군 탄생

우여곡절을 겪으며 아빠 물장군이 10일 동안 돌본 덕분에 새끼가 태어났습니다. 암컷이 갓 낳은 알은 동그란 공 모양이지만, 애벌레가 알에서 깨어날 무렵이면 긴 타원형으로 부쩍 커져서 길이가 7.5밀리미터나 됩니다. 역시 알도 물장군답게 거대합니다. 녀석들의 알 껍질에는 애벌레가 알 밖으로 나오기 쉽도록 둥그런 절개선(부화선)이 처음부터 새겨져 있습니다. 애벌레는 알에서 나올 때 절개선만 깨면 됩니다. 재미있게도 물장군 알에는 호흡뿔이 달려 있습니다. 알은 호흡뿔을 통해 대기 중에서 산소를 직접 얻습니다. 드디어 아기 물장군 탄생! 알 속에 있던 애벌레가 머리에 있는 특수 기관을 이용해 절개선을 깹니다. 애벌레가 장독 뚜껑 열듯이 알 뚜껑을 열어젖히자 '까꿍' 하듯이 머리를 쏙 내밀어 밖을 내다봅니다. 그러고는 그대로 '퐁당' 물속으로 떨어집니다. 모든 알에서 애벌레가 태어나는 데 40분쯤 걸렸습니다.

애벌레는 4번 허물을 벗고 5령까지 살다가 어른벌레가 됩니다. 애벌레로 사는 기간은 40일쯤으로 비교적 짧습니다. 그동안 올챙이, 몰개, 버들붕어, 가시고기 같은 물속 생물을 용감하게 사냥해서 잡아먹습니다. 아무리 어려도 '물장군'은 영원한 '물장군'. 용맹함이 물장군 자식답다고나 할까요.

다 자란 물장군은 11월쯤부터 겨울잠을 자기 시작합니다. 겨울잠도 물속에서 잘까요? 아닙니다. 겨울잠은 물이 없는 곳에서 잡니다. 자신이 살던 연못이나 논도랑 둘레 진흙 속, 돌 아래나 가랑잎이 쌓인 덤불 속처럼 물이 고이지 않는 곳에서 겨울잠을 잡니다. 놀라운 것이 또 있습니다. 다름 아닌 어른벌레 수명입니다. 보통 1년쯤 사는데, 어떤 녀석은 2년에서 3년까지도 산다니 놀랍기만 합니다.

지금까지 알려진 동물만 해도 150만 종이나 되고, 그중에서 곤충은 약 100만 종에 이릅니다. 곤충 100만 종의 수명을 보면 한 세대가 태어나 죽을 때까지 어른벌레 수명이 일 년을 채우는 경우가 극히 드뭅니다. 인간이 80년쯤 산다면, 곤충은 1년도, 아니 어른벌레만 치면 한 달도 못 사는 경우가 태반이고, 알을 낳자마자 바로 죽는 경우도 있습니다. 그러니 물장군 어른벌레 수명은 놀랄 정도로 한참 긴 것입니다. 지구에 수많은 곤충들이 살다 보니 예외도 더러 있나 봅니다.

## 아빠 물장군<br>아빠 물자라

곤충은 한살이가 짧습니다. 더구나 어른벌레 수명은 매우 짧은데 새끼를 어떻게 돌볼까요? 알을 낳고 바로 죽으니 당연히 돌볼 수 없습니다. 대신 살 놈은 살고, 죽을 놈은 죽을 것을 대비해 알이라도 많이 낳습니다. 어미가 새끼를 위해 할 수 있는 가장 큰 배려는 새끼에게 집이 되고 밥이 되는 먹잇감에 알을 낳는 것입니다. 그렇게라도 해야 자손이 살아남을 확률이 높아지기 때문이지요.

노린재목 가문에서 몇몇 곤충은 새끼를 키우는 데 온 힘을 쏟습니다. 땅에서도, 물속에서도 새끼가 잘 태어나도록 지극정성으로 돌봅니다. 땅에서는 엄마 뿔노린재류(뿔노린재과)가 잎에 알을 낳고 알에서 새끼가 무사히 태어나도록 지킵니다. 알 지키느라 열흘 넘게 아무것도 못 먹은 엄마는 목숨이 가물가물 끊어지는 순간까지 알에서 태어난 새끼를 다리 밑에 보듬어 돌봅니다.

물속에서는 더 신기한 일이 일어납니다. 물자라와 물장군은 엄마가 아닌 아빠가 한시도 알을 떠나지 않고 밤낮으로 알을 돌봅니다. 물장군은 엄마가 말뚝이나 풀 줄기에 알을 낳으면 아빠가 알 곁에 머물며 알에서 애벌레가 태어날 때까지 돌봅니다. 하지만 물자라에 비하면 아무것도 아닙니다. 아빠 물자라는 엄마 물자라가 낳은 알을 등에 업고 다니며 새끼가 태어날 때까지 돌봅니다. 땅에

물자라 수컷이 등에 알을 잔뜩 짊어졌다.

서는 뿔노린재류 엄마의 육아 일기가, 물속에서는 물장군류(물장군과) 아빠의 육아 일기가 쓰입니다. 감동의 물결입니다.

왜 땅에서 엄마 뿔노린재류가 새끼를 돌보고, 왜 물속에서는 아빠 물장군류가 새끼를 돌볼까요? 또 같은 물속인데도 왜 물자라는 알을 등에 짊어지고 다니고, 왜 물장군은 물풀 줄기에 붙은 알을 감싸 안고 있을까요? 노린재 가문에 있는 몇몇 종이 이리도 자식 사랑이 유별난 까닭이 아직 정확히 밝혀지지 않았지만, 종족을 이어 가려는 빛나는 전략임에 분명합니다.

## 연못은 작은 우주

작은 연못은 또 하나의 우주입니다! 잠시 그 연못을 들여다보면 개구리밥, 마름, 수련처럼 물 위를 둥둥 떠다니는 식물들이 한눈에 들어옵니다. 식물성 플랑크톤처럼 이 식물들도 광합성을 해 영양분을 만들고 산소를 내뿜어 연못 살림살이에 보탬을 줍니다. 달팽이, 올챙이, 물고기 같은 초식 동물은 식물을 뜯어 먹으며 살을 찌우며 살아갑니다. 그 초식 동물은 물방개, 잠자리 애벌레, 물자라, 장구애비 같은 포식자들에게 밥이 됩니다. 그들은 또한 개구리, 뱀, 새, 물장군 같은 힘센 동물의 밥이 기꺼이 되어 줍니다.

한 번 세상에 난 생물은 죽는 게 이치입니다. 그 죽은 동식물 시체를 수많은 미생물, 소금쟁이, 물맴이, 물땡땡이 같은 시체 청소부들이 잘게잘게 분해시킵니다. 그렇게 잘게 분해된 작은 물질은 하루살이 애벌레, 날도래 애벌레 같은 수많은 생물들의 밥이 됩니다. 밤을 세워 가며 해도 해도 끝이 없을 그들의 얽히고설킨 얘기들입니다. 뭐 하나 톱니바퀴에서 빠지면 안 될 그들의 관계. 곰곰이 생각할수록 소중한 관계입니다. 겉으로는 고요해 보이는 연못에서 한 치 빈틈도 없이 자기식대로 역동적으로 오늘도 살아갑니다.

그런 연못과 논도랑이 사라지고 있습니다. 기계화된 농사법 때문에 물풀이 우거진 논도랑이 시멘트로 잘 닦여진 농수로로 바뀐지 오래입니다. 시냇가 옆 작은 연못들이 물길을 넓히고, 주차장을 만들고, 포장도로를 내느라 사라지고 있습니다. 인간의 대단한 발명품인 세제나 살충제 따위가 물길을 따라 물속으로 흘러듭니다. 물이 흐르는 시냇가 옆에는 어김없이 길을 만들고 가로등이 섭니다. 모두 물장군이 사는 곳이었지요. 지금도 사라지고 있는 그 물길에는 더 이상 물장군이 살고 있지 않습니다. 급한 김에 '멸종위기종'이란 딱지를 붙이고 보전하자고 외칩니다. 우리가 그들만의 연못을, 그들만이 살 수 있는 물속 세상을 돌려주지 않으면 물장군은 돌아오기를 마다합니다. 물장군에게도 그들만의 물속 서식지에서 가슴 활짝 펴고 살아갈 권리가 있습니다.

물방개 사촌

# 검정물방개

검정물방개가 사는 연못

검정물방개는 물이 느릿느릿 흐르고
제법 맑은 물을 좋아합니다.

설악산 가는 길입니다.

여름에는 일이 부쩍 많아 늘 바쁩니다.

밀린 일 처리하니 벌써 해가 서쪽으로 기웁니다.

늦은 오후지만 이제야 곤충 조사하러 강원도로 떠납니다.

낯선 길 위에서 해 지는 저녁을 맞습니다.

연분홍 노을은 해 질 녘 하늘을 은은하게 물들입니다. 참 아름답습니다.

그렇게 어둠이 내리고, 자동차 불빛을 켜고 깜깜한 밤길을 달립니다.

어느새 꼬불꼬불한 길입니다. 미시령 넘어가는 길.

산 높고 골짜기 깊은 설악산 자락답게

사방이 깜깜한 칠흑 같은 세계입니다.

모퉁이를 여러 번 도니 길옆 건물에서 내뿜는 환한 불빛이

어둠을 낮처럼 밝힙니다. 산 밑에 자리 잡은 주유소군요.

불빛이 얼마나 환한지 눈이 부십니다.

잠시 쉬어 갈 마음으로 주유소에 차를 세웁니다.

검정물방개

이 꼭지는 딱정벌레목 물방개과 종인 검정물방개(*Cybister brevis*) 이야기입니다.

# 물방개 사촌 검정물방개

그런데 이게 웬일인가요? 대낮처럼 환한 주유소 불빛 아래 땅바닥에는 곤충들이 앉았다 날았다 걸었다 북새통입니다. 수많은 나방들, 검정풍뎅이, 청동풍뎅이, 애사슴벌레, 다우리아사슴벌레, 좀사마귀, 나무좀류, 무당벌레, 애매미, 먼지벌레류, 황가뢰 같은 곤충들이 손꼽을 수 없이 많습니다. 그뿐이 아닙니다. 주유하러 온 차바퀴에 깔려 납작궁이 된 채 죽어 가는 녀석들이 여기저기 널브러져 있습니다. 그중에는 땅바닥에 달라붙은 채 꿈틀거리는 녀석들도 보입니다. 처참한 광경에 애가 탑니다. 멋모르고 불빛을 향해 달려왔을 텐데, 안타깝기만 합니다.

곤충학자다 보니 인공 불빛에 날아온 곤충들이 누구인지 궁금합니다. 녀석들을 찬찬히 살펴보며 카메라를 들이댑니다. 철컥철컥……. 그새 제 얼굴에도, 옷에도, 머리카락에도 곤충들이 달라붙습니다. 손을 휘저어 몸에 붙은 녀석들을 떼어 내는데 어디선가 '부웅~' 요란한 소리를 내며 딱정벌레 한 마리가 날아와 땅에 장렬하게 뚝 떨어집니다. 달려가 보니 검정물방개! 물에서만 사는 녀석이 여기에 왜 왔을까요? 가까이에 웅덩이나 연못 같은 물이 있나 봅니다. 자꾸 불빛에 돌진하다 전등에 부딪쳐 뚝 떨어지고 무모하게 또 돌진하다 부딪쳐 뚝 떨어집니다. 마침 자동차가 주유소로 들어옵니다. 얼른 검정물방개를 집어 저 멀리 풀밭으로 던집니다. "다시는 여기로 날아오지 마!" 안타깝게도 주유소 불빛이 꺼지지 않는 한 녀석은 다시 주유소로 날아오겠지요. 주유소나 가로등 불빛을 곤충들이 싫어하는 불빛으로 바꾸면 좋으련만. 그러면 이렇게 허무하게 엄한 생명들이 교통사고로 죽어 가진 않을 텐데 말입니다. 아쉬움과 안타까움에 동동거리다 주유소를 뒤로하고 다시 어둠 속을 달립니다.

곤충을 조사하다 보면 어린 시절 내내 살았던 시골집 풍경이 떠오르고는 합니다. 냇가에서 물장구치며 멱 감고, 참외 서리하고, 칡뿌리 캐 먹고, 논도랑에서 물방개 잡고, 사금파리 주워다가 소꿉놀이하고, 칠흑 같은 밤에는 냇가에서 게 잡고……. 이처럼 어릴 때 시골에서 자란 사람들에게는 잊지 못할 그림 같은 추억이 많지요. 그런 추억 속에서 가장 절절하게 떠오르는 것을 꼽으라면 무엇일까요? 아마 물방개가 아닐까 싶습니다. 둠벙이나 논도랑에서 흔히 만나고 대청에 걸린 등불에 심심찮게 날아왔던 물방개. 아기 숟가락만 해서 불에 구워 먹기도 했지요.

그 흔했던 물방개가 지금은 구경하기가 힘들어 보호종 훈장이라도 달아 줘야 할 판입니다. 대신 물방개만큼 크지는 않지만 검정물방개가 그나마 아직은 눈에 잘 띄니 물방개 체면을 세워 줍니다.

딱정벌레목 가문인 검정물방개는 몸길이가 23밀리미터로 곤충치고는 굉장히 큰 편입니다. 몸 색깔은 녹색이 감도는 검정색인데, 딱지날개 끝부분에 흐릿한 빨간 점 한 쌍이 박혀 있습니다. 녀석 몸은 물속에서 헤엄치기 좋게 생겼습니다. 물 저항을 덜 받는 유선형에다 몸 표면이 매끈해서 헤엄치기에 딱 좋은 몸매입니다. 게다가 뒷다리는 노처럼 넓적해서 힘차게 물을 밀어낼 수 있고, 발목마디는 끝 쪽으로 갈수록 날씬해져 물살 저항을 적게 받으니 헤엄치기에 도움이 됩니다. 어디 그뿐인가요? 뒷다리 전체에 빽빽이 붙어

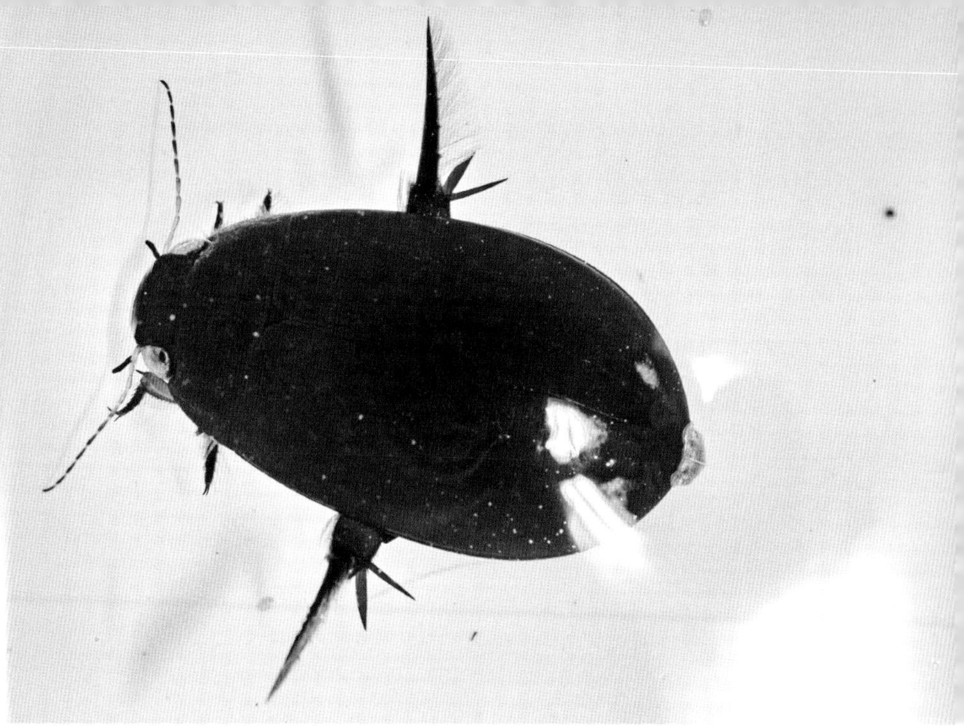

검정물방개 어른벌레

있는 긴 털들도 헤엄치는 걸 도와줍니다. 긴 털들은 다리가 노를 저을 때 한 방향으로 쫙 펴지면서 물살을 효율적으로 밀어냅니다. 더구나 뒷다리 2개를 동시에 움직여 노를 저어 대니 물을 차 내는 힘이 커져 앞으로 쑥쑥 나아갑니다. 몸 하나는 타고난 수영 선수지요.

재미있게도 검정물방개 수컷과 암컷은 앞다리 모양이 조금 다릅니다. 암컷은 앞다리 발목마디 아래쪽에 빨판이 없고, 수컷은 앞다리 발목마디 아래쪽에 넓적한 빨판이 있습니다. 왜 암컷과 수컷 앞다리 생김새가 다를까요? 그것은 짝짓기에 성공하기 위해서지요.

물속에 있는 물체들은 대체로 미끈거려 잡더라도 잘 놓치게 됩니다. 검정물방개도 마찬가지여서 수컷이 암컷을 만나 짝짓기를 하려면 암컷 등에 올라타야 하는데, 암컷 몸이 매끄러워 자꾸 미끄러집니다. 설령 성공한다 해도 짝짓기 하는 동안 물속에서 헤엄치고 다녀야 하는데, 물속 세상은 그리 만만치 않습니다. 물풀에 걸릴 수도 있고, 경쟁자인 다른 수컷이 집적댈 수도 있습니다. 짝짓기를 하다가 힘센 포식자를 만나기라도 하면 헤엄쳐서 다른 곳으로 도망가야 합니다. 그래서 수컷 앞다리에 빨판이 있는 것입니다. 넓적한 빨판에서 끈적거리는 물질이 나오기 때문에 암컷 딱지날개가 아무리 미끄러워도 꼭 잡을 수 있습니다. 짝짓기를 마친 암컷은 물풀 줄기 속에 산란관을 꽂아 넣고 알을 낳습니다.

## 물속은 어른벌레와 애벌레 집

물방개들은 태어나서 죽을 때까지 물속에서 삽니다. 다시 말하면 새끼 물방개와 어른 물방개는 모두 물속에서 삽니다. 둘 다 물속과 물낯을 뻔질나게 오가며 삽니다. 물론 숨을 쉬기 위해 물낯으로 오르는 거지요. 녀석들은 연못, 논도랑, 얕은 개울물, 늪지처럼 물이 느릿느릿 흐르며 제법 맑은 물을 좋아합니다. 숨을 쉬러 수시로 물낯을 들락거려야 하니 깊지 않은 물이면 더 좋습니다.

따지고 보면 물속 세상은 물방개들에게 완벽한 복지 시설입니다. 편안한 집이 되어 주고, 먹잇감을 잡는 사냥터가 되어 주고, 밥 먹는 식당도 되어 주고, 멋진 짝을 만나 사랑을 나누는 곳도 되어 주고, 알을 낳는 분만실도 되어 주고, 새끼를 키우는 육아실 되어 주니 말입니다.

## 타고난 사냥꾼 검정물방개

햇볕이 내리쬐는 여름날, 연못 물은 잔잔합니다. 하도 고요해 연못에서는 아무 일도 일어나지 않을 것 같습니다. 하지만 우리 눈에 보이지 않아서 그렇지 물속은 전쟁터입니다. 검정물방개 어른벌레는 물속에 가라앉은 나뭇가지나 물풀 같은 곳에 숨어 있으면서 먹잇감이 근처에 얼씬거리길 기다립니다. 녀석의 밥상에는 물고기, 올챙이, 우렁이, 물자라, 징거미새우, 물방개 애벌레처럼 살아 있는 생물이나 심지어 죽은 시체까지도 올라옵니다. 한마디로 못 먹는 것이 없습니다. 이것저것 가리지 않고 게걸스럽게 먹어 대니 지독한 포식자라는 소리를 듣습니다.

녀석은 먹잇감이 눈에 띄면 쏜살같이 헤엄쳐 가 덮칩니다. 그리고 강력한 큰턱으로 살점을 뜯어 씹어 먹습니다. 또한 물고기 주검 같은 죽은 생물들도 즐겨 먹습니다. 세상은 공평한 법. 검정물방개를 잡아먹으려고 달려드는 얼룩동사리, 개구리, 뱀도 있습니다.

얼룩동사리가 달려들어 물자 녀석 주둥이에서 하얀 밀가루 같은 물질이 나옵니다. 페놀 화합물(benzoic acid 따위)로 만들어진 녀석의 방어 물질입니다. 그러자 얼룩동사리는 물었던 검정물방개를 내뱉습니다. 하다못해 5밀리미터도 안 되는 알물방개도 천적한

테 공격당하면 방어 물질을 내뿜습니다. 그러면 잡아먹으려던 힘센 포식자는 외칩니다. "어휴, 저 녀석은 정말 맛이 없나 봐. 퉤, 퉤, 퉤."

## 애벌레는 물속
## 번데기는 흙벽

검정물방개 애벌레를 본 적이 있나요? 알에서 깨어난 애벌레 몸은 연필처럼 기다란 원통형입니다. 검정물방개 애벌레는 물속 생물을 잡아먹으면서 두 번 허물을 벗고 종령 애벌레가 됩니다. 그럼 번데기도 물속에서 만들까요? 아닙니다. 종령 애벌레가 우여곡절

물방개는 위험을 느끼면 입에서 하얀 방어 물질을 뱉는다.

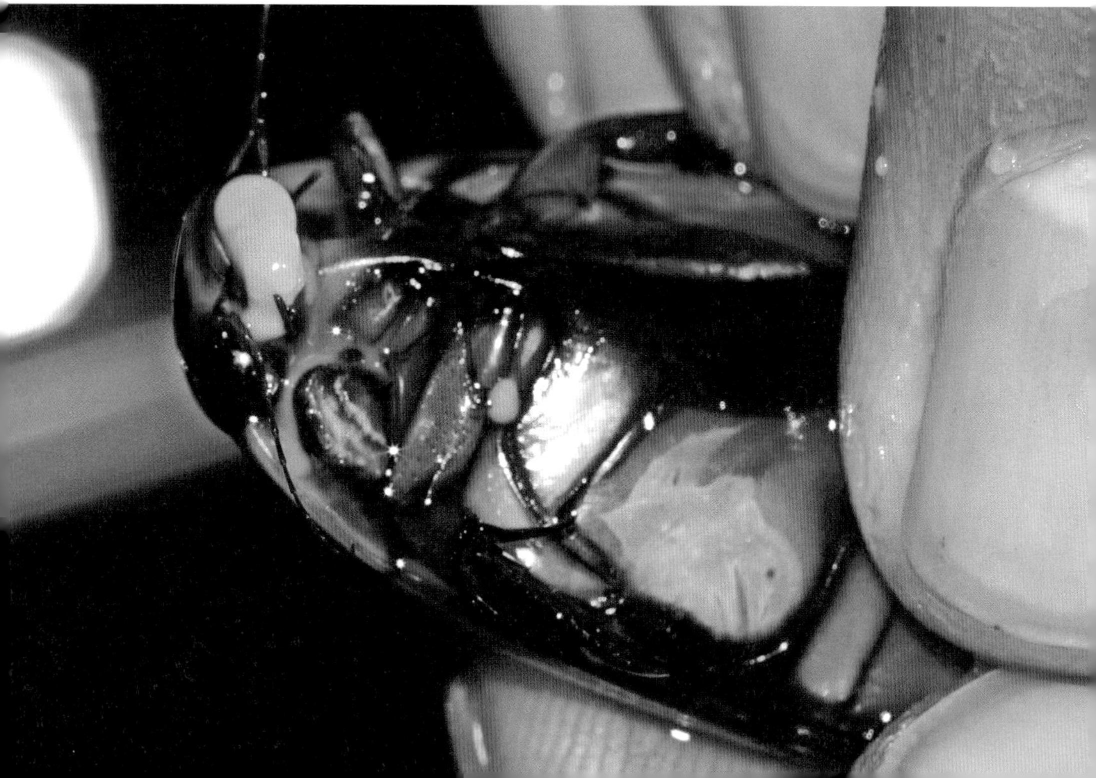

을 겪으며 다 자라면 번데기 만들 준비를 합니다. 우선 다 자란 애벌레는 번데기를 만들기 위해 물가 언덕의 흙을 찾아갑니다. 물가나 연못가에 흙 언덕이 없으면 녀석은 번데기로 탈바꿈하지 못한 채 그만 죽고 맙니다. 물속을 벗어나 물기를 촉촉하게 머금은 땅으로 기어 나온 애벌레는 흙을 파기 시작합니다. 큰턱으로 흙을 파내고 몸을 굴려 땅을 고르며 타원형 방을 만듭니다. 그런 다음 그 속에 들어가 허물을 벗어 두고 번데기가 됩니다.

한 10일쯤 지나면 번데기에서 어른벌레로 탈바꿈합니다. 막 날개돋이를 했을 때는 몸 색깔이 하얀색입니다. 점차 시간이 지나면서 노란색으로, 다시 밤색으로, 그 다음은 검은색으로 바뀝니다. 물론 손가락으로 누르면 쭈그러질 것 같은 피부도 단단하게 굳습니다. 몸이 굳으면 녀석은 걷거나 날아서 물을 찾아갑니다. 머지않아 물속과 물 위를 오르락내리락하며 휘젓고 다니겠지요.

막 허물을 벗은 검정물방개 애벌레

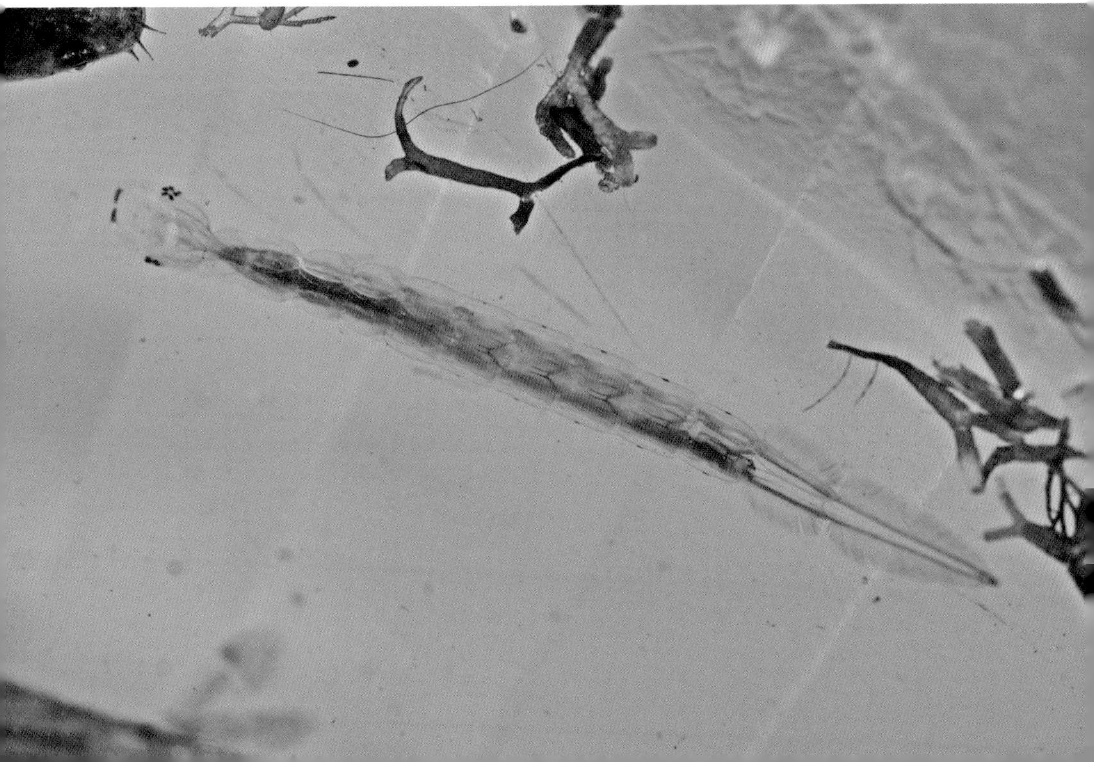

# 손가락을 문 검정물방개 애벌레

검정물방개 애벌레

검정물방개 애벌레를 어떻게 하면 볼 수 있을까요? 물속에 들어가 보려면 힘들고 뜰채로 떠 관찰 그릇에 담아 놓고 보는 게 상책입니다. 연못 물가에 앉아 뜰채로 물속을 훑어 건져 올리니 검정물방개 애벌레가 뜰채 속에서 펄떡펄떡 뛰며 몸을 뒤틉니다. 얼른 물이 담긴 관찰 그릇에 넣어 주니 쉬익 헤엄쳐 가는 것이 그야말로 '물 만난 물고기' 같네요. 거머리처럼 접영으로 헤엄치다가 잠시 물에 가만히 떠 있는가 싶더니 배 끝을 물낯 쪽으로 향하면서 곧이어 곤두박질치듯이 바닥 쪽으로 헤엄쳐 갑니다.

애벌레는 관찰 그릇 안을 헤엄쳐 다니며 걸신들린 듯이 먹이를 찾아 돌아다닙니다. 마침 관찰 그릇 안에는 녀석과 함께 건진 장구애비, 물고기, 왕잠자리 애벌레, 잠자리류 애벌레, 옆새우 따위가 있습니다. 배가 엄청 고팠는지 느림보 장구애비 애벌레를 단박에 한 마리 잡아먹습니다. 한 마리를 다 먹어 치우고도 배가 덜 찼는지 또 먹이 찾아 돌아다닙니다. 이번에는 왕잠자리 애벌레가 녀석에게 꼼짝없이 당하는군요. 왕잠자리 애벌레를 다 먹어 치우고는 배가 불러 쉴 법도 하련만 또 먹잇감을 찾아다니다니……. 식탐을 본능적으로 타고났나 봅니다.

그러던 중에 바닥에 딱 붙어 가만히 있는 잠자리류 애벌레를 노립니다. 빠르게 헤엄치던 검정물방개 애벌레는 잠자리류 애벌레와 마주치자 불과 3센티미터 떨어진 앞에서 꼼짝 않고 멈춥니다. 잠자리류 애벌레는 저승사자가 앞에서 떡 버티고 있는 것을 아는지

검정물방개 애벌레 등 쪽

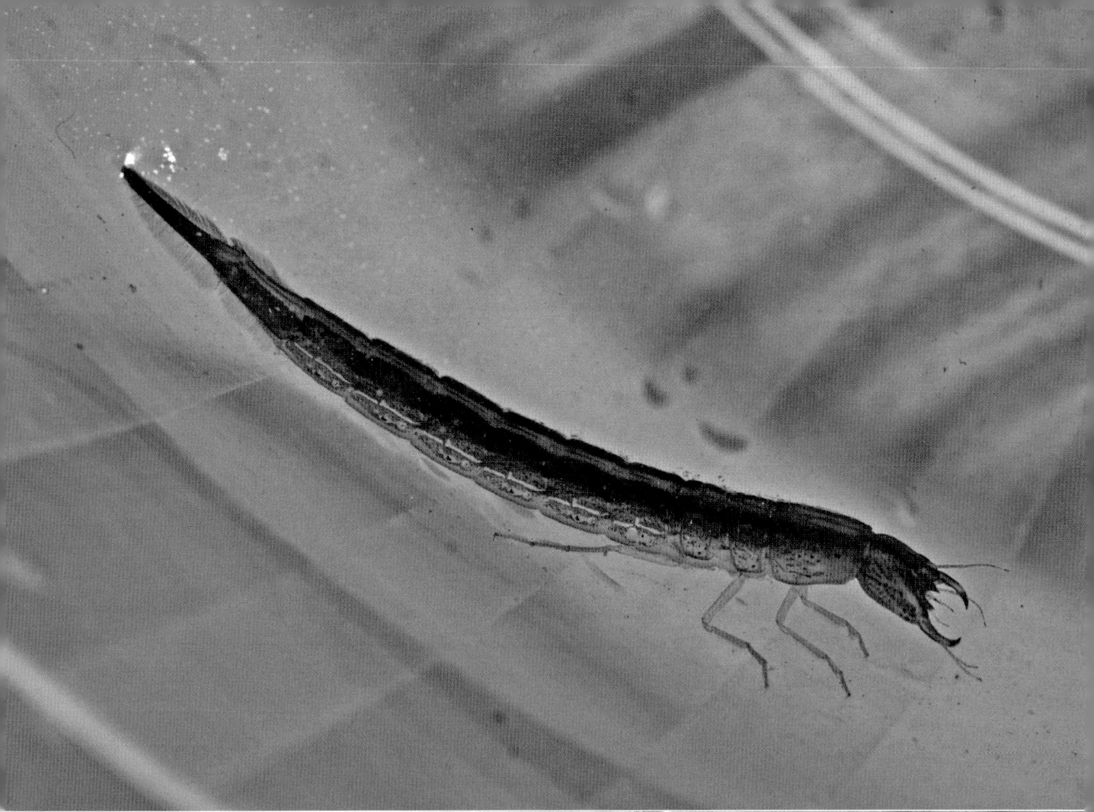

모르는지 도망가지 않고 가만히 있습니다. 정적이 감돕니다. 한 30초쯤 지났을까, 검정물방개 애벌레가 날카로운 큰턱을 빨래집게 벌리듯이 양쪽으로 크게 벌립니다. 그리고 잠자리 애벌레를 조준해 냅다 찌릅니다. 사냥 성공! 순식간에 꼼짝없이 당한 잠자리 애벌레는 녀석의 소름 끼치는 큰턱에서 빠져나가려고 발버둥 칩니다. 하지만 그런들 아무런 소용이 없습니다. 잠자리 애벌레는 머리가 저승사자 송곳에 꽂힌 채 배 끝 쪽을 이리저리 몸부림치며 저항을 해 보지만 물방개 애벌레는 아랑곳하지 않고 꽉 물고 놓지를 않습니다. 잠자리 애벌레는 시간이 지나자 점점 몸에서 힘이 빠지면서 축 늘어집니다.

검정물방개 애벌레는 큰턱 안쪽에 있는 관을 통해 잠자리 애벌레 몸속에 소화 효소가 들어 있는 침(타액)을 집어넣습니다. 잠자

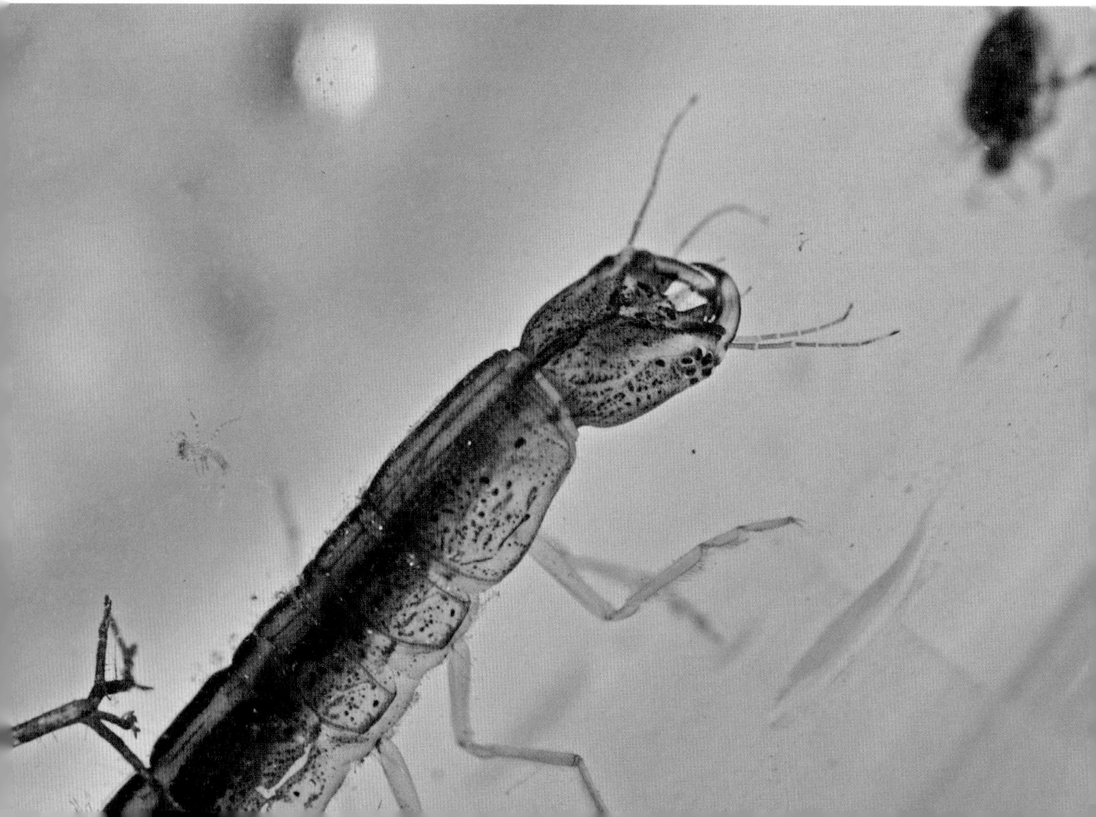

검정물방개 애벌레는 무시무시한 큰턱을 가지고 있다.

리 애벌레는 힘이 빠지는지 시나브로 움직임이 둔해집니다. 타액 주사는 검정물방개 애벌레 자신에게는 아무런 해를 주지 않지만, 먹잇감인 잠자리 애벌레에게는 치명적인 독이 되어 살을 녹입니다. 드디어 잠자리 애벌레 속살이 다 녹아 흐물흐물 죽이 되었습니다. 검정물방개 애벌레는 잠자리 애벌레 죽을 큰턱을 빨대 삼아 천천히 들이마십니다.

하도 게걸스럽게 이놈 저놈 잡아먹어 물속으로 얼른 되돌려 주려고 녀석을 손으로 잡았습니다. 그런데 잡는 순간 녀석에게 물리고 말았네요. 그 끔직한 큰턱으로 제 손가락을 물다니, 당황해서 저도 모르게 손을 털었습니다. 손가락에서 피가 주르륵 흐르고 따끔거리고 아프고 쑤십니다. 정신을 차리고는 흙바닥에 떨어졌을 녀석을 찾느라 눈이 빙글빙글 돌아갑니다. '도대체 어디에 있는 거

검정물방개 애벌레가 잠자리류 애벌레를 잡아먹고 있다.

지? 제발 모습을 보여 다오. 이렇게 햇빛이 쨍쨍 내리쬐는데…… 못 찾으면 죽을 텐데.' 초조하기만 합니다. 아! 연못가 나무토막 옆에서 찾았습니다. 내심 반가워 얼른 핀셋으로 집어 물속에 놓아주었습니다.

## 물방개가 물속에서 호흡하는 법

연못가에 앉아 물속을 가만히 들여다보면 깨알 같은 여러 종류 물방개들이 번갈아 가며 물낯으로 솟구쳐 올랐다가 잽싸게 물속으로 쑤욱 내려가고 또 솟구쳐 올랐다가 쑤욱 내려갑니다. 마치 잠수부가 물속으로 뛰어들었다가 물 위로 올라오는 것처럼 말이죠. 왜 그렇게 물속을 정신없이 오르락내리락할까요? 바로 숨쉬기 위해서입니다.

물방개류(물방개과) 어른벌레와 애벌레는 모두 물속에서 삽니다. 그러면서 둘 다 물속과 물 위를 뻔질나게 오고 갑니다. 물론 숨을 쉬기 위해 물낯으로 오르는 거지요. 녀석들은 연못, 논도랑, 얕은 개울, 늪지처럼 느릿느릿 흐르는 제법 맑은 물을 좋아하고, 숨쉬러 수시로 물속 아래위를 오락가락해야 하니 물이 깊지 않은 곳을 더 좋아합니다.

그런데 물방개류 조상은 땅 위에서 살다가 어느 시기에 낯선 물속으로 이사 와 살기 시작했습니다. 가진 거라곤 날개 4장에 다리

6개. 몸뚱이 하나만 달랑 가지고 이사한 물속 세상은 너무나 낯선 세상이었습니다. 무엇보다도 숨 쉬는 게 문제였지요. 땅 위에서 살 때는 산소가 지천으로 깔려 들이마시기만 하면 되었는데 물속에서는 물에 녹아 있는 산소를 들이마실 수 없습니다. 아가미가 없으니 난감하기 짝이 없습니다. 그렇다고 손 놓고 있으면 죽습니다. 좀 번거롭지만 방법은 있습니다. 물속에서 지내다가 산소가 다 떨어지면 물낯으로 떠오르면 됩니다. 산소가 필요하면 물낯에 솟구쳐 올라 몸을 180도로 바꿔 물구나무서서 배 꽁무니를 물 밖으로 내놓고 대기 중에 떠다니는 산소를 가져가면 됩니다. 놀랍게도 배 꽁무니에는 물이 잘 달라붙는 친수성 털이 있어 물낯 막을 수월하게 깰 수 있습니다. 물방개들은 배 꽁무니를 물 밖으로 내밀고서는 산소를 모아 공기 방울에 저장한 뒤 또 물속으로 들어갑니다. 공기 방울은 잠수부들이 물속에 들어갈 때 메고 다니는 산소 탱크와 비슷한 역할을 합니다.

물방개류 어른벌레는 산소 탱크 역할을 하는 공기 방울에 어떻게 공기를 담을까요? 녀석들은 물낯 가까이 솟구쳐 오른 뒤 배 꽁무니를 하늘 쪽으로 향하게 물구나무섭니다. 그러고는 배 꽁무니로 얇은 물막을 깨뜨려 배 꽁무니를 물낯과 거의 수평이 되게 물 밖에 내놓습니다. 이때 딱지날개를 살짝 벌리지요. 그러면 딱지날개와 배 등 쪽 사이에 자그마한 빈 공간이 생기고, 배 꽁무니에서 모은 공기가 빈 곳으로 쏙 들어갑니다. 이 빈 곳에 만들어진 공기를 '공기 방울(air bubble)'이라 합니다.

공기 방울 속에는 산소만 들어 있을까요? 아닙니다. 육상의 공기에는 산소 말고도 다른 기체가 들어 있지요. 녀석의 공기 방울 속에 들어 있는 기체 중에서 산소는 20퍼센트, 질소는 78퍼센트이고, 나머지 기체는 2퍼센트쯤 됩니다. 그런데 물에도 산소가 있습니다. 다만 물에 녹아 있을 뿐이지요. 이렇게 물에 녹아 있는 산소를 '용존 산소'라고 합니다. 그렇다고 산소만 녹아 있는 것이 아닙니다. 여러 기체가 녹아 있는데, 물에 녹아 있는 기체 중 34퍼센트가 산소라고 합니다. 따지고 보니 물에 녹아 있는 산소량이 녀석들이 가지고 있는 공기 방울 속 산소보다 더 많습니다. 그래서 높은 농도에서 낮은 농도로 분자들이 움직이는 현상인 확산 작용에 의해 물 속 산소가 물방개류 공기 방울 속으로 서서히 들어갑니다. 꿩 먹고 알 먹는 일이죠. 공기 방울에 대기 중에 있는 산소를 저장한 것도 다행인데, 공기 방울 속으로 물에 녹아 있는 산소까지 들어간다니 말입니다.

신기하게도 공기 방울은 물방개류의 숨구멍과 통합니다. 공기 방울 속 산소는 숨구멍을 통해 기관계(공기 통로) 속으로 이동하여

검정물방개가 배 꽁무니에 공기를 모으며 실잠자리 애벌레를 공격하고 있다.

세포 곳곳에 도착합니다. 숨을 쉬는 동안 공기 방울 속 산소는 줄어들고, 대신 공기 방울 속에는 이산화탄소 양이 점차 많아집니다. 공기 방울 속에 쌓인 이산화탄소는 물속으로 점점 확산됩니다. 왜냐하면 공기 방울 속 산소는 줄고 이산화탄소 양이 많아지면서 이산화탄소 농도가 물속 이산화탄소 농도보다 높아져서 확산 작용이 일어나기 때문입니다. 마찬가지로 공기 방울 속에 있던 질소도 이산화탄소처럼 물속으로 점점 확산됩니다. 마침내 공기 방울은 시나브로 쪼그라듭니다. 산소가 줄어들면 물방개류는 지체 없이 공기를 가지러 물낯으로 급하게 올라갑니다.

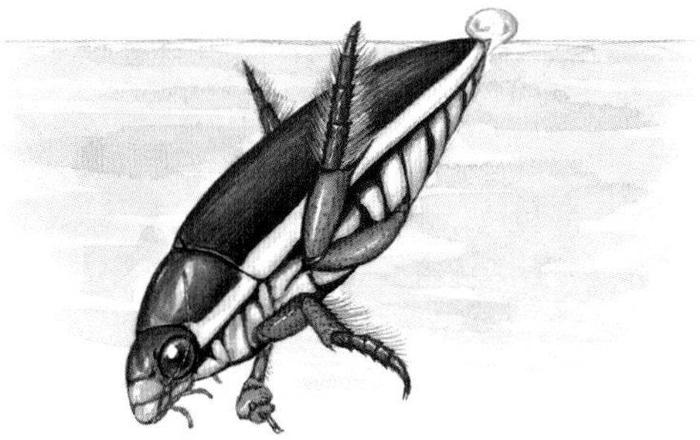

물방개는 하늘을 향해 비스듬히 물구나무서서 공기 방울에 공기를 모은다.

## 물속에서 얼마나 버틸 수 있을까?

물방개류는 한 차례 모은 공기 방울 속 산소로 물속에서 얼마나 버틸까요? 짧게는 20분쯤, 길게는 36시간도 버틸 수 있습니다. 왜 이런 답이 가능할까요? 물방개류가 물낯에서 얻은 공기 방울 속 산소량은 물속에서 20분쯤 버틸 수 있는 양입니다. 그런데 숨을 쉬면서 공기 방울 속 산소가 바닥날 만하면 물속에 녹아 있는(공기 방울 밖) 산소가 다시 채워지기 때문에 36시간도 버틸 수 있지요. 숨 쉬면서 사용한 산소량만큼 물속에 녹아 있는 산소가 확산 작용으로 공기 방울 속으로 끊임없이 채워집니다. 어찌 보면 공기 방울은 물리적 아가미(physical gill) 노릇을 하는 셈이지요. 그저 놀라울 뿐입니다.

물방개류가 공기 호흡을 하는 데 털도 한몫합니다. 배 꽁무니 둘레에 나 있는 짧은 털 뭉치도 얇은 공기층(모반기층, plastron)을 만듭니다. 물속에 녹아 있는 산소가 이 얇은 공기층으로 확산해 들어오면 숨구멍을 통해 몸속에 퍼져 있는 기관계로 흘러갑니다. 공기

검정물방개 애벌레 꽁무니에 자잘한 털이 잔뜩 나 있다.

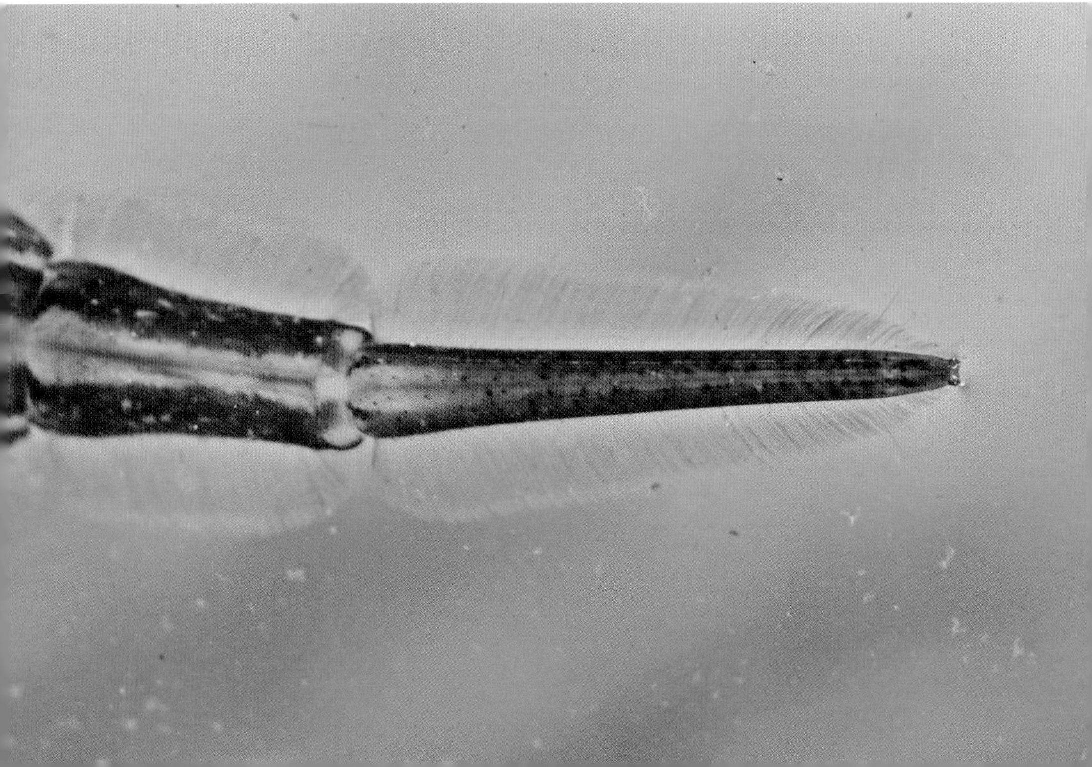

방울과 마찬가지로 모반기층에 있는 산소를 쓰면 물속에 녹아 있는 산소가 모반기층 속으로 들어오게 됩니다.

신기한 것은 모반층이 물에 젖지 않도록 뒷가슴에 있는 외분비샘에서 항생 물질을 분비합니다. 모반층이 미생물에 감염되면 물에 잘 젖어 제 기능을 하지 못하기 때문이지요. 정말이지 조그마한 물방개류의 기막힌 생존 전략에 뜨거운 박수를 보냅니다.

애벌레는 물속에서 어떻게 산소를 얻을까요? 애벌레도 몸에 아가미가 없어 산소를 얻으려면 어른벌레처럼 하는 수 없이 물낯 가까이 떠올라야 합니다. 그러고는 비스듬하게 물구나무선 자세로 배 끝을 물낯에 댑니다. 그러면 필름 같은 물막이 깨지면서 배 끝이 물 밖으로 튀어나옵니다. 이때 물낯 밖으로 나온 배 마지막 마디는 길게 늘어나 숨관 노릇을 해 대기 중에 수없이 떠다니는 공기를 모읍니다. 그리고 다시 물낯 아래로 내려갑니다. 재미있게도 길게 늘어난 배 꽁무니 부분의 2개 마디에는 긴 털이 빗살처럼 줄을 지어 다닥다닥 붙어 있습니다. 그 털들 사이에 얇은 공기층(모반기층)이 만들어져 물 밖 공기를 많이 모아 둘 수 있지요.

## 물방개와 물땡땡이는 어떻게 다를까?

물방개과(科)와 물땡땡이과(科)는 모두 딱정벌레목(目) 가족입니다. 두 무리는 거의 모두 물속에서 살고, 생김새도 언뜻 보면 비

물방개

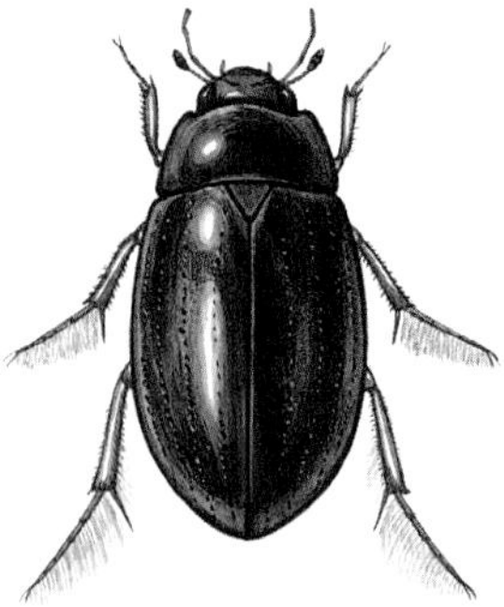

잔물땡땡이

슷해서 곤충 초보자들은 잘 헷갈리기도 합니다. 하지만 물방개과와 물땡땡이과는 엄연히 서로 족보가 다르고, 생김새와 습성이 다릅니다.

1. 식육아목 물방개과

1) 몸 아랫면

어른벌레 1~3번째 배마디는 딱 붙어 있어 배마디가 따로따로 움직일 수 없습니다. 또한 첫 번째 배마디와 뒷다리 밑마디가 딱 붙어 있어 움직이지 못합니다. 또 첫 번째 배마디는 완전히 두 부분으로 나뉘어 있습니다(배마디 중간에 다리 밑마디가 놓여 있어 두 부분으로 나뉨). 물땡땡이류에 비해 등이 볼록하지 않습니다.

2) 더듬이

모두 11마디이고, 마디 하나하나는 크기와 모양이 비슷한 채찍 모양입니다. 작은턱수염은 위에서 보면 더듬이보다 3배쯤 짧아 더듬이가 눈에 띄게 깁니다.

#### 3) 배

어른벌레 배 아랫면에 방수털(hydrofuse file)이 나 있기는 하지만 털 다발이 빽빽하지 않아 털 다발 위에 얇은 공기층도 거의 만들어지지 않습니다.

#### 4) 호흡 방법

어른벌레는 물낯으로 떠올라서 배 끝마디에 있는 숨구멍을 하늘 쪽으로 향하게 물구나무선 뒤 숨관으로 얇은 물막을 깨뜨려 대기 중의 공기를 모읍니다. 이때 비스듬히 물구나무선 채로 딱지날개를 살짝 벌려 딱지날개와 배 사이에 공기 방울을 만든 뒤 공기를 모아 둡니다. 애벌레도 숨구멍이 있어 수시로 물낯으로 떠올라 길게 늘어난 배 끝마디를 물 밖으로 꺼내 공기를 모읍니다.

#### 5) 식성

어른벌레와 애벌레 모두 자기보다 힘없는 잠자리 애벌레, 옆새우, 물고기 같은 물속 동물을 잡아먹습니다.

#### 6) 습성

어른벌레는 물에서 헤엄칠 때 뒷다리 2개를 동시에 움직여 노를 젓습니다. 어른벌레와 애벌레 모두 사는 곳은 물속이며, 얕고 물풀이 있는 연못, 둠벙, 호수, 도랑, 개천, 저수지 같은 곳에서 삽니다.

깨알물방개

가는줄물방개

꼬마물방개

꼬마줄물방개

호랑물방개

큰알락물방개

큰땅콩물방개

## 2. 풍뎅이아목 물땡땡이과

### 1) 몸 아랫면

어른벌레 1~3번째 배마디는 연결막으로 이어져 자유롭게 떨어져 있고, 첫 번째 배마디와 뒷다리 밑마디가 떨어져 있어 움직입니다. 몸을 뒤집어 보면 앞가슴복판에 있는 뾰족한 돌기가 길어서 첫 번째 배마디까지 닿습니다. 물방개보다 배 부분 아랫면이 훨씬 납작하고, 등은 훨씬 볼록합니다. 몸 색깔은 짙은 검은색을 띱니다.

### 2) 더듬이와 작은턱수염

더듬이는 모두 7마디 또는 9마디로 이뤄져 있는데, 특이하게 끝 3마디는 풍선처럼 부푼 곤봉 모양입니다. 작은턱수염은 위에서 보면 더듬이보다 길게 뻗어 나와 더듬이와 작은턱수염 길이가 거의 비슷합니다.

### 3) 배

어른벌레 몸 아랫면(sternum, 배판)은 방수털(hydrofuse file)이 빽빽이 덮고 있는데, 털 다발 위로 얇게 공기층(모반기층, plastron)이 만들어져 공기 중에 있는 산소를 모아 둘 수 있습니다.

### 4) 호흡 방법

어른벌레는 더듬이 옆 부분으로 물막을 깨뜨려 물 밖 공기를 공기 방울에 담아 와 가슴에 난 털 다발과 딱지날개와 배 등 쪽 사이에 보관하고 물속을 헤엄쳐 다닙니다. 애벌레는 배 옆에 기관 아가미가 7쌍 있어 물속에 녹아 있는 산소를 얻을 수 있기 때문에 공기를 얻으러 물낯으로 떠오르지 않습니다.

5) 식성

어른벌레는 식물이나 죽은 식물질을 먹고, 애벌레는 물속에 사는 올챙이, 물고기, 민물새우류, 잠자리 애벌레처럼 자기보다 힘없는 동물을 잡아먹습니다.

6) 습성

어른벌레는 물에서 헤엄칠 때 뒷다리를 번갈아 움직입니다. 거의 모든 종이 물속에서 살고, 몇몇 종은 물기가 있는 바닷가 또는 강가 모래밭이나 물가 둘레 축축한 땅에서 삽니다. 또 어떤 종은 똥에서도 보입니다.

# 물속과 땅 위를 오가는 곤충

육상 물은 소금기가 없어 민물(담수, freshwater)이라고 합니다. 흥미롭게도 민물에는 날개를 가진 곤충들이 살고 있습니다. 민물고기가 사는 물에서 곤충들이 함께 살고 있는 거지요. 그래서 물에 사는 곤충을 연구하는 '수서 곤충학(Aquatic entomology)'이라는 학문이 생겨났습니다. 물에서 평생을 사는 곤충과 한살이 중 일부 시기만 사는 곤충을 특별히 '수서 곤충(Aquatic insects)'이라고 합니다.

얼음처럼
차가운 물이 좋은

# 강도래 애벌레

**강도래 애벌레**

강도래 애벌레는
차고 맑은 골짜기 물에서 삽니다.

한번은 강원도 평창에서 강연을 한 적이 있습니다.

유난히 초저녁 잠이 많아 늦게 강연이 끝난 날은 한 밤 자고 옵니다.

오대산 줄기 깊은 골짜기에 숙소를 정하고 나니

벌써 해가 서쪽으로 넘어갑니다.

넉넉한 오대산 봉우리들이 병풍 치듯 늘어서 있고,

사람 발길 닿지 않은 골짜기에는

골짜기 물이 텀벙텀벙 경쾌하게 흐릅니다.

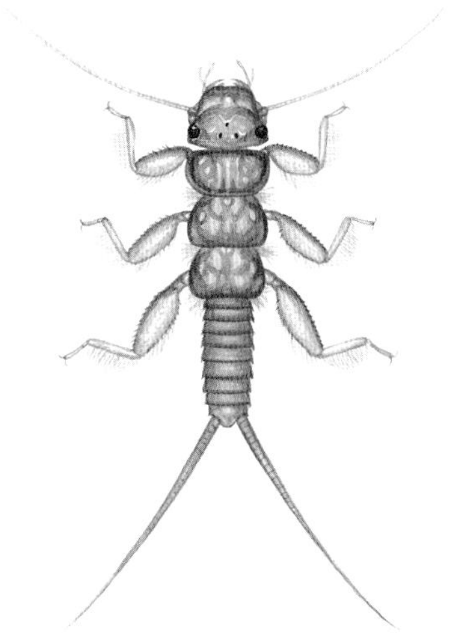

진강도래 애벌레

이 꼭지는 강도래목에 속한 종들의 애벌레 이야기입니다.
본문에서 강도래로 언급한 것은 강도래목에 속한 종들을 말합니다.

## 물속에서 사는
## 강도래 애벌레

밤이 옵니다. 산속이라 어둠이 내리기가 무섭게 금방 깜깜해집니다. 산봉우리에서 달이 불쑥 솟아오릅니다. 달빛에 가려진 별도 몇 개 떠오릅니다. 보름이 다 되어 가나 봅니다. 몹시도 배부른 반달이 하늘에 걸렸습니다. 숙소 앞에 있는 가로등을 피해 깜깜한 길을 찾아 걷습니다. 제가 걸으니 어슴푸레한 달그림자가 같이 걷습니다. 보름달이 아니면 어떤가. 달빛에 폭 빠져 낯선 길을 왔다 갔다 서성입니다. 감히 법정 스님 흉내를 내면서 말이죠. 스님께서는 보름달이 뜨면 달빛을 혼자 두고 주무시기가 아까워 달빛 가득한 앞뜰을 서성였다지요. 달이 서쪽으로 넘어갈 때까지. 달빛에 흠씬 젖은 스님 모습이 아스라이 그려질 듯 말 듯 합니다. 달과 새와 꽃들과 친구하며 지내셨던 스님의 '숲속 오두막집'이 지척에 있어서일까? 그날 밤 스님 닮은 달빛은 얼마나 해맑고 교교하던지…….

다음 날 새벽 일찍 일어나 오대산 깊은 산속 골짜기 길을 걷습니다. 새벽 안개에 둘러싸여 꿈꾸는 듯한 골짜기에는 골짜기 물이 탐스럽게 흐릅니다. 멀리서 내려다봐도 옥색과 하얀색이 섞인 물이 하도 맑아 손이라도 한 번 담가 보고 싶어집니다. 마음 가는 대로 골짜기 아래로 내려가 물가에 앉아 손을 담급니다. 골짜기 물이 얼마나 맑은지 바닥 돌멩이들이 훤히 들여다보이고, 얼마나 차가운지 손이 시리고 벌게집니다. 이런 물이 바로 강도래가 좋아하는 물이지요.

# 털 다발처럼 생긴 아가미

점등그물강도래 애벌레

앉은 김에 아예 돌멩이들을 하나둘, 조심조심 뒤집어 봅니다. 역시 돌멩이 밑에는 여러 생명들이 딱 달라붙어 있습니다. 하루살이 애벌레, 모래로 뭉쳐진 날도래 집, 새우류, 강도래 애벌레들……. 녀석들은 돌멩이를 들춰 햇빛이 닿을 때마다 이리 꿈틀 저리 꿈틀 대며 도망가려 난리를 칩니다.

그 가운데서도 강도래 애벌레는 눈치가 가장 빠릅니다. 돌멩이를 뒤집자마자 눈 깜짝할 사이에 잽싸게 물속으로 도망칩니다. 여러 번 돌멩이를 뒤집으며 강도래 애벌레와 다시 만났습니다. 이번에는 놓치지 않았지요. 어디다 담아 놓고 관찰하고 싶은데, 적당한 그릇이 없네요. 할 수 없이 물가 모래에 손바닥만 한 웅덩이를 파고 그 속에 물하고 강도래 애벌레를 넣었습니다. 기념사진 한 방 찍으려 서둘러 카메라 셔터를 누르는데, 작동이 안 됩니다. 이런 난감한 일이 있을까요. 결정적으로 중요할 땐 늘 5퍼센트가 부족한 법. 카메라 배터리가 다 닳았습니다. 속상한 마음 꾸-욱 누르고 녀석들을 들여다봅니다.

강도래 애벌레 몸 생김새는 언뜻 보면 하루살이 애벌레와 닮았습니다. 하지만 천만의 말씀! 하나하나 따지며 들여다보면 뭔가 많이 다릅니다. 몸은 원통 모양에다 완전히 납작한 게 돌멩이 밑에서 살기 좋게 생겼습니다. 아! 더듬이도 있군요. 더듬이는 채찍처럼 굉장히 깁니다. 가슴등판은 어찌나 큼지막하고 튼튼하게 생겼는지 마치 갑옷을 입은 장수 같습니다. 특이하게도 앞가슴등판, 가운데

납작하루살이류 애벌레

가슴등판, 뒷가슴등판 크기가 거의 비슷해 하루살이 애벌레와 확실히 구별이 됩니다. 배 끝에는 제 몸통 길이만큼이나 되는 꼬리털(미모, cercus) 2개가 시원스럽게 뻗어 났습니다.

이제는 녀석을 발랑 뒤집어 놓고 몸 아랫면을 봐야 할 차례. 몸 아랫면은 물속에서 숨을 쉴 수 있는 장치가 있어 굉장히 중요합니다. 가슴을 자세히 훑어보니 가느다란 실 같은 털이 뭉쳐 있군요. 털 다발은 녀석이 숨 쉬는 데 꼭 필요한 기관 아가미입니다. 앞가슴과 가운데가슴 사이에, 가운데가슴과 뒷가슴 사이에, 뒷가슴과 첫 번째 배마디 사이에 뭉쳐 난 하얀 실 다발 같은 아가미! 사람으로 치자면 허파지요. 어디 그뿐인가요? 배 끝 항문에도 실 다발 같은 아가미(항문아가미술)가 붙어 있습니다. 물이 살살 움직일 때마다 얇은 국수처럼 생긴 하얀 아가미들도 물살 따라 살살 움직입니다.

## 돌멩이에 딱 달라붙기

어미 강도래가 골짜기 물 바닥 모래 틈, 자갈돌 틈에 뿌려 낳은 알에서 때가 되면 애벌레가 태어납니다. 알에서 깨어나자마자 애벌레는 어른벌레가 될 때까지 혼자 힘으로 물속에서 살아가야 합니다. 녀석은 절대로 물을 떠나서는 살 수 없습니다. 그런데 물도 물 나름. 강도래는 아무 물에서 살지 않습니다. 자신들이 원하는 물만 고집하는 까칠한 녀석들이지요. 녀석들은 굉장히 차갑고, 빨리 흐르고, 게다가 오염되지 않아 용존 산소량(물에 녹아 있는 분자 상태의 산소량, 물이 오염되면 산소가 감소함.)이 높은 물을 좋아합니다. 그런 물은 깊은 산속 옹달샘에서 솟아 나와 산골짜기를 두루두루 거치며 흘러 들어온 맑디맑은 골짜기 물입니다. 그러니 거의 모든 강도래 애벌레는 산 높고 물 좋은 아름다운 산속 골짜기 물에서 평생을 삽니다.

골짜기 물은 경사도 급하고 물길도 좁아 물 흐름이 빠릅니다. 그러니 강도래 애벌레에게 비상이 걸렸습니다. 어떤 특단의 묘책이 없으면 물살에 휩쓸려 떠내려가 죽을 수도 있습니다.

지혜롭게도 녀석의 조상들은 대대로 오랜 세월 빠른 물살에 부대끼면서 돌멩이에 붙어사는 법을 터득했습니다. 강도래 애벌레의 묘책은 돌멩이에 붙어서 버티는 것이죠. 애벌레 다리와 몸에 부드러운 털, 센털이 빼곡히 나 있어 물속 돌멩이에 잘 붙어 있도록 도

점등그물강도래 애벌레는 맑은 물에서 산다.

와줍니다. 더구나 털처럼 생긴 아가미까지 있어 돌멩이에 딱 달라붙으면 물이 세게 흘러도 잘 떨어지지 않습니다.

또 물속에서 살려면 풀어야 할 문제가 있지요. 다름 아닌 숨 쉬기! 빠르게 흐르는 물속에 살면서, 그것도 돌멩이 밑에 붙어 버티면서, 숨을 쉬려고 물낯까지 올라가려 했다간 급물살에 휩쓸려 갈 수 있습니다. 또 호흡관이 없으니 장구애비처럼 호흡관을 물 밖으로 빼 놓고 숨을 쉴 수도 없죠. 그래서 애벌레는 돌멩이에 달라붙은 채 안전하게 숨 쉬는 방법을 취하고 있습니다. 바로 아가미! 녀석들은 아가미를 이용하고 있습니다.

자, 애벌레가 아가미로 숨 쉬는 모습을 볼까요? 땅 위에 사는 동물은 공기 중에 떠다니는 산소를 자유롭게 들이마시면 됩니다. 하지만 물속에 있는 산소는 물에 녹아 있어 마음대로 들이마실 수가 없지요. 그래서 물속에서만 사는 곤충은 물에 녹아 있는 산소를 잘 이용할 줄 알아야 살아남습니다.

강도래류 애벌레는 몸이 납작하다.

물속 곤충은 기관 아가미(tracheal gill, 공기가 통하는 아가미)를 몸에 달고 삽니다. 물속 곤충의 조상은 모두 땅 위에서 살았기 때문에 애초부터 기관 아가미가 따로 있었던 것은 아니고, 물속에 적응하면서 몸 피부가 차차 늘어나 생겨났을 것으로 추정합니다.

신기하게도 늘어난 피부인 기관 아가미에는 공기를 실어 나르는 통로인 가느다란 기관이 퍼져 있고, 또 돌기들이 나 있습니다. 물에 녹아 있는 산소는 농도가 높은 곳에서 낮은 곳으로 흘러가는 확산 작용으로 기관 아가미 속으로 들어가 곧장 기관과 기관지를 통해 온몸으로 골고루 퍼져 나갑니다.

그래서 애벌레는 기관 아가미를 흔들어 아가미 둘레에 있는 산소 압력을 높여 확산 작용이 원활히 일어나도록 할 뿐만 아니라 아가미 사이사이로 물이 잘 흐르도록 합니다. 이렇게 강도래 애벌레는 물속에서 자유자재로 숨 쉬며 살아갈 수 있지요. 굳이 숨 쉬려고 물 밖으로 나올 필요가 없습니다.

사람이 물속에 빠지면 허우적거리다 물이 코로, 입으로 들어갑니다. 우리 인간에게는 대기 중에 있는 산소를 거르는 허파는 있어도 물에 녹아 있는 산소를 거르는 아가미가 없습니다. 그래서 허파에 물이 가득 차 죽습니다. 사람이 아무런 장비 없이 육상을 떠나면 100퍼센트 죽는 것처럼, 강도래도 물속을 떠나면 100퍼센트 죽습니다. 사람은 육상 생활에, 강도래는 물속 생활에 맞는 몸 구조를 가진 것이지요. 서로 다른 생존 방식을 이해하고 존중한다면, 우리가 물속 환경을 마음대로 흔들어 놓을 수 있을까요?

## 베일에 가려진
## 강도래 애벌레 사생활

강도래 애벌레가 물속에서 살다 보니 사생활이 베일에 가려져 있습니다. 도대체 몇 번 허물을 벗는지, 각 령의 기간은 얼마나 되는지, 애벌레로 몇 년이나 사는지, 또 허물은 어떻게 벗는지 아는 게 거의 없어 답답할 뿐입니다. 앞으로 풀어야 할 숙제입니다. 대부분의 연구자들이 다 자란 종령 애벌레를 연구하는 데다 녀석들은 맑고 차가운 물속이어야 잘 살기 때문에 실험실에서 그런 환경을 만들어 주는 것은 그리 쉬운 일이 아닙니다.

우선 강도래는 '안갖춘탈바꿈'을 합니다. 번데기를 만들지 않고 애벌레가 여러 번 허물을 벗고 자라 곧바로 어른벌레로 탈바꿈하는 거지요. 대체로 알에서 애벌레가 깨어나기까지 3~4주 걸립니다. 그리고 애벌레가 어른벌레가 되기까지 무려 12~24번 허물을 벗습니다. 몸을 키워 어른벌레가 되기 위해서 애벌레가 하는 일이라고는 열심히 먹는 일. 거의 모든 강도래류 애벌레가 조류(algae)나 식물 찌꺼기를 갉아 먹는데, 진강도래 애벌레 같은 녀석은 자기보다 힘 약한 물속 생물을 잡아먹습니다. 특히 하루살이 애벌레, 날도래 애벌레, 깔따구 애벌레 따위를 잡아먹습니다. 강도래 애벌레가 어른벌레로 탈바꿈하려면 2~3년은 지나야 한다니 한살이 거의 전부를 애벌레로 사는 셈입니다. 어른벌레는 고작 열흘쯤밖에 살지 못하는데 말입니다.

## 물속 애벌레
## 드디어 어른벌레가 되다

어둠이 내리는 저녁입니다. 다 자란 강도래 애벌레가 갑갑한 껍질을 벗고 어른벌레가 되려나 봅니다. 어두어둑해지니 물속에 있던 종령 애벌레가 붙어 있던 돌멩이에서 떨어져 서서히 헤엄치기 시작합니다. 녀석은 물가에 도착하자마자 곧바로 물 밖으로 나와 물가 둘레에서 자라는 풀 줄기나 나뭇가지, 잎사귀를 6개 다리로 꽉 잡고 엉금엉금 기어 올라갑니다. 그리고 허물 벗기 좋은 자리를 찾아 꼭 매달려 있습니다. 모든 준비 완료.

잠시 뒤에 녀석 머리와 등 쪽에 나 있는 탈피선이 갈라지기 시작합니다. 그러더니 갈라진 탈피선 틈으로 서서히, 조금씩 가슴이 빠져나옵니다. 좀 쉬었다가 다시 힘을 주니 머리 부분까지 빠져나옵니다. 그러고는 쭈그러진 날개와 다리까지 잇달아 빠져나옵니다. 있는 힘을 다 써 버려 움직일 힘이 없나 봅니다. 힘이 부치는지 6개

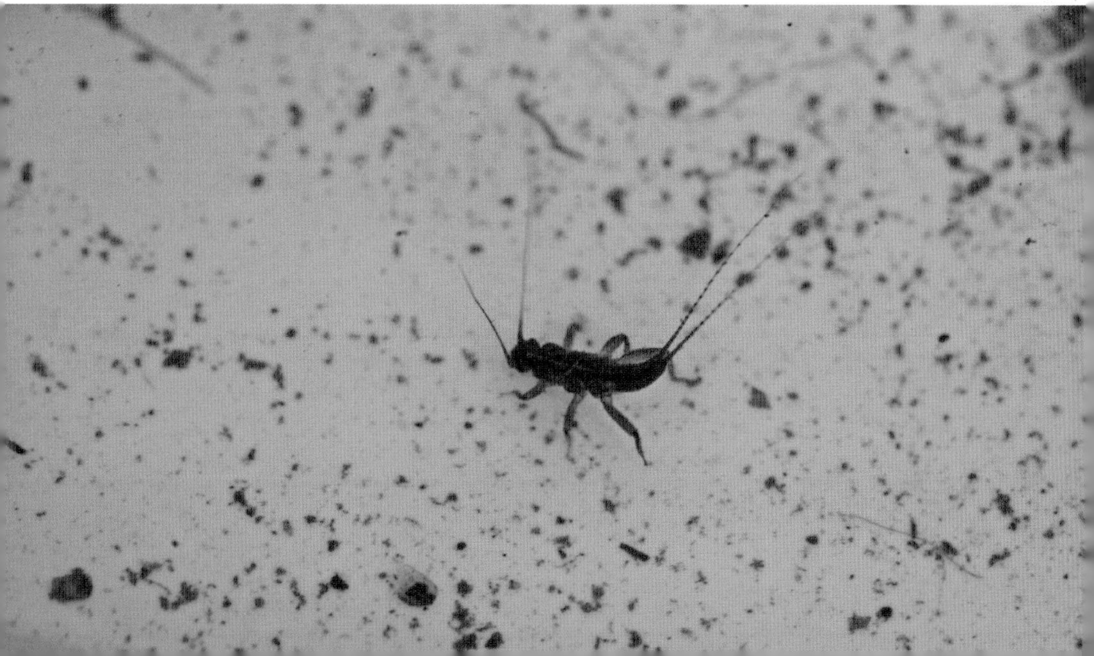

민강도래 애벌레

다리로 벗어 놓은 허물을 꼭 잡고 한참 동안 가만히 숨을 고릅니다. 그러더니 다시 힘을 내어 껍질 속에 있던 배를 힘겹게 마저 쭉 빼냅니다. 드디어 껍질에서 온몸이 다 빠져나왔습니다. 남은 건 쭈글쭈글한 날개를 펴는 일. 녀석은 허물을 딛고 앉아 쭈글쭈글한 날개가 펴지기만을 기다립니다. 날개는 무대 천장에서 커튼이 서서히 내려오듯이 아주 천천히 기다랗게 펼쳐집니다. 그런 다음사람 혈액에 해당하는 혈림프가 날개맥에 순간적으로 퍼지면서 날개가 다리미로 다린 것처럼 쫙 펴집니다. 날개돋이 성공! 비록 열흘도 못 살지만 이제부터 화려한 어른벌레 시대가 활짝 열렸습니다.

허물을 벗고 막 나온 어른 강도래 몸 색깔은 희끄무레하고, 피부도 약하고, 거의 움직이지도 않습니다. 몸 색깔이 알록달록 진해질 때까지, 피부가 단단하게 굳을 때까지 기다려야 합니다. 따지고 보면 어른벌레로 탈바꿈하는 이때가 녀석에게는 가장 위험한 때인지도 모릅니다. 몸을 말리고 있는 동안 적이 잡아먹으려고 달려들

강도래류 애벌레가 물 밖으로 나와 허물을 벗고 어른벌레가 되었다.

면 속수무책이니까요. 아무리 도망가려 해도 마음만 있지 몸이 빠르게 움직여지지 않으니 그냥 앉아서 밥이 될 것이 빤합니다. 그래서 될 수 있으면 천적 눈에 안 띄게 어둠을 틈타 날개돋이를 합니다. 골짜기 물가 언덕에 있는 풀, 나무나 돌멩이 위를 한번 잘 살펴보세요. 밤새 어른벌레로 탈바꿈하며 벗어 놓은 허물을 찾을 수 있습니다.

## 오래도록 만나고 싶은 강도래

강도래 곤충들은 깨끗한 물인지 더러운 물인지 가려 주는 재판관입니다. 강도래가 살고 있으면 그 물은 굉장히 깨끗한 1급수라고 입소문이 납니다. 어떤 강도래는 기관 아가미가 초라할 만큼 작아서 산소가 넘쳐 나는 차가운 물이 아니면 살 수가 없고, 또 어떤 강도래는 물속에 먹이가 많고, 용존 산소량이 높으면 2급수라도 마다 않고 살아갑니다.

우리 땅에서 온전히 남아 있는 자연이 몇 군데나 될까요? 그나마 다행인 것은 깊은 산골 골짜기는 사람 손길이 덜 뻗칩니다. 아직도 그런 골짜기에는 속새가 군락을 이루며 먼 옛날 태곳적 모습을 상상하게 만들고, 둘레에는 맑고 깨끗한 골짜기 물이 아무런 격식 없이 제 마음대로 흐릅니다. 그런 물을 유난히 좋아하는 강도래 애벌레가 그곳에 터를 잡고 살지요. 오래오래 그들을 만나고 싶은 것은 저만의 욕심일까요?

깨끗한 물 언덕에 사는

# 진강도래 어른벌레

**진강도래 어른벌레**

진강도래가 나뭇잎에 앉아 쉬고 있습니다.
진강도래 어른벌레는
물이 깨끗한 골짜기 둘레에서 볼 수 있습니다.

봄날 골짜기 물가 길섶에서 자주 만나는 진강도래.
혹 이름도 낯선 진강도래를 아시나요?
진강도래는 맑고 차가운 골짜기 물에서만 살 수 있는 곤충입니다.
그래서 녀석을 만나려면 산속 골짜기를 일부러 찾아가야 합니다.
그런데 진강도래는 어른벌레와 애벌레가 사는 곳이 다릅니다.
어른벌레는 골짜기 둘레 땅 위에서,
애벌레는 맑고 물살이 빠른 골짜기 물속에서 삽니다.
어른벌레는 산길을 걷다가 우연히 마주치기도 하지만,
골짜기 물속에 사는 애벌레를 보는 것은 하늘의 별 따기입니다.

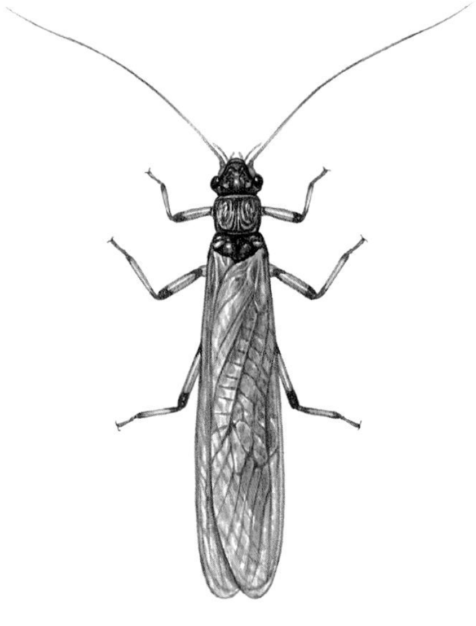

진강도래 어른벌레

이 꼭지는 강도래목 진강도래과 종인 진강도래(*Oyamia nigribasis*) 이야기입니다.

## 산골짜기에서 만난
## 강도래

오랜만에 강원도 미천골, 깊은 산속 골짜기에 콕 박혀 있는 옛 절터에 들렀습니다. 다름 아닌 선림원지. 1200년 전 통일 신라 때 번성했지만, 지금은 절이 온데간데없고 빈터만 남았습니다.

봄도 무르익은 5월, 옛 절터 곳곳에 싱그러운 봄빛이 배어 있습니다. 이리도 좋은데 하룻밤 안 묵어 갈 수 없지요. 선림원지 가까이에 있는 산속 민박집에서 한 밤을 잤습니다. 먼동이 말갛게 터오니 눈도 절로 떠집니다. 얼른 일어나 슬그머니 민박집을 빠져나옵니다. 세수도 안 했으니 눈곱이 눈에 붙었는지 코에 붙었는지도 모르고 달랑 카메라 하나 어깨에 메고서 말이죠. 어둑어둑한 하늘에서 새벽빛이 멀겋게 새어 나옵니다. 부지런한 호랑지빠귀가 '호 호 호' 불러 대는 노래 들으며 천천히 걷다 보니 어느새 선림원지가 발아래입니다. 가파른 산자락 밑에 넓은 마당처럼 펼쳐진 빈 땅이 새벽안개에 폭 안겨 있습니다. 참 고즈넉합니다. 고고한 기품이 넘쳐 나는 선림원지3층석탑, 장구를 꼭 빼닮은 아담한 석등, 우람한 부도비, 땅바닥에 맷돌같이 줄줄이 박힌 주춧돌들, 이 모든 것을 고요하게 감싸는 하얀 안개……. 모든 것이 실루엣으로 드러나 마치 시간이 멈춰 버린 세계에 빨려 들어온 듯합니다.

망해 버린 옛 절터! 왠지 말만 들어도 쓸쓸함이 사무칩니다. 천 년 전에 산 높고 골 깊은 산속에 절을 세우고 도를 닦았던 선사는 어찌하여 이곳까지 흘러들었을까요. 통일 신라는 국가 조직을 단단하게 묶기 위해 불교를 왕권 통치에 적극적으로 끌어다 쓴 시대

였지요. '왕이 곧 부처'인 시대. 일부 스님들은 '왕은 곧 부처'나 다름없었던 그 당시 분위기에 반기를 들고 서라벌 땅 한복판에서 '마음만 깨치면 누구나 부처다.' 하며 외치고 다닙니다. 그러다 불손한 사람으로 낙인찍힐 건 불 보듯 뻔합니다. 지금으로 치면 '괘씸죄' 내지는 '국가 보안법'에 딱 걸리는 거지요. 그런 현실을 뒤로 하고 자기 뜻을 펼치기에 아직 때가 이르구나 탄식하며 홀연히 서라벌을 떠났을 스님들. 그것도 서라벌에서 가장 멀리 떨어진 북쪽 땅 강원도 깊은 산골까지 유랑했을 스님들. 어쩌다 하늘 아래 첫 동네인 이곳에 흘러들어 절을 짓고, 갈고 닦는 수행에 정진했을 스님들. 마음의 깨달음을 꿈꾸며, 진정한 해탈 자유인을 꿈꾸며, 너와 나의 본성은 둘이 아닌 하나, 그런 평등 세상을 꿈꾸었을 스님들. 이런저런 생각하며 옛 절터를 어슬렁거리다 보니 그새 날이 밝아옵니다.

한 발 한 발 걸을 때마다 이슬방울 매단 풀잎이 파르르 발목에 차입니다. 풀잎 뒤에서는 베짱이류가 허물을 벗으며 긴 더듬이를 길게 내뻗고 숨을 고릅니다. 여기저기 포개진 풀잎과 나뭇잎 속에서도 여러 곤충들이 숨어서 어서 해 뜨기만을 기다립니다. 밑들이 메뚜기, 무당벌레, 자나방, 잎벌레, 각다귀, 날도래 어른벌레, 강도래 어른벌레 같은 곤충이 말이지요. 희한하게도 오늘은 강도래가 옛 절터에 단체 출연하는 날인가 봅니다. 오늘 나온 녀석들은 진강도래군요! 밤새 어른벌레로 탈바꿈한 진강도래들이 약속이라도 한 듯이 이슬 머금은 잎사귀 위에 다소곳이 앉아 있습니다. 건드리니 빠른 걸음으로 잎사귀 뒤로 숨기도 하고, 훌쩍 날아 옆에 있는 나뭇잎 사이로 들어가기도 합니다. 물속에서 애벌레로 자라다 어른벌레가 되어서는 물 밖 땅 위로 올라온 어른 진강도래들. 골짜기가 바로 코앞에 있으니 여기 옛 절터까지 오는 것은 일도 아니지요. 천 년도 넘는 세월 동안 이곳을 들락거렸을 어른 진강도래들을 이른 아침부터 만나니 기분이 묘합니다.

## 늘씬하고 훤칠한 진강도래 어른벌레

어른 진강도래는 몸집이 굉장히 큰 편입니다. 몸길이가 자그마치 30밀리미터쯤이나 되니 그냥 봐도 한눈에 확 들어옵니다. 만날 자그마한 곤충들하고만 놀다 보니 늘씬하고 훤칠하게 생긴 이 녀석만 보면 제 눈은 그저 즐겁기만 합니다. 진강도래 몸 색깔은 언뜻 보면 밤색인데, 배와 다리는 노란색을 띱니다. 특히 다리는 노란색과 검은색이 섞여 있어 색동옷을 입은 것 같습니다. 다리가 노란색이어서 예전에는 '노랑다리강도래'라고 했습니다.

더듬이는 실처럼 길쭉하고, 가느다란 마디 수십 개가 구슬처럼 촘촘히 꿰어져 있습니다. 날개는 배 끝을 덮고도 남을 만큼 엄청 길어서 배 길이보다 거의 두 배나 됩니다. 앉아서 쉴 때는 앞날개를 뒷날개 위에 겹쳐 배 위에 얹어 놓는데, 마치 종이 몇 장을 포개 놓은 것 같습니다.

뭐니 뭐니 해도 강도래 특징은 꼬리털. 특이하게 녀석 배 끝에는 긴 꼬리털(미모, cercus)이 두 개 있습니다. 비록 날개로 가려져 있

어 등 쪽에서는 보이지 않지만, 배 쪽에서는 꽤 잘 보입니다. 꼬리털은 부드럽고 여러 마디로 이루어져 있습니다. 더듬이처럼 꼬리털에도 감각 기관이 몰려 있어 아주 예민합니다. 작디작은 움직임이나 환경 변화를 용케도 잘 알아차리지요. 꼬리털은 곤충마다 생김새도 다르고 하는 일도 다릅니다. 왜냐하면 사는 곳도 다르고 식사 메뉴도 다르기 때문이지요. 집게벌레류 꼬리털은 물건을 잡는 집게 모양인데, 천적을 만나면 하늘 높이 치켜들고선 '나 무섭지?' 하며 위협할 때 씁니다. 물속에 사는 장구애비 꼬리털은 기다란 철사 모양인데, 물속에서 물구나무선 채 물낯에 꺼내 놓고 숨 쉴 때 씁니다.

진강도래가 골짜기 물가 나뭇잎에 앉아 쉬고 있다.

## 강도래류는
## 누구인가?

강도래 조상이 지구에 처음 모습을 보인 때는 아주 오랜 옛날입니다. 강도래 조상(Paraplecoptera)은 약 2억 5천만 년 전쯤인 고생대 페름기(해양 생물과 육상 생물 95퍼센트 정도가 멸종) 말부터 중생대 삼첩기까지 번성했는데, 화석으로 남아 있는 종은 30종입니다. 이 화석 종은 이미 멸종되어 지구에서 오래전에 사라진 종이지요. 그리고 현재 지구에서 살고 있는 강도래 종류는 2천 종쯤 됩니다.

강도래는 남극 지방을 빼고 세계 곳곳에 흩어져 삽니다. 강도래 대부분은 북반구에서 사는데, 거의 모든 애벌레는 차갑고 맑고 깨끗한 물속에서 삽니다. 남반구에 사는 몇몇 종은 습지에서도 살기도 합니다. 어른벌레가 되어도 잘 날지 못하고, 습성이 까다로워 특정한 곳에서 살기 때문에 지구의 지각 변화를 이해하는 데 도움이 되기도 합니다. 즉, 강도래류는 생물지리학적으로 찬 기후에 적응한 종류로 거의 모든 종들이 온대 지역이나 고위도에서 터를 잡고 사는 것이지요.

강도래는 어른벌레가 땅 위에서 살고, 애벌레는 물속에서 살기 때문에 '곤충계의 양서류'라고 할 수 있습니다. 게다가 애벌레는 차갑고 물살이 빠른 물에서 사니 물속 생태계가 얼마나 건강한지를 가늠하는 역할을 톡톡히 합니다. 특히 애벌레는 물속 생태계에서 다양한 먹이를 다양한 방법으로 먹습니다. 어떤 종은 물속에 쌓인 식물 찌꺼기 따위를 걸러서 먹고, 어떤 종은 바위나 퇴적 물질에 붙어 있는 조류(algae)나 이끼류 따위를 긁어 먹고, 어떤 종은 나뭇잎이나 나무껍질을 갉아 먹고, 어떤 종은 다른 물속 생물을 잡아 먹고 삽니다. 애벌레 시절 내내 물속에서 살아야 하니 발달된 기관 아가미로 물속에 녹아 있는 산소를 이용합니다. 대부분 1년에 1세대를 거치지만 진강도래나 한국강도래처럼 몸집이 큰 녀석들은 한 세대를 완성하는데 2~3년이 걸리기도 합니다.

물속에서 허물을 12~24번 벗으면서 몸을 키운 애벌레는 어른이 되면 날개를 달고 대부분 물가 언덕에서 삽니다. 그런데 민날개강도래속(*Scopura*) 몇몇 종과 흰배민강도래과(Capniidae)는 어른벌레가 되어도 날개가 없어 물속에서 꿋꿋하게 살아갑니다. 특이하게도 강도래과(Perlidae)와 녹색강도래과(Chloroperlidae) 같은 몇몇 무리 어른 강도래는 암컷과 수컷이 배 끝으로 마치 북을 두드리듯 나뭇잎을 두드리고 문질러 소리를 내며 아주 특별한 대화를 나눕니다.

어른벌레는 잘 날지 못해 멀리 이동하지 않고 자신이 날개돋이했던 물가 바위, 풀잎과 나뭇잎 같은 곳에서 삽니다. 반면에 애벌레는 까다로워서 차고 깨끗한 골짜기 물에서만 살기 때문에 강도래는 물속 환경이 건강한지 오염되었는지 수질을 평가할 수 있는 생물학적 지표종으로 중요합니다. 산길에서, 산골짜기 물에서 강도래와 마주치면 그 지역을 흐르는 물은 굉장히 맑고 깨끗하다고 여겨도 되겠지요.

녀석들은 태생적으로 환경 변화에 굉장히 민감하기 때문에 사람들 손을 탈까 걱정이 됩니다. 게다가 애벌레에 대한 연구는 활발한 편인데, 며칠밖에 못 사는 명줄 짧은 어른벌레에 대한 연구는 아직도 숙제로 남아 있습니다.

녹색강도래

무늬강도래

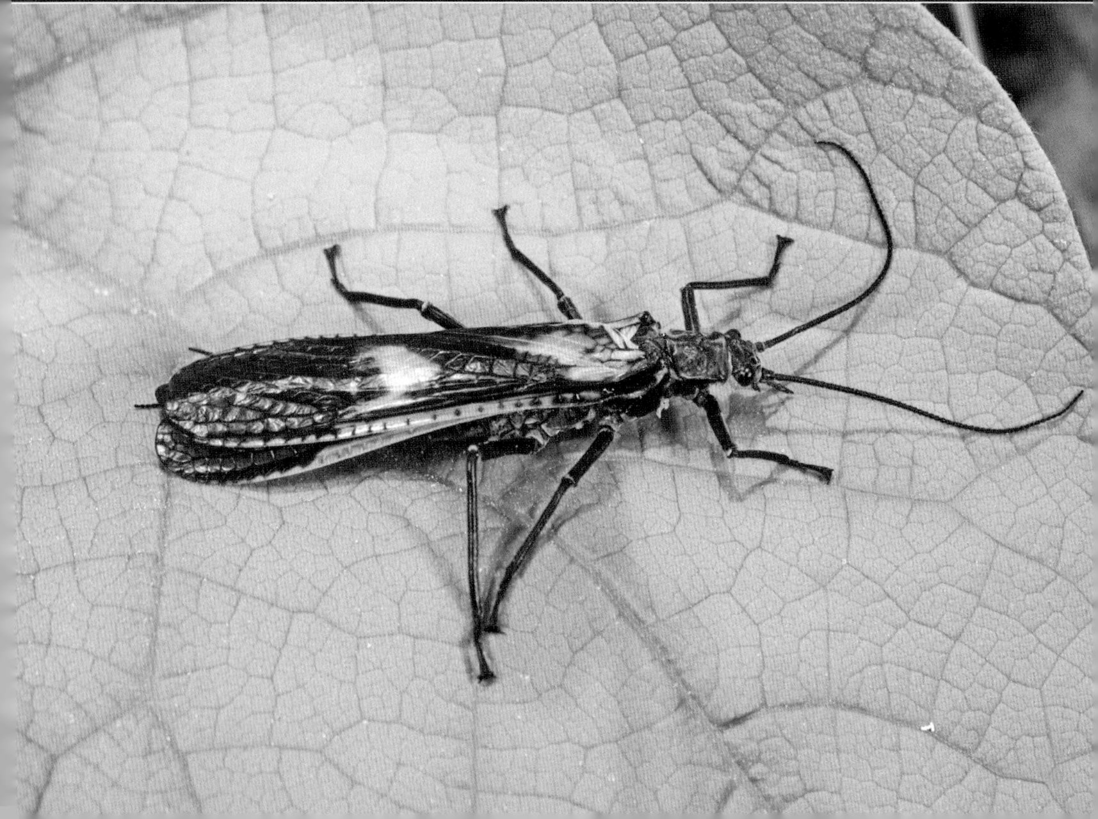

집게강도래

# 배 끝으로 북치는 강도래류

5월경 골짜기를 옆구리에 끼고 산길을 걷노라면 진강도래 어른벌레가 여기저기 많이 나와 있습니다. 2년 넘게 긴 세월 동안 물속에서 살다가 육상 세계에서 고작 며칠 살겠다고 물 밖으로 나온 녀석들. 왜 어른벌레들은 비슷한 시기에 무더기로 육상 세계에 진출할까요? 잘 알다시피 곤충 세계에서는 발달 단계마다 해야 할 일이 딱 정해져 있습니다. 애벌레는 오로지 먹기만 하며 몸을 키우고, 번데기는 애벌레 몸을 어른벌레 몸으로 바꾸는 혁명을 일으키고, 어른벌레는 자기 대를 이어 가는 데만 힘씁니다. 진강도래 어른벌레가 하는 유일한 일은 짝을 찾아 짝짓기 하고 알을 낳는 일, 바로 번식입니다.

그래서 물속 애벌레들은 비슷한 시기에 어른벌레로 날개돋이를 합니다. 다 자란 종령 애벌레는 주로 밤과 새벽 사이에 물에서 기어 나와 물가에 있는 풀 줄기나 나뭇잎에 매달려 어른벌레로 탈바꿈합니다. 하나둘 물가 언덕에 모습을 보이기 시작한 어른벌레들, 며칠이 지나자 숫자가 불어 길가 풀잎이나 나뭇잎에 진을 치고 있습니다. 이렇게 한꺼번에 날개돋이를 하는 것은 많이 모여 있어야 짝을 찾기가 쉽기 때문입니다.

녀석들은 어떻게 짝을 찾을까요? 울음소리로? 아닙니다. 화려한 혼인색을 띠어서? 아닙니다. 달콤한 냄새를 풍겨서? 아닙니다. 희한하게도 녀석들은 두들기는 소리를 듣고 짝을 찾습니다. 맞선 볼 필요 없이 두들기는 소리가 매력적이면 모든 것이 해결됩니다.

큰그물강도래

그러면 어떻게 두드려 소리를 낼까요? 진강도래 수컷은 배 끝을 돌멩이나 나뭇잎 같은 물체에 톡톡 두들기듯 부딪쳐 소리를 냅니다. 재미있게도 강도래류가 두드리는 방법은 여러 가지입니다. 배 끝으로 물체를 톡톡 두들겨 소리 내기도 하고(percussion), 배 끝으로 어떤 물체를 짧게 긁어 마찰음을 내기도 하고(scraping), 배 끝 돌기로 어떤 물체를 누르며 비비듯이 두드려 소리 내기도 하고(rubbing), 배 끝으로 물체를 사시나무 떨듯이 파르르 두들겨 소리를 내기도(tremulation) 합니다. 이때 어떤 강도래는 배 끝에 아무 돌기도 나 있지 않아 밋밋하고, 또 어떤 진강도래는 배 끝에 물체를 두들기기 좋게 망치나 나사처럼 생긴 돌기가 나 있습니다.

암컷하고 수컷 중 누가 먼저 북 치듯이 두들겨 소리를 낼까요? 물론 수컷이지요. 수컷은 배 끝을 잎사귀 위나 돌 위에 대고 북을 치듯이 배 끝을 톡톡 두들기거나 비빕니다. 그러면 암컷은 털이나 더듬이 같은 모든 감각 기관을 총동원해 수컷이 두들기는 소리를 듣습니다. 사람처럼 공기 중에 퍼져 나간 음파가 고막을 울려 듣는 게 아닙니다. 수컷 배 끝이 잎사귀, 나무줄기, 풀 줄기나 돌멩이 같은 물체와 부딪칠 때 내는 진동음은 암컷 몸에 붙어 있는 여러 감각 기관을 통해 접수됩니다. 특히 암컷이 가진 감각 기관 가운데 몸에 붙어 있는 털들이 큰 몫을 합니다. 신기하게도 몸에 붙은 털도 가지각색입니다. 억센 센털, 부드러운 털, 솜털 같은 털, 가시 같은 날카로운 털, 누워 있는 털, 바짝 곤추선 털처럼 말입니다. 이 털들은 모두 녀석의 신경과 이어져 있어 털이 조금만 움직여도 금방 바깥 상황을 알아차립니다. 그러니 녀석들에게는 온몸이 귀나 마찬가지인 셈이지요. 이 두들김은 서로 가까이 있을 때 더 잘 느낍니다.

원래 강도래 조상은 짝짓기 할 때 두드리지 않았을 것으로 생각됩니다. 바위 위나 나뭇잎 위에 앉을 때 우연하게 배 끝이 앉아 있는 물체에 닿으면서 소리가 났는데, 그 소리가 되풀이되다 보니 상대방에게 의미 있는 신호로 들렸을 것입니다. 처음에는 배 끝으로 물체를 단순하게 톡톡 두들겨 소리만 냈는데, 암컷이 그 소리에 반응하자 수컷들이 두들기는 소리는 오랜 시간 진화 과정을 거치며 점점 다양해졌습니다. 게다가 수컷들은 여러 소리를 내는 것에 멈추지 않고 두들기는 소리를 점점 정교하게 다듬어 가는 데도 공을 들입니다. 그러다 보니 자연스럽게 강도래 배 끝 생김새는 두들김에 맞게 바뀌었습니다. 예를 들면 강도래과와 녹색강도래과는 종에 따라 수컷의 두드림 돌기 구조가 다릅니다. 얇은 막처럼 생긴 돌기, 망치처럼 생긴 돌기, 액체로 가득 찬 주머니 모양 돌기처

강도래 수컷은 배 끝으로 물체를 두드려 여러 가지 소리를 낸다.

럼 여러 가지입니다. 그렇기 때문에 수컷이 두드리는 방법도 종마다 다릅니다. 그저 단순하게 북 치듯이 톡톡 치기도 하고, 비비기도 하고, 긁어 마찰시키기도 하고, 오래 두드려 떨림 소리를 내기도 하는 것처럼 차츰 복잡한 방법으로 진화되었습니다. 희한한 것은 수컷들이 두드리는 소리는 돌기 모양만큼 다양하지만, 암컷이 내는 소리는 종에 상관없이 무뚝뚝하고 단순합니다. 그냥 배 끝으로 톡톡 치는 정도지요. 떨림 소리를 내는 몇몇 녹색강도래과 암컷만 빼고는 말입니다. 곤충 세계에서 강도래처럼 자기 몸을 물체에 부딪쳐 북 치듯이 소리 내어 상대방과 대화하는 곤충은 그리 많지 않습니다.

그런데 놀라운 것이 있습니다. 강도래과와 녹색강도래과 중에서 어떤 종은 수컷이 두드리는 소리를 내면 오직 숫처녀 암컷만 반응을 합니다! 이미 짝짓기를 마친 암컷은 반응을 전혀 안 하지요. 그러나 수컷은 능력이 닿는 한도까지 여러 암컷과 짝짓기를 합니다. 그것도 매번 숫처녀 암컷하고만 짝짓기를 합니다. 정말이지 짝짓기를 한 번 하고 만족하는 암컷이 있다니 머릿속이 복잡해집니다. 보통 곤충은 암컷, 수컷 할 것 없이 여러 배우자와 짝짓기를 합니다. 암컷이든 수컷이든 여러 배우자와 짝짓기를 하면 아무래도 자기 유전자와 여러 상대가 가진 다양한 유전자가 결합할 기회가 많습니다. 그러면 유전자 다양성이 높아지고 우수한 자손을 낳을 가능성이 커지지요. 그러니 단 한 번 짝짓기를 하는 암컷은 수컷 고르는 일에 온 힘을 다 쏟습니다. 우수한 유전자를 가진 수컷을 선택하기까지 보통 심혈을 기울이는 게 아닙니다.

## 진강도래 암컷과 수컷의 두들기기

진강도래 수컷이 배 끝을 두들기며 보낸 짝짓기 신호에 과연 암컷이 감동할까요? 감동한다면 어떤 식으로 반응을 할까요? 대부분 암컷은 배 끝으로 잎사귀, 나무줄기, 풀 줄기, 돌멩이 따위를 두들기는데, 수컷과 비교하면 단순하게, 어찌 보면 성의 없다고 생각될 만큼 톡톡 치는 정도입니다. 물론 암컷은 수컷이 보내는 두드림 소리가 마음에 들어야 톡톡 치는 반응을 보입니다. 마음에 들지 않으면 들은 척도 하지 않지요.

암컷이 수컷의 두드림 소리를 듣고 '난 네가 마음에 들어.' 하고 답신을 보내면, 암컷 신호를 기다리던 수컷은 재빨리 암컷이 두들기는 소리를 좇아 암컷을 찾아다닙니다. 드디어 암컷과 수컷이 처음 만났습니다. 첫 만남이라 암컷이 경계할 만도 한데 전혀 그렇지 않군요. 이제 짝짓기에 들어가면 됩니다. 재미있게도 녀석들의 짝짓기 자세는 메뚜기류와 굉장히 비슷합니다. 암컷 등에 올라탄 수컷은 배를 길게 늘어뜨린 뒤 S자 모양으로 배 끝을 꼬아 암컷 배 끝에 갖다 댑니다. 그리고 곧바로 생식기를 꺼내 암컷 생식기에 쏙 집어넣습니다. 배 끝을 꼬는 까닭은 암컷 생식기가 배 끝 아래쪽에 있는 데다 배 끝에는 기다랗고 딱딱한 꼬리털이 나 있어 수컷이 자기 생식기를 바로 넣지 못하기 때문이지요. 짝짓기를 마치면 수컷은 세상과 하직할 일만 남았고, 암컷은 알 낳는 일만 남았습니다.

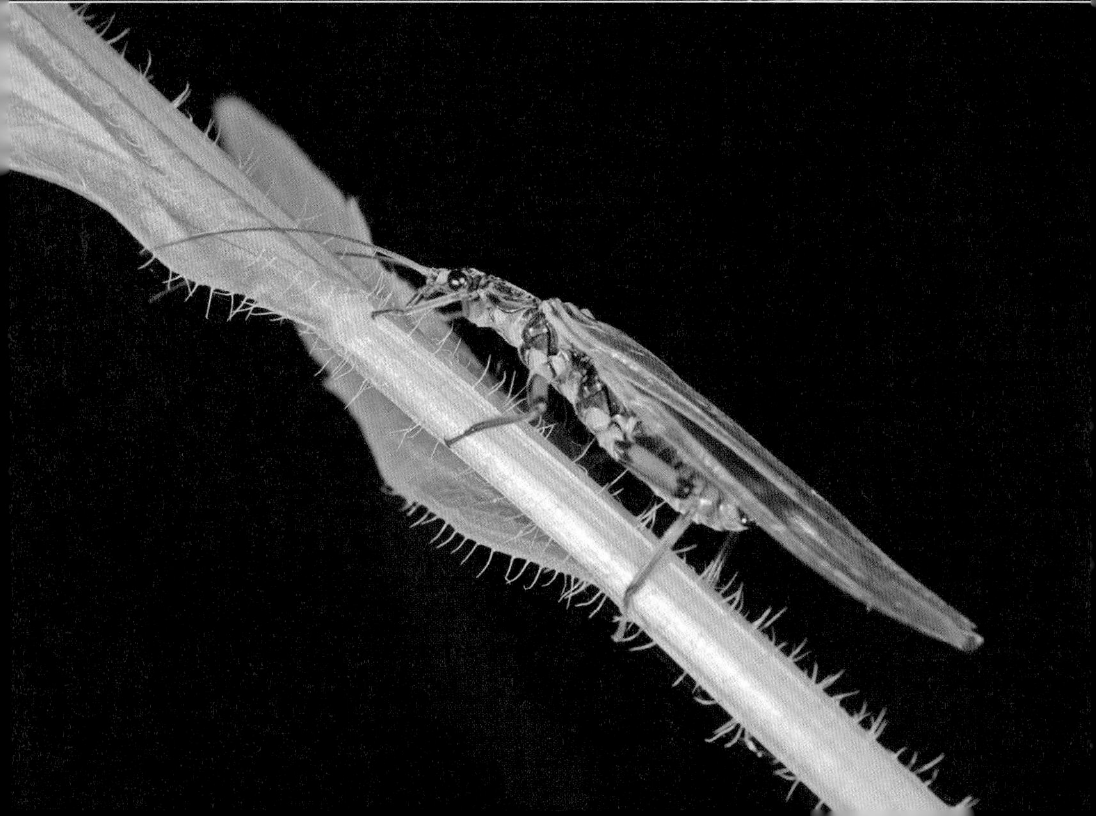

진강도래 얼굴

## 알 낳으러 물속을 찾아간 어른 진강도래

산속에는 어둠이 빨리 찾아옵니다. 산봉우리가 높아서인지 해가 일찍 산 너머로 숨습니다. 뒤따라 골짜기 물에도 어둠이 스멀스멀 내려앉습니다. 짝짓기를 마친 진강도래 암컷은 '이때다.' 하고 골짜기 물가로 날아듭니다. 왜 그럴까요? 알을 낳기 위해서지요. 놀랍게도 어미는 배 끝에 검은 알 덩어리를 매달고는 제비가 물을 스치며 날듯이 물낯 가까이에서 납니다. 그러고는 전투기 조종사가 폭탄을 떨어뜨리듯 알 덩어리를 물속으로 떨어뜨립니다. 알 덩어리가 물속으로 가라앉는 사이 알 덩어리에서 알들이 흩어져 나와 물속으로 퍼져 나갑니다.

진강도래 알들은 작고 무게가 가벼워 처음에는 물살 때문에 물 바닥에 가라앉지 못하고 이리저리 떠다니지만 결국에는 하나둘씩 물 바닥에 가라앉습니다. 어떤 알은 모래 틈에, 어떤 알은 자갈 틈에 내려앉아 험난한 한살이를 시작합니다. 물론 어미가 낳은 알들이 모두 골짜기 바닥에 내려앉는 것은 아닙니다. 재수 없는 알은 물 바닥에 채 가라앉기도 전에 물고기나 가재의 밥이 되기도 합니다.

알을 낳은 어미는 기운이 빠져 서서히 죽어 갑니다. 어미로서 할 일을 무사히 끝내고 나니 생명 시계가 더 이상 삶을 허락하지 않는군요. 자기 새끼인 알을 골짜기 물에 흩뿌려 놓은 뒤, 그 알에서 애벌레가 깨어나기도 전에 죽어 물 위에 둥둥 떠다닙니다. 허연 네 장의 날개를 펼친 채 물이 흐르는 대로 이리저리 떠다니다 물속 생물의 밥이 됩니다.

진강도래 옆모습

## 진강도래 집을 지켜 주자

진강도래 어른벌레는 잘 날지 못합니다. 위험하다고 느끼면 포르르 날아 이동하지만 움직인 거리는 겨우 몇 미터쯤밖에 안 됩니다. 비행 실력이 모자라도 한참 모자라다 보니 자신이 태어난 곳을 빙빙 돌 뿐 멀리 가지 못합니다. 그러니 사람들이 진강도래가 사는 물가 언덕을 파헤치면 녀석들은 영문도 모른 채 집을 잃게 됩니다. 풀과 나무가 오순도순 살고 있는 물가 땅에다 시도 때도 없이 옹벽을 쌓고, 시멘트를 바르고, 건물을 짓고 하면, 어찌어찌 날개돋이를 했다 하더라도 진강도래 어른벌레는 머물 곳이 줄어들어 이리저리 헤매다 짝짓기도 못 하고 지쳐 죽을 게 뻔합니다.

강도래들은 대부분 차갑고 깨끗한 물을 좋아합니다. 강도래가 좋아하는 물 맑은 산속 골짜기들은 우리 곁에 몇 군데나 남아 있을까요. 그나마 건강한 자연환경은 깊은 산골 골짜기입니다. 그런 산

죽은 진강도래에 파리가 날아왔다.

골 골짜기는 여전히 풍광이 좋습니다. 사람들 욕심은 한이 없어 깊은 산골 골짜기에도 손을 뻗칩니다. 풍광이 멋진 곳에는 어김없이 건물을 짓고 길을 냅니다. 돌보고 어루만져도 시원찮은데 포크레인으로 덤프트럭으로 파헤치고 밟히는 산골 골짜기는 얼마나 아플까요? 있을 때 잘하자는 말이 허튼 말이 아닙니다. 지금 끌어안고 돌보지 않으면 그 골짜기도, 골짜기에 흐르는 물도, 골짜기 물에 사는 물속 생물들도 개발에 짓밟혀 죄다 이 땅에서 사라질지도 모를 일입니다.

물속에 집 짓는 목수

# 띠무늬우묵날도래 애벌레

**띠무늬우묵날도래 집과 애벌레**

띠무늬우묵날도래 애벌레가
집 속에 숨어 있습니다.
띠무늬우묵날도래 애벌레는 물속에 살면서
여러 가지 나무토막이나 모래알로
집을 짓고 삽니다.

문득 삼십여 년 전

아들 출생 신고할 때 일이 생각나 실없이 웃었습니다.

서류를 작성하는데 아이 출생지를 쓰라는 칸이 있었지요.

태어난 곳은 분명히 병원 분만실인데 그걸 쓰라는 건 아닌 것 같습니다.

저만 해도 태어난 곳이 집이었는데,

언제부턴가 아기는 병원에서 꼭 낳지요.

그러다 보니 아기가 태어나도 금줄을 칠 일이 없습니다.

특히 도시에서 태어난 아기는 갓난아기 때부터 다 자랄 때까지

대부분 아파트나 공동 주택에서 삽니다.

제 아이들도 그런지라 아이들 어렸을 때는

시간만 나면 들로 산으로 데리고 다녔습니다.

풀 냄새, 흙냄새라도 맡아 보라고 그러면

아이들은 여백이 많은 종이 같아서

금방 자연과 떡고물처럼 버무려집니다.

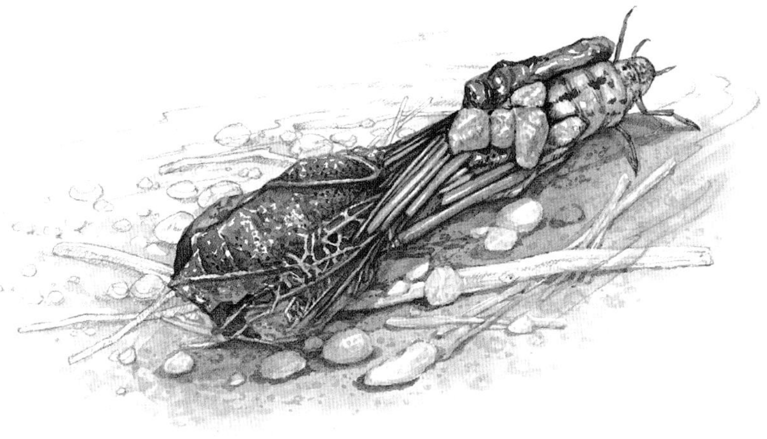

띠무늬우묵날도래 애벌레

이 꼭지는 날도래목 우묵날도래과 종인 띠무늬우묵날도래(*Hydatophylax nigrovittatus*) 이야기입니다.
본문 중에서 날도래로 언급한 것은 우묵날도래과에 속한 종들을 말합니다.

## 물속에서 도롱이 집 짓고 사는 띠무늬우묵날도래 애벌레

한번은 두 아들 녀석들이 졸졸졸 흐르는 골짜기 물 한쪽에 돌멩이를 빙 둘러 쌓았습니다. 크기가 세숫대야만 할까요? 세상에서 제일 작은 연못을 만들어 놓고서는 첨버덩첨버덩 골짜기 물을 들락거리며 가재, 다슬기, 송사리, 몰개 따위를 잡아다 넣느라 부산합니다. 어느새 물고기가 돌 틈으로 빠져나가면 또 잡아다 넣고 물놀이 재미에 폭 빠졌습니다. 그런데 신기한 벌레를 잡았다고 소리를 높입니다. 소라 껍질을 메고 다니는 소라게처럼 나뭇가지와 모래가 더덕더덕 붙은 집을 지고 다닌다고 하면서요. 나무토막처럼 길쭉한 집을 끌고 다니는 녀석은 누구일까요? 바로 띠무늬우묵날도래 애벌레입니다.

띠무늬우묵날도래 애벌레를 본 적이 있나요? 녀석은 물속 맨 밑바닥이나 돌에 붙어서 살기 때문에 참을성 있게 물속을 들여다봐야 만날 수 있습니다. 물속 생물들은 몸값이 비싸도 한참 비싸 금방 보여주지를 않습니다. 숨을 고르게 쉬며 찬찬히 물속을 들여다봐야 합니다. 맑은 골짜기 물에 비친 내 얼굴을 거울 삼아 보면서 말입니다.

골짜기 길을 걷습니다. 시원스레 흐르는 물에 끌려 골짜기 물가로 갑니다. 마침 돌들에 막혀 물이 느리게 흐르는 물웅덩이가 있군요. 고개를 길게 빼고 물속을 들여다봅니다. 물 흐름이 멈춰 버린 듯이 고요한 물웅덩이 밑바닥에는 뭔가 가득 깔려 있지요. 썩어 가는 가랑잎, 잎맥만 앙상히 남은 가랑잎, 다 썩어 부스러기가 된 가랑잎 찌꺼기, 부러진 나뭇가지 같은 자잘하게 분해된 식물 찌꺼기들이 깔려 있습니다. 손을 넣어 물속을 휘휘 저어 물살을 일으키기라도 하면 바닥에 있던 나뭇잎 부스러기들이 요란하게 천방지축으로 떠오릅니다. 그런데 물속 바닥에서 웬 나무토막 같은 녀석이 슬금슬금 기어갑니다. 자세히 들여다보니 자라처럼 머리를 내밀고 나무토막 같은 집을 질질 끌고 바닥을 기어 다닙니다. 띠무늬우묵날도래 애벌레군요!

여러 가지 띠무늬우묵날도래 집

## 물속에서 보물찾기

골짜기 물처럼 맑은 물만 있으면 어디서나 사는 띠무늬우묵날도래! 녀석은 애벌레와 어른벌레가 사는 곳이 다릅니다. 애벌레는 물속에서, 어른벌레는 물가 둘레 땅 위에서 삽니다. '곤충계의 양서류'인 셈이지요.

애벌레가 물속 바닥을 기어가는 모습은 영락없이 소라게 같습니다. 나뭇잎과 나뭇가지를 붙여 만든 집 밖으로 머리와 다리 6개를 쭉 빼내 기어가니 말이지요. 자그마한 녀석이 힘이 얼마나 센지 그 무거운 집 한 채를 거뜬히 끌고 다닙니다. 앞으로 걸어가다가, 앞다리를 살짝 왼쪽으로 틀어 왼쪽으로 걸어가다가, 또 앞쪽으로 걸어가다가, 오른쪽으로 방향을 틀어 천천히 걸어 다닙니다. 후진은 못 하는군요. 애벌레가 기어 다닌 웅덩이 바닥에는 지렁이가 지나

간 것처럼 구불구불한 흔적이 남습니다. 녀석은 이리저리 바닥을 돌아다니다 가랑잎이나 식물질 조각을 보면 가던 길을 멈춥니다. 그러고는 주둥이를 가랑잎에 대고 식사를 즐깁니다. 애벌레 입은 씹어 먹는 형이어서 큰턱이 굉장히 발달했습니다. 가위질을 하듯이 큰턱을 좌우로 벌렸다 오므렸다 하면서 물기가 많은 부드러운 나뭇잎을 잘게잘게 베어 씹어 먹습니다.

물속에 손을 살짝 넣어 녀석에게 향하니 자라처럼 내밀었던 머리와 다리가 게 눈 감추듯 집 속으로 쏘옥 들어가 버립니다. 정말 눈 깜짝할 사이입니다. 녀석을 건지려고 웅덩이 바닥을 더듬으니 바닥에 쌓인 부스러기들이 요란하게 부웅 떠오릅니다. 조심스럽게 나무토막 같은 띠무늬우묵날도래 애벌레 집을 물 밖으로 건져 올려 바위 위에 놓았습니다.

녀석은 놀라서 집 속에서 꼼짝도 안 합니다. 이런 때는 그냥 하릴없이 기다리는 게 상책이죠. 애벌레 머리와 가슴이 집 밖으로 나올 때까지 세월아 네월아 하며 무작정 기다립니다. 얼마나 지났을까? 나무토막 같은 애벌레 집이 꿈틀꿈틀, 집 밖으로 머리가 비죽이 나옵니다. 안심이 안 되는지 머리만 조금 내밀었다 살짝 집어넣고, 또 내밀었다 다시 집어넣습니다. 그러기를 여러 번 되풀이하다가 머리를 쏘옥 꺼내더니 이어 가슴까지 대담하게 집 밖으로 내밉니다. 그러자 접혔던 가슴다리들이 꼬물꼬물 펴지면서 제법 빠른 걸음으로 물이 있는 쪽으로 걸어갑니다. 삼십육계 줄행랑을 치는 거겠지요. 바위 위에는 붓으로 그림을 그린 것처럼 물 자국이 뚜렷합니다.

## 나방 애벌레를 닮은 띠무늬우묵날도래 애벌레

띠무늬우묵날도래 애벌레는 나비류(나비목) 친척답게 나비류 애벌레와 굉장히 닮았습니다. 특히 길쭉한 모습이 솔나방 애벌레인 송충이와 비슷해 녀석을 '송충이형 애벌레'로 분류합니다. 띠무늬우묵날도래 애벌레는 몸길이가 30~35밀리미터나 되어 굉장히 큰 편입니다. 머리와 가슴 색깔은 멜라닌 색소가 많아 칙칙한 누런색이고, 유독 머리에 진한 밤색 점들이 빼곡히 찍혀 있습니다. 머리와 가슴은 집 밖으로 나갔다 들어왔다 하며 밥도 먹어야 하고, 무거운 집을 끌고 이사도 다녀야 하니 튼튼합니다. 그러다 보니 녀석들 머리와 가슴은 아주 놀라울 만큼 딱딱하게 굳어 있습니다.

특이한 것은 녀석 다리입니다. 가슴에 가슴다리가 6개 붙어 있

띠무늬우묵날도래 애벌레 모습

띠무늬우묵날도래
애벌레 머리 모습

는데, 그중에서 가운뎃다리가 가장 깁니다. 녀석들은 여섯 발로 물속을 기어 다니며 먹이나 숨을 곳을 찾습니다. 다리 하나하나에는 여러 종류 털들이 어떤 부분에는 빼곡히, 어떤 부분에는 듬성듬성 붙어 있습니다. 가시 털, 부드러운 털, 센털 따위가 말이죠. 특히 사람 발가락에 해당되는 발목마디 끝에는 가시 같은 발톱이 달려 있어 이동하거나 집을 지을 때 몸이 집에서 떨어지지 않게끔 합니다. 특히 가운뎃다리는 다른 다리에 비해 집 짓는 데 가장 쓸모 있게 쓰입니다. 가운뎃다리로 바닥에 있는 가랑잎과 나뭇가지 따위를 긁어모으니 말이지요.

나비류(나비목) 애벌레는 6개 다리와 별도로 배마디에 배다리(proleg, 헛다리라고도 함)가 있는데, 띠무늬우묵날도래 애벌레도 배다리가 있을까요? 정답부터 말하면 "없습니다." 대신에 마지막 배마디에 꼬리다리가 있습니다. 꼬리다리 끝에는 갈고리 같은 고리발톱(anal claw)이 붙어 있고, 그것도 모자라 고리발톱 끝에는 덧발톱(accessory hook)이 나 있습니다. 꼬리다리는 날카로운 고리발톱과 덧발톱을 이용해 애벌레가 밥을 먹거나 집을 고칠 때 몸이 집 밖으로 완전히 빠져나가지 않게 합니다.

녀석에게 미안하지만 녀석을 집 밖으로 꺼내려고 몸을 잡아당겼지요. 그랬더니 녀석이 죽어라고 버티며 집에서 나오려 하지 않습니다. 밖으로 나온 일부 배마디가 연결막이 끊어질 것처럼 가늘게 쭈욱 늘어났는데도 집에서 몸이 완전히 빠지지 않습니다. 정말이지 버티는 힘이 아주 셉니다. 꼬리다리에 있는 날카로운 고리발톱과 덧발톱이 집을 꽉 잡고 있기 때문입니다. 미안한 마음에 얼른 녀석 몸을 놓고는 물속에 넣어 주었습니다. 잘 살아남아 꼭 어른벌

띠무늬우묵날도래
배 꽁무니

레로 다시 태어나라고 마음속으로 빌면서요.

이제 녀석의 배를 볼까요? 우윳빛 배는 굉장히 부드러워 손가락으로 누르면 물컹거리고 살이 쏘옥 들어갑니다. 배마디는 모두 10개입니다. 첫 번째 배마디에는 커다란 돌기가 나 있는데, 등 쪽에는 등돌기(등융기, dorsal protuberance)가, 옆구리 쪽에 옆돌기(옆융기, lateral protuberance) 2개가 불쑥 솟아올라 있습니다. 등 쪽에 있는 등돌기를 보면 '노틀담의 꼽추'가 생각납니다. 꼽추 같은 돌기는 고맙게도 몸이 집 밖으로 들락거릴 때 배 부분이 집 밖으로 홀딱 빠지지 않게 해 줍니다. 곤충 몸에 붙어 있는 모든 종류의 장식품은 그냥 보기 좋으라고 있는 것이 아닙니다. 모두 생존에 꼭 필요한 기관들이지요.

신기한 것은 띠무늬우묵날도래 애벌레는 배마디 옆쪽에 실처럼 가느다란 아가미(gill)가 줄지어 붙어 있습니다. 아가미가 하는 일은 무엇일까요? 숨 쉬는 일입니다. 땅 위에서는 공기를 그냥 들이

띠무늬우묵날도래 애벌레 배 쪽 모습

마시기만 하면 산소를 얻을 수 있지만, 물속에서는 산소가 물에 녹아 있어 산소를 얻으려면 방법을 달리해야 합니다. 그래서 물속을 떠나 살 수 없는 물속 곤충들은 거의 아가미를 달고 삽니다. 아가미가 물속에서 숨을 쉴 수 있게 해 주기 때문이지요. 그러면 아가미로 어떻게 산소를 얻을까요?

띠무늬우묵날도래 애벌레는 아가미 다발을 살살 흔들어 집 안으로 들어온 물에 작은 물살을 일으킵니다. 그러면 확산 작용으로 물속에서 빨아들인 산소는 아가미 기관(공기 통로)과 가느다란 기관지에 채워지고, 채워진 산소는 확산 작용으로 몸 여기저기 조직과 세포로 퍼져 나갑니다. 물론 몸속에 있던 이산화탄소도 마찬가지 확산 작용으로 몸 밖으로 나갑니다. 이것이 물속 곤충의 아가미 호흡이지요.

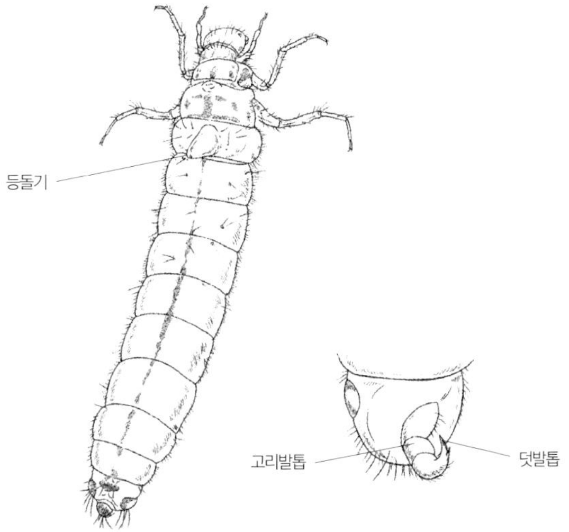


날도래 애벌레 등돌기와 꽁무니에 있는 덧발톱과 고리발톱

## 물속에서 집 짓는 목수

띠무늬우묵날도래 애벌레는 평생을 물속에 집을 짓고 집 속에서 삽니다. 띠무늬우묵날도래 애벌레는 가진 거라곤 달랑 다리 6개와 큰턱뿐인데, 무슨 수로 집을 지을까요? 여리디여린 자기 몸 하나만 믿고 집을 짓기 시작하는 띠무늬우묵날도래 애벌레. 그 자체만으로도 녀석은 위대한 건축가입니다.

우선 녀석은 집짓기 좋은 명당을 찾은 뒤, 입에서 실을 내어 자기 몸 둘레에 빙 둘러 그물을 칩니다. 실크 주머니를 만드는 것이지요. 애벌레를 감싸고 있는 실크 주머니는 결이 얼마나 섬세한지 옷 안감보다도 더욱 얇고 정교합니다. 그런 다음 가운뎃다리를 쑥 내밀어 나뭇잎, 지푸라기, 갈대 줄기, 모래 같은 둘레에 있는 건축 재료를 꽉 잡아 제 몸 앞으로 끌어옵니다. 이제 준비한 건축 재료

띠무늬우묵날도래 애벌레는 물속에 있는 여러 가지 나무 부스러기로 집을 만든다.

를 가공할 차례. 이번에도 가운뎃다리로 갈대 줄기를 들어 입으로 가져가 재단을 합니다. 재단 가위는 큰턱. 녀석의 강력하고 튼튼한 큰턱은 가위처럼 오므렸다 폈다 하며 갈대 줄기를 잘게 뚝뚝 자릅니다. 다음으로 주둥이 아랫입술샘에서 실을 토해 알맞게 자른 갈대 조각들을 얼기설기 엮어 이미 만들어 놓은 실크 주머니 위에다 턱 붙입니다. 그리고 또 건축 재료를 가져와 가운뎃다리와 큰턱으로 나뭇가지를 자르고, 나뭇잎도 알맞은 크기로 잘라 실크 주머니에 붙입니다. 모래는 따로 손질할 필요 없이 그대로 실크 주머니에 붙입니다. 그럼 앞다리와 뒷다리는 어디에 쓸까요? 앞다리는 가운뎃다리와 큰턱으로 건축 재료를 가공할 때 바닥을 짚고서 몸을 지탱하고, 뒷다리는 건축 재료를 끌어오려고 머리와 가슴을 쭈-욱 뻗을 때 배 부분이 빠져나가지 않도록 합니다.

신기하게도 애벌레는 나무줄기, 나뭇잎, 모래 따위를 머리에서 꼬리 방향으로 가로로 줄지어 배열해 서로 겹치지 않게 붙입니다.

띠무늬우묵날도래 애벌레는 자기 몸에 딱 들어맞는 집을 짓는다.

이렇게 실크 주머니에 빙 둘러 붙이면, 드디어 원기둥처럼 생긴 집이 완성됩니다. 물론 머리가 들락거리는 앞쪽과 배 끝마디가 붙잡고 있는 뒤쪽은 뻥 뚫어 놓습니다. 식사를 하려면 앞문이 필요하고, 똥을 집 밖으로 내보내려면 뒷문이 필요한 건 당연한 일. 그것 말고도 앞문과 뒷문을 뚫어 놔야 물이 자유롭게 들락거려 녀석이 물에 녹아 있는 산소로 호흡을 할 수 있겠지요.

놀랍게도 애벌레는 가능한 속이 꽉 찬 나뭇가지 대신에 속이 텅 빈 갈대 같은 지푸라기 종류(벼과 식물)를 건축 재료로 즐겨 사용합니다. 속이 빈 지푸라기가 물에 잘 뜬다는 것을 어찌 알았을까요? 늘 집을 끌고서 먹이를 찾아다녀야 하니 이왕이면 가벼운 집이 이동하기에 좋겠지요. 그뿐만이 아닙니다. 집 뒷부분 옆면에는 가랑잎을 둥그렇게 잘라 붙이는데, 이것은 물고기 꼬리지느러미처럼 몸 균형을 잡아 주는 것 같습니다. 건축 설계도는 조상이 물려준 유전자 속에 들어 있겠지만, 3센티미터도 안 되는 녀석이 연장 하나 없이 물속에서 그토록 정교하고 예술적인 건축물을 짓다니, 입이 떡 벌어져 도대체 다물어지지가 않습니다.

띠무늬우묵날도래 애벌레가 집을 짊어지고 느릿느릿 걸어가고 있다.

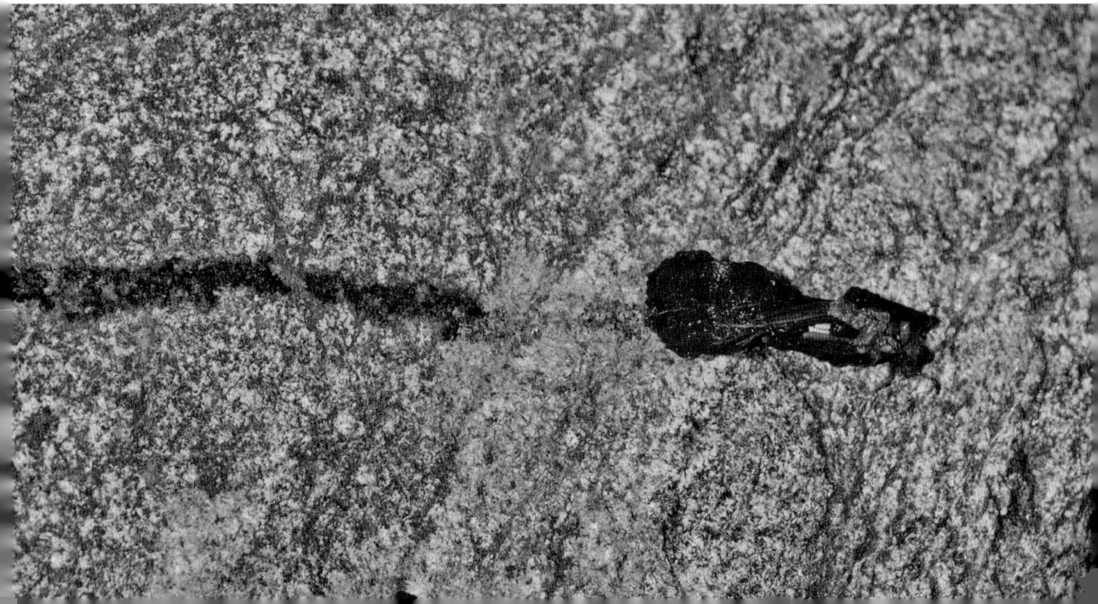

띠무늬우묵날도래 애벌레는 몸 앞쪽만 내밀고 돌아다닌다.

그런데 애벌레 몸이 자꾸 커지면 집이 비좁아질 텐데 어쩌나요? 그거야 간단하지요. 평수를 늘리면 됩니다. 즉, 집을 늘리는 확장 공사를 하면 되지요. 애벌레에게 집 늘리는 확장 공사는 식은 죽 먹기입니다. 입에서 실을 토해 실크 주머니 앞쪽을 더 길게 늘리고 둘레에 있는 건축 재료를 끌어다 알맞게 잘라 늘린 실크 주머니에 붙이면 됩니다. 녀석은 다섯 번쯤 허물을 벗고 자라면서 자기 몸 크기에 맞게 여러 번 집을 고치고 넓힙니다.

재미있게도 녀석 집은 제 몸에 꼭 맞습니다. 필요 이상으로 욕심 부려 널따란 집을 만들지 않습니다. 제 몸이 들어갈 수 있을 만큼만 좁지도, 넓지도 않은 맞춤형 집을 짓습니다.

## 애벌레는
## 왜 집을 만들까?

알고 보면 띠무늬우묵날도래 애벌레에게는 집 짓는 일이 살기 위한 몸부림입니다. 여느 곤충들처럼 그냥 집 없이 떠돌며 먹이를 찾아 먹고 살아도 되는데, 굳이 집을 짓는 데는 분명한 까닭이 있습니다. 천적으로부터 자신을 안전하게 보호하고, 물살에 이리저리 떠밀려 다니는 것을 막기 위한 것입니다. 집 밖으로 몸을 내밀고 먹이를 찾아다니다 물고기나 물자라 같은 힘센 포식자를 만나면 얼른 집 속으로 몸을 숨기면 됩니다. 녀석 집이 웅덩이 바닥에 깔린 나뭇잎 부스러기와 색깔이 비슷해 천적이 쫓아오다 '닭 쫓다 지붕 쳐다보는 개' 꼴이 됩니다. 애벌레는 물속 바닥에 깔린 모래나 여러 식물질로 집을 만들기 때문에 물속 바닥과 비슷한 색을 띠고 있습니다. 즉 보호색을 띠는 것이지요. 아무튼 띠무늬우묵날도

애벌레는 자기 몸을 지키려고 보호색을 띤 집을 짓는다.

래 집은 포식 곤충을 피할 수 있게도 해 주고, 물살에 떠밀려 이리저리 떠다니는 것도 막아 줍니다. 제 몸 겨우 들어갈 만한 집 한 채 가진 띠무늬우묵날도래는 떵떵거리는 수중 궁궐이 부럽지 않습니다.

## 날도래목의 다양한 집

흐르는 골짜기 물속에 있는 돌덩어리를 뒤집어 보면 돌멩이가 깔려 있는 물속에도, 돌 표면에도 날도래목 애벌레가 삽니다. 얼기설기 성의 없이 모래를 실에 엮어 만든 집도 있고, 작디작은 모래알을 촘촘하게 엮어 옥수수같이 만든 집도 있고, 고둥 껍데기 같은 집도 있고, 나뭇가지와 굵은 모래를 섞어 만든 네모난 긴 기둥처럼 생긴 집도 있습니다. 또 있습니다. 망사 그물 집. 작은 바위와 바위 사이에 그물처럼 쳐 놓은 망사 그물 집도 모양이 여러 가지입니다. 깔때기 모양, 컵 모양, 손가락 모양처럼 말이지요.

이 모든 것이 날도래류 애벌레 집입니다. 혹시 물속 돌을 뒤집어 건져 올려 본 적이 있나요? 돌멩이에는 자그마한 모래 지갑처럼 생긴 날도래류 집이 붙어 있고, 자라처럼 내밀었던 머리와 다리가 순식간에 집 속으로 쏘옥 들어가 버립니다. 바로 날도래류 애벌레입니다.

날도래류 애벌레는 거의 모두 민물에서 살지만 종마다 사는 곳이 다릅니다. 차가운 숲속 골짜기 물, 급하게 흐르는 물, 여울, 물살이 적은 웅덩이, 평지에서 흐르는 차갑지 않은 물 등등. 날도래류 애벌레는 사는 곳에 따라 다음과 같이 세 무리로 나눌 수 있습니다.

### 1. 자유형

날도래 가문의 가장 큰 특징인 집을 짓지 않고 이리저리 옮겨 다니며 사는 종류입니다. '날도래목의 방랑자'인 셈이지요. 이들은 주로 바위 아래에서 사는데, 집도 없고 망사 그물도 치지 않고 살아갑니다. 그래서 자유형에 속한 종류는 다른 날도래 종류보다 몸이 튼튼합니다. 주로 자기보다 작은 물속 생물을 잡아먹고 삽니다. 물날도래과 종이 여기에 속합니다.

### 2. 그물을 치는 형

주로 골짜기 물이나 시냇물에서 사는 종류입니다. 이들은 물이 흘러내리는 바위 아랫면에 그물을 칩니다. 종에 따라 그물 모양이 다릅니다. 컵 모양, 나팔같이 윗부분이 넓어지는 모양, 야구 장갑의 손가락 모양처럼 다양합니다. 보통 이들은 자기가 숨을 수 있는 은신처 가까운 곳에 그물을 치는 경향이 있고, 그물에 걸려드는 조류(algae)나 미세한 유기 물질을 먹습니다. 크고 작은 돌 사이에 그물을 치는 각날도래과, 자루 모양으로 그물 치는 입술날도래과, 느리게 흐르는 물에서 깔대기 모양으로 그물 치는 깃날도래과, 모래와 썩은 물질을 섞어 통나무 모양으로 그물 치는 통날도래과, 모래와 썩은 물질을 섞어 그물 치는 별날도래과, 흐르는 강물이나 시냇물에서 포획용 그물을 치는 줄날도래과 같은 날도래가 여기에 속합니다.

3. 집을 만드는 형

집을 만드는 형은 대부분 식물을 먹고 삽니다. 모래 알갱이, 조약돌, 식물 조각 들로 튜브 모양이나 원뿔 모양 또는 달팽이 모양 집을 짓고 그 속에서 삽니다. 재미있게도 어떤 녀석들은 모래, 식물 조각, 달팽이 껍질 같은 다양한 재료를 모아 집을 짓기도 합니다. 이들은 거의 입에서 명주실을 토해 집 안쪽 벽에 붙여 실크 주머니를 만듭니다. 그런 뒤 여러 나뭇가지나 모래 알갱이를 실크 주머니에 덧대어 붙입니다. 애벌레는 보통 집 속에서 지내다가 식사를 하거나 다른 곳으로 옮겨 갈 때는 머리와 가슴을 집 밖으로 빼내어 두리번두리번하며 물 바닥을 느릿느릿 걸어 다닙니다.

**1) 튜브 모양 집을 짓는 형:** 날도래과, 둥근날개날도래과, 둥근얼굴날도래과, 우묵날도래과, 네모집날도래과, 털날도래과, 바수염날도래과, 날개날도래과, 달팽이날도래과, 나비날도래과 같은 날도래

모래알을 붙여 만든 바수염날도래류 애벌레 집

가 여기에 속합니다. 그 가운데 우묵날도래과는 식물과 모래 알갱이를 섞어 집을 짓고, 네모집날도래과는 나뭇잎이나 나무껍질로 사각기둥 모양인 기다랗고 네모난 집을 짓고, 바수염날도래과는 아주 작은 모래 알갱이를 촘촘히 붙여 살짝 구부러진 원통 모양 집을 짓고, 달팽이날도래과는 모래 알갱이로 달팽이 집처럼 나선형으로 집을 짓습니다.

2) **거북 등 모양 집을 짓는 형:** 물이 흐르는 돌멩이나 바위 아랫면에 크고 작은 모래 알갱이를 붙여 거북 등처럼 생긴 집을 짓습니다. 바위에 달라붙은 규조류나 녹조류와 미세한 유기물 입자를 갉아 먹는 광택날도래과 종이 여기에 속합니다.

3) **지갑 모양 집을 짓는 형:** 1~4령까지는 집을 짓지 않고 살다가 5령이 되었을 때 지갑 모양 혹은 조개 모양 집을 짓고 조류나 규조류를 갉아 먹는 애날도래과 종이 여기에 속합니다.

자잘한 돌을 붙여 만든 광택날도래 애벌레 집

## 번데기가
## 아가미 호흡을 해?

평생을 물속에서, 자기가 만든 집 속에서 지내는 띠무늬우묵날도래 애벌레가 하는 일은 오로지 먹는 일입니다. 애벌레는 다섯 번쯤 허물을 벗으며 몸을 키웁니다. 허물은 아무리 찢으려고 해도 찢어지지 않는 질긴 큐티클로 이뤄져 있습니다. 그래서 몸은 커 가는데 허물을 벗지 못하면 녀석은 허물에 갇혀 죽게 됩니다. 알에서 나온 애벌레가 번데기 시절을 거쳐 어른벌레가 되기까지 거의 1년이 걸립니다.

띠무늬우묵날도래는 번데기 시절을 보내는 '갖춘탈바꿈(완전변태)'을 합니다. 애벌레는 다 자라면 어디에서 번데기를 만들까요? 특이하게도 물속에서 만듭니다. 물속에서 사는 물방개나 애반딧불이 애벌레는 번데기를 만들기 위해 물속을 떠나 흙벽으로 올라오는데 말이지요.

물속에서 번데기는 어떻게 만들까요? 기특하게도 자기가 살고 있는 집을 재활용합니다. 번데기가 될 때면 다 자란 애벌레는 입에서 실을 토해 애벌레 시절 내내 애지중지하던 집을 단단한 물체에 딱 고정시킵니다. 물살에 떠내려가지 않게 하려는 것이지요. 그런 다음 곧바로 둘레에 있는 돌멩이나 식물질 따위를 끌어와 실로 엮어 몸이 드나들던 한쪽 입구를 딱 막아 버립니다. 이제는 집 속에서 번데기가 되기를 기다리면 됩니다.

번데기가 되기 직전인 전용 기간에는 종령 애벌레 몸이 살짝 쭈그러들면서 좀 작아집니다. 이때는 먹지도 않고 거의 꼼짝도 안 합니다. 마지막으로 벗어 던질 허물 안쪽에 새살이 돋아나 새살과 허물이 분리되길 기다립니다. 하루나 이틀쯤 지나면 드디어 종령 애벌레는 마지막 허물을 벗고 번데기가 됩니다. 번데기는 '나용(exarate pupa)'이어서 어른벌레가 갖춰야 할 더듬이, 다리, 날개 같은 몸 여러 기관이 훤히 들여다보입니다. 나용(裸蛹)은 부속지가 몸에서 자유롭게 떨어져 있는 번데기를 말합니다.

신기한 것은 번데기가 되면 대개의 경우 거의 움직이지 않고 가만히 있는데, 띠무늬우묵날도래 번데기는 굉장히 활동적입니다. 스스로 아가미를 흔들어 호흡을 합니다. 번데기에도 애벌레처럼 아가미가 붙어 있습니다. 번데기는 아가미를 흔들어서 한쪽 구멍으로 들어오는 물에 물살을 일으켜 물에 녹아 있는 산소를 얻습니다. 번데기가 생명을 유지하기 위해 아가미 호흡을 열심히 하고 있기 때문에 물속에 있어도 안전합니다.

날도래류 번데기

물속 번데기 집에서 편히 지낸 띠무늬우묵날도래 번데기 몸 색깔이 차츰차츰 바뀝니다. 어른벌레로 탈바꿈할 시간이 가까워 온 거지요. 어른벌레가 되면 더듬이, 날개, 다리 따위가 될 부분이 연갈색으로 바뀌기 시작합니다.

## 날도래 무리 명주실 나비 무리 명주실

그런데 궁금한 게 있습니다. 집 지을 때 접착제로 쓰려고 녀석들이 토해 내는 명주실은 나비 무리가 토해 내는 명주실과 같은 것일까요? 그렇습니다. 날도래목 무리는 나비목 무리와 똑같은 방식으로 아랫입술샘에서 단백질인 명주실을 만듭니다. 보통 아랫입술샘은 가슴까지 뻗어 있을 만큼 매우 크게 발달되었는데, 이곳에서 실이 나오니 '실샘'이라고도 하지요. 실제로 날도래류 집이나 주머니나방류 집을 뜯어보면 좀처럼 찢어지질 않습니다. 속이 훤히 들여다보일 정도로 얇은데도 얼마나 질긴지 잡아당겨도 잘 뜯어지지 않지요. 그건 집이 질긴 명주실로 만들어졌기 때문입니다. 도대체 명주실 성분이 무엇이기에 그리도 질길까요? 명주실 원료는 피브로인(fibroin)과 세리신(sericin)이라는 단백질입니다. 명주실 속 성분은 그 질긴 피브로인이고, 피브로인을 감싸고 있는 젤라틴 같은 성분이 세리신입니다. 따라서 접착제 같은 세리신은 피브로인 섬유들이 실크 주머니를 만들 때 서로 잘 붙게 해 줍니다. 재미있게도 그 실크 주머니 위에 나뭇잎과 나뭇가지를 끌어다 붙이는데, 이때는 큰턱샘에서 침 같은 분비물이 나와 실크 주머니에 나뭇잎이 잘 붙게 해 줍니다. 원래 거의 모든 곤충들은 아랫입술샘에서 침을 분비하는데, 날도래류나 나비류는 실샘으로 이용하기 때문에 큰턱샘이 침샘 노릇을 합니다.

## 맑고 깨끗한 골짜기에서 호수까지

띠무늬우묵날도래를 포함해 날도래목 가문 애벌레는 물이 흐르는 곳이면 어디서나 삽니다. 물살이 급하게 콸콸 흘러내리는 산속 골짜기 물에, 골짜기 물 옆에 움푹 파인 웅덩이에, 산속을 지나 들판을 흐르는 시냇물에, 시냇물이 모여 너울거리며 흐르는 강물에, 흐름이 거의 멈춘 듯 고요히 흐르는 호수에도 삽니다. 모두 날도래 가문 애벌레가 사는 물입니다. 그렇다고 모든 물에 동일한 종이 사는 것은 아닙니다. 차갑고 흐름이 빠른 물에서 사는 녀석, 흐름이 미미하고 차가운 웅덩이에서 사는 녀석, 돌멩이에 부딪혀 경쾌하게 흐르는 여울에서 사는 녀석, 폭포처럼 아래로 떨어지는 물에서 바위에 붙어 사는 녀석, 넓은 강 언저리 웅덩이에서 사는 녀석, 오염된 웅덩이에서 사는 녀석처럼 저마다 다른 날도래가 삽니다. 아마도 날도래만큼 살고 있는 물 종류가 넓은 곤충은 드물 것입니다. 날도래 가문 곤충이 세계적으로 10,000종쯤이나 된다고 하니 물속

날도래는 물이 맑고 깨끗한 골짜기에서 많이 산다.

곤충치고는 굉장히 많은 숫자지요.

요즈음 나날이 물길 풍경이 바뀌고 있습니다. 좀 쓸 만한 곳이다 싶으면 물가에 길을 내고 심지어 포장까지 합니다. 해마다 물이 지나가는 둑길에 번듯하게 포장도로가 생깁니다. 산속도 자유롭지 않습니다. 골짜기 물이 흐르는 경치 좋은 곳이면 어김없이 들어서는 펜션, 음식점, 별장들. 이곳에서 흘러나오는 생활 하수가 맑고 깨끗한 골짜기 물을 더럽힐 수 있습니다. 어디 그뿐인가요? 골짜기 물을 막아 수영장으로 사용하는 곳도 있습니다. 물은 물속 곤충에게는 어머니 같은 존재입니다. 인간이 물을 함부로 다뤄서도 안 되고, 그렇게 했다간 큰코다칩니다.

짧은 생을 사는

# 날도래 어른벌레

**우리큰우묵날도래**

우리큰우묵날도래가 잎에 앉아 있습니다.
언뜻 보면 꼭 나비나 나방을 닮았습니다.

6월의 아침 숲은 싱그럽습니다.

초록색 숲에 아침 산 그림자가 길게 누웠습니다.

산허리를 휘감은 엷은 산안개,

금방이라도 터질 것 같은 영롱한 이슬을 매단 풀들,

새벽 내 허물 벗고 풀잎 위에서 쉬는 갈색여치,

이슬방울 송송 맺힌 거미줄에 걸려 버둥대는 하루살이,

먹이 찾느라 부산 떠는 새들의 상쾌한 지저귐,

좁지도 넓지도 않은 골짜기 따라 난 산길을 천천히 걷습니다.

골짜기 물이 나지막하게 소리 내며 흐릅니다.

물이 하도 맑아 골짜기 물가로 발길을 옮깁니다.

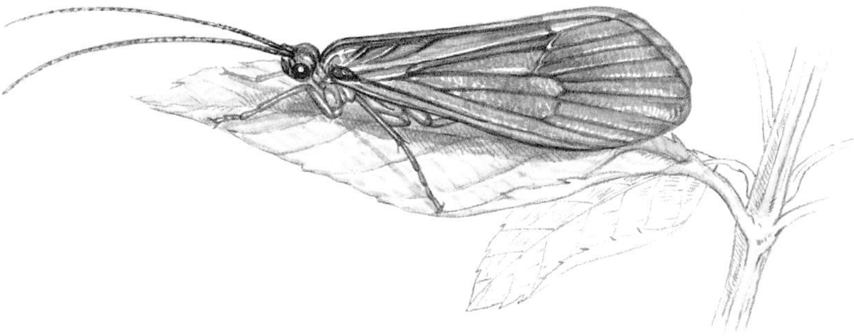

우리큰우묵날도래

이 꼭지는 날도래목에 속한 종들의 어른벌레 이야기입니다.
본문 중에서 날도래로 언급한 것은 날도래목에 속한 종들을 말합니다.

## 날도래란 이름은 어디서 왔을까?

세상이 온통 초록색으로 짙어 가는 6월은 해 뜨는 시간이 빨라져 아침도 빨리 옵니다. 주말에는 들에도 산에도 나들이객이 많아 사람들이 뜸한 고요한 숲길을 걸으려면 새벽 일찍부터 부지런을 떨어야 합니다. 물가에는 무성한 풀들이 이슬을 머금고, 풀잎 위에는 더듬이를 철사처럼 길게 뻗은 어른 날도래들이 앉아 있습니다. '사스락' 하고 풀잎이 움직이자 날도래들이 깜짝 놀라 쌩하고 저만치 날아가 버립니다. 물가에는 여기저기 동글동글하게 닳은 바위와 돌멩이가 여기저기 널브러져 있고, 그중에서 가장 판판한 돌멩이에 엉덩이를 붙이고 앉습니다. 물에 반쯤 잠긴 돌멩이 위에도 날도래 어른벌레들이 딱 붙어 앉아 있습니다. 밤새 번데기에서 탈출해 쉬는 중인가 봅니다.

날도래…… 날도래…… 읊조려 보세요. 잇몸에 살짝 부딪치는 혀 놀림이 굉장히 경쾌하고, 발음하기 편해서 부르기가 참 쉽습니다. 날도래라는 말은 어떻게 생겨났을까요? 정확히 알려지지 않았지만 그래도 여러 얘기들이 오르내리고 있습니다.

예로부터 사람들은 씨실(씨줄, 가로줄)과 날실(날줄, 세로줄)을 교대로 엮어 베를 짜 천을 만들고 가마니도 짰습니다. 날도래는 '날+도래'가 합쳐진 말로, 여기서 날은 날실을 뜻하고, 도래는 문이 저절로 열리지 못하도록 하는 나뭇개비 '문빗장'을 뜻합니다. 그래서 '날도래'를 실로 엮어 짠 나뭇개비 모양 집이라는 주장이 있습니다. 그럴듯합니다. 또 돌을 갖고 물속에서 집을 짓는 것을 누에에

빗대어 '석잠아(石蠶蛾, 돌누에나방)'라고도 불렀고, 물속 집을 여우처럼 약삭빠르게 들락거려 '물여우나비'라고도 했지요. 북한에서는 날도래 애벌레를 낚시 미끼로 사용하는지는 모르겠지만 '풀미끼'라고 하고, 영어 이름은 생김새가 나방 같다고 '물나방(water moth)'이라고 합니다. 이름이 시대마다 지역마다 다르지만 재미있게도 여러 이름이 갖는 공통점은 물과 관련되었다는 것입니다.

## 육상 세계에 진출한 어른 날도래

물속에서 1년 넘게 애벌레 시절과 번데기 시절을 보낸 날도래

—
날도래류

가 날개돋이 할 시간이 다가왔나 봅니다. 드디어 번데기에서 어른벌레가 잘 발달된 강력한 큰턱으로 집 입구를 뜯고 빠져나옵니다. 그런 다음 물속 집을 미련 없이 버리고 물낯 가까이 헤엄쳐 올라와 어두워지길 기다립니다. 날도래는 어둑어둑해지는 저녁부터 새벽 사이에 어른벌레로 탈바꿈합니다.

정말이지 물낯에서 날개돋이 한다는 것이 얼마나 힘들고 위험한지 모릅니다. 둘레에 너무도 많은 위험이 도사리고 있기 때문이지요. 천적한테 쥐도 새도 모르게 잡아먹힐 수 있습니다. 설령 천적 눈을 피했다 해도 몸속의 탈피 호르몬에 이상이 생겨 날개돋이에 실패할 수도 있고, 어른벌레로 변신하는 데 성공했다 해도 갑자기 천적이 나타나 잡아먹힐지도 모릅니다. 날개돋이에 성공해 어른벌레로 탄생하는 순간은 오랜 기다림 끝에 맞이하는 축복의 시간이자 천적에게 공격을 받는 재앙의 시간이기도 합니다. 그래서 어둠을 틈타 날개돋이를 합니다. 그런데 때때로 어떤 번데기들은 물낯이 아니라 물가에 자란 풀 위, 물에 떠 있는 물체 위로 올라와 날개돋이를 합니다.

날개돋이에 성공한 어른벌레는 날개가 펴지자마자 물낯을 박차고 곧바로 날아올라 물가에 있는 풀이나 바위에 앉아 잠자코 쉽니다. 물 위에서 뭉그적거리면 위험하기 때문에 한시라도 빨리 물에서 벗어나는 게 상책입니다. 물속 생활을 청산하고 땅 위 세상을 처음 시작하는 어른 날도래. 그 녀석 눈에 비친 땅 위 세상은 어떨까요? 신비할까요? 감동스러울까요? 복잡하고 어지러울까요? 녀석들은 대단한 행운아입니다. 물속 세상과 땅 위 세상을 넘나들며 두 세계를 경험하니 말입니다.

# 바수염날도래 짝짓기

6월 초 강원도 미천골 골짜기에서 만난 바수염날도래. 새벽 동이 틀 무렵 골짜기 물가에서는 한 편의 드라마가 펼쳐집니다. 수백 마리 바수염날도래가 떼를 지어 물가를 점령하고 있습니다. 순간 눈이 번쩍 뜨여 물가 자갈밭으로 내려가 다짜고짜 쪼그리고 앉았습니다. 검은 털이 벨벳처럼 부드럽게 깔린 날개옷을 입은 날도래가 바위와 돌멩이 위를 재빠르게 걸어 다닙니다. 얼마나 민첩한지 걸었다 날았다 앉았다 또 날았다 하며 혼을 쏙 빼놓습니다. 이 돌

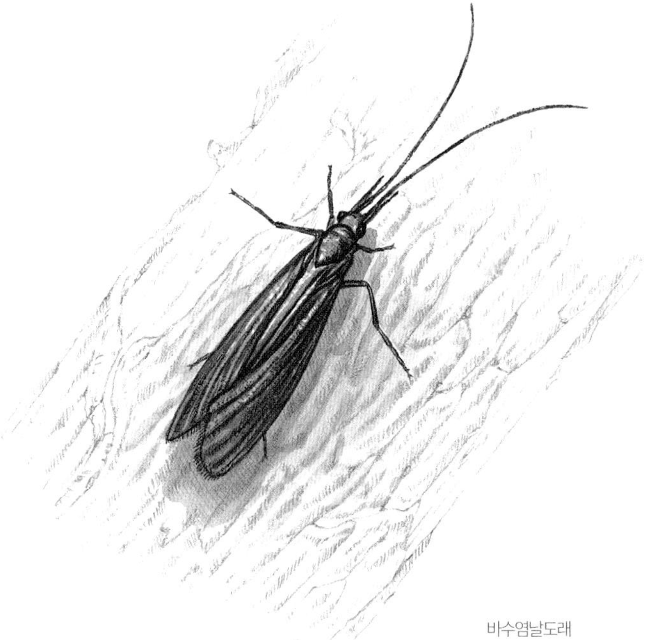

바수염날도래

멩이에도, 저 돌멩이에도, 자그마한 바위에도, 큰 바위에도, 징검다리 위에도 몇 마리씩 날았다 앉았다 도대체 정신이 없습니다. 그뿐이 아닙니다. 물 위를 스쳐 날다가 낙하하듯 돌멩이에 내려앉습니다. 카메라를 들이대면 모두 저만치 후다닥 날아가 버립니다. 물에 빠지지 않으려고 엉거주춤한 자세로 있었는데, 결국에는 녀석들을 쫓아다니다 물에 빠져 등산화가 흠뻑 젖었습니다. 할 수 없이 물가 자갈밭으로 나왔습니다. 그때 뜻밖의 횡재를 만났습니다. 바수염날도래의 짝짓기 장면 포착. 몇 밀리미터밖에 안 되는 곤충의 짝짓기 장면을 보고 이토록 기뻐하는 사람을 살짝 정신 나간 사람으로 볼 수도 있겠지만 제게는 횡재임에 틀림없습니다.

암수 두 마리가 지름 30센티미터쯤 되는 돌멩이 위에서 맞선을 보고 있습니다. 여느 곤충도 마찬가지지만 어른 날도래의 최대 프로젝트는 짝짓기. 아마도 암컷이 성페로몬을 내뿜었는지 수컷이 암컷을 졸졸 쫓아다닙니다. 수컷은 암컷을 마주 보고는 기다란 더듬이를 휘휘 저어 암컷 더듬이를 툭툭 건드립니다. 마치 칼싸움이라도 하듯이 말입니다. 애정을 표시하고 있는데, 웬 칼싸움이냐고 하겠지만 장면은 영락없는 칼싸움하는 모습입니다. 암컷이 뭐가 마음에 안 드는지 휑하니 돌더니 날아올라 수컷 반대편 쪽으로 가 앉습니다. 그래도 다른 바위로 날아가지 않는 것을 보니 아주 싫지는 않은가 봅니다.

또 수컷이 더듬이를 암컷 더듬이에 부딪치고, 암컷 뒤쪽으로 가 날개와 배 끝 쪽을 더듬이로 두들겨 봅니다. 암컷이 날아가지 않자 이번에는 암컷을 마주 보고 암컷 머리 쪽으로 올라가려 합니다. 그러자 또 암컷이 휑하니 날아올라 수컷 반대편으로 가 앉습니다. 그

바수염날도래

러기를 여러 차례. 수컷이 긴장의 끈을 놓지 않는 암컷을 어찌 달랬는지 암컷이 수컷을 받아들입니다. 수컷은 암컷 머리 쪽으로 더듬이를 휘휘 저으며 올라가더니 그대로 내달아 암컷을 넘어 꽁무니가 서로 맞닿을 정도에서 멈춥니다. 곧바로 수컷은 생식기를 빼내 암컷 생식기에 잽싸게 집어넣습니다. 모든 것이 한순간에 벌어져 번갯불에 콩 볶아 먹을 지경입니다. 생식기는 맞배지붕같이 살짝 펼친 날개에 가려 자세히 보이지 않지만, 짝짓기 하는 모습이 마치 지붕 두 개가 겹쳐 있는 것 같습니다. 녀석들의 짝짓기 모습에서 자연을 닮아 선이 고운 한옥 지붕이 떠올라 잠시 삼매경에 빠졌습니다.

날쌔고 민첩하게 움직이던 녀석들이 짝짓기 할 때는 참 얌전도 합니다. 사진 찍느라 플래시 세례가 쏟아져도 아랑곳없이 움찔움찔하기만 할 뿐 도망가지 않습니다. 물가여서 불편한 자세로 쪼그리고 앉아 있자니 발이 몹시 저려 옵니다. 몸을 조금 움직이자 녀석들이 놀라 옆에 있던 돌멩이로 도망칩니다. 다행히도 짝짓기는 계속 진행됩니다. 그런데 짝짓기를 참 얌전히도 하네요. 별 움직임 없이 생식기만 마주 대고 바위에 앉아 있으니 말입니다. 그렇게 얼마나 시간이 흘렀을까요? 한 시간이 넘었나 봅니다. 드디어 미천골의 골 높은 산봉우리 너머로 해가 얼굴을 드러냅니다. 흐르는 물에 젖은 돌멩이들, 물에 젖지 않은 바위들, 이슬을 매달고 있는 풀들, 점잖은 벨벳 옷을 입고 짝짓기 하는 날도래들 모두 한 줄기 햇살을 받으니 일순간 그들 표정이 눈부실 정도로 환하게 살아납니다. 누가 무생물과 생물을 나누었단 말인가요? 살아 숨 쉬는 날도래나 갈대, 돌돌돌 흐르는 물, 물가에 앉은 돌멩이들…… 미천골 골짜기

바수염날도래가 짝짓기를 하고 있다.

물가에 있는 모든 것들이 햇빛을 받아 살아 숨 쉬기 시작하는데 말입니다. 생물이든 무생물이든 말이죠. 그렇게 찬란한 자연이 숨을 쉬는 골짜기 물가에서 날도래는 짝짓기를 계속했습니다.

짝짓기를 마친 수컷은 얼마 못 살고 죽을 것입니다. 하지만 암컷은 위대한 일을 마쳐야 합니다. 알을 낳아야지요. 그날 많은 날도래들이 물 위를 스쳐 나는 까닭을 한참 뒤에 알았습니다. 알을 낳는 중이었습니다. 배 끝이 잠길 만큼 물 위를 스치면서 알을 뿌리고 공중으로 날아오르고, 다시 물속으로 배 끝을 스치듯 집어넣고 알을 낳습니다. 그러다가 이따금씩 돌멩이에 앉아 쉬며 긴 더듬이를 앞다리로 끌어당겨 매만지기도 합니다.

물 위를 스쳐도 녀석들 날개는 젖지 않습니다. 날개 털에는 물을 밀어내는 기름기 많은 물질들이 칠해져 있기 때문이지요. 이렇게 어미 날도래는 알을 주로 물낯 위에 떠 있는 식물질 같은 물체에 낳습니다. 그리고 얼마 안 있어 알을 낳은 어미는 위대한 임무를 마치고 물이나 땅 위에 떨어져 죽어 갑니다. 물에 뿌려진 알들은 어미 보살핌을 받을 수 없으니 무사히 천적을 피해 애벌레로 깨어나는 행운을 바랄밖에 별도리가 없습니다.

## 날도래와 나방은 왜 닮았을까?

날도래 어른벌레는 나방과 아주 닮았습니다. 날개를 세모꼴로 배 위에 얹어 놓고 바위나 풀 위에 앉아 있으면 나방인 줄 착각합니다. 하지만 자세히 보면 다른 게 있습니다. 무엇일까요? 나방 날개에는 비늘이 붙어 있고, 날도래 날개에는 털이 붙어 있습니다. 또 있습니다. 나방 더듬이보다 날도래 더듬이가 훨씬 깁니다.

여름밤 나방들이 불빛에 날아들어 펄럭거릴 때마다 먼지 가루 같은 게 떨어집니다. 바로 비늘 가루지요. 나방 날개와 몸은 비늘이 기왓장 쌓듯이 덮여 있습니다. 하지만 날도래 날개와 몸에는 비늘이 아닌 잔털이 빼곡히 나 있습니다. 그래서 날도래목 학명은 트리코프테라(Trichoptera)입니다. 'tricho'는 '털', 'ptera'는 '날개'라는 뜻입니다. 말 그대로 '털 많은 날개를 가진 곤충'이란 뜻이지요. 나방 더듬이 길이는 제 몸 절반 정도밖엔 안 됩니다. 하지만 날도래 더듬이는 얼마나 긴지 자기 몸길이보다 길고, 철사처럼 길게 쭉 뻗은 실 모양입니다.

이렇듯 날도래와 나방은 생김새가 엄연히 다른데도 언뜻 보면 비슷합니다. 서로 닮아 보이는 데는 그만한 까닭이 있지요. 날도래와 나방은 족보상 조상이 같기 때문입니다. 시간을 과거로 거슬러 올라가면 날도래와 나방은 같은 조상에서 갈라져 나왔습니다.

날도래 무리에 대한 화석 기록은 굉장히 미미하지만, 일찍이 날도래 족보를 알아내기 위해 틸리아드(Tillyard) 같은 여러 연구자들이 발 벗고 나섰습니다. 날도래류 화석, 날도래 조상으로 생각되는 원시나방류와 밑들이류 날개맥 따위를 샅샅이 파고들어 비교하며 연구했던 것이지요. 그런 과정을 통해 서서히 날도래 족보가 밝혀지기 시작했습니다. 원래 먼 옛날 고생대(페름기 후반, 2억 8천만 년 전)쯤에 밑들이류라는 조상에게서 파리 무리와 날도래 무리가 갈

바수염날도래 어른벌레가 잎 뒤에서 쉬고 있다.

라져 나왔습니다. 그 증거로 날도래 날개는 밑들이류 날개와 매우 닮아 이들이 매우 가까운 친척이라는 것을 알 수 있지요. 그 뒤로 세월이 몇천 년 더 흘러 중생대(삼첩기, 2억 2천5백 년 전)에 이르자 할아버지 격인 날도래 무리에서 또 나비 무리가 갈라져 나와 '나비목' 가문이 생겨났습니다.

## 물속 생활을 고집하는 날도래

날도래목 무리는 원래부터 물이 흐르는 물가 둘레에서 살았습니다. 하지만 중생대 말 백악기(약 1억 5천만 년 전) 이후 육상 세계에 식물이 번성하면서 사는 곳을 고를 갈림길에 놓여 있었습니다. 날도래류는 원래 습성대로 축축한 곳에서 눌러살까 아니면 식물들이 번성하는 육상 세계로 아예 진출할까 선택의 갈림길에 서 있었을 것입니다.

"꽃 피는 식물이 생겨나든 말든 무슨 상관이야? 내가 사는 곳이 최고 명당인데. 난 그냥 여태껏 조상 대대로 살아 왔던 대로 축축한 물속에서 살래."

"아냐, 변신은 무죄. 육상 세계에 변화의 바람이 불어 꽃 피는 식물이 마구 생겨난다는데, 난 답답한 물속을 벗어나 육상 세계로 올라갈래. 꽃도 먹고, 식물도 먹게."

우리큰우묵날도래 어른벌레

그런 적응 과정을 거치면서 축축한 곳에서 사는 날도래와 육상 세계에 새롭게 적응하며 살아가는 날도래가 생겨났을 것입니다. 물속을 고집하던 날도래류는 그대로 물속에 남아 '물속 곤충 날도래'로 가문의 정통성을 지킵니다. 반면에 육상 세계 진출을 꿈꾸었던 날도래류는 차츰 물속을 떠나 새로운 육상 세계로 나와 식물을 먹고 적응하면서 '육상 곤충 나비목'으로 갈라져 나왔을 것으로 추정합니다. 실제로 꽃 피는 식물이 번성한 뒤에 나비목 무리는 크게 번성하여 많은 종이 생겨났습니다. 나비목 무리에게 있어서 식물은 없어서는 안 될 귀중한 밥이기 때문입니다. 어른벌레는 꽃꿀을 먹고, 애벌레는 식물 잎을 먹고 사니 1억 4천만 년 전 무렵쯤에 시작된 꽃 피는 식물의 눈부신 번성은 나비목 무리의 번성을 재촉했을 것입니다. 물속을 벗어나 꽃 피는 육상 식물에 적응한 나비목 무리가 날도래 무리에서 갈라져 나왔으니 이들 생김새가 비슷하게 생긴 건 당연한 일이겠지요.

청나비날도래

## 잠깐 사는 어른 날도래

바수염날도래뿐 아니라 어른 날도래는 밤을 좋아하는 편이라서 불빛이나 물가 가로등에 잘 날아옵니다. 아침 일찍 골짜기 물이 흐르는 산길이나 유유히 흐르는 강가 언덕을 걷다 보면 어른 날도래들이 풀잎이나 나뭇잎 뒤에 숨어 있다 인기척에 놀라 튀어 날아오릅니다. 나비처럼 사뿐사뿐 날지는 못해도, 잠자리처럼 힘차게 날지는 못해도 긴 더듬이를 쭉 펴고 날개 4장을 펴고 포르르 날아 풀잎에 떨어져 앉는 모습은 좀 소박합니다. 풀잎 위에 지붕처럼 세모 모양으로 날개를 접고 앉아 있는 모습이 뭐랄까…… 풋풋합니다. 어른 날도래 몸 색깔은 대부분 현란하다기보다 수수합니다. 날개맥이 뚜렷하게 도드라진 날개에는 가느다란 털들이 살짝 덮여 있고, 실처럼 길게 뻗은 더듬이에는 아무런 장식이 없습니다.

육상에서 사는 어른 날도래는 고작해야 열흘쯤 삽니다. 물속에서 애벌레가 거의 1년을 사는 것에 비하면 굉장히 짧은 셈이지요. 하기야 어른 날도래가 해야 할 일은 짝짓기 하고 알을 낳아 종족을 번식시키는 일이니 그럴 만도 하지요. 그래서인지 어른 날도래 가운데 어떤 종들은 나비목 곤충에게서 볼 수 있는 빨대 주둥이가 없습니다. 오로지 작은턱수염과 아랫입술수염이 발달했을 뿐 나비목 곤충과 같은 빨대 주둥이가 없으니 아무것도 먹을 수가 없지요. 하지만 어떤 종들은 이슬이나 과일즙을 들이마시기도 합니다.

날도래 애벌레와 어른벌레는 사는 곳과 습성이 완전히 다릅니다. 날도래는 세계적으로 10,000종 넘게 알려져 있어 수적으로 보

우리큰우묵날도래 어른벌레

면 물속 주인, 물속 터줏대감 축에 듭니다. 하지만 아쉽게도 그들의 한살이가 제대로 밝혀지지 않았습니다. 아직도 수많은 종 애벌레와 어른벌레 사이에 '퍼즐 맞추기'가 안 됩니다. 이 애벌레 어른벌레는 어느 녀석인지, 저 애벌레 어른벌레는 또 어느 녀석인지, 대부분 알려져 있지 않습니다. 그리고 날도래 애벌레는 종마다 깨끗한 정도가 다른 물에 살고, 물살 속도에 영향을 받는 등 환경에 매우 예민한 편입니다. 연구를 목적으로 키우기가 쉽지 않다 보니 한살이를 밝혀내는 것이 어렵습니다. 물속 곤충에 관심을 갖고 연구하는 분들이 앞으로 많아지기를 바랍니다.

주름물날도래 어른 벌레

깨끗한 물을 돌려줘

# 애반딧불이 애벌레

**다 자란 애반딧불이 애벌레**

애반딧불이 종령 애벌레가
물속을 돌아다니고 있습니다.

봄이 가는가 싶더니 벌써 7월이 문턱을 넘었습니다.

여름이라 밤 8시가 넘어도 훤합니다.

큰맘 먹고 애반딧불이 보러 평소 눈여겨 뒀던

서울 근교 맹산에 있는 자그마한 다랑논에 갔습니다.

산골짜기 비탈진 곳에 있는 길고 좁은 계단식 논배미입니다.

다랑논 둘레에는 옹달샘이 있어서 자연 둠벙도 있고,

느릿느릿 흐르는 저벅저벅한 연못도 있습니다.

다랑논에는 농약을 치지 않아 물도 깨끗하고

물달팽이 종류도 제법 살고 있습니다.

애반딧불이 애벌레

이 꼭지는 딱정벌레목 반딧불이과 종인 애반딧불이(*Luciola lateralis*) 이야기입니다.

# 물이 꼭 필요한 애반딧불이 애벌레

가는 날이 장날이라고 도착하자마자 비가 내리기 시작합니다. 다랑논 둘레에는 반딧불이를 보호하려는지 울타리가 쳐져 있군요. 체면 불구하고 도둑처럼 울타리 밑 개구멍으로 기어서 '애반딧불이 천국'에 들어갔지요. 계단처럼 층층이 놓인 자그마한 논배미와 둠벙은 희미한 어둠 속에서도 모습을 드러냅니다. 청개구리는 목 놓아 '때엑 때엑' 울고, 줄줄 내리는 비는 '두두둑 두두둑' 나뭇잎을 두드리고, 둠벙 가장자리에서 불쑥불쑥 솟아오르는 도깨비불은(애반딧불이 불빛) 새 깃털처럼 날면서 불춤을 추고, 뭐랄까? 황홀 경지? 언어로는 잘 표현이 안 되는 풍경입니다.

나무 밑에서 비를 피하며 애반딧불이 불춤에 넋을 놓고 있는데, 어디선가 "게 누구요?" 하고 외칩니다. 이곳, 애반딧불이 서식지를 살뜰하게 보살피는 분입니다. 개구멍 뚫고 들어왔다고 실토하며 용서를 빌고, 그분이 이끄는 대로 논배미 길을 걸으며 애반딧불이들과 데이트했지요. 한 30마리쯤 될까? 불춤 추며 날아다니는 녀석들이 신비롭기까지 했지요. 그분은 어른 애반딧불이가 날아다니기 시작할 때부터 알을 낳고 죽을 때까지 하루도 쉬지 않고 저녁마다 이곳을 찾아오십니다. 애반딧불이가 잘 지내고 있는지, 그날 나온 애반딧불이는 몇 마리나 되는지 일일이 기록하면서 애반딧불이를 보살핍니다. 누가 시키지도 않았는데도 말이죠. 이렇게 호강하는 애반딧불이는 얼마나 좋을까요? 새삼 그분의 거룩한 자연 사랑에 마음이 다 찡해집니다.

밤만 되면 살폿살폿 불춤 추며 날아다니는 애반딧불이 애벌레는 어디서 살까요? 애반딧불이 애벌레는 이렇게 오염되지 않은 물과 논둑처럼 생긴 흙벽이 있어야 삽니다. 깨끗한 물이어야 애벌레 밥인 물달팽이 종류나 다슬기 같은 생물이 잘 사니까요.

## 물이 꼭 필요한
## 애반딧불이 애벌레

언제부터인지 깨끗한 물의 기준을 말할 때 반딧불이가 단골손님으로 오르내립니다. 바닥 돌멩이들이 보일 만큼 맑은 물이면 반딧불이가 산다고 누구나 생각합니다. 그런데 반딧불이라고 해서 모

—
애반딧불이 애벌레가 먹잇감인 다슬기에게 천천히 다가가고 있다.

두 물에서 사는 것은 아닙니다. 물속에서 사는 반딧불이도 있고, 땅에서 사는 반딧불이도 있습니다. 우리나라에서 오로지 물에서만 사는 반딧불이는 '애반딧불이 애벌레'뿐입니다.

초여름인 6월 중순부터 7월 초쯤에 엄마 애반딧불이는 물가의 질척한 흙에 깔린 이끼 위에 알을 낳습니다. 알은 우윳빛이고, 지름이 0.6밀리미터 정도여서 맨눈으로는 잘 보이지 않습니다. 확대경으로 보면 알들이 뭉쳐 있는데, 그 모습이 마치 포도송이에 포도알이 주렁주렁 매달린 것 같습니다. 알을 낳은 지 30일쯤 지나면 드디어 애벌레가 깨어 나옵니다. 갓 깨어난 애벌레는 본능적으로 곧장 물속으로 들어갑니다. 애반딧불이 애벌레는 여름 내내 물속에서 다슬기나 물달팽이를 잡아먹으며 삽니다. 애벌레는 쉴 때 돌멩이 둘레에 새까맣게 모여 있고, 물달팽이를 사냥하면 모두 모여들어 함께 식사를 하기도 합니다. 한 마리라도 슬쩍 건드리면 모래

애반딧불이 1령 애벌레

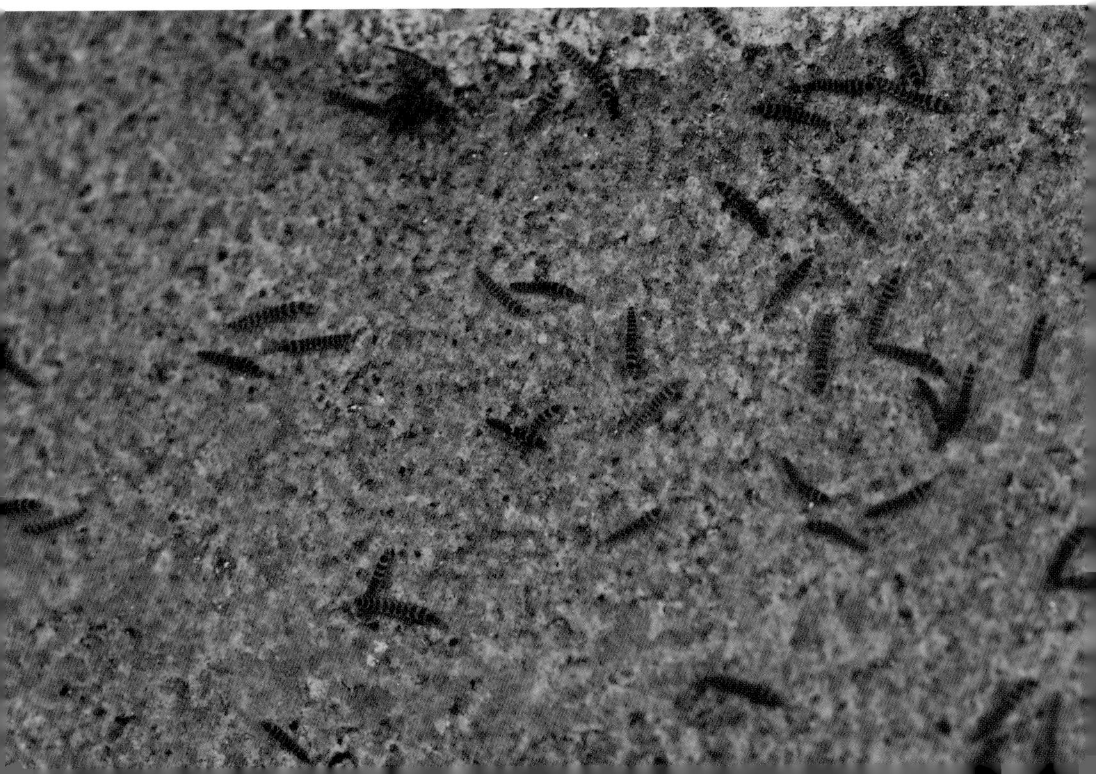

알처럼 뿔뿔이 흩어져 돌멩이 아래에 숨습니다. 그러다 겨울이 되면 애벌레 상태로 겨울잠을 잡니다.

애반딧불이 애벌레
밥인 물달팽이류

얼어붙은 겨울이 지나면 따뜻한 봄이 땅에도 물속에도 찾아옵니다. 얼음 풀린 개울에도, 논도랑에도, 웅덩이에도, 모내기를 하려고 가둬 둔 논배미 물에도 봄볕이 스며들면 겨울잠을 자던 애반딧불이 애벌레가 슬슬 활동을 시작합니다.

## 물속 사냥꾼
## 애반딧불이 애벌레

애벌레는 겨우내 굶주린 배를 채우려 이리저리 사냥감을 찾아 물 바닥을 어슬렁어슬렁 기어 다닙니다. 애반딧불이 애벌레는 타고난 사냥꾼입니다. 마침 껍질을 등에 지고 바닥을 기어가는 물달팽이와 마주쳤습니다. 물달팽이 킬러인 애반딧불이 애벌레에게 딱 걸린 물달팽이. 천적이 앞에 있는 것을 아는지 모르는지 물달팽이는 태평하게 기어갑니다. 허기진 터에 '웬 떡이냐.' 하며 애벌레가 물달팽이를 정조준 하여 잡아먹을 준비를 합니다.

가슴 쪽으로 움츠리고 있던 머리에서 주둥이를 쭉 뺍니다. 곧이어 길고 예리한 큰턱을 물달팽이 발에 가차 없이 쑥 찔러 넣고는 소화 효소가 들어 있는 침(타액)을 주사 놓듯이 집어넣습니다. 이 침은 애반딧불이 애벌레 침샘에서 분비되어 큰턱 안쪽 겉면을 따라 수로처럼 길게 파인 홈을 타고 물달팽이 몸속으로 들어가 속살

애반딧불이 애벌레
밥인 우렁이

을 흐물흐물 녹입니다. 기습 공격을 당한 물달팽이는 꼼짝 못 하고 그 자리에 못 박힌 듯 서 있습니다.

껍질 안에서 물달팽이가 버둥대는지 이따금 껍질이 움찔움찔 움직입니다. 움찔대는 물달팽이의 가녀린 몸부림이 점차 잦아들자 껍질이 바닥 쪽으로 기울면서 몸이 뒤집힙니다. 물달팽이 속살이 점점 더 흐물거리며 녹아 죽이 됩니다. 물달팽이 죽이 완성되면 이제 먹기만 하면 됩니다. 애반딧불이 애벌레는 큰턱 안쪽에 수로처럼 길게 파인 홈을 통해 천천히 맛있는 물달팽이 죽을 빨아 마십니다. 어떻게 알았는지 애반딧불이 애벌레 몇 마리가 모여들었습니다. 녀석들은 다 함께 물달팽이에 머리를 박고 만찬을 즐깁니다.

## 알, 애벌레, 번데기 모두 빛을 내다

물 바닥을 기어 다니는 달팽이(연체동물문 복족강)만 보면 달려들어 공격하는 사냥꾼 애반딧불이 애벌레! 이슬만 먹으며 아름다운 불빛을 깜박거리는 어른벌레와는 사는 법이 생판 다릅니다. 애반딧불이 애벌레가 하는 일이라고는 오로지 먹는 일. 녀석은 끊임없이 먹으면서 몸을 키웁니다. 우렁이, 다슬기, 물달팽이 같은 물속 연체동물이면 뭐든지 마다 않고 잡아먹습니다. 어른벌레가 되기 위해 영양분을 모아 두어야 하니까요.

그러면 애반딧불이 애벌레의 먹잇감인 다슬기 같은 연체동물은 어떻게 살까요? 물달팽이나 다슬기는 물풀이나 규조류를 먹습니다. 물가 식물 잎사귀나 죽은 나뭇가지는 물속으로 떨어져 자연스레 가라앉고, 비가 오면 가랑잎을 비롯해 여러 식물질이 비에 쓸려 떠내려와 가라앉습니다. 그러면 미생물이나 곤충 같은 물속 동물은 식물질을 잘게 분해시킵니다. 수차례에 걸쳐 자잘하게 부서지면 결국에는 물풀의 거름이 됩니다. 물풀은 물속으로 스며드는 햇빛으로 광합성을 해 영양물질과 산소를 만들어 내는 동시에 물달팽이나 다슬기 같은 물속 연체동물 밥이 되고, 물속 연체동물은 애반딧불이 애벌레 밥이 됩니다. 겉으로는 고요하고 잔잔하지만 물속에서는 먹고 먹히는 숨 막히는 먹이 전쟁이 일어납니다.

애반딧불이 애벌레도 어른 애반딧불이처럼 불빛을 낼까요? 그렇습니다. 애반딧불이 애벌레는 물속에서 불빛을 냅니다. 애벌레는 8번째 배마디 좌우 바깥쪽에 발광기를 가지고 있어 빛을 냅니

다 자란 애반딧불이 애벌레

다. 다 자란 애벌레가 불빛을 낼 때는 머지않아 물을 떠나 흙벽으로 들어가 번데기가 되겠다는 신호이기도 합니다.

그런데 궁금한 것이 있습니다. 애반딧불이 어른벌레는 짝을 찾는 구애 행동으로 빛을 깜박이지만 애벌레는 짝짓기도 못하는데 왜 불빛을 낼까요? 자신을 지키기 위해서지요. '난 정말 맛이 없고 내 몸에 독이 많아.' 하며 자기보다 힘센 포식자에게 경고하려고 빛을 냅니다. 애벌레뿐 아닙니다. 알과 번데기까지도 불빛을 냅니다.

사람들에게는 낭만적으로 느껴지는 불빛이 애벌레에게는 절박한 방어용이고, 어른벌레에게는 구애용인 것이지요.

## 번데기는 질척한 흙에서

지금은 워낙 농약을 많이 쳐 애반딧불이 씨가 말라 버렸지만, 예전에는 애반딧불이가 논 둘레에 많이 살았지요. 대부분이 천수답이다 보니 논 둘레에는 자연 둠벙도 있고, 논도랑도 있고, 저벅저벅 흐르는 실개천 물도 있어 애반딧불이 애벌레가 살기 참 좋았습니다. 물이 찰랑거리는 논에서 모내기가 끝나 갈 즈음이면 애반딧불이 애벌레도 부지런히 물달팽이나 다슬기를 잡아먹으며 4번에서 5번 허물을 벗고 종령 애벌레가 됩니다.

모내기한 벼가 자라면서 논에는 풀도 많아지고 벼과 식물을 먹는 벌레들도 많아집니다. 그러면 농부들은 비료를 뿌리고, 살충제

나 제초제를 칩니다. 농약을 칠 무렵이면 애벌레는 번데기가 되기 위해 물속 생활을 발 빠르게 청산하고 논둑, 시냇가 둑, 풀뿌리 밑 흙으로 자리를 옮깁니다. 번데기를 만들기 위해 물속을 벗어나 육상 상륙 작전을 펼치는 거지요. 이제부터 애반딧불이에게도 육상 시대, 땅속 시대가 활짝 열립니다. 축축하고 질척질척한 흙 속으로 파고 들어온 애벌레는 쉬지도 못하고 곧장 번데기 방인 흙방을 만들기 시작합니다. 손도 없는데 어떻게 흙방을 만들까요? 주둥이가 요긴하게 쓰입니다. 주둥이를 이리저리 놀려 방을 만듭니다. 흙이나 모래를 침샘에서 분비한 침(타액)과 꼼꼼하게 섞어 반죽해서 방벽을 다집니다. 그러면서 방 안쪽 부분에 있는 흙은 큰턱으로 물어 밖으로 퍼내기도 하고 몸을 굴려 다지기도 합니다. 온몸을 바쳐 흙방을 만드는 녀석들. 이렇게 며칠(2~4일) 동안 흙방을 짓는 데 공을 들이니 제법 단단한 타원형 흙방이 완성되었군요. 그래도 여전히

질척질척한 흙 속에 만든 애반딧불이 번데기 방

흙방은 물기가 많아 질척거립니다. 종령 애벌레는 활처럼 웅크리고 흙방 속에서 20일쯤 지내다가 허물을 방 한쪽에 벗어 놓고 눈부시게 새하얀 번데기가 됩니다. 신기하게도 번데기 때도 배마디에서 불빛을 냅니다.

질척한 흙 속 방에서 지내는 애반딧불이 번데기

공들여 다지고 구르며 만든 아늑한 흙방에서 애반딧불이 번데기는 열흘쯤(실내에서 지낼 경우) 지냅니다. 이제 번데기가 되었으니 숨은 숨구멍으로 쉽니다. 날렵한 사냥꾼이던 애벌레 시절과 달리 이때는 거의 꼼짝도 안 합니다. 물론 건드리면 배 부분을 오른쪽, 왼쪽, 위아래로 심하게 몸부림치며 저항하지만 말이지요. 그런데요. 겉으로 보면 거의 움직이지 않고 태평하게 쉬는 것 같지만 실제로 번데기 몸 안에서는 물질대사 혁명이 일어나고 있습니다. 호르몬 등의 작용으로 애벌레 때 없었던 날개, 더듬이, 겹눈, 생식기 같은 것이 제대로 모양을 갖추는 중이니까요.

어른벌레로 탈바꿈할 시점이 다가오면 번데기 날개, 더듬이, 다리 같은 곳이 차츰 거무튀튀한 색으로 바뀌기 시작합니다. 드디어 번데기가 흙방에서 어른벌레로 변신하기 시작합니다. 앞가슴등판에서 머리까지 이어진 탈피선이 갈라지면서 어른벌레가 나오기 시작합니다. 서너 시간 걸려 날개돋이에 성공한 어른벌레는 흙방 한 구석에 가만히 앉아 있습니다. 몸이 굳어지길 기다리면서 말이죠. 날개돋이를 막 끝낸 어른벌레는 날개가 하얗고, 몸은 건드리면 쭈그러들 만큼 굉장히 연약합니다. 그런 가운데서도 줄곧 배 끝부분에서 불빛을 반짝반짝 냅니다. 어른벌레가 되었지만 곧바로 흙방을 탈출하지 않습니다. 날개와 몸이 굳으려면 이삼일 기다려야 합니다.

날개돋이 뒤에 잠시 흙방에서 머무르는 어른 애반딧불이

드디어 몸이 단단하게 굳은 어른 애반딧불이는 흙방 한 부분을

큰턱으로 파서 뚫습니다. 그런 다음 흙방에 배 부분을 걸친 채 머리를 밖으로 빼꼼히 내밀어 더듬이를 이리저리 휘휘 저으며 두리번두리번 둘레를 살핍니다. 그런 다음 6개 다리로 흙방을 엉금엉금 기어 나옵니다. 이제야 제대로 어른벌레 구실을 할 수 있습니다. 이때가 6월에서 7월 사이여서 어른 애반딧불이는 여름이 왔음을 알리는 '여름 천사'입니다.

## 애반딧불이 집 되돌려주기

반딧불이 얘기가 나오면 꼭 나오는 말이 '예전에는 반딧불이 참 많았어. 도깨비불처럼 논둑을 마구 날아다녔지.' 반딧불이 말만 들어도 꼬깃꼬깃 접어 뒀던 어린 시절 추억이 새록새록 떠오릅니다.

우리나라에 사는 반딧불이 중에서 물속에서 사는 반딧불이는 애반딧불이 애벌레밖에 없습니다. 애벌레 때는 물속에서 살고, 번데기 때는 흙 속에서 살고, 어른이 되면 땅 위에서 삽니다. 사람들은 애반딧불이 애벌레가 다슬기가 많은 강에서 산다고 알고 있지만, 그건 오해입니다. 되레 다랑논이나 습지처럼 저벅저벅하게 고인 물이나 물살이 느릿느릿 흘러가는 도랑물에서 잘 삽니다. 요즘에는 농사를 기계로 짓다 보니 거의 모든 논들이 네모반듯하게 정리되고, 둘레에 있는 도랑이나 둠벙이 갈아엎어지고, 농수로 둘레도 대부분 시멘트를 발라 놓았습니다. 거기다 농사를 짓기 위해 살충제며, 제초제며, 비료를 뿌립니다. 이것들이 땅속으로 스며들고, 물속으로 흘러듭니다. 당연히 물달팽이, 다슬기 같은 물속 연체동물들이 죽을 수밖에요. 애반딧불이 밥이 사라지니 어쩌겠습니까? 애반딧불이도 따라 죽을 수밖에요. 애반딧불이 애벌레와 물속 연체동물은 같은 배를 탄 운명입니다. 서식지 파괴에, 물 오염에, 다슬기 같은 물속 연체동물의 죽음으로 인해 애반딧불이 애벌레도 죽어 가고, 설령 구사일생으로 살아남은 애벌레도 번데기를 만들 흙벽이 사라지고, 또 시멘트로 발라졌으니 흙방을 만들 수가 없습니다. 설령 흙을 찾아 흙방을 만들고 번데기가 되었다 해도 살충제가 흙방으로 스며들면 번데기는 그 자리에서 죽어 버리죠.

이렇듯 애반딧불이는 참 힘겹게 삽니다. 여느 곤충처럼 한곳에서 식물을 먹으며 편하게 살면 좋으련만, 여러 번 이사를 다녀야 하니 안쓰럽기가 짝이 없습니다. 살 곳이 없어 죽어 가는 애반딧불이를 살리는 공은 이제 우리 인간들에게 넘어왔습니다.

요즘에는 살아 있는지, 죽어 가는지 거들떠보지도 않던 반딧불이를 너도나도 복원해 보겠다고 발 벗고 나서고 있습니다. 하지만 냉방과 난방이 잘 갖춰지고 습도가 잘 맞춰진 사육실에서 길러지는 애반딧불이, 돈 주고 사 온 다슬기를 먹고 자라는 애반딧불이, 반딧불이 축제가 열리면 그곳으로 옮겨져 축제용으로 사용되고 죽어 가고 있습니다. 애반딧불이를 죽이는 일을 인간이 했으니 애반딧불이를 살리는 일도 인간이 하지 않으면 안 됩니다. 인간이 빼앗은 애반딧불이 집을 애반딧불이에게 돌려줘야 하니까요. 건물 속 사육실이 아니라 맑은 물이 졸졸졸 흐르고, 상큼한 흙냄새 가득하고, 별빛이 쏟아지는 그런 집을 말이지요.

어두운 밤에 불춤 추는

# 애반딧불이 어른벌레

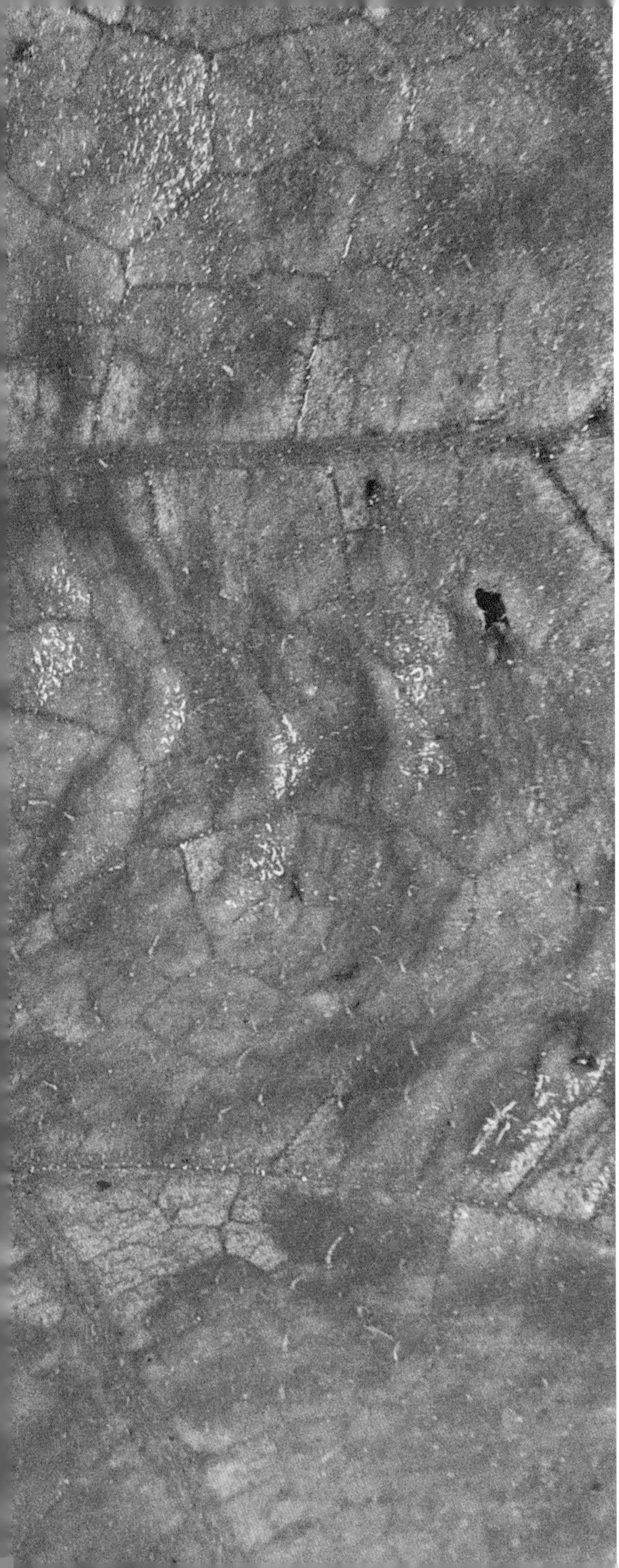

**불빛 내는 애반딧불이**

애반딧불이가 비를 맞으며
배 꽁무니에서 불빛을 내고 있습니다.

며칠 비가 오락가락했습니다.

비 그친 뒤 하늘은 회색빛 구름들이 쏜살같이 지나다녀 붐빕니다.

얇은 구름, 두꺼운 구름, 회색빛 구름, 하얀 구름,

쉬익 지나가는 빠른 구름, 굼벵이처럼 느린 구름들……

다들 제 갈 길 찾느라 부산합니다.

해가 지니 갖가지 구름들이 붉게 물듭니다.

강렬하다 못해 비장하기까지 한 저녁노을.

그 노을빛을 바라보며

그간 벼르고 벼르던 양평의 어느 산에 갑니다.

반딧불이 만나러 저녁 길을 떠납니다.

애반딧불이

이 꼭지는 딱정벌레목 반딧불이과 종인 애반딧불이(*Luciola lateralis*) 이야기입니다.

## 꽁무니로 불 밝히는 애반딧불이

어두운 길을 더듬더듬 찾아 도착한 곳은 산 아래 주차장. 차 한 대 없는 주차장에는 그 흔한 가로등도 없습니다. 바람결에 느티나무 잎이 사각사각 부딪치는 소리, 이따금 불러 주는 알락방울벌레의 맑고 우렁찬 노래가 깜깜한 정적을 깨웁니다. 어두워 산책 길이 안 보입니다. 가만히 서서 제 눈이 어둠에 적응되기를 기다리며 하늘을 봅니다. 큼직한 흰 구름이 두둥실 떠다니며 하늘을 달처럼 밝힙니다. 구름 사이에 보석처럼 박힌 티 없이 맑은 별들이 저를 보고 환하게 웃습니다.

밤길을 천천히 걷습니다. 어두워 걸을 때마다 돌부리에 차이지만 참을 만합니다. 가끔씩 길옆에서 부스럭대는 소리가 납니다. 갑자기 어두운 밤길이 소스라치게 무서워집니다. 최고로 진화한 동물인 나는 밤이 무서운데, 하등 동물 취급 받는 반딧불이들은 밤을 왜 안 무서워할까요? 손전등을 켜고 싶지만 끄고 나면 어둠에 적응하기가 어려워 아예 관둡니다. 반딧불이를 만나려면 반딧불이에게 최소한의 예절은 지켜야 하니까요. 불빛은 절대 사절입니다.

얼마나 걸었을까요? 개울가 옆 비탈진 곳에 재래식 논과 자그마한 연못이 어둠 속에서 어렴풋이 보입니다. 그런데 세상에나! 자그마한 논둑 풀들 사이에서 별똥별 떨어지듯 불빛이 번쩍합니다. 헛것을 보았을까? 눈을 한 번 깜박하고 어둠 속을 바라봅니다. 또 번쩍! 애반딧불이입니다. 깃털이 바람에 날리듯 불빛이 가볍게 날아갑니다. 마치 불빛으로 붓글씨를 쓰듯이 깜박이며 풀들 위로 낮게 날아갑니다. 하늘에도 별, 땅에도 별. 오늘 밤은 별 세상입니다.

## 왜 개똥벌레라고 부를까?

이름만 들어도 정겨운 반딧불이는 지방마다 다르게 부릅니다. 반디, 불한듸, 반딧불, 개똥버러지, 개똥파리, 개똥벌, 개똥가리, 개똥벌레……. 그 가운에 우리에게 가장 친숙한 이름은 뭐니 뭐니 해도 개똥벌레입니다. 왜 하필이면 개똥벌레일까요? 지금처럼 쓰레기 분리수거를 하지 않던 예전에는 집집마다 대문 밖 한편에 두엄자리가 있었습니다. 음식물 쓰레기, 집 안팎의 썩을 만한 쓰레기, 집 둘레 풀, 심지어 소나 개들이 싸 놓은 똥들도 쓸어 두엄에 버렸

애반딧불이가 배 꽁무니에서 불빛을 내고 있다.

습니다. 그렇게 모인 두엄은 농사에 아주 좋은 최고의 천연 비료였지요. 그런 두엄자리에서 반딧불이를 보았다는 나이 드신 어른들이 많습니다. 아마도 낮 동안 쌓여 있는 두엄 아래쪽에서 지낸 반딧불이가 밤에 두엄 둘레를 날아다녔나 봅니다. 그래서 옛 어른들은 반딧불이가 두엄에 섞여 있는 개똥이나 소똥에서 생겼다고 여겨 개똥벌레라 이름을 지었다고 하지요. 실제로는 반딧불이 어른벌레는 영롱한 이슬만 먹고 사는데. 과학적으로는 틀린 엉뚱한 이야기지만 새겨볼수록 입가에 흐뭇한 미소가 번집니다. 그만큼 반딧불이가 사람들 곁에서 함께 살아왔다는 얘기고, 사람들은 반딧불이를 이웃집 아이 부르듯 친근하게 개똥벌레라고 불렀던 것이니까요. 애반딧불이라고 부르는 것은 말 그대로 반딧불이 중에서 '아기'처럼 작은 축에 들어가기 때문입니다.

## '밤의 여신'
## 어른 애반딧불이

애반딧불이는 몸집이 운문산반딧불이나 늦반딧불이에 비해 작습니다. 그래도 몸길이는 8~10밀리미터쯤 되니 맨눈으로도 잘 볼 수 있습니다. 머리와 딱지날개 색깔은 검은색이고, 앞가슴등판은 주황색에다 한가운데에 까만 세로줄이 굵게 나 있어 마치 까만 치마에 붉은 저고리를 입은 것 같습니다. 또 머리가 앞가슴 아래쪽으로 다소곳이 향하고 있어 마치 머리를 숙이고 있는 것처럼 보입니다. 영락없는 수줍은 새색시입니다. 걸어갈 때도, 위험을 느껴 가사 상태에 빠져 있을 때도 머리를 푹 숙이고 있는 것 같습니다.

'밤의 여신'으로 불리는 녀석 몸에는 짧고 부드러운 주황색 잔털이 빼곡히 덮여 있습니다. 털은 애반딧불이에게 장식품이 아닙니다. 솜털 같은 부드럽고 작은 털에서부터 가시 같은 억센 털에 이르기까지 모두 자신을 지키는 비장의 무기입니다. 털들은 신경과 이어져 둘레의 환경 변화를 빨리 알아차립니다.

더듬이는 11마디로 실 모양이고, 각 마디마다 털이 촘촘히 나 있습니다. 더듬이에 수많은 감각 기관이 밀집되어 있는 거지요. 그래서 둘레 환경이 어떻게 바뀌는지 재빨리 알아차립니다. 그뿐이 아닙니다. 툭 불거져 나온 동그란 겹눈이 얼마나 큰지 머리 대부분을 차지할 정도입니다. 겹눈이 이렇게 큰 까닭은 깜깜한 밤에 불빛으로 대화를 하니 상대 불빛을 잘 살펴야 하기 때문이지요. 눈이 클수록 사물을 더 뚜렷하게 볼 수 있고, 시야도 넓기 마련입니다. 녀석 눈이 공처럼 부풀어 오른 것은 겹눈을 최대한 크게 만들기 위한 것입니다. 더구나 퇴화된 주둥이 부분까지도 겹눈이 차지하고 있습니다. 수컷 겹눈은 암컷보다 더 큽니다.

어른 애반딧불이는 무엇을 먹을까요? 어른 애반딧불이는 비록 입틀은 있지만 퇴화하여 무엇을 씹어 먹을 수가 없습니다. 대신에 이슬은 먹을 수 있습니다. 이슬만 먹으니 에너지가 부족하겠지요. 그래서 애반딧불이는 그리 오래 살지 못합니다. 길어야 2주쯤 살지요. 애벌레 시절이 1년 정도 되는 것에 비해 굉장히 짧습니다. 2주의 시간을 불빛을 깜박이며 짝을 찾아 짝짓기 하고 알을 낳는 데 모두 사용합니다.

## 불놀이야!
## 애반딧불이 어른벌레

어른 애반딧불이는 낮 동안 어디에 있을까요? 녀석은 풀숲, 돌멩이 밑, 가랑잎 밑에서 머리를 배 쪽으로 수그린 채 죽은 듯이 꼼짝 않고 쉽니다. 그러다 밤이 되면 어른 애반딧불이는 제 세상이라도 만난 듯 죄다 나와서 애벌레 시절을 보냈던 물가 둑이나 연못 둘레를 날아다니기 시작합니다. 꽁무니에서 불빛을 깜박깜박하면서 말이죠. 밤이어서 애반딧불이는 보이지 않고 불빛만 보입니다. 불빛이 허공에서 춤추듯이 살폿살폿 떠다니는 모습이 민들레 씨앗이 바람을 타고 이리저리 가볍게 날아다니는 것 같습니다. 깜깜해서인지 허공에 수놓듯이 춤추는 불빛이 더욱 찬란히 빛납니다. 늦반딧불이나 운문산반딧불이는 강렬한 불빛을 내는데, 애반딧불이는

애반딧불이 어른벌레는 딱지날개가 까맣고 앞가슴등판은 빨갛다.

몸집이 작아서인지 한결 부드러운 빛을 냅니다.

애반딧불이 암컷 발광 기관

애반딧불이는 비교적 낮게낮게 납니다. 고마리 풀이 자라나는 저벅저벅한 연못이나 논둑에서 1미터쯤 떨어진 높이의 허공에서 부드럽게 납니다. 물론 더 높이 날기도 합니다. 가끔은 버드나무처럼 키 큰 나무 잎사귀에도 매달려서 고운 빛을 반짝거리다가 허공으로 날아올라 깜빡거립니다. 비가 억수같이 쏟아지지만 않으면, 비 오는 날에도 불빛을 내며 날지요. 자신이 태어난 연못 둘레를 송사리 떼처럼 왔다 갔다 빛을 내며 날아다니는 애반딧불이들. 어떤 녀석은 땅바닥에서 반짝, 어떤 녀석은 허공에서 반짝, 마치 연못에서 쏘아 올린 불꽃놀이를 보는 것 같습니다.

애반딧불이는 암컷과 수컷이 모두 날 수 있습니다. 늦반딧불이나 운문산반딧불이 암컷은 뒷날개가 없어 날지 못하고 땅바닥이나 풀밭 바닥에 앉아 있는데 말이지요. 또한 애반딧불이는 암컷이 수컷보다 몸집이 큽니다. 그런데도 몸집이 작은 수컷이 암컷보다 훨씬 환하게 불빛을 깜박입니다. 왜일까요? 반딧불이는 모두 배마디 끝 쪽에 불빛을 내는 발광기가 있는데, 수컷이 암컷보다 발광 세포가 더 많습니다. 암컷은 5번째 배마디에 발광기가 한 개 있고, 수컷은 5번째, 6번째 배마디에 각각 한 개씩 두 개의 발광기가 있습니다. 발광기 두 개에서 불빛을 쏘니 발광기 한 개에서 불빛을 내는 암컷보다 더 밝지요.

애반딧불이 수컷이 허공을 날며 밝은 불빛을 깜박이면, 암컷은 어떻게 할까요? 암컷도 날개가 있기 때문에 날면서 불빛을 낼 수 있지만, 거의 모든 암컷은 풀 위나 땅바닥에 앉아 불빛을 깜박입니다. 그 불빛은 수컷보다 약하고 그윽합니다.

애반딧불이 수컷 발광 기관

## 사랑의 불빛 대화

잘 알다시피 애반딧불이 암컷과 수컷은 짝을 찾으려고 불빛을 적극적으로 주고받으며 사랑의 대화를 나눕니다. 번데기에서 어른 애반딧불이로 탈바꿈한 뒤 2~3일이 지나면 짝짓기 작업에 들어갑니다. 보통 수컷은 불빛을 1분에 60번에서 120번 깜빡입니다. 깜빡이는 횟수는 수컷의 '짝짓기 작업' 순서에 따라 달라집니다.

먼저 수컷이 불빛을 깜박거리며 깜깜한 허공을 납니다. 이때는 풀밭 어딘가에 앉아 있을 암컷 눈길을 끌기 위한 것으로 빛을 천천히 1분에 60번쯤 깜박입니다. 그러면 풀 위에 앉아 있던 암컷이 수컷 불빛이 마음에 들었는지 '우리 사귀어 볼까?' 하듯 깜박깜박합니다. 암컷 반응에 신이 난 듯 수컷은 더욱 빠르게 불빛을 깜박이며 암컷이 내는 불빛 쪽을 향해 날아갑니다. 이에 질세라 암컷도 수컷과 똑같이 빠르게 깜박깜박하네요.

수컷이 가까이 다가오자 암컷은 비장의 무기인 성페로몬을 내뿜습니다. 불빛만 보고 날아오던 수컷은 이 성페로몬 냄새를 맡고 흥분하기 시작합니다. 더듬이를 이리저리 흔들면서 냄새의 진원지를 찾느라 정신이 없습니다. 드디어 수컷은 풀잎 위에 앉아 있는 암컷을 찾아냅니다. 드디어 수컷은 꿈에도 그리던 암컷을 만납니다.

마주한 수컷과 암컷은 사랑을 서로 확인하듯 점점 더 빠르게 깜박입니다. 깜박이는 속도는 더 빨라져 짝짓기를 시도할 때는 둘 다 1분에 120번까지 깜박입니다. 어두운 밤에 애반딧불이들이 마음을 서로 주고받듯 반응하는 불빛 대화를 보고 있노라면 그저 놀랍고, 황홀하기만 합니다.

수컷은 암컷 머리 쪽으로 얼른 걸어 올라간 뒤 몸을 180도 돌려 생식기를 꺼내 암컷 생식기에 넣습니다. 자세가 안정되면 수컷은 암컷 등에서 다시 몸을 180도 비틀며 내려와 배 끝을 맞댄 뒤 머리를 반대쪽으로 향합니다. 그래서 녀석들의 짝짓기 자세는 머리가 서로 반대 방향으로 향한 일직선 모양입니다. 건드리지만 않으면 녀석들은 몇 시간 동안 짝짓기를 합니다.

이렇게 짝짓기를 마치고 4~5일이 지난 뒤, 암컷은 알 낳으러 물가의 축축한 이끼나 풀을 찾아갑니다. 알은 대개 밤에 낳습니다. 사육실에서는 어미가 살아 있는 동안 네 번쯤 알을 낳으니 여러 번 낳는 셈입니다. 축축하고 부드러운 이끼 사이에 공같이 동그란 알을 50개에서 150개쯤 붙여 낳습니다. 확대경으로 크게 확대해서 보면 마치 포도 알이 포도송이에 주렁주렁 매달린 것처럼 보입니다. 하얀 색 알 크기는 0.6밀리미터쯤 되어서 제법 큰 편입니다. 이렇게 짝짓기를 성공하여 새끼 낳는 의무를 마친 애반딧불이 암컷은 서서히 힘이 빠져 죽어 갑니다. 어른 애반딧불이는 육아를 하지 않기 때문에 부모의 생명 시계는 이쯤에서 멈추도록 되어 있는 것이지요.

알을 낳은 지 30일쯤 지나면 알에서 애벌레가 깨어 나옵니다. 연약한 애벌레들은 본능적으로 물을 찾아 물속으로 들어갑니다. 이제부터 물속에서 맛있는 다슬기와 물달팽이 같은 연체동물을 잡아먹으며 내년 봄까지 살아야 합니다. 엄마 아빠는 죽고 없고, 누가 가르쳐 주지도 않았는데, 스스로 알아서 잘 살아가는 녀석들이 신통방통할 뿐입니다.

애반딧불이 암컷은 눈이 작고, 수컷은 눈이 크다. 왼쪽이 암컷이다.

## 반딧불이 불빛으로 책을 읽을 수 있을까?

땅에서 사는 생물 가운데 불빛을 내는 종류는 굉장히 드물어 거의 없을 정도입니다. 그러다 보니 불빛 내는 생물은 뭇 사람의 관심을 집중적으로 받는 그야말로 스타 중의 스타입니다. 깊은 바닷속에는 야광충이나 빗해파리류 같은 빛을 내는 동물들이 제법 있지만, 땅 위에는 일부 파리류, 철도벌레라고 하는 반딧벌레과(Phengodidae), 일부 방아벌레류나 반딧불이 같은 몇몇 종류만 있을 뿐입니다. 특히 우리나라 곤충 중에서는 반딧불이류(반딧불이과), 버섯 중에서는 화경버섯과 뽕나무버섯만이 불빛을 냅니다.

반딧불이는 어느 생물도 흉내 낼 수 없는 불빛을 쏘아 올린 덕에 재미있는 에피소드들이 따라다닙니다. 그중에 하나가 바로 '형설지공(螢雪之功)'이란 고사성어죠. 중국 후진 시대에 이한(李瀚)이 지은《몽구(蒙求)》에는 반딧불이에 대한 얘기가 나옵니다.

"손강은 집이 가난하여 기름을 살 돈이 없었다. 그래서 그는 겨울에 하얗게 쌓인 눈빛으로 글을 읽었다. 그렇게 애써 공부한 끝에 어사대부(御史大夫, 정3품)까지 벼슬에 올랐다. 또한 차윤이라는 사람 역시 너무 가난하여 기름 살 돈이 없었다. 그래서 여름이면 반딧불이를 수십 마리 잡아다 명주 주머니에 넣고 그 깜박이는 빛으로 밤을 새어 가며 공부하여 마침내 벼슬을 했다. 반딧불이가 없는 겨울은 하얀 눈빛 아래서, 반딧불이가 날아다니는 여름에는 반딧불이 불빛 아래서 공부하여 출세했다."

짝짓기를 마친 애반딧불이 암컷은 축축한 이끼에 알을 낳는다.

사실이냐 아니냐를 떠나 행복하게 끝나 기분 좋은 얘기입니다. 얼마나 찢어지게 가난했으면 밤에 불을 밝히지 못할 정도였을까? 그래도 공부에 대한 열정은 한없이 타올라 여름밤 날아다니는 반딧불이를 수십 마리 잡아다 공부해 벼슬에 올랐다 하니 반딧불이는 분명 행운의 여신입니다.

그러면 정말 반딧불이 불빛으로 책을 읽을 수 있을까요? 정답부터 말하면 수십 마리에서 수백 마리를 모아야 읽을 수 있습니다. 한번은 불빛이 없는 야외에서 운문산반딧불이와 애반딧불이를 한 마리씩 잡아 각각 비닐봉지에 담은 뒤 제 손바닥을 비춰 본 적이 있습니다. 운문산반딧불이는 불빛이 그래도 밝은 편이라 제 손가락 마디에 접힌 주름이 보였습니다. 애반딧불이도 비춰 보았는데, 녀석은 불빛이 약한 편이라 손가락 형체만 희미하게 보였습니다.

실제로 반딧불이 1마리가 내는 불빛은 3럭스 정도라고 합니다. 사무실에서 보통 쓰는 길쭉한 형광등이 500럭스쯤 되니 반딧불이 150마리(450럭스)가 있어야 형광등 밝기와 비슷해집니다. 그러니 책을 읽으려면 최소한 150마리 넘게 반딧불이를 병에 담아야 읽을 수 있지요. 글자가 큰 천자문은 반딧불이 80마리쯤 모으면 읽을 수 있지만 말입니다.

사방 천지에 전기 불빛으로 도배한 요즘 무슨 귀신 씻나락 까먹는 소리냐고 하겠지요. 하지만 반딧불이를 보려고 눈을 여러 번 씻어도 안 보이는 요즘에 수백 마리, 아니 수천 마리가 떼 지어 살았을 그 시절을 상상하니 가슴이 짠해집니다.

# 반딧불이 불빛 공장

반딧불이과에 속한 거의 모든 종들은 발광 기관을 가지고 있습니다. 반딧불이들은 불빛 만드는 전기 회사를 몸속 배 끝 쪽에 차렸는데, 정확한 위치는 종마다 다르기도 하고, 같은 종이라도 암수가 다르기도 합니다. 그 전기 회사를 사람들은 발광 기관이라고 부릅니다.

빛을 내려면 빛 원료가 필요합니다. 반딧불이는 빛 원료를 자기 몸속에서 조달합니다. 발광 기관에는 발광 세포가 있고, 발광 세포 속에 빛 원료인 발광 물질이 들어 있습니다. 발광 물질은 '루시페린(Luciferin)'입니다. 그런데 루시페린은 홀로 불빛을 내지 못합니다. 루시페린이 불빛을 내려면 반드시 발광 효소가 필요합니다. 발광 세포 속에는 루시페린 말고도 루시페린이 빛을 내도록 도와주는 발광 효소 '루시페라아제(Luciferase)'가 들어 있습니다.

루시페린 + 루시페라아제 + ATP + 산소 = 빛

| | | | | | | | | |
|---|---|---|---|---|---|---|---|---|
| $LH_2$ | + | ATP | ⟶ | $L^*H_2$ | + | AMP | + | PPi |
| (루시페린) | | (아데노신 3인산) | | (활성화 된 루시페린) | | | | (인산 2분자) |

| | | | | | | | | |
|---|---|---|---|---|---|---|---|---|
| $L^*H_2$ | + | $O_2$ | ⟶ | $2L^*$ | + | 2H2O | + | 빛에너지 |
| (활성화 된 루시페린) | | (산소) | | (루시페라아제) | | (산화 루시페린) | | (반딧불이 불빛) |

루시페린은 산소($O_2$)와 결합하여 산화 루시페린(oxyluciferin)이 될 때 반짝반짝 빛을 냅니다. 이때 반드시 발광 효소인 루시페라아제와 ATP(Adenosine TriPhosphate, 아데노신 3인산)가 있어야 합니

다. ATP는 생물 세포 속에 있으며 에너지 대사에 매우 중요한 역할을 하는데, 호흡을 통해서 얻은 화학 에너지입니다. 루시페린에 ATP가 작용하면 '활성화된 루시페린'으로 바뀝니다. 그런 뒤 요술쟁이 발광 효소인 루시페라아제가 끼어들어 도움을 줍니다. 그러면 비로소 루시페린은 산소에 의해 산화되면서 화학 에너지를 빛 에너지로 바꿔 불빛을 냅니다. 그래서 발광 기관이 있는 배 끝 쪽 마디에는 산소를 넉넉히 공급하는 공기관(기관, air tube)이 엄청 발달하였습니다.

빛 원료인 루시페린은 반딧불이가 물질대사를 통해 얻은 물질입니다. 녀석들은 짝을 찾으러 날아다니고, 깜박거리며 빛을 내는 데 많은 에너지를 씁니다. 그래서 될 수 있는 한 몸을 사리며 빛을 내는 활동을 최소한으로 줄여야 합니다. 녀석들은 에너지 소모를 줄이기 위해 짝짓기를 하지 않는 낮 시간에는 나뭇잎, 풀잎, 돌 밑 같은 곳에서 쉬면서 에너지를 아낍니다. 환한 낮에 불빛을 반짝거려봤자 아무 소용이 없는 것을 아는 것이지요.

그런데 불빛에 그 연약한 몸이 데이기라도 하면 어쩌지요? 신기하게도 발광 기관에서 만든 불빛은 뜨겁지 않고 차갑습니다. 그러니 화상을 입을 까닭이 없습니다. 특허품 중의 특허품이지요. 이에 비해 사람이 만든 백열전구는 고작 전기 에너지의 10퍼센트만 가시광선으로 바뀌고 나머지는 열로 빠져나가 백열전구가 열을 많이 받습니다. 그래서 불 켜진 백열전구에 손을 대면 뜨겁습니다.

하지만 반딧불이가 만든 불빛은 90퍼센트 정도 가시광선으로 바뀝니다. 빠져나가는 열이 거의 없는 것이죠. 그래서 반딧불이가 내는 불빛을 '차가운 빛'인 냉광(冷光, cold light)이라고 합니다. 또

이 차가운 빛에는 자외선이나 적외선이 들어 있지 않습니다. 게다가 화학적으로 만들어진 것이다 보니 파장이 510~670나노미터로 옅은 노랑 또는 황록색에 가까운 빛을 냅니다. 그러니 불빛을 내는 반딧불이 꽁무니에 손을 대도 뜨겁지 않습니다. 참 신비로운 일입니다. 반딧불이는 똑똑한 사람들이 만든 전깃불보다도 훨씬 더 똑똑한 불빛을 만드니 말입니다.

## 애반딧불이 살리기

어렸을 적 집 앞 논도랑에서 도깨비불처럼 날아다니며 춤추던 어른 애반딧불이. 그때만 해도 가로등이 없던 시절이라 밤이 되면 칠흑처럼 깜깜했습니다. 지금은 도시에서부터 시골 구석구석까지 전기가 안 들어간 곳이 없습니다. 길 위에는 죄다 가로등이 서 있습니다. 사람들에게는 밤도 낮처럼 밝아 편리해서 좋긴 한데 어른 애반딧불이들에게는 고역입니다. 아니 심각한 비상 상태입니다. 깜깜한 밤에 불빛을 반짝이며 배우자를 찾아야 하는데 밤이 대낮처럼 환해졌으니 기막힐 노릇입니다.

반딧불이는 이런 사태가 일어날 줄 모르고 불빛으로 대화하는 생존 전략을 택했겠지요. 그런 생존 전략을 선택한 게 얼마나 후회스러울까요. 사람들이 전깃불을 발명했으니 말이지요. 어디 그뿐인가요? 살충제를 만들어 뿌리고, 개발이란 이름으로 연못이나 도

애반딧불이가 내는 빛은 차가운 불빛이다.

랑물이 사라져 버리고 있습니다. 살 곳 잃은 반딧불이들이 너무 가엾습니다. 이제 녀석들에게 그들이 살았던 집을 돌려줄 때가 되었습니다. 필요한 곳에는 가로등에 갓을 씌우고, 살충제도 덜 뿌리고, 도랑이나 둠벙도 갈아엎지 말 때가 되었습니다.

애반딧불이 어른벌레는 2주일쯤 산다.

자그마한 연못 속

# 잠자리 애벌레

**날개돋이 후 벗어 놓은**
**노란허리잠자리 허물**

잠자리가 날개돋이 해서 나가고
허물만 남아 있습니다.

연두 빛깔 봄이 진녹색으로 무르익어 가는 5월입니다.

녹색 그림자가 드리워진 오솔길을 걷다가 연못을 만났습니다.

자그마한 연못이라 아늑합니다.

한쪽에는 탐스러운 수련 꽃이 물 위에 떠 있고,

다른 한쪽에는 마름 잎이 그림처럼 떠 있습니다.

어디선지 새하얀 산사나무 꽃잎들이 바람 타고 날아와

빙그르르 돌다 연못에 살포시 내려앉습니다.

연못 물 위에 앉은 꽃잎들은

바람 따라 이리 살랑 저리 살랑 떠다닙니다.

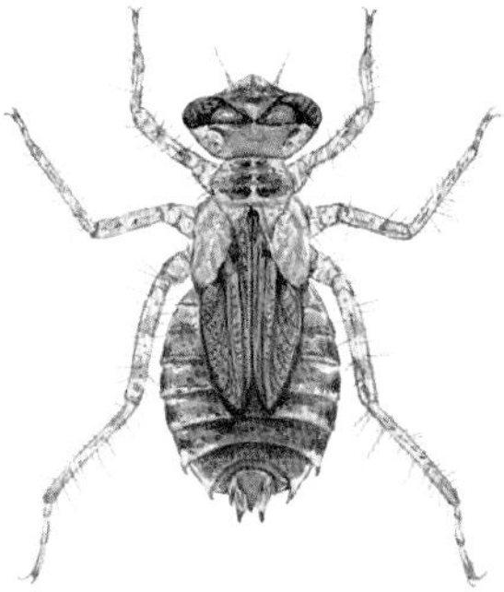

고추잠자리 애벌레

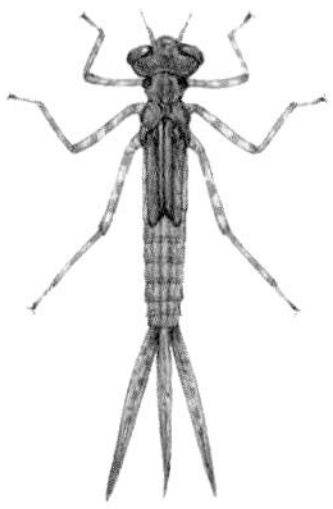

방울실잠자리 애벌레

이 꼭지는 잠자리목(Odonata)에 속한 종들의 애벌레 이야기입니다.
잠자리목은 잠자리아목과 실잠자리아목으로 나뉩니다.
고추좀잠자리는 잠자리아목에 속하는 종이고, 실잠자리는 실잠자리아목에 속하는 종입니다.

## 물속에서 사는
## 잠자리 애벌레

나도 모르게 연못가에 납작 엎드려 머리 숙여 물속을 들여다봅니다. 연못 속이 새록새록 다 보입니다. 마름 잎을 갉아 먹는 물달팽이, 뒷다리가 살짝 나온 올챙이, 아주 조그만 송사리, 물구나무선 땅콩물방개, 알 짊어진 물자라 들이 물속을 헤엄치기도 하고, 물풀 속에 숨기도 하네요. 숨을 고르게 쉬며 찬찬히 물속을 들여다보면 어느새 거울같이 맑은 물 위에 제 얼굴도 커다랗게 떠오릅니다. 물 위에 비친 제 얼굴을 찬찬히 들여다봅니다.

아름다운 소년 나르키소스는 물 위에 비친 자기 모습에 반했다지요. 자신을 사랑했던 요정을 거절한 죄로 연못을 들여다봐야 했던 나르키소스. 어쩌면, 아니 당연히도 연못에 비친 자기 얼굴 위

실잠자리류 애벌레가 잎 위로 올라왔다.

로 소리 없이 지나가는 자그마한 생물을 보았을 테지요. 쭉쭉 앞으로 헤엄쳐 가는 새끼 잠자리, 우아하게 꼬리를 살랑살랑 흔들며 헤엄치는 새끼 실잠자리……. 한순간 연못 속 작은 생물들이 신화 속으로 자리를 옮겨 간 것 같습니다.

등검은실잠자리 애벌레

## 잠자리 애벌레의 물속 생활

잠자리 가문(잠자리목)의 거의 모든 종들은 짝짓기 뒤에 알을 물에다 낳습니다. 연못 위를 날아다니며 물낯에다 배 끝을 대고 알을 낳기도 하고, 물풀 줄기에다 알을 낳기도 하고, 공중에서 물에다 알들을 뿌리기도 합니다. 고추좀잠자리처럼 물낯에 부딪혀 알을 낳는 어미 잠자리는 산란관이 퇴화해 납작하고, 알은 타원형 달걀 모양입니다. 이에 비해 물풀 같은 식물 조직에 산란관을 꾹 찔러 넣고 알을 낳는 어미 왕잠자리류나 실잠자리류는 산란관이 잘 발달되어 있고, 알은 홀쭉한 원통 모양입니다.

잠자리 집안은 종마다 활동하는 시기가 다르지만 대개 이른 여름에서 늦가을까지 알을 낳습니다. 그렇다 보니 알로 지내는 기간이 종마다 다릅니다. 먼저 물속에 알을 낳는 종들을 볼까요? 밀잠자리처럼 봄에 낳은 알에서는 10일 만에 애벌레가 태어납니다. 깃동잠자리처럼 가을에 낳은 알은 알 상태로 겨울을 나는데, 알로 겨울을 나는 종들은 짧게는 120일에서 길게는 230일쯤 지나야 알에

큰청실잠자리 애벌레

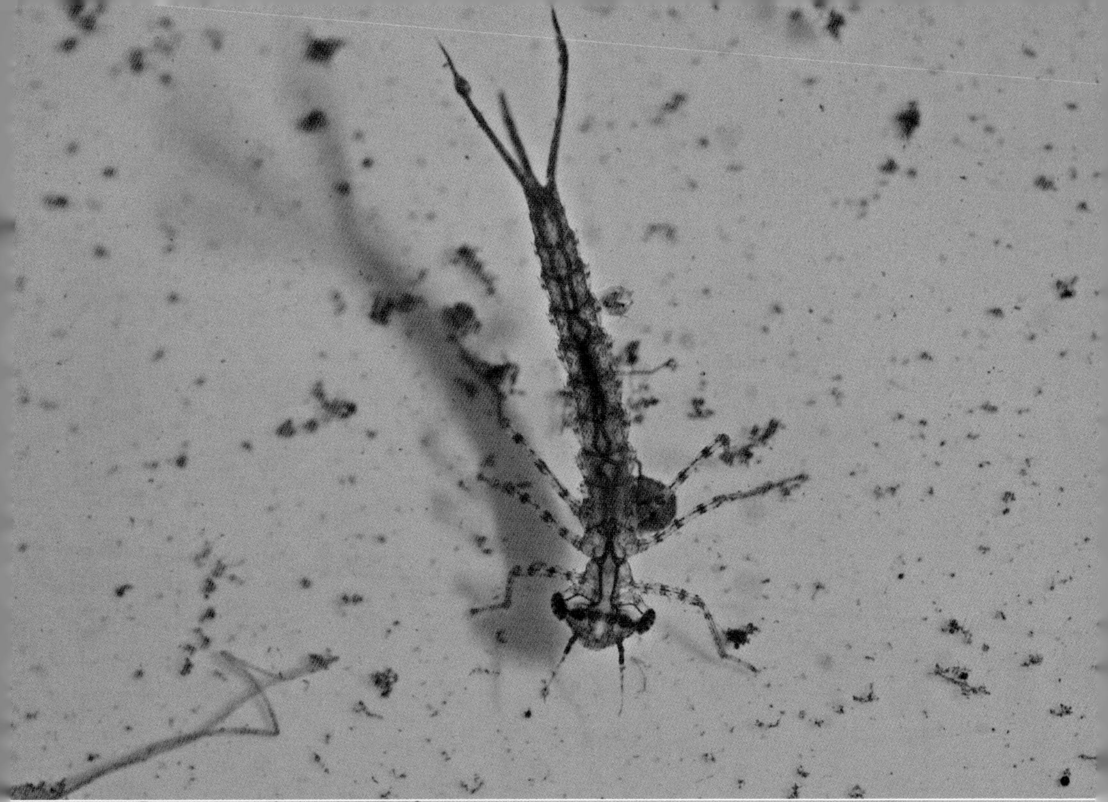

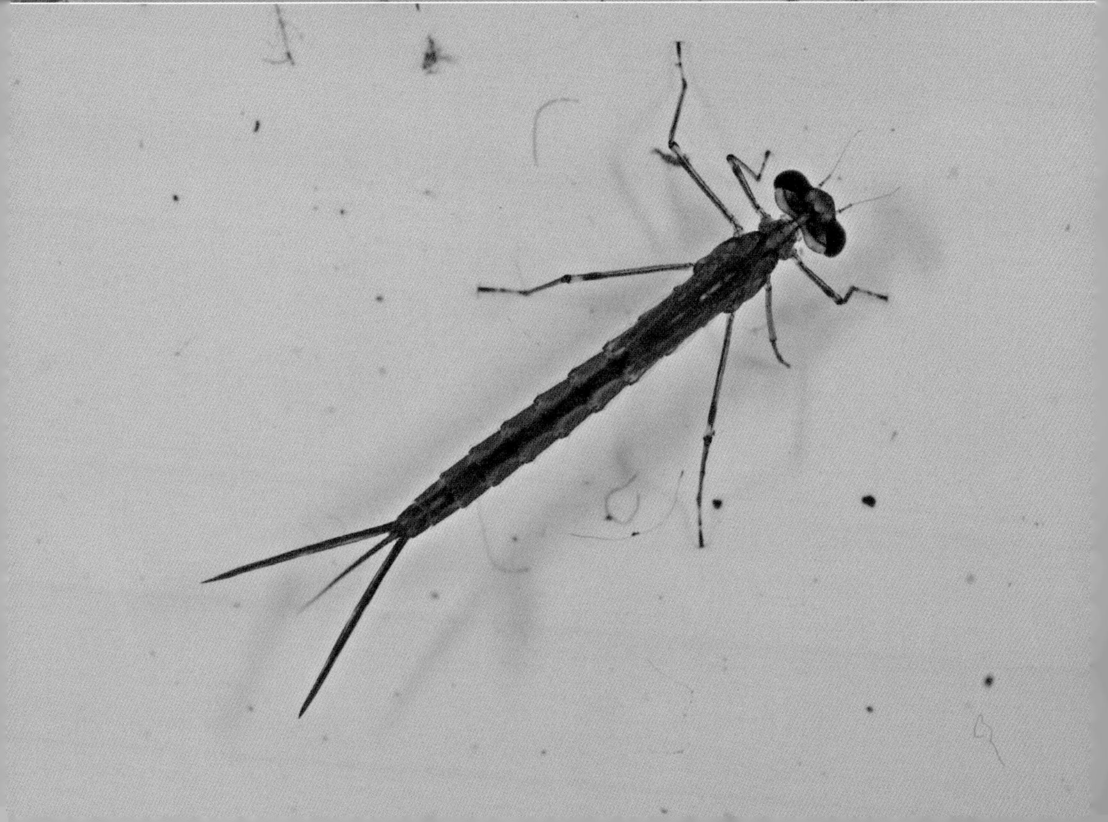

서 애벌레가 태어납니다. 겨울 동안 알의 물질대사가 정지되어 발육이 멈춥니다. 휴면에 접어든 거지요. 다음으로 물풀에 알을 낳는 종들은 어떨까요? 어느 계절에 알을 낳느냐에 따라 밀잠자리 알들과 비슷한 과정을 밟습니다. 물풀 조직에 알을 낳으면 빠른 물살에 쓸려 가는 것도 막을 수 있고, 환경이 바뀌어도 알을 보호할 수 있습니다. 생존 확률을 높이려는 눈부신 전략인 셈입니다.

왕잠자리 애벌레

이제 알에서 애벌레가 깨어나려고 합니다. 연약한 애벌레가 질긴 알 껍질을 뚫고 나오는 것은 만만치 않습니다. 다행히 애벌레 머리 부분에는 날카롭고 뾰족하게 생긴 난치(卵齒, egg tooth)가 있어 알 껍질을 깰 수 있도록 도와줍니다. 재미있게도 물풀에 알을 낳는 어떤 실잠자리는 알 속으로 물을 흡수해 머리 부분 압력을 높입니다. 그 압력으로 알을 깨고 세상에 나옵니다.

물속 알에서 막 깨어난 애벌레는 아직 얇은 막 속에 싸여 있는 새우 같습니다. 이때 애벌레를 전유충(前幼蟲, prelarva)이라고도 합니다. 전유충은 1령 애벌레가 되기 전 단계를 말하며, 메뚜기목, 사마귀목, 잠자리목 같은 곤충이 전유충 단계가 있습니다. 보통은 전유충을 1령 애벌레에 포함시킵니다. 물이 있는 곳이면 곧바로 허물을 벗고 1령 애벌레가 되고, 드물게 물이 없는 곳이면 전유충 상태로 지내다(예: 큰청실잠자리) 물을 만나면 그제야 허물을 벗고 1령 애벌레가 됩니다. 잠자리목 애벌레는 한자로 '수채(水蠆)'라고 합니다.

큰청실잠자리는 9월쯤에 연못 둘레 나무에 산란관을 꽂고 알을 낳습니다. 알로 겨울을 나고 이듬해 봄이 되면 알에서 애벌레가 나오는데, 이 애벌레를 전유충이라고 부릅니다. 이 애벌레는 땅으로

두점박이좀잠자리 애벌레

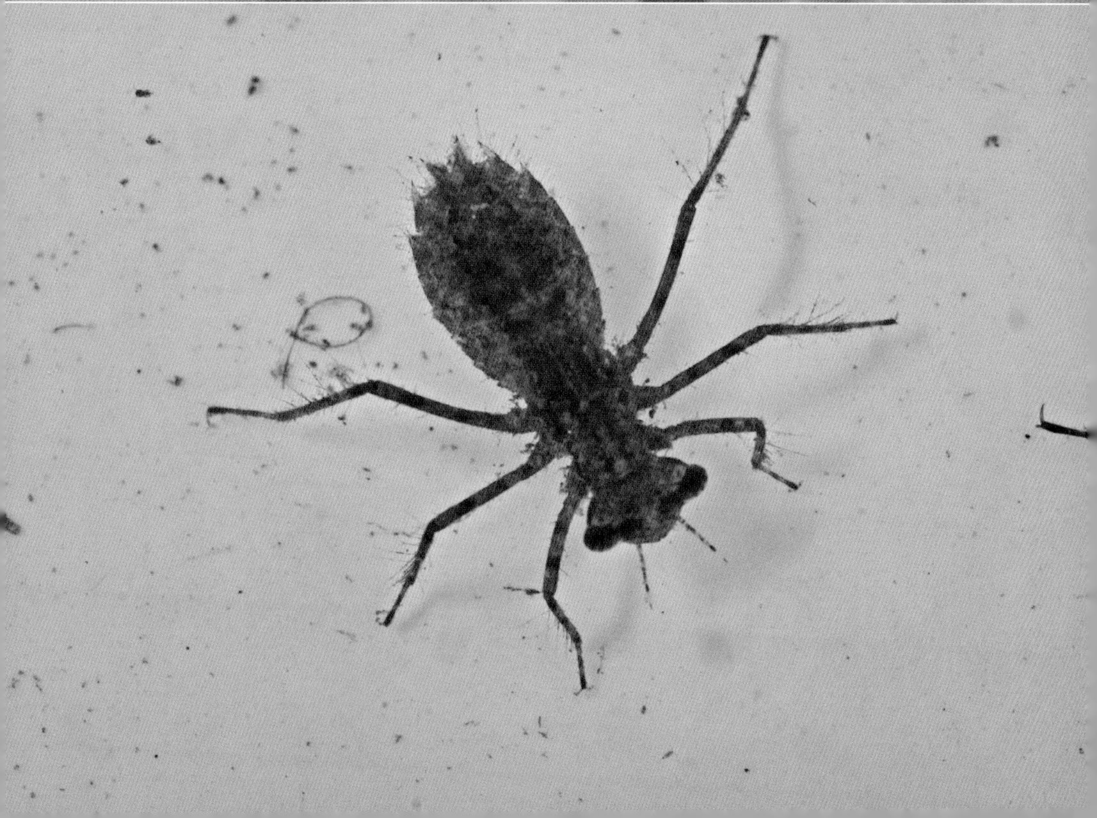

떨어져 본능적으로 물이 있는 곳으로 찾아갑니다. 마치 바다거북이 바닷가 모래 속 알에서 깨어나자마자 본능적으로 바다를 찾아가는 것처럼 말이죠. 물에 도착한 큰청실잠자리 애벌레는 한 번 허물을 벗고 1령 애벌레가 됩니다. 그 작고 여린 녀석이 혼자서 물을 찾아가야 하기 때문에 어미는 물 둘레에 자란 나무에 알을 낳아 전유충이 손쉽게 물에 도착하게끔 합니다. 또 연못 쪽으로 뻗은 나뭇가지에 알을 낳으면 애벌레가 곧바로 물속으로 떨어집니다. 이때는 물을 찾아가는 수고를 하지 않아도 됩니다.

갓 깨어난 1령 애벌레는 몸에 붙어 있는 난황 속 영양분으로 버팁니다. 1령 애벌레 기간은 아주 짧아 얼마 있지 않아 허물을 벗고 2령 애벌레가 됩니다. 이때부터는 동물성 플랑크톤을 잡아먹습니다. 먹이를 잡을 때는 더듬이와 다리의 발목마디에 있는 털 감각기를 총동원하고, 자라면서 겹눈이 발달하게 되면 겹눈이 먹이 사냥

깃동잠자리 애벌레가 힘없는 다른 잠자리류 애벌레를 잡아먹고 있다.

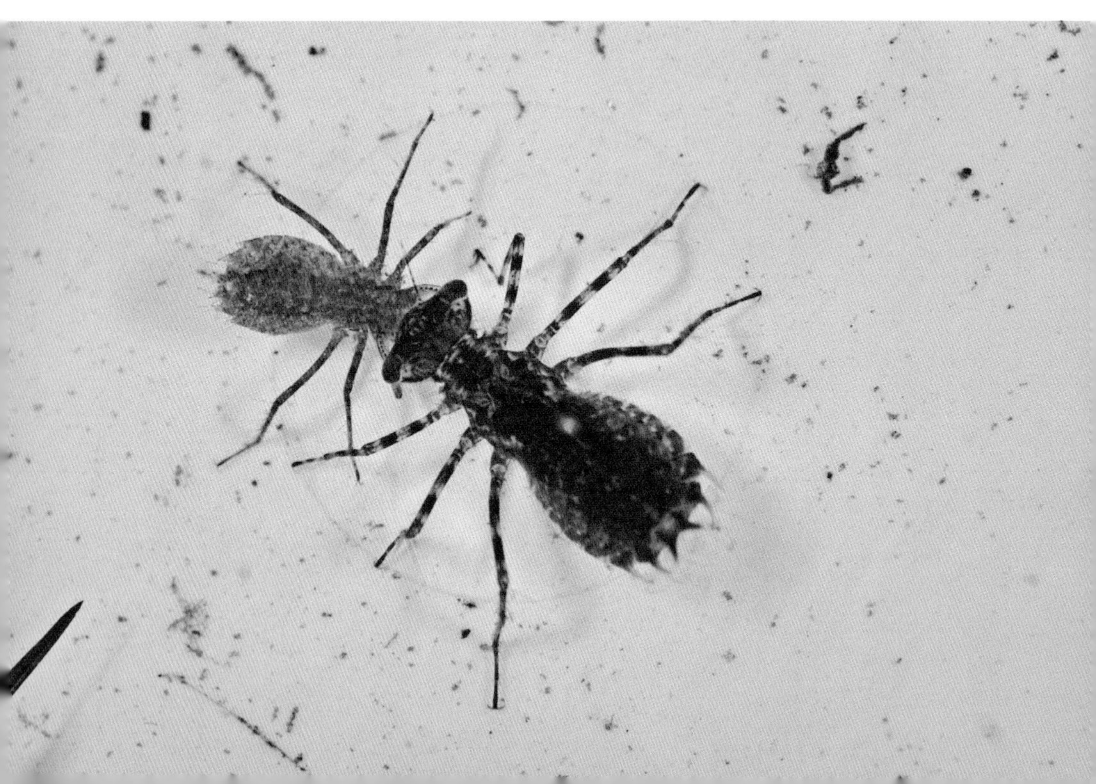

에 한몫합니다.

또한 잠자리들은 안갖춘탈바꿈을 합니다. 번데기 시절 없이 애벌레에서 곧바로 어른벌레가 됩니다. 다른 곤충에 비해 자주 허물을 벗는데, 대체로 10번에서 15번쯤 허물을 벗고 어른벌레가 됩니다. 그러니 어른벌레가 되기까지 험난한 과정이 산 너머 산이겠지요. 애벌레 피부(겉껍질)는 질긴 큐티클로 되어 있어 몸이 커지면 머리와 등 쪽에 나 있는 탈피선이 갈라지면서 허물을 벗습니다.

## 애벌레는<br>사냥꾼

애벌레와 어른벌레 모두 육식성이며, 애벌레는 물 바닥 개흙 속에서, 어른벌레는 물 밖 육상에서 사냥을 합니다. 식성이 같더라도 사는 곳을 달리하면 먹이 경쟁을 피할 수 있고, 그만큼 대를 이어 종족을 유지하는 데 훨씬 유리하지요.

잠자리 애벌레는 주로 물속 밑바닥에서 지냅니다. 애벌레는 진흙을 뒤집어쓰거나 썩어 가는 가랑잎 속에 숨어 있다가 지나가는 실잠자리 애벌레, 하루살이 애벌레, 깔따구 애벌레 같은 곤충을 잡아먹기도 하고, 물 밑바닥 둘레에서 헤엄쳐 다니다가 물풀 둘레를 얼쩡대는 송사리, 물자라, 장구애비, 올챙이 같은 생물들을 잡아먹기도 합니다. 때로는 동족도 잡아먹습니다. 그러고 보니 애벌레는 물속 사냥꾼, 어른벌레는 땅 위 사냥꾼이군요. 명사냥꾼 가문이라

왕잠자리 애벌레가 아랫입술을 내뻗는 모습이다.

할 만하지요.

애벌레는 물속에서 어떻게 사냥을 할까요? 길게 늘어난 아랫입술이 사냥에 큰 역할을 합니다. 아랫입술이 길게 늘어난 녀석 얼굴은 얼마나 괴기스러운지 공포 영화에나 나올 법합니다. 하도 요상해 한 번만 봐도 머릿속에 확 박힙니다. 아랫입술은 얼마나 긴지 길이가 제 몸뚱이에 3분의 1이나 되고, 주걱같이 길게 뻗은 마디 끝에는 갈고리 같은 가동구(movable hook)와 집게이빨 같은 것이 있어 먹잇감을 낚아채는 데 한몫합니다. 평소에 아랫입술은 얼굴 아래쪽에 접혀 있지만, 먹잇감이 지나가면 재까닥 튀어나와 먹잇감을 낚아챕니다. 마치 스프링처럼 순식간에 튀어나오는 개구리 혀처럼 말이죠. 먹잇감이 나타나면 배 횡경막 둘레 근육을 갑자기 수축시키고, 이때 생기는 압력으로 아랫입술이 쭈욱 튀어나옵니다. 아랫입술에 낚인 먹잇감은 곧장 아랫입술 위쪽에 있는 큰턱으로 넘겨지고, 애벌레는 큰턱으로 와작와작 씹어 굶주린 배를 채웁니다.

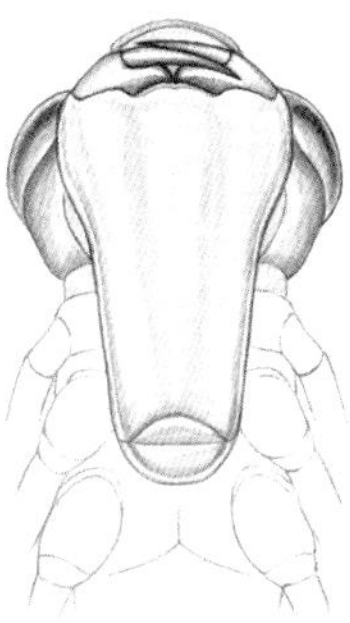

왕잠자리 애벌레 아랫입술

## 잠자리류 애벌레
## : 직장 아가미로 숨쉬기

좀잠자리류 애벌레가 아랫입술을 내미는 모습이다.

잠자리목 가문에서 잠자리류(잠자리아목) 애벌레를 만나 보겠습니다. 애벌레 시절 내내 물속에서 사는 녀석들에게는 고민이 있습니다. 바로 숨쉬기. 공기로 호흡하는 땅 위 곤충들은 가슴과 배 쪽에 있는 숨구멍(기문)을 통해 대기 중에 떠다니는 공기를 몸속으로 받아들이면 되는데, 물속에 사는 애벌레는 물에 녹아 있는 산소를 이용해야 합니다. 그래서 녀석들에게는 물고기처럼 아가미를 가지고 있습니다. 가령 좀잠자리류 애벌레 아가미를 보면 재미있습니다. 녀석 아가미는 직장에 있기 때문에 직장 아가미라고도 하는데, 항문 안쪽 주름진 부분에 기관(trachae)이 많이 갈라져 나와 서로 엉겨 있습니다. 이것이 아가미이지요.

그런데 하필이면 직장에 아가미가 있을까요? 녀석은 직장으로 물을 빨아들였다가 뿜어내기를 되풀이합니다. 직장 속으로 들어온 물은 자연스럽게 직장 안쪽 벽에 있는 기관 아가미 표면 위로 흐릅니다. 이때 높은 농도에서 낮은 농도로 분자들이 움직이는 확산 작용이 일어나 물속에 녹아 있는 산소가 서서히 직장 아가미 속으로 들어갑니다. 직장 아가미 바깥쪽 산소 농도가 직장 아가미 안쪽 산

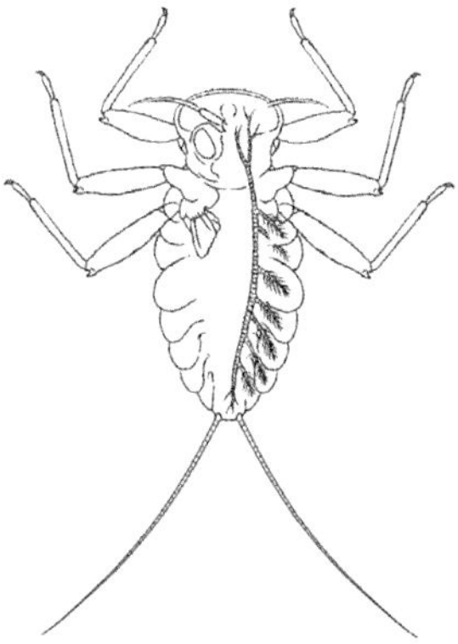

하루살이류 애벌레의 기관 아가미

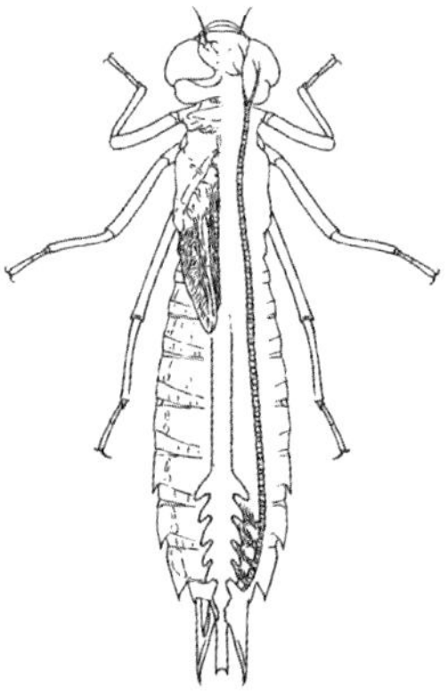

잠자리류 애벌레의 직장(항문) 아가미

소 농도보다 높기 때문이지요. 그리고 직장 아가미에 채운 산소를 다 쓰면 직장 아가미 밖 산소로 다시 채워집니다. 산소가 비워지면 저절로 알아서 채워지니 녀석의 직장 아가미는 영물입니다.

직장 아가미는 숨쉬기 말고도 다른 용도로도 씁니다. 재미있게도 직장으로 빨아들인 물에서 산소 분자를 얻고 나면 그 물을 다시 직장 구멍을 통해 몸 밖으로 강력하게 뿜어냅니다. 이때 녀석은 앞으로 빠르게 나아갈 수 있습니다. 바로 사냥할 때나 도망갈 때이지요. 물방개 애벌레 같은 무시무시한 천적을 만나면 삼십육계 줄행랑쳐야 하는데, 이때 아가미를 아주 쓸모 있게 사용합니다. 아가미 호흡을 위해 항문 속으로 빨아들였던 물을 항문 밖으로 확 내뿜으면, 반작용으로 몸이 빠른 속도로 앞으로 쭉 뻗어 나갈 수 있기 때문입니다. 마치 물로켓을 발사하는 것처럼 말이죠. 그러니 직장 아가미는 자기를 잡아먹으려는 적을 따돌리는 데 최고입니다.

## 실잠자리류 애벌레
## : 꼬리 아가미로 숨쉬기

이번에는 잠자리목 가문에서 몸매가 실처럼 가냘픈 실잠자리류(실잠자리아목) 애벌레를 만나 보겠습니다. 녀석도 잠자리 가문인 만큼 알과 애벌레 시절을 물속에서 지냅니다. 알에서 깨어난 애벌레는 연필처럼 가늘고 긴 몸으로 10번 넘게 허물을 벗으며 무럭무럭 자랍니다. 녀석의 배 끝에는 잎사귀처럼 생긴 아가미가 3장 달려 있는데, 물고기가 꼬리지느러미를 흔들며 헤엄치듯이 아가미를 좌우로 흔들면서 헤엄칩니다.

큰청실잠자리 애벌레 꼬리에 꼬리 아가미가 3장 붙어 있다.

어린 애벌레는 동물성 플랑크톤을 잡아먹고, 점점 자라면서 붕어마름이나 마름 같은 물풀에 매달려 숨어 있다가 실지렁이, 송사리, 모기 애벌레, 깔따구 애벌레, 물벼룩 같은 힘없는 생물이 나타나면 쪼르르 헤엄쳐 가 날렵하게 잡아먹습니다. 주걱처럼 길게 늘어난 아랫입술로 송사리 같은 작은 물고기를 낚아채서는 강력한 큰턱으로 보내 씹어 먹지요.

애벌레 배는 모두 11개 마디로 이뤄졌습니다. 그중에서 맨 끝에 있는 11번째 배마디가 기다란 꼬리 아가미(caudal gill)로 바뀌었지요. 거의 모든 잠자리 애벌레들이 항문에 있는 직장 아가미로 숨을 쉬는 반면 실잠자리 애벌레들은 이 꼬리 아가미 3장으로 숨을 쉽니다.

꼬리 아가미를 자세히 들여다보면 실핏줄처럼 가느다란 가지들이 사방으로 퍼져 있습니다. 이것들은 모두 호흡할 때 공기가 통과하는 통로인 기관(trachea, air tube)인데, 모두 숨구멍들과 이어져 있습니다. 그런데 뜰채로 실잠자리 애벌레를 떠 보면 꼬리 아가미가 잘려 나간 경우를 종종 볼 수 있습니다. 실잠자리 애벌레는 위험에 처하면 헤엄쳐 달아나기도 하지만, 특이하게도 어떤 때는 자기 다리나 꼬리 아가미를 떼어 내고 도망치기도 합니다. 참 신기한 것은 잘려진 다리는 다시 돋아납니다. 아직도 논란의 여지가 있지만 애벌레는 꼬리 아가미가 없어도 물속에서는 사는 데 큰 지장이 없어 보입니다. 그래서 꼬리 아가미는 숨을 쉴 때 조수 역할을 하는 보조 호흡 기관이라는 주장도 있습니다. 이와 관련해 더 많은 연구가 이뤄져야 합니다.

아시아실잠자리 애벌레 꼬리에 달린 아가미에는 실핏줄 같은 기관이 뻗어 있다.

그런데 실잠자리 애벌레를 들여다보면 배마디마다 한 쌍의 숨구멍이 있습니다(별박이잠자리류 애벌레는 가슴에도 있음). 이 숨구멍은 물속에선 무용지물입니다. 다만 이 숨구멍 때문에 잠자리 조상들이 땅 위에서 살다가 점차로 물속으로 들어와 살았을 것으로 추정합니다.

## 잠자리 애벌레의 변신

애벌레 시절 동안 최대의 클라이맥스는 무엇일까요? 아무래도 어른벌레로의 탈바꿈이지요. 물속에서 갖은 우여곡절을 겪으며 무사히 다 자란 종령 애벌레는 날개돋이 할 때가 다가오면 통 먹지를 않습니다. 가슴에 있는 날개 싹은 부풀어 오르고, 눈이 투명해집니다. 이때 가장 큰 변화는 숨쉬기 방법입니다. 여직껏 물속에서 아가미로 호흡하던 걸 땅 위에서는 공기로 호흡하는 방식으로 바꿔야 합니다. 그래서 새로운 호흡을 연습합니다. 어떻게 할까요?

녀석들은 물 밖으로 머리를 내밀거나 물 밖에 있는 풀이나 이끼 위로 기어 나오는데, 물 밖에 나오면 물속에서는 꼭 닫혀 있던 가슴 부분 숨구멍이 활짝 열리고, 그 숨구멍 속으로 공기가 들어갑니다. 이렇게 바뀐 호흡 방식에 적응하는 호흡 적응 연습이 끝나면, 드디어 날개돋이 작업에 들어갑니다. 모두 잠들어 있는 고요한 새벽에 녀석들은 뭍으로 올라와 날개돋이 하기에 알맞은 풀 줄기나

쇠측범잠자리 애벌레가 날개돋이 하려고 바위 위로 올라왔다.

나뭇가지에 매달립니다. 놀랍게도 녀석들은 풀 줄기에 매달린 채 자기 몸을 심하게 흔들어 지지대 역할을 하는 풀 줄기가 튼튼한지 시험합니다. 왜냐하면 지지대가 시원치 않으면 날개돋이 할 때 지지대가 꺾이거나 부러지면서 땅에 떨어지는 것 같은 사고가 날 수 있으니까요. 누가 벌레만도 못하다고 했나요? 너무도 치밀하게 살아가는 그들 모습에 그저 숙연해질 뿐입니다.

몸매가 가냘픈

# 노란실잠자리

**노란실잠자리 짝짓기**

수컷 노란실잠자리가 짝짓기를 하려고
암컷 노란실잠자리 가슴을 잡았습니다.

7월도 끝나 가는데, 아직도 장맛비가 지루하게 내립니다.
장맛비가 잠시 멈춘 틈을 타
집에서 엎드리면 코 닿을 데 있는 방이습지에 갑니다.
시골 옛집 앞에 있던 논이며 시냇가와 사뭇 다르지만,
집 가까운 곳에 이런 습지가 있다는 것만 해도
감사, 또 감사하지요.
물기 잔뜩 머금은 연못가를 천천히 걷습니다.

노란실잠자리 수컷

이 꼭지는 잠자리목 실잠자리아목 종인 노란실잠자리(*Ceriagrion melanurum*) 이야기입니다.

## 잠자리아목과
## 실잠자리아목의 족보

현재 살아 있는 잠자리들의 멀고 먼 조상은 3억 년 전 고생대 석탄기에 지구에 처음 등장한 원시잠자리목(Protodonata)인데, 날개를 편 길이가 자그마치 70센티미터가 될 만큼 거대했습니다. 이들은 중생대 삼첩기 때 멸종하여 지금은 화석으로만 남아 있습니다.

현재 살아 있는 잠자리들의 진정한 조상은 고생대 페름기 후기에 나타났습니다. 이때 나타난 조상의 모습은 현재 실잠자리아목과 비슷하게 생긴 실잠자리 형태였습니다. 이 조상은 중생대 삼첩기 동안 굉장히 빠르게 분화해 실잠자리아목과 옛잠자리아목으로 갈라지고, 공룡이 번성하던 쥬라기 시대에는 옛잠자리아목에서 잠자리아목이 갈라져 나옵니다. 그러니 족보상으로 보면 실잠자리 종류가 잠자리 종류의 조상형이 됩니다.

우리나라에는 실잠자리아목과 잠자리아목만이 삽니다. 옛잠자리아목은 인도의 히말라야 지방과 일본에서 각각 한 종씩만 살아 있을 뿐입니다.

## 연못가를 사로잡는
## 노란실잠자리

연못가 여름 풀밭에는 원추리, 산꼬리풀, 개망초, 쑥 같은 풀꽃이 피어 있고, 그 풀들에는 꽃등에류, 여름좀잠자리, 파리매, 꿀벌, 방울실잠자리, 아시아실잠자리, 새끼 사마귀, 밤나무잎벌레 들이 날았다 앉았다 분주합니다. 물풀 사이를 야리야리한 실잠자리들도 날아다닙니다. 멈춰 서니 실잠자리들이 참 많이도 보이네요. 물론 죽치고 연못가에 앉아 있으면 더 잘 보일 테고요.

그런데 이게 웬일인가요? 생각지도 않은 노란실잠자리가 연못 물풀 속에 숨어 있다가 물풀을 헤치며 통통 튀듯이 날아옵니다. 녀석이 솟아오르니 금방 풀숲이 화려해집니다. 한 마리가 나오나 했더니 이쪽 물풀에서도, 저쪽 물풀에서도 송사리 떼 헤엄치듯 통통 튀어 날아 나옵니다. 마치 연못가에 노란 폭죽이 펑펑 터지기라도 한 것처럼 습지 풀밭이 빛이 납니다. 제 입가에는 어느새 슈베르트 피아노 5중주곡 '송어'의 발랄한 멜로디가 뱅뱅 맴돕니다. 몸집 큰 송어를 재롱떠는 송사리처럼 작곡한 슈베르트. 슈베르트가 이리도 귀여운 노란실잠자리가 통통 날아다니는 모습을 봤다면 어떤 곡을 썼을까? 상상하고 또 상상해 봅니다.

7월 말 아침나절, 오늘도 노란실잠자리를 만나러 방이습지에 갑니다. 자그마한 연못에는 노랑어리연이 한가득 떠 있고, 커다란 저수지에는 소금쟁이 수백 마리가 물썰매 타느라 정신없습니다. 잠시 내린 이슬비가 그치니 연못 속 물풀 사이에는 다시 곤충들로 붐빕니다. 노란실잠자리도 기다렸다는 듯이 연못 물풀 속을 헤치며 날아다닙니다. 녹색 저고리와 노란색 치마 입고 물풀 사이를 이리저리 춤추듯 날아다니는 노란실잠자리! 그 아름다움에 홀딱 반해 눈을 잠시도 뗄 수가 없네요. 이슬비에 몸이 살짝 젖었는지 잠시 풀잎에 앉아 햇볕을 쬐며 쉽니다.

노란실잠자리 수컷

노란실잠자리 암컷

어른 노란실잠자리는 몸길이가 40밀리미터쯤 되어서 실잠자리 치고는 꽤 큰 편입니다. 여느 잠자리들처럼 녀석 몸 색깔도 수컷과 암컷이 살짝 다릅니다. 또한 미성숙 어른벌레와 성숙 어른벌레 몸 색깔도 다릅니다.

우선 수컷부터 살펴볼까요? 미성숙한 수컷 몸 색깔은 크림색에 가까운 노르스름한 색깔이라 화려하지 않습니다. 반면에 성숙한 어른벌레 수컷 몸은 굉장히 화려합니다. 머리와 가슴등판은 녹색이고, 배는 전체적으로 노란색인데, 7~10번째 마디는 검은색입니다. 몸 전체에서 형광색 광채까지 나니 흠잡을 데 없이 아름다워 눈에 확 띕니다. 녀석의 겹눈은 아무리 봐도 참 귀엽습니다. 머리에 붙은 왕방울만 한 겹눈은 하도 탱탱해 금방이라도 옆으로 튕겨 나갈 것 같습니다. 겹눈과 겹눈은 멀찌감치 떨어져 있어 인형같이

노란실잠자리 미성숙수컷

귀엽습니다. 그 귀여운 겹눈은 만 개나 넘는 낱눈이 모여 만들어졌다니 놀랍습니다. 왕잠자리 겹눈에 박힌 낱눈 2만 8천 개보다는 적지만 녀석의 행동반경이 왕잠자리 영역보다 좁으니 만 개의 낱눈으로도 충분히 사냥도 하고 천적도 피할 수 있지요. 고속도로처럼 넓은 겹눈 사이에는 짧은 더듬이가 삐죽 나 있고, 홑눈 세 개가 흑진주처럼 콕 박혀 있습니다. 홑눈은 빛이 얼마나 밝은지, 물체와의 거리가 얼마나 멀고 가까운지를 알아차립니다. 그래서 겹눈은 물체를 입체적으로 볼 수 있도록 도와줍니다. 다리는 녹색인데, 다리 표면에 날카로운 가시털이 쭈르륵 나 있어 애써 잡은 먹잇감을 놓치지 않게 합니다. 녀석 몸 가운데 뭐니 뭐니 해도 빼어나게 아름다운 것은 날개입니다. 속이 훤히 들여다보이는 망사 같은 검은 날개가 노란색 배를 덮고 있는 모습이 얼마나 예쁜지요.

화려한 수컷과 다르게 암컷 몸은 푸르죽죽합니다. '썩어도 준치'라는 속담처럼 푸르죽죽해도 나름 아름답습니다. 신기하게도 실잠자리류(실잠자리아목)는 수컷뿐만 아니라 암컷도 미성숙 단계에서 성숙 단계로 자라면서 몸 색깔이 바뀝니다. 실잠자리 암컷은 미성숙 단계 때는 수컷처럼 선명하지는 않지만 녹색 기운이 많은 노란색인데, 점점 자라면서 짙은 녹색으로 바뀝니다. 동물 번식기에 나타나는 몸빛인 혼인색을 띤 것이지요. '나 이제 짝짓기 할 수 있어.' 광고하면서. 그래서 성숙한 암컷이 물풀 위에 앉아 있으면 풀잎인지 녀석인지 분간이 안 갑니다.

왜 화려한 수컷과 달리 암컷은 푸르죽죽한 혼인색을 띨까요? 보호색 효과를 톡톡히 보려는 것이지요. 즉 보호색을 띠어 적으로부터 자신을 지키기 위해서입니다. 암컷은 '알 낳을 귀하신 몸'입니다. 수컷 유전자를 받아 자기 유전자와 섞어 우수한 자손을 낳아야 할 몸이지요. 그러니 천적 눈을 피하기 위해 둘레에 있는 식물 색깔과 비슷한 녹색 옷을 입는 것은 당연한 일입니다.

노란실잠자리 얼굴 옆모습

## 암컷 찾아 삼만 리

연못에 자란 물풀과 연못가 풀들 사이를 날아다니는 어른 노란실잠자리를 유심히 봅니다. 재미있게도 통통 튀듯이 날아다니는 녀석들은 거의 다 수컷입니다. 화려한 수컷만 눈에 확 띄고 암컷은 도통 보이지 않습니다. 노란실잠자리는 주로 수컷이 날아다니고 암컷은 풀잎에 앉아 있습니다. 그런데 수컷 노란실잠자리가 희한하게 납니다. 풀숲을 헤집으며 낮게 날아다닙니다. 분명히 나는 건 맞는데, 실제로 보면 스카이콩콩 타고 통통 튀며 다니는 것 같습니다. 풀잎에 닿을 듯 내려왔다가 금방 공중으로 튀어 오르고, 다시 풀잎으로 내려왔다가 또 공중으로 튀어 오르기를 되풀이하며 날아다닙니다.

빽빽한 풀 줄기 사이를 날면서도 마술쟁이처럼 풀잎 하나 건드리지 않습니다. 녀석들에게 가장 무서운 천적은 거미. 풀숲에는 긴호랑거미가 곤충들이 다니는 길목마다 거미줄을 쳐 놓았습니다. 어, 거미줄과 마주친 노란실잠자리! 녀석은 거미줄 앞에서 잠시 멈칫하더니 이내 방향을 살짝 틀어 거미줄을 피해 날아갑니다. 녀석

노란실잠자리 얼굴 앞모습

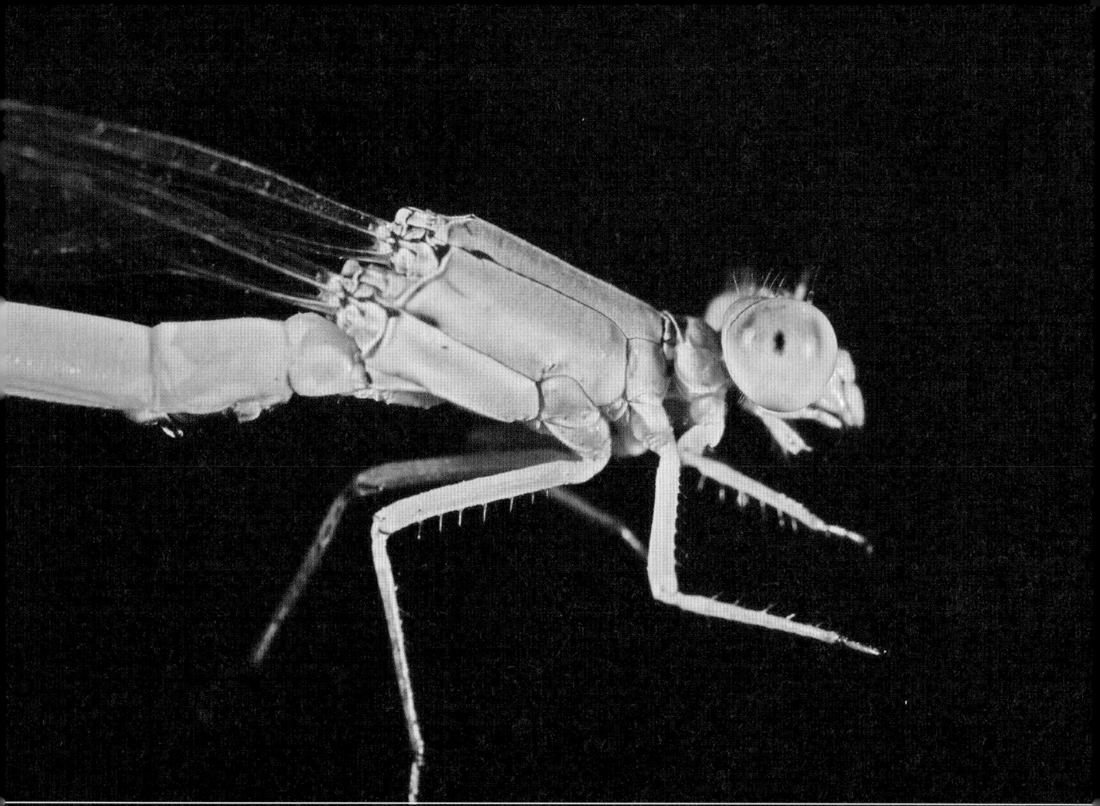

들과 데이트하는 두 시간 동안 긴호랑거미가 쳐 놓은 거미줄에 걸린 녀석은 한 마리도 없습니다. 또 통통 튀며 날려면 힘이 들 텐데, 풀잎에 잘 앉지도 않습니다. 얼마나 예민한지 가끔 앉아 있다가도 무엇에 화들짝 놀랐는지 얼른 날아가 버립니다.

왜 쉬지도 않고 풀숲을 통통거리며 날아다닐까요? 제가 관찰하기로는 암컷을 찾느라 그러는 것 같습니다. 물론 위험할 때는 숨느라 풀잎 아래로 날아 내려가지만 말이죠. 녀석들은 암컷을 찾으려고 습지 풀숲을 수사관처럼 이 잡듯이 샅샅이 뒤집니다. 그것도 암컷을 찾을 때까지 거의 쉬지도 않고 풀잎 위 10센티미터쯤 높이에서 위아래로 오르락내리락하면서 말입니다.

저도 수컷처럼 암컷을 찾아봤지만 헛일입니다. 좋은 수가 떠올랐습니다. 노란실잠자리 수컷 뒤꽁무니만 따라다니면 암컷을 만날 수 있을 것 같습니다. 수컷 한 녀석을 찜해 놓고 눈치 못 채게 슬

노란실잠자리 얼굴 윗모습. 까만 홑눈이 3개 있다.

슬 따라다녔습니다. 과연 수컷을 뒤쫓다 보니 풀잎에 앉아 있는 암컷이 보입니다. 풀잎과 색깔이 너무 비슷해 눈에 잘 띄지 않는 암컷을 수컷은 잘도 찾아냅니다. 풀잎에 앉아 있는 암컷 둘레에 수컷 몇 마리가 날아옵니다. 암컷은 날아다니는 대신 성페로몬을 내뿜고 풀잎에 숨어 수컷을 불러들이는 것 같습니다. 그날 제가 수컷을 따라다니며 찾은 암컷은 모두 12마리였고, 그중에서 짝짓기에 성공한 쌍은 10쌍입니다.

## 지금은 짝짓기 중

통통 튀듯이 날며 암컷 찾아 풀숲을 뒤지는 수컷 노란실잠자리 얘기를 영화로 찍으면 얼마나 흥미진진할까요? 암컷을 찾아 풀잎 위, 풀잎 아래, 풀잎 사이를 끊임없이 나는 수컷. 드디어 짝짓기를 하려나 봅니다. 아직 암컷을 못 찾은 수컷은 짝짓기 준비를 정성들여 하고 있군요. 풀잎에 앉아 배를 구부려 배 끝부분을 배 앞쪽 마디에 대고 배를 실룩실룩합니다. 배를 구부려 실룩거리다 배를 펴고, 다시 배를 구부려 실룩거리다 배를 펴고. 수컷은 정자를 옮기고 있습니다(이정 행위). 그런 행동은 약 30초 만에 끝났습니다. 대개 수컷은 짝짓기를 하기 전에 정자를 보조 생식기에 옮깁니다. 이젠 귀중한 유전자가 들어 있는 정자도 옮겼으니 짝짓기 할 암컷만 찾으면 됩니다.

노란실잠자리가 짝짓기를 하고 있다.

수컷은 축구공처럼 동그란 겹눈 두 개로 습지의 물풀에 숨어 있을 암컷을 찾아다닙니다. 지치지도 않는지 쉬지 않고 찾고 또 찾습니다. 지성이면 감천. 드디어 풀잎 위에 앉아 있는 암컷을 발견한 수컷. 녀석은 재빠르게 암컷에게 돌진합니다. 그리고 배 끝에 있는 갈고리처럼 날카로운 교미 부속기(파악기)로 다짜고짜 암컷 목덜미(앞가슴)를 꽉 잡습니다. 암컷도 싫지 않은지 그냥 그대로 앉아 있습니다. 수컷은 교미 부속기로 꽉 잡은 암컷을 번쩍 들고 가까운 풀잎 위로 날아가 앉습니다. 암컷은 수컷이 이끄는 대로 매달려 갑니다. 물론 수컷이 마음에 안 들면 날개를 퍼덕이고, 배를 이리저리 몸부림치며 뿌리칩니다. 그러나 일단 수컷의 교미 부속기에 목이 잡히면 수컷에게서 빠져나오기란 쉽지 않지요.

갈댓잎으로 자리를 옮긴 노란실잠자리 암컷과 수컷은 갈댓잎에 매달린 채 본격적인 짝짓기에 들어갑니다. 암컷은 배를 둥글게 구부려 수컷의 두 번째 배마디와 세 번째 배마디에 있는 보조 생식기에 배 끝을 대려 합니다. 하지만 실패! 암컷은 배를 구부리다가 힘이 부치는지 배를 곧게 펴고 맙니다. 수컷에 매달린 채 공중에서 배를 동그랗게 구부린다는 것은 힘든 일입니다. 잠시 뒤, 다시 시도. 암컷은 가슴 쪽에 힘을 주고 그 반작용으로 나오는 힘을 이용해 배를 동글게 말아 수컷의 보조 생식기에 갖다 댑니다. 드디어 하트 모양 탄생. 곧바로 수컷은 배를 움츠렸다 폈다 반복합니다. 암컷도 수컷이 움직이는 대로 배를 리드미컬하게 움직입니다. 정자가 암컷 생식기에 들어가는 중이지요. 이때다 싶어 카메라 플래시 세례를 퍼붓습니다. 찰칵 찰칵 사진을 찍든 말든 녀석들은 아랑곳하지 않고 짝짓기에 정신을 쏟습니다. 자꾸 찍어 대니 짝짓기 자

암컷이 배 끝 생식기를 수컷 보조 생식기에 대고 정자를 받고 있다.

세를 유지한 채 휘익 날아가 다른 풀 줄기 위에 앉네요. 그렇게 훼방꾼인 저를 피해 이 풀 저 풀로 옮겨 다니며 짝짓기를 하더니 드디어 암컷이 생식기를 빼내 구부렸던 배를 곧게 폅니다. 대략 시간을 재 보니 짝짓기에 걸린 시간은 15분쯤 되었습니다.

누가 하트 모양을 이룬 잠자리 한 쌍을 보며 "어찌 저리도 낭만적인 사랑을 할까!" 라고 말했나요? 천만에 말씀. 낭만은 무슨 얼어 죽을 낭만. 따지고 보면 많은 인내심이 필요한 고통스러운 자세지요. 수컷은 배 끝 갈고리로 암컷 목(앞가슴)을 잡고는 최소한 자기 몸무게만큼 무거운 암컷을 매달고 다녀야 하고, 수컷에게 목이 잡힌 암컷은 수컷에게 매달린 채 배를 꾸부린 자세로 공중에서 짝짓기를 해야 하니 말입니다. 자손을 얻기 위해 참 무던히도 참고 있는 것이죠.

수컷이 배 끝에 있는 파악기로 암컷 가슴 앞부분을 꽉 잡고 있다.

## 정자 옮기기

왜 수컷은 짝짓기 전에 듣기도 민망한 정자를 옮기는 걸까요? 그 까닭은 암컷을 꽉 잡기 위해서입니다. 수컷은 10번째 배마디인 배 끝에 갈고리 같은 교미 부속기가 달려 있는데, 그걸 '파악기'라고 합니다. 수컷은 교미 부속기로 암컷 목을 낚아챕니다.

수컷에게는 생식기가 두 개 있습니다. 한 개는 배 끝부분 9번째 배마디에 있고, 제1생식기라고 합니다. 또 한 개는 2번째 배마디와 3번째 배마디 사이에 있습니다. 이 생식기를 '보조 생식기, 정자 보관소, 제2생식기'라고 합니다. 짝짓기 전에 수컷은 제1생식기인 배 끝 생식기에서 제2생식기인 보조 생식기로 정자를 옮겨야 합니다. 왜 그런 이상한 행동을 할까요?

수컷 배 끝에는 생식기와 갈고리처럼 생긴 교미 부속기가 나란히 붙어 있습니다. 배 끝부분이 하는 일은 여러 가지입니다. 생식기로는 정자를 건네야 하고, 교미 부속기로는 암컷을 도망가지 못하게 잡아야 합니다. 문제는 수컷의 교미 부속기와 생식기가 모두 배 끝부분에 있다는 것입니다. 짝짓기를 하려면 암컷 목(앞가슴)을 잡아야 하는데, 배 끝으로 짝짓기와 목 잡는 일을 동시에 할 수가 없습니다(잠자리아목 종들은 짝짓기 할 때 수컷이 암컷 뒷머리를 잡는다). 암컷 목은 머리 쪽에 있고, 생식기는 배 끝 쪽에 있기 때문이죠. 그래서 수컷은 2번째 배마디와 3번째 배마디 사이에 보조 생식기가 달려 있습니다. 보조 생식기에다 배 끝 생식기에서 만든 정자를 옮겨 보관하려고요. 보통 짝을 찾기 전에 정자를 옮기는데, 준

노란실잠자리 수컷은 2번째와 3번째 배마디에 제2 생식기가 있다.

비성이 없는 녀석들은 짝을 찾은 다음에야 목을 잡기 직전에 부랴부랴 정자를 옮깁니다.

## 부부가 함께 알 낳기에 힘쓰고

정자를 넘겨받은 암컷은 알을 낳아야 합니다. 그런데 짝짓기가 끝났는데도 수컷은 암컷 목을 놓아주지 않습니다. 아직 해야 할 일이 남았기 때문이지요. 수컷은 암컷을 매달고 연못 쪽으로 날아갑니다. 이런 걸 '연결 비행'이라고 합니다. 암컷을 매달고 연못 물까지 가는 것은 중노동입니다. 녀석들은 한 번에 날아서 연못에 가지 못하고 여러 번 풀잎에 앉아 쉬었다 날고 또 다른 풀에 앉아 쉬었다 날고를 되풀이합니다.

마침내 연못에 도착합니다. 이제 알 낳을 차례. 수컷은 암컷을 매단 채 노랑어리연 잎사귀 위에 앉습니다. 수컷은 균형을 잡기 위해 똑바로 서고, 암컷은 배 끝 산란관을 물속 식물 조직 속에다 집어넣고 수중 분만을 합니다. 암컷 산란관은 뾰족하여 붕어마름이나 검정말 같은 물풀 조직을 뚫고서 원통처럼 생긴 알을 낳습니다. 그리고 바로 옆에 있는 식물로 날아갑니다. 수컷이 수련 잎이나 물풀을 다리로 잡고 균형을 잡으면, 암컷은 또 산란관을 물풀에다 찔러 넣고 잇달아 알을 낳습니다. 알 낳는 자세는 보기에 얼마나 힘겨워 보이는지 모릅니다. 달랑 한 쌍의 얇은 갈고리(교미 부속기)로

노란실잠자리 수컷이 배를 구부려 보조 생식기에 정자를 옮기고 있다.

수컷이 암컷 가슴을 잡고서 정자를 옮기고 있다.

수컷이 정자를 옮긴 뒤 짝짓기를 준비하고 있다.

노란실잠자리가 짝짓기를 하고 있다.

노란실잠자리가 짝짓기를 마쳤다.

암컷 목을 꽉 쥐고 암컷이 알을 잘 낳도록 균형을 잡아 주느라 낑낑대는 수컷도 안쓰럽고, 수컷에게 목덜미를 잡힌 채 배 끝을 구부려 물풀 속에 집어넣고 알 낳는 암컷도 안쓰럽네요.

녀석들은 지혜롭게도 알을 한곳에 낳지 않습니다. 노란실잠자리 부부가 연못 곳곳을 헤집고 다니는 통에 물속까지 따라 들어간 저는 진흙 바닥에 푹 빠져 죽는 줄 알았습니다.

## 암컷을 놔주지 않는 수컷

노란실잠자리 수컷은 암컷이 알을 다 낳을 때까지 목을 잡은 채 여기저기 끌고 다닙니다. 왜 그럴까요? 한마디로 '정자 전쟁(정자 경쟁)'이지요. 다른 수컷이 접근하지 못하도록 아예 신부를 데리고

노란실잠자리 암컷과 수컷이 서로 이어진 채 연못에 날아왔다. 암컷은 물속에 꽁무니를 넣고 알을 낳고 있다.

다니는 것입니다. 하지만 노란실잠자리를 포함해 거의 모든 곤충은 본능적으로 수컷은 여러 암컷과, 암컷은 여러 수컷과 짝짓기를 합니다. 우수한 유전자를 확보하기 위해서이지요. 수컷 정자는 암컷 몸으로 들어가 암컷 저정낭에 보관됩니다. 이 수컷 정자는 알을 수정시킬 때 하나씩 쓰는데, 나중에 짝짓기 한 수컷 정자가 가장 먼저 쓰입니다. 짝짓기 한 순서대로 저정낭에 정자가 차곡차곡 저장되니까 그렇습니다.

더 신기한 것은 잠자리류의 경우, 때때로 나중에 짝짓기 하는 수컷이 앞서 짝짓기 한 수컷 정자를 파내고 자기 정자를 넣기도 합니다. 부속지에 있는 특수한 솜털과 촉각으로 마치 파이프 청소하듯이 암컷 저정낭 속에 먼저 들어와 있는 다른 수컷 정자를 깨끗이 치워 버립니다. 사람 입장으로는 파렴치한 행동이지만 잠자리 입장에서는 정자끼리 경쟁 없이 무혈 혁명으로 자기 유전자를 퍼뜨릴 수 있는 좋은 기회지요. 잠자리 정자는 젤같이 부드러워 마음만 먹으면 잘 파낼 수 있습니다.

정자 전쟁은 새들 세계에서도 종종 볼 수 있습니다. 바위종다리는 짝짓기 전에 이미 짝짓기 한 암컷 생식기 부위를 자꾸 부리로 쪼아 댑니다. 그러면 암컷 생식기에서 앞서 짝짓기 한 수컷 정자가 토하듯이 밖으로 나옵니다. 그러고 나면 수컷 바위종다리는 짝짓기를 합니다. 노란실잠자리를 포함한 잠자리류나 바위종다리 수컷 모두 자기 유전자에 대한 집착이 무서울 만큼 대단합니다. 그러니 노란실잠자리는 자기 정자를 지키기 위해 짝짓기 할 때부터 알을 낳을 때까지 암컷을 데리고 다니며 지켜야 합니다. 암컷이 귀찮아하든 말든 그건 상관하지 않고 말이지요.

## 암컷 노란실잠자리의 거부

때때로 암컷은 지독한 스토커인 수컷에게 반항합니다. 수컷에게 기습적으로 목덜미를 잡힌 암컷은 뭐가 마음에 안 드는지 매달려 다니면서 짝짓기를 거부합니다. 수컷은 정자를 옮겨 놓은 보조 생식기에 암컷이 배를 구부려 생식기를 갖다 대기를 기다리는데 감감무소식입니다. 아무리 기다려도 암컷이 도통 배를 구부릴 생각을 안 합니다. 배를 구부리기는커녕 되레 배를 하늘로 향해 세우며 물구나무를 섭니다. 그리고 날개를 퍼덕이면서 배를 이리저리 흔들며 수컷에게서 떨어지려 틈만 나면 시도합니다. 하지만 헛수고네요. 짝짓기 거부는 20분이 넘도록 계속됩니다. 고통스러워하는 암컷이 가여워 할 수 없이 제가 끼어들었습니다. 손으로 잡으려 하니 불청객 출연에 수컷이 깜짝 놀라 날아가 옆 풀잎 위에 앉습니다. 물론 암컷을 배 끝에 매달고요. 저는 또 따라가 퍼덕거리는 암컷 날개를 슬며시 잡았습니다. 그랬더니 수컷이 또 놀라 날아오르는 덕에 암컷 목덜미를 잡고 있던 교미 부속기가 빠지고 암컷은 자유의 몸이 되었습니다. 자연 세계 속 그들만의 질서에 끼어든 게 몹시 미안해 저만치 날아가는 수컷을 한동안 바라보았습니다.

더 재미있는 것은 하트 모양으로 생식기가 연결되었는데도 암컷이 거부할 때가 있습니다. 그러니까 암컷이 보조 생식기에 생식기를 갖다 대기는 했지만 정자를 자기 생식기로 옮기지 않는 것이지요. 그때는 수컷이 암컷을 괴롭힙니다. 다리로 암컷 생식기가 있는 배 끝을 자꾸 훑듯이 쓰다듬으면, 마지못해 암컷은 수컷 유전자를 받아들이기도 합니다. 자기 유전자를 대대손손 물려주기 위해 노란실잠자리들이 짝짓기에 병적일 만큼 집착하는 것 같아 놀라울 뿐입니다.

## 노란실잠자리 애벌레는 물속에서 산다

노란실잠자리는 알에서부터 어른벌레로 날개돋이 할 때까지 물속에서 삽니다. 알에서 깨어난 애벌레는 10번이나 넘게 허물을 벗으며 무럭무럭 자랍니다. 녀석 몸매는 연필처럼 가늘고 긴데다가 배 끝에는 잎사귀처럼 생긴 아가미 3장을 달고 다닙니다. 물속에서 물고기처럼 좌우로 이리저리 흔들면서 헤엄치고 다닙니다. 어린 애벌레는 동물성 플랑크톤을 잡아먹다가, 점점 자라면서 실지렁이, 송사리, 모기 애벌레, 깔다구 애벌레, 물벼룩 같은 힘 약한 생물들을 잡아먹고 삽니다.

녀석은 강력한 큰턱으로 걸려든 먹이를 한 입씩 베어 물고 씹어 먹습니다. 대부분 붕어마름이나 마름 같은 물속 식물에 매달려 숨어 있다가 먹잇감이 나타나면 쪼르르 헤엄쳐 가 날렵하게 잡아먹습니다. 노란실잠자리 애벌레 배는 모두 11개 마디로 이뤄졌는데, 배 맨 끝 11번째 배마디는 긴 꼬리 아가미(caudal gill)로 바뀌었습니다. 애벌레는 3장의 꼬리 아가미와 배마디에 붙어 있는 기관 아가미로 숨을 쉽니다.

물속에 살던 노란실잠자리 애벌레가 날개돋이를 하려고 풀줄기 위로 올라가고 있다.

## 실잠자리(실잠자리아목)와 잠자리(잠자리아목)의 비슷한 점과 다른 점은?

실잠자리아목과 잠자리아목은 어떤 것이 비슷하고 어떤 것이 다를까요? 우선 실잠자리아목과 잠자리아목 어른벌레와 애벌레는 살아 있는 동안 작은 동물을 잡아먹는 육식성입니다. 애벌레 때는 하루살이 애벌레, 어린 물고기, 실지렁이, 올챙이 같은 물속 생물을 잡아먹습니다. 어른벌레일 때는 노린재, 파리, 메뚜기, 나비 같은 땅 위 생물들을 잡아먹고 삽니다. 안갖춘탈바꿈을 하면서 애벌레 때는 물속에서 살고, 어른벌레 때는 땅 위에서 사는 '곤충계의 양서류'입니다.

실잠자리아목과 잠자리아목은 생김새나 습성이 서로 다릅니다.

### 실잠자리아목

#### 1. 어른벌레

1) **몸 생김새**: 앞날개와 뒷날개 생김새나 날개맥이 거의 같고 앉아서 쉴 때는 날개가 배와 수직이 되도록 세웁니다. 겹눈은 머리 양쪽 옆으로 튀어나왔고, 겹눈과 겹눈 사이가 넓습니다. 겹눈은 1만 개 넘는 낱눈으로 이뤄져 있습니다.

2) **색깔 변이**: 암컷이 색변이를 합니다. 대표적인 종으로는 아시아실잠자리, 황등색실잠자리, 노란실잠자리 들이 있습니다. 아시아실잠자리 암컷은 갓 날개돋이를 했을 때는 몸빛이 빨간색이지만

노란실잠자리 애벌레가 벗어 놓은 허물

점점 자라면서 성숙해지면 녹색으로 바뀝니다. 황등색실잠자리 암컷은 미성숙 단계일 때는 노란색이지만, 성숙해지면 녹색으로 바뀝니다.

3) **짝짓기 자세**: 수컷은 배 끝에 있는 교미 부속기로 암컷 목(앞가슴) 부분을 잡습니다. 교미 부속기는 생식기를 빼고 짝짓기 할 때 쓰는 몸 기관을 가리킵니다. 암컷을 꽉 움켜잡는 역할을 합니다. 수컷은 교미 부속기가 위아래로 두 쌍씩 있기 때문입니다.

4) **알 낳는 방법**: 암컷은 산란관이 뾰족하게 발달되어 마름이나 붕어마름 같은 물풀 조직을 뚫고 그 속에다 알을 낳습니다.

5) **습성**: 비행 능력이 뛰어나지 못해 활동 영역이 좁고, 멀리까지 날지 못하니 널리 흩어지지 못합니다. 물이 잔잔히 흐르거나 거의 고여 있는 연못에서 삽니다.

2. 애벌레

1) **몸 생김새**: 몸은 연필처럼 가늘고 길며, 11번째 배마디가 꼬리 아가미(caudal gill)로 바뀌었습니다.

2) **호흡**: 배 끝에 꼬리 아가미가 3개 달려 있는데, 꼬리 아가미에는 기관이 퍼져 있어 물속에 녹아 있는 산소를 이용합니다. 꼬리 아가미가 잘려 나가거나 천적을 만나 스스로 꼬리 아가미를 자르고 도망치더라도 용존 산소가 높은 물속에서 실잠자리류들이 사는

데 아무 문제가 없어 숨 쉬는 데 보조 역할 기능을 하는 것으로 여겨집니다.

## 잠자리아목

### 1. 어른벌레

**1) 몸 생김새:** 앞날개가 뒷날개보다 폭이 더 넓고, 날개맥이 조금씩 다릅니다. 앉아서 쉴 때는 날개를 배와 수평이 되도록 합니다. 겹눈은 크고 겹눈과 겹눈 사이가 좁아 거의 붙어 있는 것처럼 보입니다. 겹눈은 2만 개 넘는 낱눈으로 이뤄져 있습니다.

**2) 색깔 변이:** 수컷은 미성숙 단계에서 성숙 단계로 자라면서 색깔이 바뀝니다. 대표적인 종은 밀잠자리속, 고추잠자리속, 좀잠자리속에 속한 종들입니다. 밀잠자리속 수컷 잠자리들은 미성숙 시기에는 가슴과 배 부분이 암컷과 비슷하게 노란색을 띠는데, 성숙하면 하늘색으로 바뀝니다. 좀잠자리속 수컷 잠자리들은 미성숙 시기에는 암컷과 비슷하게 노란색과 검은색이 섞여 있지만, 성숙하면 몸 대부분이 빨간색으로 바뀝니다.

**3) 짝짓기 자세:** 수컷은 배 끝에 있는 교미 부속기로 암컷 머리 뒷부분을 잡습니다. 수컷은 교미 부속기가 위에 2개, 아래에 1개 있기 때문입니다.

**4) 알 낳는 방법:** 산란관이 뾰족하게 발달된 왕잠자리류를 빼고 거

의 모든 잠자리류는 뾰쪽한 산란관이 퇴화한 생식판을 가지고 있습니다. 그래서 배 끝으로 물 표면을 부딪치면서 알을 물속으로 떨어뜨리거나, 물 위에 낙하산처럼 떨어뜨리거나, 진흙 속에 낳는 것처럼 다양한 방법으로 낳습니다.

5) **습성**: 비행 능력이 뛰어나 활동 영역이 넓고, 멀리까지 날 수 있으니 널리 퍼져 살 수 있습니다. 예를 들면 6월부터 우리나라에 나타나는 된장잠자리(*Pantala flavescens*)는 중국이나 동남아시아 지방에서 바람을 타고 서해 바다를 건너 우리나라로 날아올 정도로 비행 능력이 뛰어납니다.

2. 애벌레

1) **몸 생김새**: 몸은 굵고 짤막한 것이 튼튼하게 생겼으며, 11번째 배마디는 짧은 부속기로 바뀌었습니다.

2) **호흡**: 항문에 있는 직장 아가미로 숨을 쉽니다. 직장 안쪽에 주름진 부분은 표면적이 넓고 기관(trachae)들이 많이 갈라져 나옵니다. 배 운동으로 직장 속으로 늘 새로운 물이 들어오고, 이미 들어와 있던 물이 밖으로 나갑니다. 배 운동은 4번째 배마디와 5번째 배마디 사이에 있는 횡경막과 6번째 배마디 횡경막이 수축하면서 일어납니다. 이때 물에 녹아 있던 산소가 확산 작용으로 직장 아가미로 서서히 들어갑니다. 물속 산소 농도가 잠자리 아가미 속 산소 농도보다 높기 때문입니다.

## 작은 마을,
## 연못의 존재 이유

연못은 작은 마을입니다. 노랑어리연, 수련, 마름, 가래 같은 물풀이 물 위에 한가롭게 떠 있어 겉으로는 잔잔해 보이지만 물속 안은 많은 생물들이 북적거리는 마을이지요. 깊은 뻘 속에 뿌리를 박고 사는 연 같은 식물에서 물에 둥둥 떠다니는 개구리밥까지 모든 식물들이 햇빛을 받아 광합성 해서 산소와 영양물질을 만들어 냅니다(1차 생산자). 산소는 물속에 충전되어 물속 생물들이 호흡할 때 이용하고, 영양물질은 달팽이나 일본잎벌레 같은 초식 동물의 밥이 됩니다. 식물뿐이 아닙니다. 물속에는 식물성 플랑크톤, 동물성 플랑크톤, 원생동물처럼 맨눈으로는 보이지 않는 많은 생물들이 삽니다. 그 작은 동물과 초식 동물은 잠자리 애벌레나 물방개 같은 육식성 동물(1차 소비자)의 밥이 됩니다. 그 육식 동물을 장구애비나 물자라 같은 힘센 곤충(2차 소비자)이 잡아먹습니다. 그들 또한 잠자리 어른벌레, 개구리, 뱀, 새 들의 밥이 됩니다. 어찌 보면 모든 생물들이 먹이 끈을 잡고 줄을 서서 자기 차례를 기다리는 것 같습니다. 결국은 먹고 먹히고, 먹히지 않으려 도망가고 그 뒤를 쫓아갑니다. 한시도 편안한 날이 없는 물속 세상이죠.

노란실잠자리 애벌레도 엄연한 물속 주인입니다. 송사리, 물벼룩, 송장헤엄치게 애벌레 같은 자신보다 힘없는 생물들을 잡아먹고 삽니다. 녀석들은 물풀이 많아 저벅저벅하게 물이 고여 있는 곳을 좋아합니다. 어른벌레는 비행력이 뛰어나지 못해 멀리 못 날아 애벌레가 사는 연못 둘레에서 사냥하며 짝을 찾아 짝짓기를 합

노란실잠자리가 자기보다 몸집이 작은 실잠자리를 잡았다.

니다. 더구나 수컷이 풀잎에 앉아 있는 암컷을 찾아 낮게 나는 습성 때문에 키 작은 풀밭이 연못가에 있으면 더없이 좋습니다. 연못물, 연못가 풀밭 그 어느 하나라도 훼손되면 노란실잠자리는 갈 집 없이 헤매겠지요. 물은 물대로, 연못가 풀밭은 풀밭대로 그곳에 있어야 할 존재 의미가 있습니다. 사람이 끼어들면 그 존재들이 사라지는 건 왜일까요?

노란실잠자리 사촌인 새노란실잠자리가 작은 나방을 잡았다.

고추보다 더 빨간

# 고추좀잠자리

**고추좀잠자리 수컷**

고추좀잠자리 수컷이
바지랑대에 앉아 쉬고 있습니다.
잠자리는 날개를 활짝 펴고 앉습니다.

경상도 땅 영주에 왔습니다.

비가 내린 뒤라 모처럼 하늘이 참 파랗습니다.

금방 바닷물을 퍼 올린 것처럼.

한 움큼 쥐어 꾹 짜면 금방이라도 푸른 물이 뚝뚝 떨어질 것 같은

파란 하늘에 흰 구름이 뭉실뭉실 떠다닙니다.

소백산 봉우리에 걸리지도 않고

봉우리들 사이로 잘도 떠다닙니다.

"저 구름 흘러가는 곳,

아득한 먼 그곳, 그리움도 흘러가라

……

저 구름 흘러가는 곳,

내 마음도 따라가라

그대를 만날 때까지 내 사랑도 흘러가라"

- <저 구름 흘러가는 곳>, 김용호 시 일부

고추좀잠자리 수컷

이 꼭지는 잠자리목 잠자리아목 종인 고추좀잠자리(*Sympetrum freguens*) 이야기입니다.

# 영주 부석사 꽃살창

소백산 여러 봉우리를 다 끌어안은 절 영주 부석사에 갈 때면 꼭 들르는 절이 있습니다. 부석사 옆구리쯤에 있는 성혈사. 가파른 길을 걸어 성혈사에 오르면 소백산 줄기와 소백산을 이불처럼 덮은 하늘이 한 손에 잡힐 듯합니다. 너무도 유명한 부석사 무량수전의 배흘림기둥에 기대어 본 소백산 풍광과는 사뭇 다릅니다. 뭐랄까? 잘 다듬지 않아 거친 바위 같다고나 할까, 유약을 바르지 않은 질박한 항아리 같다고나 할까. 이처럼 아름다운 풍광이니 〈죽계별곡〉(고려 시대 안축이 쓴 경기체가)도 절로 읊어졌겠지요.

보물 제832호인 성혈사 나한전에는 명물이 있습니다. 그것은 문살에 꽃무늬를 새긴 꽃살창(窓)입니다. 나무를 일일이 갈고 다듬어서 만든 사랑스런 '꽃문'이지요. 그 투박한 나무 질감이며 새겨진 생물들이며 얼마나 좋은지 보고 또 보고, 또 봅니다. 꽃살창에 정성 들여 새긴 녀석들 표정은 다들 천진난만합니다. 물고기를 입에 문 새, 어슬렁거리는 두루미, 연잎 위에서 햇볕 쬐는 태평한 개구리, 발 열 개 달린 게, 헤엄치는 물고기들, 반쯤 오므린 연잎, 활짝 핀 연꽃, 연잎 위에 앉은 한가로운 동자승……. 마치 연못의 유토피아에 온 듯 취합니다. 아무리 봐도 극락세계입니다.

극락세계라도 늘 1퍼센트는 부족한 법. 아무리 눈 씻고 찾아봐도 물속에서 사는 곤충이 없군요. 그 흔한 잠자리조차 한 마리도

수생 식물이 곱게 새겨진 성혈사 나한전 꽃살창

안 보이니 말입니다. 목수가 잠자리 새겨 넣는 것을 잠시 잊었나 봅니다. 혹여 어른 잠자리가 여기저기 날아다니다 보니 새끼 잠자리가 물속에서 산다는 것을 몰랐을까요? 제가 느낀 아쉬움이 너무 컸나요? 마침 저를 달래 주듯이 새빨간 고추좀잠자리 몇 마리가 성혈사 마당에 있는 석등 위에 앉았다 날았다 합니다.

성숙한 고추좀잠자리 수컷이 꽃봉오리에 매달려 잠을 자고 있다.

## 몸이 작은 빨간색 잠자리

여름 무더위가 한풀 꺾이면 연못가에는 고추좀잠자리가 제법 많아집니다. 나뭇가지 위에 날개를 양옆으로 활짝 펼치고 사뿐히 앉아 동그란 머리만 꼬무락꼬무락 움직입니다. 머리와 가슴만 빼고 온몸이 새빨간 잠자리. 그 빨간 색깔이 참으로 고혹적입니다. 어린 시절 생각이 나 녀석을 잡아볼 요량으로 빨간 잠자리에게 살금살금 다가갑니다. 손을 뻗는 순간 눈치 빠른 녀석이 잽싸게 날아 도망갑니다. '하하, 녀석 눈치가 장난이 아니네.' 잠시 뒤 녀석이 다시 그 나뭇가지 위에 쪼르르 날아와 앉습니다. 또 살금살금 다가가니 이번엔 손을 내뻗기 전에 도망갑니다.

고추좀잠자리는 말 그대로 몸이 작은 빨간색 잠자리입니다. 녀석은 배 부분만 빨갛습니다. 고추잠자리는 머리끝부터 배 끝까지 빨간색인데 말이지요. 빨간 고추좀잠자리는 가을이면 강가, 연못, 시냇가처럼 물만 있으면 어디서나 만날 수 있습니다.

성숙 중인 고추좀잠자리 수컷

고추좀잠자리는 두 집 살림을 합니다. 애벌레일 때는 물속이 집이라 헤엄치며 사냥하고, 어른벌레일 때는 땅 위가 집이라 공중을 날며 사냥합니다. 말하자면 물속에서도 살고, 육상에서도 사는 '곤충계의 양서류'지요. 새끼와 어른이 사는 곳이 다르다 보니 사는 방법도, 생김새도 당연히 다릅니다. 그래도 새끼나 어른 모두에게 꼭 필요한 것은 물입니다. 물이 없으면 새끼든 어른이든 고추좀잠자리는 모두 죽습니다.

어른 고추좀잠자리는 뒷날개를 편 길이가 35밀리미터쯤 됩니다. 신기하게도 녀석은 애벌레에서 어른벌레로 날개돋이를 하더라도 곧바로 짝짓기를 할 수 없습니다. 짝짓기를 할 수 있을 만큼 몸이 성적으로 성숙하지 않았기 때문인데, 이런 상태인 어른 고추좀잠자리를 미성숙 고추좀잠자리라고 합니다. 사실, 엄밀히 따지면 번식 가능한 '어른'이라고 할 수 없겠지요. 성적으로 성숙한 어른이 되려면 시간이 더 지나야 합니다.

미성숙 고추좀잠자리는 몸 색깔이 성숙한 어른벌레와 많이 다릅니다. 미성숙 고추좀잠자리는 색깔이 누리끼리한 편이고, 옆가슴에 나 있는 줄무늬도 뚜렷하지 않습니다. 얼핏 보면 수컷과 암컷이 비슷해 헛갈리기 일쑤지요. 미성숙 고추좀잠자리도 타고난 사냥꾼이라 힘없는 곤충들을 잡아먹고 무럭무럭 자랍니다. 그러다 차츰 성숙한 어른벌레가 되면서 몸 색깔도 바뀝니다. 수컷 몸은 단풍잎처럼 빨갛게 물들어 갑니다. '나도 이제 어엿한 어른이야. 이제 짝짓기 할 수 있어.' 하며 몸으로 광고하고 다닙니다. 피라미나 각시붕어가 짝짓기 할 때쯤이면 온몸이 알록달록 화려한 색깔로 바뀌는 것처럼 고추좀잠자리도 혼인색을 띠는 것이지요. 신기하게도

고추좀잠자리
미성숙 수컷

고추좀잠자리
미성숙 암컷

고추좀잠자리는 수컷만 혼인색을 띠고 암컷은 미성숙한 때나 성숙한 때나 색깔이 모두 누리끼리합니다. 암컷은 알을 낳을 귀한 몸이어서 보호색을 띠고 있습니다.

미성숙한 고추좀잠자리가 서늘한 곳으로 이사 와 여름밤을 보내고 있다.

## 탁월한 비행사
## 어른 고추좀잠자리

어른 고추좀잠자리는 능력이 참 많습니다. 물속에서 태어나 자랐어도 어른이 되면 육상 세계에서도 눈에 확 띄는 매력덩어리죠. 타고난 사냥꾼에다, 타고난 비행 조종사에다, 타고난 날렵한 몸매에다, 어디 하나 흠잡을 데가 없습니다. 녀석은 가슴근육이 굉장히 튼튼해 잘 납니다. 날개를 1초에 20~30번(나비는 1초에 10회, 꿀벌은 1초에 200~300회) 진동시켜 앞날개와 뒷날개를 교대로 날갯짓을 반복하면서 멋지게 날아다닙니다. 빨리 나는 녀석은 시속 60킬로미터 속도로 날아다닐 수 있다니 대단하지요. 이렇게 날쌔게 날아다니다가 땅 위에 사는 힘없는 곤충을 잡아먹습니다.

어른 고추좀잠자리가 땅 위 곤충 세계를 호령하는 데는 다 그만한 까닭이 있지요. 머리를 온통 뒤덮을 만큼 큰 겹눈은 사냥에 굉장히 쓸모가 있습니다. 겹눈은 자그마치 2만 개(왕잠자리는 2만8천 개)가 훨씬 넘는 육각형 낱눈이 모여 만들어졌으니 얼마나 잘 보일까요? 2만 개 낱눈 하나하나가 모두 물체를 볼 수 있고, 거기에다 녀석 눈은 공처럼 둥글어 낱눈 위치가 저마다 다르니 보는 각도 또한 다릅니다. 이 때문에 앞쪽, 옆쪽은 물론이고, 뒤쪽까지도 잘 볼 수 있습니다. 당연히 먹잇감을 잘 찾아냅니다. 더구나 인간과 비교

고추좀잠자리 얼굴 윗모습

고추좀잠자리 얼굴 앞모습

하면 엄청 작은 곤충이지만 20미터 앞에 있는 물체가 무엇인지 어슴푸레하게나마 알아차릴 수 있다니 놀랍지요. 그러니 사람이 고추좀잠자리 가까이에 얼씬거리기만 해도 눈치 빠르게 쉬익 날아가 버립니다.

그뿐이 아닙니다. 녀석 다리에는 가시털이 촘촘히 박혀 있어 한 번 잡힌 먹잇감은 절대 빠져나갈 수 없습니다. 먹잇감을 만나면 앞다리와 가운뎃다리로 낚아챈 뒤 뒷다리로 감싸 안으면 아무리 발버둥 쳐도 못 빠져나가지요. 그런 다음 몸부림치는 먹이를 눈 하나 깜짝 않고 강력한 큰턱으로 와작와작 씹어 먹습니다. 식사가 끝나고 나면 사냥감은 온데간데없고 처참하게 남은 건 날개와 발톱뿐입니다. 고추좀잠자리 큰턱이 얼마나 강한지 궁금한가요? 딱 한 번 물려 보면 진가를 바로 알 수 있습니다. 고추좀잠자리뿐 아니라 잠자리 가문(잠자리목)이 다 그렇습니다. 오죽하면 그리스어로 잠자리 가문을 오도나타(Odonata), 즉 '이빨이 있는 턱'이라고 불렀을까요.

## 잠자리 사냥꾼 긴호랑거미

어른 고추좀잠자리는 서로 사이좋게 모여 살까요? 아닙니다. 녀석들은 같은 종이라도 가까이 만나기만 하면 둘이 됐든 셋이 됐든 아님 그 이상이 됐든 모두 서로 으르렁대고 싸웁니다. 물론 다른

고추좀잠자리 가슴에는 짧은 털이 빽빽하게 나 있다.

종하고는 말할 것도 없고요. 연못가를 걷게 되면 잠시 발을 멈추고 연못을 바라보세요. 어른 잠자리들이 서로 치열하게 싸우는 장면을 구경할지도 모릅니다.

거의 모든 잠자리 종류들은 자기 영역이 있습니다. 물론 어른 고추좀잠자리도 자기 영역이 있지요. 동족이나 종이 다른 잠자리가 어쩌다 자기 영역을 침범하면 목숨 걸고 쫓아가 위협 비행을 하고, 큰턱으로 불청객 머리를 쪼아 내쫓고는 아무도 얼씬거리지 못하게 경비를 섭니다. 왜 그럴까요? 이유는 먹이를 사냥할 공간과 자기와 짝짓기 한 암컷이 알을 낳을 공간을 확보하려는 속셈입니다.

그런 고추좀잠자리에게도 연못 어딘가에 천적이 도사리고 있습니다. 명색이 잘 나가는 사냥꾼이지만 굴욕적인 장면이 벌어지지요. 자기 영역에 얼씬거리는 다른 잠자리를 발견하고는 쏜살같이 돌진해 쫓아내다가 그만 갈댓잎들 사이에 쳐진 거미줄에 걸립니다. 거미줄은 긴호랑거미가 쳐 놓은 쟁반같이 둥그런 거미줄. 긴호랑거미는 연못이나 도랑이나 둠벙 같은 물가 풀들 사이에 거미줄을 치고 습지에서 사는 곤충들을 잡아먹습니다. 그래서 긴호랑거미를 호습성 거미라고 합니다.

거미줄에 걸린 고추좀잠자리가 본능적으로 날개를 퍼덕거리며 허우적대자 거미줄이 심하게 요동칩니다. 죽을힘을 다해 거미줄에서 벗어나려고 발버둥 칠수록 고추좀잠자리는 거미줄에 더 달라붙습니다. 순간 거미줄 가운데에 있는 흰띠('숨은 띠'라고도 함. 동그란 거미줄 가운데에 하얀 띠처럼 두텁게 세로로 쳐 놓은 거미줄. 천적으로부터 자기 몸을 숨기는 데 사용함.)에 숨어서 망을 보던 긴호랑거미가 바람처럼 달려와 고추좀잠자리를 덮칩니다. 그러더니 꽁무니에 있

고추좀잠자리가 거미줄에 걸렸다.

산왕거미에게 잡힌 고추좀잠자리

긴호랑거미에게 잡힌 고추좀잠자리

는 실젖에서 거미줄 다발을 폭포같이 콸콸 쏟아 내 고추좀잠자리를 칭칭 감습니다. 거미줄은 실젖에서 여러 줄이 한꺼번에 나오기 때문에 언뜻 보면 뭉쳐진 굵은 실 같아 보입니다. 고추좀잠자리는 힘 한번 쓰지 못하고 거미줄에 보쌈당합니다. 큰턱이 제아무리 튼튼한들, 날기를 쏜살같이 난들, 사냥을 아무리 잘한들 거미 앞에서는 종이호랑이일 뿐입니다.

긴호랑거미는 보쌈한 고추좀잠자리를 다리로 껴안고 주둥이를 꽂아 소화 효소가 들어 있는 독액(타액)을 넣기 시작합니다. 노린재도 아닌 것이 말이죠. 고추좀잠자리 몸에 들어간 거미 독액은 속살을 흐물흐물하게 녹입니다. 요리가 완성되면 긴호랑거미는 흔들리는 거미줄에 매달려 밥을 맛있게 먹습니다. 긴호랑거미만 고추좀잠자리를 잡아먹는 것은 아닙니다. 풀잎 위에 앉아 먹잇감을 기다리는 사마귀, 풀밭을 나는 파리매, 공중을 나는 새처럼 고추좀잠자리는 운 나쁘면 이들에게 꼼짝없이 잡아먹힙니다.

## 수컷은 지독한 스토커

온갖 어려움을 겪고 살아남은 어른 고추좀잠자리는 일생일대의 프로젝트를 성공시켜야 합니다. 여태까지 녀석들이 살아온 단 하나의 이유는 짝을 만나 자손을 낳는 일이지요. 어쩌다 암컷과 수컷이 마주쳤습니다. 수컷은 암컷에게 다가가 배 끝에 달린 갈고리 같은 부속기(꽉 잡을 수 있어 파악기라고 함.)로 암컷 머리를 꼭 붙잡습니다. 그 모습이 꼭 머리끄덩이를 잡는 것 같다고나 할까요. 그래도 암컷은 싫지 않은지 수컷이 하는 대로 내버려 둡니다. 이번에는 암컷이 배를 둥글게 구부려 수컷 두 번째와 세 번째 배마디 사이에 있는 보조 생식기에 배 끝을 갖다 댑니다. 드디어 하트 모양으로 짝짓기 자세가 만들어집니다. 수컷은 배를 움찔거리며 암컷에게 자기 유전자가 있는 정자를 넘겨줍니다.

고추좀잠자리가 짝짓기를 하고 있다.

짝짓기 행사가 성공적으로 끝났습니다. 희한하게도 짝짓기가 끝났는데도 수컷 배 끝에 있는 파악기가 암컷을 놓아주지 않습니다. 암컷은 수컷 파악기에 매달린 채 수컷이 날아가는 곳으로 이리저리 끌려 다닙니다. 도대체 이유가 무엇일까요? 알 낳을 곳으로 안내하기 위해서입니다. 수컷에 이끌려 연못까지 날아온 암컷은 수컷이 이끄는 대로 물낯에 알을 낳기 시작합니다. 배 끝으로 물낯을 탁 부딪쳤다가 날고, 또 물낯을 탁 부딪쳤다가 납니다. 그렇게 같은 동작을 되풀이하면서 배 끝을 물에 부딪칠 때마다 물속에다 알을 한 덩어리씩 낳습니다. 물에 부딪치며 알을 낳는다 해서 '타수산란'이라고 합니다. 점막에 싸인 알들이 물속 바닥으로 제멋대로 뚝뚝 가라앉습니다. 동백꽃이 땅바닥에 뚝뚝 떨어지듯이 말이죠. 알들은 끈적거리는 부속 물질 덕분에 바닥에 있는 진흙이나 나뭇잎에 손쉽게 달라붙습니다.

암컷이 물낯을 탁탁 치는 동작이 격렬했는지 암컷 머리를 움켜쥐고 있던 수컷이 그만 암컷을 놓쳤습니다. 그러자 수컷은 공중을 날면서 알을 낳는 암컷을 졸졸 쫓아다닙니다. 암컷이 왼쪽으로 가면 왼쪽으로 따라가고, 오른쪽으로 가면 오른쪽으로 따라가네요.

수컷은 꽁무니에 있는 갈고리 같은 부속기로 암컷 머리를 움켜잡는다.

그것도 암컷에게서 50센티미터쯤 떨어진 상공에서 말입니다. 이때의 수컷 행동을 '경호 비행'이라고 합니다. 수컷이 그러든 말든 암컷은 전혀 관심을 두지 않고 알을 낳으며, 심지어 장소를 멀찌감치 옮겨서 또 알을 낳습니다. 한곳에 집중해서 알을 낳으면 알에서 깨어난 애벌레들끼리 서로 잡아먹을 수 있기 때문이지요. 물 바닥에 아무렇게나 떨어진 고추좀잠자리 알은 타원형 달걀처럼 생겼습니다. 고추좀잠자리처럼 산란관이 퇴화해서 납작한 산란판으로 물낯에 부딪쳐 알을 낳는 종류는 대개 알이 달걀 모양입니다. 여름에서 늦가을 사이에 낳은 고추좀잠자리 알은 길게는 127일 동안 물속에서 깨어나지 않은 채 알 상태로 겨울을 납니다.

고추좀잠자리 어미는 어쩌자고 그리 성의 없이 물에다 알들을 떨어뜨리는 걸까요? 대개 잠자리 집안 암컷 배 끝 8번째 마디에는 알을 낳을 때 사용하는 짧은 침처럼 생긴 산란관이 있습니다. 그런데 고추좀잠자리 산란관은 퇴화되어 침처럼 생긴 산란관이 없어졌

미성숙한 고추좀잠자리가 기생벌을 잡아먹고 있다.

습니다. 대신 그 자리에 반달처럼 생긴 판판하고 뭉툭한 산란판이 생겼습니다. 산란판이 뭉툭하니 식물 줄기를 뚫고 그 속에다 알을 낳을 수가 없지요. 고추좀잠자리가 물속에다 알을 떨어뜨리는 데는 그만한 까닭이 있는 것이죠. 갑자기 다른 수컷 고추좀잠자리가 알 낳는 암컷 둘레를 얼씬거립니다. 짝짓기 한 수컷은 잽싸게 침입자에게 날아가더니 큰턱으로 꽉 물어 내쫓습니다.

왜 수컷은 암컷을 떠나지 않고 암컷 둘레를 빙빙 돌까요? 자기 유전자를 지키기 위해서입니다. 말하자면 '정자 전쟁' 또는 '정자 경쟁'이지요. 여느 곤충들처럼 잠자리 집안도 짝짓기를 여러 번 합니다. 그것도 짝을 바꾸어서 말입니다. 이런 현상을 '다회 교미'라고 합니다. 다 우수한 유전자를 얻을 확률을 높이기 위해서입니다.

재미있게도 암컷은 산란관 가까이에 있는 저정낭(정자 보관소)에다 여러 수컷으로부터 얻은 정자를 차곡차곡 모아 둡니다. 암컷 생식소에서 만들어진 난자가 산란관을 통과할 때 저정낭 속 정자가 하나씩 산란관으로 나와 수정이 됩니다. 문제는 가장 나중에 들어온 정자가 수정할 때 가장 먼저 사용됩니다. 그러니 수컷 입장에서는 자기가 마지막 배우자가 되길 바랄 수밖에요. 그래서 수컷은 알을 무사히 낳을 때까지 암컷을 배 끝에 달고 다니고, 안타깝게도 놓치는 상황이 생기면 놓쳐 버린 암컷을 악착같이 따라다니며 다른 수컷이 암컷에게 달려들어 짝짓기 하지 못하게 지킵니다. 만약 다른 수컷을 쫓아내지 못하고 암컷을 못 지키면 암컷은 다른 수컷과 짝짓기를 할 수도 있습니다. 이때 다른 수컷은 암컷 저정낭에 이미 들어 있는 정자를 파내고 자기 정자를 넘겨줄 수도 있습니다. 잠자리 정자는 젤처럼 말랑말랑한 물질이어서 다른 수컷이 마음만 먹으면 암컷이 가지고 있던 정자를 쉽게 파낼 수 있습니다. 짝짓기를 마친 수컷 입장에서는 정말이지 자다가도 벌떡 일어날 일이지요. 자기 정자가 파내어 버려지다니, 정말이지 생각만 해도 끔찍한 일입니다. 수컷이 지독한 스토커 같지만 속사정을 알고 보면 수컷 행동이 이해가 됩니다.

날개돋이 하고 벗어 놓은 허물

## 산으로 바다로 피서 간 고추좀잠자리

몇 년 전에 태백산에 간 적이 있습니다. 저녁 무렵 산꼭대기에 올라가 곤충들과 데이트하는데, 정말 멋진 장면이 눈앞에 펼쳐졌지요. 그냥 입이 떡 벌어졌습니다. 산모퉁이마다 고추좀잠자리 수백 마리가 떼를 지어 부는 바람에 맞서 날고 있었습니다. 정말 장관이었습니다. 그 장면을 어찌 찍어 보려 카메라 셔터를 이리 누르고 저리 눌러 봤지만 허사. 접사 렌즈다 보니 몇 마리만이 사진에 찍힙니다. 대신 마음속으로만 사진을 찍어 뒀지요. 또 있습니다. 고창 지역 바닷가 모래 언덕(해안 사구)에 사는 곤충을 조사하러 갔다가 정말이지 백 마리도 훨씬 넘는 고추좀잠자리가 바다에서 불어오는 바람을 마주 보고 열심히 날고 있었지요. 여느 바람과 달리 세찬 바닷바람에 날아갈 듯 날아갈 듯 아슬아슬하지만, 녀석들은 꿋꿋하게 바닷바람에 맞서 날고 있었습니다.

날개돋이를 마친 고추좀잠자리가 풀에 매달려 쉬고 있다.

애벌레 때는 물속에서 나고 자란 어른 고추좀잠자리가 산꼭대기

에, 바닷가에 나타나다니 웬일일까요? 피서 간 것일까요? 하지만 고추좀잠자리는 사람들처럼 피서를 즐길 만큼 뇌가 발달하지 않았습니다. 녀석들이 산과 바다를 찾은 것은 순전히 생존의 문제입니다. 어른 고추좀잠자리가 살기에 가장 알맞은 온도는 15도에서 20도 사이지요. 만일 살고 있는 곳 온도가 25도 넘게 오르면 땅 열기를 피해 그보다 온도가 낮은 곳으로 날아갑니다. 만약 30도가 넘어가면 녀석들은 죽을 수도 있습니다. 그래서 20도가 넘는 날이 많아지면 서늘한 산속이나 바닷가를 찾아갑니다. 녀석들의 피서 여행은 생존을 위한 피신 여행인 셈입니다.

고추좀잠자리는 알에서부터 애벌레 시절 내내 물속에서 지내다가 6월쯤 되면 어른벌레로 탈바꿈합니다. 어른이 되면 물속 생활을 청산하고 땅 위에서 알을 낳을 때까지 삽니다. 그런데 막 어른벌레로 탈바꿈했을 때는 앞서 말했듯이 짝짓기를 할 수 없는 성적으로 미성숙한 어른벌레입니다. 한 달 넘게 지나야 성적으로 성숙

날개돋이를 막 마친 고추좀잠자리가 거미줄에 걸렸다.

한 어른이 됩니다. 고추좀잠자리가 날개돋이를 할 때쯤이면 여름이라 점점 더워집니다. 그래서 미성숙 어른벌레 때는 들판의 더운 열기를 피해 산으로, 바다로 떠나는 때이기도 합니다.

미성숙 시절에 녀석들은 시원한 곳에서 지내면서 모기, 하루살이, 메뚜기류 같은 힘없는 곤충을 잡아먹으며 성숙한 어른이 되기를 기다립니다. 그러다 한여름이 지나 초가을이 오면 산속도 추워집니다. 다시 녀석들은 자기가 자랐던 곳과 비슷한 들판 연못이나 시냇가 같은 물 가까이 내려옵니다. 이때는 평지도 시원하고, 몸도 짝짓기를 할 수 있는 만큼 성숙해져 있습니다. 가을 동안 고추좀잠자리는 짝짓기에 열을 올리며 종족 번식 프로젝트에 몰두합니다. 그래서 고추가 빨갛게 익어 가는 가을은 녀석들 세상입니다. 가을 습지, 가을 연못을 단풍처럼 붉게 수놓으면서 말이죠.

2장

# 모래살이 곤충

## 생명의 현장
## 바닷가 모래 언덕

바다에 갑니다. 바닷바람 가운데 최고는 6월에 부는 바람입니다. 덥지도 않고 그렇다고 춥지도 않은 맑고 서늘한 바람. 바다에서 불어오는 바람을 맞으며 곰솔 숲을 걷습니다. 한 걸음 한 걸음 내딛을 때마다 서걱서걱 모래 밟는 소리가 경쾌합니다. 느릿느릿 걸으며 숨을 크게 들이마십니다. 금세 곰솔 오솔길에는 진한 솔향기가 솔솔 피어납니다. 가던 걸음 멈추고 두 눈을 지그시 감습니다. 맑은 바람 소리와 솔 내음에 잠시 나를 잊고 자연과 하나가 됩니다.

곰솔밭 오솔길을 지나니 앞이 확 트입니다. 아! 드넓은 바다가 눈앞에 확 펼쳐집니다. 저 멀리 하늘에 닿을 듯한 수평선이 드넓게 펼쳐집니다. 금빛 물결 은빛 물결이 끝없이 저 하늘 맞닿은 곳까지 넘실넘실 이어집니다. 출렁이는 바닷물은 어느새 집채만 한 파도가 되어 이내 바닷가 모래밭에 철썩 부딪칩니다. 부서진 파도는 새하얗게 바닷가 모래밭에 흩뿌려집니다.

파란 하늘과 맞닿은 검푸른 바다, 그 바다와 마주 보고 있는 거대한 모래밭! 바닷가에는 모래밭이 드넓게 펼쳐집니다. 봉곳한 모래 언덕 너머로 또 다른 모래 언덕, 그 언덕 너머로 또 다른 모래 언덕. 대청도 바닷가 모래밭의 장대함에 감탄사가 절로 납니다.

드넓게 펼쳐지는 모래밭에는 식물이 자라납니다. 은빛 고운 모래밭 군데군데에 해당화가 곱게 피어 있습니다. 떨어진 해당화 꽃

잎이 빙그르르 바람 타고 모래 위를 떠돌고, 모래밭 풀들은 모래에 파묻힌 채 잎사귀만 삐죽이 내보입니다.

하트 모양으로 생긴 잎사귀가 귀여운 갯메꽃 밑둥치를 들춰 봅니다. 서리태 콩같이 까만 모래거저리가 화들짝 놀라 뒤집어져 꼼짝도 안 합니다. 갯씀바귀 꽃에는 앙증맞은 꼬마꽃등에들이 윙윙 날아들고, 갯방풍 잎에는 산호랑나비가 알을 낳고, 가랑잎 밑 모래 속에는 금슬 좋은 큰집게벌레 부부가 정답게 쉬고 있고, 죽은 게딱지 위에는 바닷가거저리가 한가롭게 식사하고, 청초한 눈이 아름다운 흰목물떼새는 풀들 사이에 둥지 틀고 새끼 돌보고, 표범 닮은 귀염둥이 표범장지뱀은 맛난 먹이 찾느라 이리저리 기웃거립니다.

해가 서쪽 하늘 아래로 숨습니다. 저녁노을이 하늘을 분홍색으로 곱게 물들이니 덩달아 하늘과 맞닿은 바다도 붉게 물듭니다. 발그레한 노을 가고 나면 어둠이 슬금슬금 내려옵니다. 선선한 밤바람에 갯내음도 실려옵니다. 사방이 깜깜합니다. 어디가 모래인지, 어디가 바다인지, 어디가 하늘인지 분간이 안 갑니다. 별빛 내리는 바닷가 모래밭에서는 밤마다 생명들이 기지개를 켭니다. 낮 동안 모래 속에서 꼼짝 않고 있던 생물들이 죄다 나와 밤을 즐깁니다. 모래거저리, 큰조롱박먼지벌레, 갯강구, 게 들이 깜깜한 모래밭을 누비고, 풀 둥지에서는 흰목물떼새 새끼가 어미에게 어리광을 부리는지 끼르륵끼르륵 웁니다. 바닷가 모래밭은 생명이 숨 쉬는 경이로운 별천지입니다. 밤이슬 맞으며 그렇게 바닷가 모래밭의 밤이 깊어갑니다.

바닷가 모래밭
터줏대감

# 모래거저리

**모래거저리가 좋아하는 갯메꽃**

갯메꽃 아래에
모래거저리가 살고 있습니다.
모래거저리는 바닷가 모래밭에서
볼 수 있습니다.

이른 아침 인천 선착장,

사방에 안개가 뽀얗게 앉았습니다.

어디가 땅인지 바다인지 통 구분이 안 갑니다.

'오늘도 배 뜨기는 틀렸구나!'

어제도 바다에 물결이 높게 일어

배가 뜨지 못해 집으로 돌아갔습니다.

그리고 오늘 꼭두새벽부터 서둘러 나왔는데, 어쩌나요.

이런 날은 오전 내내

여객선 대기실에서 기다리는 수밖에 없습니다.

혹시라도 안개가 걷힐지도 모르니까요.

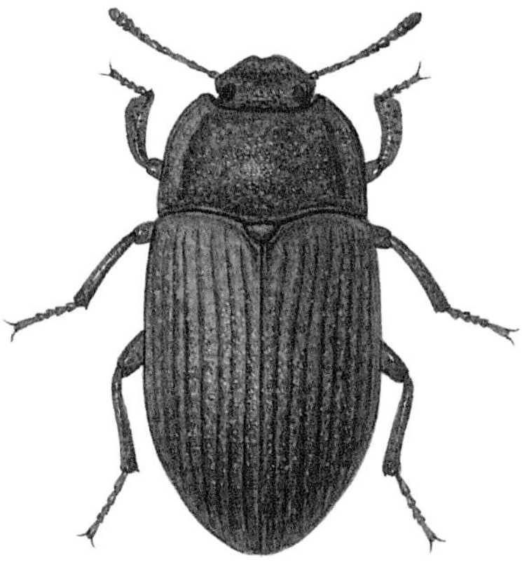

모래거저리

이 꼭지는 딱정벌레목 거저리과 종인 모래거저리(*Gonocephalum pubens*) 이야기입니다.

# 섬을 찾아서

섬에 가려 합니다. 섬에 가는 길은 마음 수행 길입니다. 섬은 내가 가고 싶으면 갈 수 있고, 오고 싶으면 올 수 있는 곳이 아닙니다. 배가 데려다 줘야 가는 곳, 배가 실어다 줘야 나오는 곳, 모든 것이 자연이 시키는 대로 움직이는 곳, 그곳이 섬입니다. 세월 따라 날씨 따라 느릿느릿 사는 곳, 복잡한 머릿속 비우고 출렁이는 바다와 솔바람을 가슴에 품고 사는 곳, 모든 것이 자연의 질서가 시키는 대로 움직이는 곳입니다.

몇 시간을 기다리니 안개가 제법 걷히고, 드디어 배가 뜹니다. 그 배에 몸을 싣습니다. 가도 가도 끝이 없는 먼 바닷길, 출렁이는 바닷물에 이리저리 흔들리는 배, 걷잡을 수 없는 배 멀미. 그 덕에 인사불성이 되어 반인간, 반짐승 상태입니다. 그렇게 네 시간 뒤에 도착한 곳은 대청도. 서둘러 짐을 풀고 바닷가 모래 언덕(해안 사구)을 찾아갑니다. 끝도 없이 펼쳐진 대청도 바닷가 모래 언덕. 우리나라에도 이런 사막 같은 모래 언덕이 있다니, 그 장대함에 아! 아! 감탄사만 남발합니다.

온 사방이 모래 천국인 모래 언덕에는 식물 잎사귀며 꽃잎이 바람에 날려 온 모래에 묻혀 있습니다. 통보리사초, 갯그령, 갯씀바귀, 갯방풍, 순비기나무, 갯메꽃. 특히 잎사귀가 반질반질 윤이 나는 갯메꽃이 모래밭에 쫙 깔려 있습니다. 바닷바람 맞으며 모래에 파묻혀도 기특하게 살아가는 갯메꽃. 하트 모양 잎사귀가 하도 귀여워서 쪼그리고 앉아 모래를 걷어 냅니다. 모래를 들출 때마다 시큼하고도 향긋한 식초 냄새가 코를 맴돕니다. 거저리 냄새! 모래거저리가 여기에도 있었군요! 갯메꽃만 있으면 어느 모래밭에서나 둥지 틀고 사는 모래거저리. 오늘 주인공은 모래거저리입니다.

## 바다 모래 없이는 못 살아

모래가 끝없이 펼쳐져 그늘이라고는 찾아볼 수 없는 바닷가 모래밭. 하도 척박해 이런 곳에 생물이 살 수 있을까요? 물론입니다. 그 모래땅에도 많은 생명이 북적북적합니다. 모래거저리, 바닷가거저리, 해변해초꼬마거저리, 홍다리거저리, 뿔벌레류, 해변메뚜

모래거저리가 좋아하는 보랏빛 갯메꽃이 피었다.

기, 바다방울벌레, 개미귀신(명주잠자리류 애벌레), 해변청동풍뎅이…… 참 많지요?

그 가운데 모래거저리는 모래밭 안방마님입니다. 동해안, 서해안, 남해안 안 가리고 풀이 자라는 바닷가 모래밭만 있으면 어김없이 만날 수 있습니다. 만약 바닷가 모래밭에서 녀석이 보이지 않으면, 그곳 생태계가 망가졌다고 해도 아무도 말대꾸하지 못하지요.

모래거저리는 딱지날개가 딱딱한 딱정벌레목 가문 중 거저리과 집안에 소속되어 있습니다. 거저리라는 이름은 어디서 왔을까요? 중국에서 거저리를 '가짜로 걷는 곤충'이라는 뜻인 '위보행충과(僞步行蟲科)'라고 하는 것을 보면, 아마도 '걷다'라는 말에서 생겨나지 않았을까 추측됩니다. 실제로 거저리는 걷기를 굉장히 좋아하는 경보 선수입니다. 물론 날개가 멀쩡하게 있으니 급할 때는 날기도 합니다. 영어로는 거저리를 '어두운 딱정벌레'라는 뜻인 '다클

모래거저리가 먹잇감에 모여 있다.

링 비틀(darkling beetle)'이라고 하는데, 이름만 들어도 어두컴컴한 밤에 활동하고, 몸 색깔이 거무칙칙하다는 것을 눈치챌 수 있습니다.

모래거저리

모래거저리는 몸 크기가 서리태 콩만 하고 색깔도 검은색이어서, 모래밭에서 금방 눈에 띕니다. 녀석은 뛰어나게 예쁘지도, 훤하게 잘생기지도 않았습니다. 두루뭉술한 것이 그저 까만색 통치마 하나를 질끈 둘러 입은 것 같습니다. 그래도 한껏 멋을 부려 구슬을 촘촘히 꿰어 놓은 것 같은 더듬이는 봐 줄 만합니다. 앞다리 종아리마디는 넓적하게 생겼고, 뾰족한 가시털이 붙어 있습니다. 평생을 모래에서 사니 모래를 잘 팔 수 있도록 발달한 것이지요. 우리나라, 일본, 대만이나 중국 남동부, 인도 같은 나라 바닷가 모래밭에서 살아갑니다.

바닷가 모래밭에 식물이 자라고 있으면, 녀석을 일 년 내내 볼 수 있습니다. 봄과 여름 들머리 사이에는 어른벌레를, 초여름과 가을 사이에는 애벌레를 주로 만날 수 있습니다. 어른벌레는 갯메꽃 둘레 얕은 모래 속에서 살고, 애벌레는 갯메꽃 뿌리 둘레 깊은 모래 속에서 삽니다.

특히 봄에는 얼마나 어른벌레가 많은지 갯메꽃 둘레 모래를 살살 파기만 해도 툭툭 튀어나와 까만 보석을 캐는 기분입니다. 거기에다 모래거저리는 늘 무리 지어 있기 때문에 앉은 자리에서 수십 마리도 볼 수 있습니다. 물론 모래거저리는 낮에 가끔 풀잎 그림자가 드리워진 모래 위를 걸어 다니는 경우도 있지만 대개 모래를 파야 볼 수 있고, 주로 밤에 모래 밖으로 나옵니다. 그럼 모래가 너무 뜨거워 발 디디기가 힘든 여름은 어떨까요? 물론 여름에는 모래 위에서 녀석을 만나기란 쉽지 않지요. 녀석도 피서를 가니까요. 피

모래거저리가 쓰레기 아래 모래 속에 숨어 있다.

서라고 해 봤자 풀잎으로 그늘진 모래 속이나 버려진 널빤지 아래, 술병과 음료수 캔 같은 쓰레기 더미 아래로 갑니다. 가을에는 드문드문 보이고, 겨울에는 추위를 피해 아예 모래 속으로 깊이 파고들어가 겨울잠을 푹 잡니다. 그러니 녀석들을 바닷가 모래밭의 터줏대감이라 불러도 손색이 없지요.

모래거저리가 갯메꽃 잎 위에 올라가 쉬고 있다.

## 바닷가 모래 언덕은 거저리 세상

밤이 오면 바닷가 모래 언덕은 거저리 세상입니다. 거저리는 '밤의 여신'이지요. 바닷가거저리, 모래거저리붙이, 긴뺨모래거저리, 홍다리거저리, 고려모래거저리……. 모래 언덕에서 사는 곤충 가운데 50퍼센트는 거저리가 아닐까 싶을 만큼 모래밭에는 거저리가 득실거립니다. 낮에는 꼼짝도 안 하고 모래 속에 숨어 있다가 밤이 오면 모래밭을 통째로 세낸 듯이 활보하고 다닙니다. 물론 낮에도 배가 고프면 풀잎 아래 숨어서 말라비틀어진 갯메꽃 잎사귀나 죽은 식물질을 뜯어 씹어 먹기도 합니다.

밤에 모래밭에 쪼그리고 앉아 관찰하는 일은 참으로 흥미롭습니다. 녀석들이 모래 위로 하나둘 모습을 드러내어 어슬렁어슬렁 걸어 다니며 먹잇감을 찾습니다. 도대체 뛰는 법을 모르는지 한가하다 못해 유유자적해 보입니다. 녀석들 밥은 죽은 식물이나 모래 위에 떨어진 마른 풀잎들입니다. 식물이 자라는 모래땅이다 보니 사

모래거저리가 갯메꽃 마른 잎을 먹고 있다.

모래거저리가 모래밭에 버려진 고구마를 갉아 먹고 있다.

방에 먹잇감이 흩어져 있습니다. 재미있는 것은 먹이를 발견하면 여러 마리가 달려들어 사이좋게 먹는 것입니다. 먼저 먹겠다고, 더 많이 먹겠다고 다투는 것 같지도 않습니다. 이렇게 여럿이 어울려 식사를 하니 그 참에 마음에 드는 짝을 골라 짝짓기도 합니다. 누구는 밥 먹는 데 열중하고, 누구는 짝짓기에 정신을 쏟고, 파도 소리 바람 소리 들리는 모래밭 밤 풍경은 모래거저리가 있어 아기자기합니다. 이렇게 녀석들은 하룻밤을 잘 보낸 뒤 새벽이 되면 다시 모래 속으로 들어가 쉽니다. 사람으로 치면 밤낮이 바뀐 셈이지요.

## 수시로 죽었다 살아나는 모래거저리

반듯하게 걸어 다니는 모래거저리를 보기란 그리 쉽지 않습니다. 대부분 녀석은 다리 여섯 개와 더듬이를 오그리고 있기 때문입니다. 모래를 살살 걷어 내면 모래거저리의 시커먼 등이 보입니다. 깜짝 놀라 도망갈 법한데 녀석은 도망도 가지 않고 그대로 6개 다리와 더듬이를 배 쪽에 딱 붙여 오그린 채 꼼짝도 안 합니다. 손으로 살짝 집어 모래 위에 올려놓아도 마찬가지입니다. 녀석 몸을 뒤집어 봤습니다. 이번에도 녀석은 뒤집힌 채로 미동도 않고 도대체 일어날 생각을 하지 않습니다. 할 수 없죠. 가만히 기다리는 수밖에요. 그렇게 몇 분쯤 지났을까? 드디어 주둥이 수염(작은턱수염과 아랫입술수염), 다리, 더듬이를 꼼지락거리기 시작합니다. 발라당

모래거저리가 순비기나무 마른 잎을 먹고 있다.

누워서 버둥거리는 폼이 생긴 것 같지 않게 나름 깜찍합니다. 죽었다가 다시 태어나는 것처럼 서서히 몸에 생기가 돕니다. 그러더니 한판 뒤집기로 몸을 훌렁 뒤집습니다. 그러고는 더듬이를 활짝 펴고 엉금엉금 모래 위를 걸어갑니다. 걸어서 도망가는 녀석을 살짝 건드려 봤습니다. 그랬더니 다리와 더듬이를 오그려 배 쪽으로 쏙 집어넣고는 움직이지 않습니다. 등 딱지날개를 손으로 건드려도 한마디 대꾸 없이 그저 꼼짝하지 않습니다. 몇 분이 지나자 잠에서 깨어나듯 다리와 더듬이를 살살 폅니다. 이번에는 모래를 파기 시작하네요. 머리를 모래에 처박고 배 꽁무니를 하늘로 쳐든 채 앞다리로 모래를 파면서 모래 속으로 쏘옥 몸을 숨깁니다.

왜 녀석은 건드리면 꼼짝도 안 할까요? 가짜로 죽은 것입니다. 일부러 죽은 척하는 것이 아니고 실제로 혼수상태에 빠진 것입니다. 이것을 전문용어로 '가사(假死) 상태'라고 하는데, 녀석은 어떤

마른 풀잎 아래에서 모래거저리가 짝짓기를 하고 있다.

자극을 받으면 자동적으로 정신을 잃습니다. 몇 분쯤 시간이 지나면 의식이 되돌아와 오그렸던 다리와 더듬이를 펴고 도망갑니다. 이렇게 녀석은 위험을 느끼면 가짜로 죽어 움직이지 않음으로써 적의 눈을 교묘히 피합니다.

## 시큼한 냄새 나는 방귀 폭탄

짝짓기 중인 암컷과 수컷에게 다른 수컷이 암컷 페로몬에 이끌려 왔다.

모래거저리는 위험한 상황이 되면 혼수상태에 빠지는 것 말고도 하는 일이 또 있습니다. 방귀를 뿡뿡 뀌어 대는 일입니다. 모래 속에 있는 녀석을 손으로 집으면 폭탄먼지벌레보다 덜 강력하지

만 금방 시큰한 냄새가 납니다. 거저리를 연구 주제로 삼고는 처음으로 야외 조사를 나갔을 때 일입니다. 물론 실험실에서 죽은 표본을 열심히 들여다보며 관찰을 했지요. 바닷가에 나와 모래거저리를 실제로 만나니 신기하기만 했습니다. 모래 속에 있는 녀석들이 한 마리 한 마리 눈에 띌 때마다 땅속에 묻힌 노다지를 보는 것 같았지요.

모래거저리가 고동 껍데기 위에서 쉬고 있다.

손 위에 올려놓고 이리 보고 저리 보고, 오그린 다리를 살살 펴 보기도 하고, 확대경을 꺼내 몸 표면에 붙은 털이 얼마나 예쁜지 들여다보기도 했습니다. 땡볕에서 시간 가는 줄 모르고 모래거저리와 실컷 데이트를 하고는 녀석들을 모래 위에 내려놓고 손에 묻은 모래를 터는데, 이게 웬일입니까? 손가락에 거무칙칙한 밤색 물이 들었습니다. 손가락 끝을 코에 대 봤습니다. 에구구, 이게 무슨 냄새? 식초 냄새도 아니고, 노린재의 고약한 분비물 냄새도 아니고, 폭탄먼지벌레의 강력한 방귀 냄새도 아니고, 송장 썩는 송장벌레 냄새도 아닙니다. 시큼하지만 그렇다고 못 맡을 정도로 구리진 않네요. 모래거저리가 사정없이 방귀 폭탄을 쏘아 댔던 것입니다. 되레 지금 저에게는 그 냄새가 향긋하게 느껴집니다. 그래서 다른 사람들에게 향긋한 냄새 맡아 보라며 거저리 만진 손가락을 코에 들이대면 모두들 '아이고 이게 무슨 냄새야?' 하며 기겁을 합니다. 찡그리는 표정이 재미있어 전 깔깔대고 웃습니다.

모래거저리는 폭탄먼지벌레처럼 꽁무니에서 화학 독성 가스를 뿜어 적을 쫓아냅니다. 아무 때나 내뿜는 것이 아니라 자기 목숨이 위험에 처했을 때 내뿜기 때문에 방어용 무기인 셈입니다. 연구용으로 액침 표본(99퍼센트 알콜에 담가둠)으로 보관하면 서서히 알콜

모래거저리가 모래 속으로 숨고 있다.

색이 밤색으로 바뀝니다. 뚜껑을 열고 냄새를 맡으면 솔직히 역겨운 냄새가 코를 찌릅니다. 그 물질이 바로 모래거저리가 쏘아댄 화학 폭탄입니다. 신기한 것은 폭탄먼지벌레의 강력한 방귀 폭탄은 100도나 될 만큼 뜨거운데, 모래거저리 방귀 폭탄은 뜨겁지가 않고 오히려 차갑습니다. 거기에다 모래거저리 방귀 폭탄은 굉장히 순한 폭탄입니다.

## 천적을 쫓아내는 화학 방어 무기

모래거저리는 화학 폭탄을 어디서 만들까요? 물론 녀석의 몸속, 그러니까 배 속에서 만듭니다. 신기하게도 녀석들은 폭탄 원료를 배 속에 넣고 다닙니다. 거저리류를 학술적으로 연구하기 위해서는 녀석 몸을 이 잡듯이 샅샅이 관찰해야 합니다. 그래서 그 조그마한 몸을 조심스럽게 해부해야 할 때가 있지요. 모래거저리도 그런 과정을 거쳐 연구합니다. 한 번은 모래거저리를 현미경 아래에 두고 배 부분을 조심스럽게 열어 내장 기관을 관찰했지요. 배 속에는 길고 제법 커다란 낯선 주머니 한 쌍이 배 꽁무니 쪽에 가지런히 놓여 있었습니다. 그런데 주머니가 몸 크기에 비해 굉장히 크군요. 이 주머니는 뭘까요? 바로 벽에 분비샘이 있는 주머니입니다. 주머니를 떼 내 수산화칼륨(KOH) 10퍼센트 용액에 담가 둡니다. 수산화칼륨은 우리가 흔히 말하는 양잿물이지요. 놀랍게도 분비샘 주머니는 양잿물에 녹지 않고 멀쩡합니다. 왜일까요? 분비샘 주머니는 아주 얇지만 쇠심줄보다 더 질긴 큐티클로 되어 있기 때문입니다. 이 정도로 질기니 자기 몸에 있는 화학 독성 물질에 내장 기관이 전혀 해를 입지 않고 무사하지요. 수산화칼륨은 분비샘 주머니 겉면에 잡다하게 붙은 살점 같은 것들을 녹여 관찰하기 좋게 만들어 줍니다.

이제 분비샘 주머니 안쪽이 궁금합니다. 폭탄먼지벌레 분비샘 주머니 내부는 가스 원료를 모아 두는 방과 가스를 만드는 방으로 나뉘어 있습니다. 모래거저리도 그럴까요? 그렇지 않습니다. 녀석의 분비샘 주머니는 방이 하나로 되어 있습니다. 그럼 어떻게 폭탄을 만들까요? 분비샘 주머니에는 주머니 벽과 이어진 방어분비샘(defensive gland)이 여러 개 있습니다. 그 방어분비샘들 세포에서 폭탄 원료가 나옵니다. 물론 분비샘도 큐티클로 되어 있어 자기가 분비하는 독성 원료에 녹지 않고 끄떡없이 버팁니다. 모래거저리가 위험에 처하면 곧바로 각각의 분비샘에서 따로따로 보관하고 있던 폭탄 원료가 분비됩니다. 원료는 분비관을 타고 분비샘 주머니로 모여듭니다. 원료들이 분비샘 주머니에 도착해 서로 만나면 비로소 화학 반응이 일어나 화합물이 만들어집니다. 이 화합물이 모래거저리가 꽁무니에서 뿜어내는 화학 독성 물질입니다. 신기하게도 거저리의 폭탄 원료들은 분비샘 주머니 벽에 있는 분비샘 세포에 각각 있다가 위험이 닥치면 곧바로 각각 분비관을 타고 분비샘 주머니에 모여 즉석에서 화학 폭탄을 만드는 것이지요. 폭탄 제조 방이 따로 없고 분비샘 주머니 하나에서 폭탄을 만듭니다.

이 화학 폭탄 성분이 무엇이기에 다른 동물들이 모래거저리에게 폭탄 세례를 받으면 놀라서 도망갈까요? 미국의 화학생태학자 토마스 아이스너(Thomas Eisner) 박사가 연구한 바에 따르면 거저리류가 내뿜는 주요 독성 물질은 벤조퀴논입니다. 독성 물질에는 벤조퀴논 말고도 불포화 탄화수소와 카를린산 같은 물질이 들어 있습니다. 그런데 카를린산 역할이 중요합니다. 카를린산은 벤조퀴논이 천적 몸에 효과적으로 스며들게 도와줍니다. 카를린산이 습윤제 역할과 투과제 역할을 동시에 하기 때문이지요. 습윤제 역할을 하는 카를린산 덕분에 거저리 독성 물질은 적의 몸에 닿으면 물기가 퍼지듯 넓게 퍼집니다. 또한 카를린산은 지질에 잘 반응하는 친유성 물질이다 보니 지질 성분인 왁스층으로 둘러싸인 천적의 큐티클 피부에 깊이 파고 들어 스며들게 도와줍니다. 투과제 역할을 하는 거지요. 기름(지용성 물질)끼리는 서로 친하다는 걸 어찌 알았는지 신기하기만 합니다. 그래서 거저리 독성 물질은 적의 딱딱한 외골격 속으로 넓게 퍼지면서, 깊게 파고 들어갈 수 있습니다. 그러니 카를린산은 적이 혼란에 빠지도록 가장 효과적으로 폭탄을 터뜨리는 데 굉장히 쓸모 있는 '약방의 감초'인 셈입니다.

그럼 화학 폭탄에서 나는 냄새의 정체는 무엇일까요? 벤조퀴논도 냄새를 풍기지만, 벤조퀴논 냄새를 덮어 버릴 만큼 더 고약하고 강력한 냄새의 주범은 바로 불포화 탄화수소 냄새입니다. 그 물질은 바로 탄화수소(아홉 개에서 열 한 개 정도의 탄소 원자 사슬) 냄새입니다.

이렇게 모래거저리는 배 속에 든든한 폭탄 원료를 갖고 있어 자기를 호시탐탐 노리는 힘센 포식자들에게 당당히 맞서며 보란 듯이 살아갑니다. 그것도 척박한 바닷가 모래밭에서 말입니다.

## 모래 속에서만 사는 애벌레

갯메꽃을 아나요? 6월이면 나팔꽃처럼 생긴 갯메꽃이 바닷가에서 피어납니다. 메꽃과이지만 바닷가에서만 사는 종류여서 '갯' 자를 붙여 부르는 갯메꽃. 이름이 말해 주듯이 모래가 바람에 날려오는 바닷가 모래 언덕에 뿌리를 내리고 삽니다. 귀여운 하트 모양의 반질반질한 잎사귀는 모래바람이 불면 어김없이 모래 속에 묻히기 일쑤입니다. 그래도 갯메꽃은 꿋꿋하게 덩굴손을 쭉쭉 내밀어 모래밭을 뒤덮고, 뿌리는 모래 속 깊은 곳까지 뻗어 내립니다. 갯메꽃은 되레 모래가 덮어 줘야 더 잘 자라는 풀이니 모래와 찰떡궁합이지요.

갯메꽃을 비롯해 바닷가 모래밭에서 사는 사구 식물은 모래살이 곤충(사구성 곤충)들에게 굉장히 중요합니다. 모래살이 곤충들은 대부분 식물을 먹고 살기 때문에 식물 없이는 하루도 살 수가 없습니다. 먼지처럼 날아다니는 모래 알갱이는 이리 떠돌고 저리 떠돕니다. 그 떠돌이 모래를 잡아 앉히는 데 으뜸 공헌자는 바로 식물입니다. 처음 모래밭에 뿌리를 내린 사구 식물들은 모래를 붙잡아 놓고 그 모래밭에서 터를 잡고 삽니다. 그렇게 세월이 많이 흐르면서 점점 큰 모래 언덕이 만들어지고, 그 모래 언덕에 사는 식물 수도 늘어나고, 자연스럽게 그 식물을 찾아 모래밭 동물(사구성 동물)들이 찾아옵니다. 식물 중에서도 모래 언덕에서 가장 흔한 갯메꽃을 좋아하는 단골손님은 모래거저리입니다.

모래거저리 애벌레는 어른벌레와 마찬가지로 평생을 모래에서 삽니다. 특히 애벌레는 모래 위로 올라오지 않고 모래 속에서만 삽니다. 대개 갯메꽃 둘레를 깊이 파 보면 모래거저리 애벌레를 볼 수 있습니다. 애벌레 몸은 참기름을 바른 것처럼 반짝반짝 빛나고 매끈합니다. '가짜 철사벌레(false wireworm)'라고 부를 만큼 몸통이 철사처럼 길고 미끈한 게 참 잘생겼지요. 별 특징 없는 기다란 원통 모양이라 못생긴 것 같지만 얼굴을 가만히 들여다보면 굉장히 순하게 생겼습니다. 모래 속에서 꺼내 모래 위에 놓으면 얼마나 재빠른지 머리와 가슴에 붙은 6개 다리로 모래를 파고 들어가느라 꽁무니만 보입니다. 다시 모래 위에 꺼내 놓으면 몸을 이리 틀고 저리 틀고 뒤집고 하면서 한바탕 난리를 칩니다. 그 모습이 얼마나 방정맞고 경망스러운지 우습기까지 합니다.

녀석은 모래 속에서 무엇을 먹고 살까요? 글쎄요. 무엇을 먹는

모래거저리 애벌레

지 잘 모릅니다. 뿌리를 먹는지, 뿌리와 공생하는 균을 먹는지, 뿌리와 균사를 다 같이 먹는지, 뿌리를 먹더라도 갯메꽃 뿌리만 먹는지, 아님 다른 식물 뿌리만 먹는지 모든 것이 궁금할 뿐입니다. 다만 어른벌레와 애벌레 모두 갯메꽃에서 많이 발견됩니다. 그래서 모래거저리 애벌레를 모래와 갯메꽃 뿌리, 갯그령 뿌리, 통보리사초 뿌리랑 같이 연구실로 옮겨 와 여러 차례 길러 보았지요. 그런데 제가 '거저리 엄마'인 것이 부끄러울 만큼 매번 실패했습니다. 실험실에다 바닷가 모래밭 환경을 만들어 준다는 것이 무리였습니다. 바닷가 모래밭에 들어 있는 염분 같은 무기 영양소를 실험실에서 줄곧 대어 줄 수 있을까요? 바닷가 모래밭을 실험실에 그대로 만들어 주려고 했던 제가 오만을 부렸던 거지요.

모래거저리 애벌레 입을 살펴보면 무엇을 먹는지 헤아려 볼 수

모래거저리 애벌레가 모래 속으로 숨고 있다.

있습니다. 애벌레는 큰턱이 잘 발달되어 있습니다. 식물 뿌리를 갉아 씹어 먹는 데 안성맞춤입니다. 아마도 애벌레는 식물 뿌리와 뿌리에 공생하는 균류를 모두 먹지 않을까 생각됩니다. 뿌리를 먹다 보니 자연스레 균류도 덤으로 먹게 되는 것이지요.

여기서 균류 얘기를 잠깐 할까요? 식물 뿌리는 실 같은 균사를 뻗는 균류와 서로 도우며 살아갑니다. 4억 년 전쯤 녹색식물이 육지를 맨 처음 개척할 당시 이미 식물과 균류는 '함께 살기' 프로젝트를 수행했습니다. 즉 식물은 균류와 힘을 합쳐 깊은 흙 속에서 영양분을 가져다 씁니다. 식물 뿌리에 붙어사는 균류는 실처럼 가느다란 균사를 뿌리보다 더 깊고 더 넓게 땅속으로 뻗어 영양분을 빨아들입니다. 식물 뿌리가 도저히 닿을 수 없는 곳에 있는 물과 영양물질을 균사가 빨아들이는 것이지요. 균류는 이렇게 빨아들인 영양분을 뿌리를 통해 식물에게 공급하고, 또 식물이 만든 영양분을 뿌리를 통해 얻어 챙깁니다. 이렇게 균류와 식물은 서로 도우며 살고 있지요. 모래밭에 사는 갯메꽃 같은 풀들도 균류의 도움을 받아 척박한 모래 속 영양물질을 흡수합니다. 그런데 아쉽게도 모래밭 식물과 공생하는 균이 무엇인지도 알려지지 않은 실정이고 보니 모래거저리 애벌레가 먹는 게 무엇인지 알아내는 데는 시간이 걸릴 듯합니다.

그뿐 아니라 애벌레가 모래 속에서 몇 번 허물을 벗는지, 애벌레로 지내는 기간이 얼마나 되는지, 각각의 애벌레 단계 기간은 얼마인지, 번데기는 어떻게 만드는지, 번데기 기간은 얼마인지처럼 아직 모르는 것이 너무 많아 답답할 뿐입니다. 다만 버섯살이 거저리와 마찬가지로 애벌레 때 허물을 3번 벗을 것으로 짐작할 뿐입니다. 어깨에 짊어진 숙제를 언제쯤 속 시원히 내려놓을지 그날을 손꼽아 기다립니다.

## 사라져 가는 바닷가 모래 언덕

지금도 바람이 바닷가에다 모래를 실어다 줍니다. 모래 알갱이는 바닷가에 닿자마자 떠돌기 시작합니다. 그렇게 떠도는 모래를 식물이나 돌멩이, 떠내려온 나무토막 같은 커다란 물체가 꼭 잡아 둡니다. 잡힌 모래는 언덕을 만들고 그 언덕에는 더 많은 식물들이 뿌리를 내리고 삽니다. 그러자 식물을 먹고 사는 곤충 같은 사구성 동물들이 사구 식물에 몰려듭니다. 어떤 녀석은 잎사귀를 먹고, 어떤 녀석은 줄기나 잎의 즙을 먹고, 어떤 녀석은 아예 땅속으로 들어가 뿌리를 먹고, 어떤 녀석은 말라 비틀어져 썩어 가는 잎이나 줄기 같은 식물 시체를 먹습니다. 그러자 이번에는 식물을 먹고 사는 초식 동물을 잡아먹으려 포식성 동물이 모여듭니다. 그리고 우리도 빠질 수 없다며 파도가 실어다 준 썩은 해산물, 죽은 동물, 똥 따위를 먹는 부식성 생물들이 모여듭니다. 먹을 것이 많아지자 땅에는 뱀이, 공중에는 새가 먹을 것을 찾아 모래 언덕에 모여듭니다. 모두 모래 언덕에 모여 때로는 알콩달콩, 때로는 먹고 먹히며 살벌하게 살아갑니다. 누가 시키지도 않았는데 저들끼리 알아서 기막힌 사구 생태계 질서에 고분고분 따르면서 말이죠.

지금 그런 모래 언덕이 사라지고 있습니다. 끝없이 난 바닷가 도로, 건물, 펜션, 횟집 같은 것들 때문에 모래거저리가 사는 모래땅이 사라지고 있습니다. 바닷가 모래 언덕의 먹이망에서 중요한 한 고리를 차지하는 모래거저리가 살아갈 땅이 하룻밤 자고 나면 없어지고, 또 하룻밤 자고 나면 없어지고 있습니다. 모래거저리조차 없는 바닷가는 아마 더 이상 생물이 살기 힘든 척박한 땅이 될 텐데……. 그 누구도 그런 얘기에 귀 기울이지 않습니다. 오늘도 바닷가 모래밭이 조각조각 찢겨지고 있습니다. 정말 큰일입니다.

## 모래판 천하장사

# 큰조롱박먼지벌레

**모래 속에 숨은 큰조롱박먼지벌레**

큰조롱박먼지벌레가
모래 굴을 파며 도망치고 있습니다.
큰조롱박먼지벌레는 곤충치고
몸집이 제법 큽니다.

저녁노을 지고 어둠이 내린 바닷가 모래밭.
싱그럽게 갯바람이 불어오고,
칠흑 같은 어둠 속에서 파도가 쏴~ 하며 하얗게 부서집니다.
하늘에는 별이 한가득 떠 있고 모래밭에는 별빛이 쏟아집니다.
그럴라치면 깜깜한 바닷가 모래밭에서 한바탕 축제가 벌어집니다.
야행성 곤충들의 축제!
밤만 되면 쌩쌩해져 활기차게 활동하는 곤충들이
죄다 모래밭에 나옵니다.
성큼성큼 어디론가 걸어가는 모래거저리
짝짓기에 정신 팔린 모래거저리붙이
표주박 닮은 천궁표주박바구미
허리 휘어져라 집게 같은 배 끝을 쳐들고 있는 큰집게벌레…….
불빛이 없어도 깜깜한 모래밭을 잘도 헤집고 다닙니다.

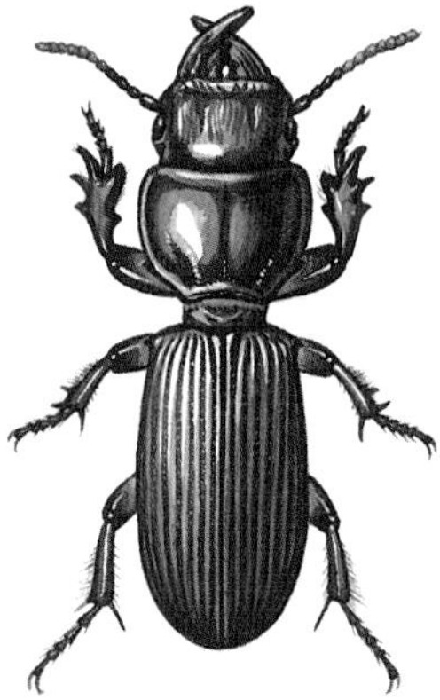

큰조롱박먼지벌레

이 꼭지는 딱정벌레목 딱정벌레과 종인 큰조롱박먼지벌레(*Scarites sulcatus*) 이야기입니다.

## 카리스마 철철 넘치는 큰조롱박먼지벌레

요즘은 서울이든 지방 도시든 간에 생태 공원 만드는 게 유행이 되었습니다. 웬만한 생태 공원에 가면 울타리에 매달린 조롱박을 구경할 수 있습니다. 담벼락과 울타리를 타고 올라간 조롱박 줄기에는 조롱박이 주렁주렁 달려 있지요. 깜깜한 바닷가 모래밭에 가도 '걸어 다니는 새까만 조롱박'을 만날 수 있습니다. 바로 큰조롱박먼지벌레입니다. 어찌 보면 사슴벌레를 닮아 힘센 무사 같고, 어찌 보면 조롱박을 닮아 볼륨이 돋보이고. 사냥은 얼마나 잘하는지 초원을 누비는 하이에나 같습니다. 바닷가 모래판의 '천하장사'인 큰조롱박먼지벌레! 우리 한번 만나 볼까요?

큰조롱박먼지벌레가 빵 조각에 달려들어 뜯어 먹고 있다.

솔숲 사이로 검푸른 바다가 넘실넘실 출렁이는 동해 바닷가 월송정. 깜깜한 밤입니다. 곰솔 잎사귀 부딪치는 소리가 사스락거리

큰조롱박먼지벌레

고 진한 솔잎 향기가 솔솔 피어나는 솔숲 오솔길을 걷습니다. 길은 모래와 솔잎이 뒤섞여 폭신폭신합니다. 솔밭 오솔길을 지나면서 이리저리 손전등을 비추며 곤충을 찾습니다. 탁 트인 해변에 닿을 즈음 바닷가와 조금 떨어진 곳에서 웬 시커먼 곤충 한 무더기가 불빛에 잡힙니다. 얼른 손전등을 끄고 다가가 손전등을 다시 켜니 아, 글쎄! 큰조롱박먼지벌레들이 식빵 조각에 포도송이처럼 다닥다닥 붙어 열심히 먹고 있습니다. 얼른 세어 보니 30마리가 족히 넘습니다. 눈이 저절로 휘둥그레집니다. 이렇게 많은 녀석들이 한꺼번에 모여 있는 건 처음 봅니다. 녀석들은 낮에 관광객이 버리고 간 빵 조각을 용케도 찾아내 행복한 저녁 만찬을 즐기는 중입니다. 자세히 살펴보려고 손전등을 가까이 갖다 대니 먹던 빵 조각을 버리고 얼른 도망갑니다. 그래도 3마리는 간이 배 밖으로 나왔는지 꿈쩍도 안 하고 빵 조각을 열심히 뜯어 씹어 먹습니다.

## 사슴벌레 닮은 큰조롱박먼지벌레

큰조롱박먼지벌레를 본 적이 있나요? 큰턱이 유별나게 크고 몸집도 커 얼른 보면 사슴벌레와 헷갈립니다. 까맣고 반짝거리는 피부에 키(몸길이)는 훤칠하고, 균형 잡힌 몸매에 탄탄한 건강미까지, 큰조롱박먼지벌레는 어디다 내놔도 흠잡을 데가 없는 참 잘생긴 '명품 곤충'입니다.

조롱박먼지벌레

큰조롱박먼지벌레 큰턱은 아주 튼튼하게 생겼다.

몸집이 작은 녀석이라도 몸길이가 3센티미터, 큰 녀석은 4센티미터나 되니 곤충계에서 굉장히 큰 곤충에 속하지요. 딱정벌레목 가문 가운데 바닷가 모래밭에서 몸집이 가장 큰 헤비급 선수를 뽑으라면 단연 일 등입니다. 머리 앞쪽에 사슴뿔같이 불쑥 뻗쳐 나온 큰턱이 무시무시합니다. 더구나 큰턱 안쪽에는 이빨 같은 돌기가 나 있어 한번 잡힌 먹잇감은 절대 빠져나올 수 없습니다.

큰조롱박먼지벌레 큰턱과 사슴벌레 큰턱은 어떻게 다를까요? 큰조롱박먼지벌레 큰턱은 먹는 데 사용하고, 사슴벌레의 우람한 큰턱은 다른 수컷과 경쟁을 하고 암컷을 유혹하는 데 사용합니다. 사슴벌레는 나무즙을 먹기 때문에 식사할 때 큰턱이 아무런 소용이 없습니다. 하지만 큰조롱박먼지벌레는 우악스런 큰턱으로 먹잇감을 베어 와작와작 씹어 먹습니다. 특히 큰턱 아래쪽에 있는 작은턱수염과 아랫입술수염은 식사할 때 음식 맛을 보거나 음식이 흘러나오면 주워서 입속으로 쏙 집어넣는 역할을 합니다. 그 수염들에는 털이 붙어 있어 음식 맛이 어떤지 맛을 기막히게 봅니다.

특이하게도 녀석 몸은 조롱박처럼 생겼습니다. 앞가슴등판과 가운데가슴등판 사이가 '개미허리'처럼 잘록하지요. 그래서 이름도 큰조롱박먼지벌레라고 붙였습니다. 더듬이는 쌀처럼 생긴 원통 모양 구슬을 촘촘히 꿰어 만든 목걸이 같습니다. 녀석 앞다리는 땅파기 명수답게 삽처럼 넓적하게 생겼습니다. 땅강아지 앞다리가 떠오를 만큼 앞다리 종아리마디가 넓적합니다. 거기에다 종아리마디에 돌기 5개가 손가락처럼 붙어 있어 웬만한 쇠스랑은 저리 가라 할 정도입니다. 최고 성능을 자랑하는 앞다리이지요. 쇠스랑 같은 돌기 달린 앞다리로 몇 번만 모래를 파헤쳐도 녀석 몸은 절반 정

큰조롱박먼지벌레가 위험을 느끼자 윗몸을 치켜세우며 큰턱을 벌려 위협하고 있다.

큰조롱박먼지벌레가 모래 속을 파고 들어가고 있다.

도가 모래 속에 잠깁니다. 그뿐이 아닙니다. 열병식 하듯이 다리에 촘촘히 줄지어 서 있는 밤색 털은 모래로 전해지는 진동을 기막히게 알아차립니다. 먹잇감이 가까이 있는지, 자기를 잡아먹으려고 쥐가 달려오는지, 자기 위치가 어디인지 같은 많은 정보를 신경계와 이어진 다리털 감각 기관이 알려줍니다. 한편으로 다른 동물을 잡아먹고, 한편으로 천적을 피하기 위해서는 정보 수집 도구를 당연히 몸에 갖추고 있어야 하겠지요.

## 힘 좋은 천하장사

큰조롱박먼지벌레는 어른벌레와 애벌레 모두 모래밭에서 삽니다. 주로 힘없는 곤충을 잡아먹고 사는데, 때로는 사람들이 버린 음식물 쓰레기나 죽은 동물도 먹습니다. 따지고 보면 아무거나 잘 먹는 잡식성이지요.

모래밭은 많은 생물이 붐빕니다. 천궁표주박바구미 어른벌레나 해변메뚜기처럼 풀잎을 먹는 곤충들, 모래거저리 애벌레처럼 풀뿌리를 먹는 녀석들, 꽃등에류처럼 갯방풍이나 갯완두 같은 꽃에서 꽃가루를 먹는 녀석들, 벌처럼 꽃꿀을 먹는 녀석들, 큰집게벌레처럼 죽은 동물을 먹는 녀석들, 풍뎅이붙이나 소똥풍뎅이류처럼 똥을 먹는 녀석들, 뜰길앞잡이처럼 다른 힘없는 곤충을 잡아먹는 녀석들, 코벌처럼 다른 곤충을 잡아다 땅에 묻는 녀석들 따위가 북적거립니다.

큰조롱박먼지벌레가 모래 속에 굴을 파고 숨었다.

이렇게 모래 언덕에는 수많은 곤충들이 먹고 먹히며 살고 있습니다. 그런데 큰조롱박먼지벌레가 나타났다 하면 이들 곤충들이 벌벌 떱니다. 큰조롱박먼지벌레는 힘이 하도 세 모래밭 곤충들뿐 아니라 다른 힘없는 동물들도 닥치는 대로 잡아먹기 때문이지요. 몸집이 큰 만큼 먹는 양도 많습니다.

밤만 되면 쌩쌩해져 바닷가 모래밭을 누비는 야행성 곤충 큰조롱박먼지벌레는 낮에는 어떻게 지낼까요? 바닷가에는 바닷물에 떠내려온 쓰레기가 많습니다. 널빤지, 썩은 나무토막, 신발, 스티로폼, 플라스틱 병, 심지어 냉장고까지. 녀석은 널빤지나 돌멩이 아래 모래 속에 야트막한 굴을 파고 들어가 쉽니다. 널빤지를 들추면 화들짝 놀라 모래 속으로 재빨리 도망칩니다.

큰턱에 물릴까 봐 도망가는 녀석들을 손으로 못 잡고 핀셋으로 잡아 모래 위에 놓습니다. 갑자기 온몸이 굳은 듯이 다리와 더듬이를 배 쪽으로 오그리고 움직이지 않습니다. 2분쯤 지나자 더듬이와 다리 6개를 펴더니 모래땅을 파기 시작합니다. 모래땅을 파는 녀석을 또 살살 잡아 모래 위에 놓았더니 이번에는 몸을 발라당 뒤집습니다. 조금 전과 마찬가지로 더듬이와 다리 6개를 배 쪽에 딱 오그려 붙이고 죽은 듯이 꼼짝도 안 합니다. 또 2분쯤 지났을까? 더듬이가 움직이고, 작은턱수염과 아랫입술수염이 움직이고, 다리 6개가 움직입니다. 그러더니 필사적으로 몸을 버둥대다가 한순간에 몸을 뒤집습니다. 그러고는 재빠르게 도망갑니다.

"이상하다. 파브르가 프랑스에서 사는 왕조롱박먼지벌레(*Scarites gigas*)를 관찰했을 때는 최소한 20분 넘게 죽어 있었다고 했는데, 우리나라에서 사는 큰조롱박먼지벌레는 왜 2분 정도만 죽어 있을까?"

큰조롱박먼지벌레 여러 마리를 못살게 굴며 수차례 실험을 했습니다. 역시 결과는 비슷합니다. 녀석들은 2분쯤 죽어 있다가 바스스 깨어났습니다. 종이 다르면 행동도 다른가 봅니다. 아, 당연히 종이 다르니 행동도 다르겠지요.

죽어 있다고는 했지만 사실은 거의 죽은 상태에 빠져 있는 것입니다. 죽은 척하는 것이 아니라 실제로 거의 혼수상태에 빠져 있는 것이지요. 이렇게 죽었다가 일정 시간이 지나면 다시 멀쩡하게 깨어나니 '가짜 죽음(가사 상태)'인 셈입니다. 그러니까 프랑스에 사는 왕조롱박먼지벌레는 한번 가사 상태에 빠지면 깨어나는 데 20분에서 1시간쯤 걸리고, 한국에 사는 큰조롱박먼지벌레는 가사 상태에 빠지면 깨어나는 데 2분쯤 걸리는 것이죠. 혼수상태에서 제

큰조롱박먼지벌레가 위험에 빠지자 가짜로 죽은 척을 하고 있다.

정신을 찾는 데 걸리는 시간이 종마다 다른 것 같습니다.

또 재미있는 장면이 있습니다. 어떤 녀석은 건드리면 벌컥 화를 낼 때도 있습니다. 가사 상태에 빠질 생각은 안 하고 씨름 한판 하자고 도전장 내밀듯이 머리와 가슴을 번쩍 치켜세웁니다. 가슴에 붙은 다리 6개에 힘을 주면 가슴이 들리고 덩달아 머리도 들립니다. 영락없이 씨름 선수가 샅바를 잡으려는 자세입니다. 몸을 45도 정도까지 일으켜 세워 저에게 위협을 합니다. 그런데 제 눈에는 그 모습이 하나도 무섭지 않고 되레 깜찍하기만 합니다.

조롱박먼지벌레류 애벌레

## 애벌레도 모래 속 천하장사

큰조롱박먼지벌레 애벌레는 평생을 모래 속에서 살고, 번데기 또한 모래 속에 만듭니다. 피는 못 속인다고 애벌레는 부모를 닮아 명사냥꾼입니다. 생긴 것도 부모 못지않게 무시무시하게 생겼습니다. 갈퀴처럼 휘어진 큰턱은 공포 그 자체입니다. 한 번만 보면 오만 정이 다 떨어질 정도입니다. 한번은 모래를 핀셋으로 파는데, 정체 모를 애벌레가 핀셋에 배 부분이 잡혀 올라왔습니다. 깜짝 놀라 들여다보니 조롱박먼지벌레류 애벌레였습니다. 몸 색깔은 불그스름하고, 매니큐어를 칠한 것처럼 몸이 반짝반짝 빛납니다. 네모진 머리에 붙어 있는 낫같이 예리한 큰턱만 봐도 얼마나 무서운 사냥꾼인지 짐작이 갑니다. 모래 속을 이리저리 헤집고 다니며 큰턱

큰조롱박먼지벌레가 짝짓기를 하고 있다.

으로 모래 속에 사는 생물을 닥치는 대로 잡아먹습니다. 가슴에 붙어 있는 다리 6개는 길지도 짧지도 않고 알맞은 길이입니다. 먹잇감을 만나면 이 다리로 빠릿빠릿하게 걸어 쫓아갑니다. 날렵한 몸으로 모래 속을 이리저리 헤집고 다니며 땅속에 사는 생물을 잡아먹습니다. 또 배 끝에는 꼬리털까지 있어 후진도 잘합니다. 하지만 아쉽게도 녀석의 사생활은 아직 베일 속에 가려져 있습니다.

## 모래 언덕에
## 속속 들어오는 생물들

바다와 육지를 넘나드는 모래알. 모래알은 날마다 바다에서 파도를 타고 실려 옵니다. 햇빛이 그 젖은 모래알을 보송보송 말려주면 기다렸다는 듯이 바람이 여기저기 데리고 다닙니다. 바람을 타고 다니던 모래알은 바닷물에, 태풍에 떠밀려 온 나무 판자때기나 돌멩이 같은 물체를 만나면 그곳에 내려앉습니다. 나무 판자때기에 갇힌 모래알들 속에는 수많은 보이지 않는 생물들이 삽니다. 눈으로 보이지 않는 세균, 박테리아, 지의류, 이끼류, 원생동물, 균류……. 이들 보이지 않는 생명들은 생명이 없는 모래 알갱이에 자기 몸을 엮어 살아갑니다. 질소를 고정한다든지, 광합성을 한다든지 말이죠. 수억 년을 통해 척박한 땅에서 살아온 생명들이지요. 정말 획기적인 건 그런 생명들이 부대끼며 사는 모래 더미에 대단한 스타가 이사 옵니다. 바로 사구성 식물. 모래땅에서만 사는 식물들이 하나둘 모래 더미 속에 뿌리를 내리며 대를 이으며 살아갑니다. 바람에 실려 다니는 모래알은 무럭무럭 자라 자기 왕국을 넓히는 식물들에게 잡혀 꼼짝없이 갇힙니다. 그렇게 그렇게 세월이 지나면 모래 알갱이들은 식물들과 힘을 합쳐 거대한 모래 언덕을 만듭니다. 그 덕에 끝없이 펼쳐지는 바닷가 모래 언덕에는 늘 풀들이 새파랗게 깔려 있습니다. 어디 풀뿐인가요? 해당화도 순비기나무 같은 키 작은 나무들도 모래 언덕에 당당히 서 있습니다.

풀과 나무가 모래 언덕에 턱하니 자리 잡았다는 소문이 금세 초식 동물들에게 파다하게 퍼졌습니다. 초식 동물들이 앞다퉈 모래 언덕을 찾아옵니다. 바람 불고 물이 부족한 모래사막에서는 먼저 먹는 게 임자니 마구 먹다가 아예 모래 언덕에 터를 잡고 삽니다. 잎사귀도 먹고 줄기 즙도 빨아 먹고 꽃가루도 먹고 꽃꿀도 먹고 심지어는 뿌리까지도 먹습니다. 식물 입장에서는 귀찮을 만도 하건만, 식물은 자신을 찾아온 초식 동물 손님들에게 제 몸을 아낌없이 내어 줍니다. 고마운 식물 덕에 갑자기 바닷가 모래밭에는 식물 먹는 곤충이 버글버글해졌습니다. 꽃가루 먹는 꽃등에, 풀잎 먹는 메뚜기류, 풀뿌리 먹는 해변방아벌레나 천궁표주박바구미, 꽃꿀 먹는 꿀벌들, 죽은 동물이나 똥을 먹는 풍뎅이붙이류나 반날개류, 애벌레 잡아다 새끼 밥 주는 코벌, 작은 곤충 잡아먹는 큰집게벌레……. 누가 시키지 않아도 저들끼리 먹이망을 만듭니다. 밥상머리에서 때로는 사이좋게 나눠 먹기도 하고 때로는 서로 더 먹겠다고 싸우면서 하루하루를 살아갑니다. 그 먹이망 꼭대기에 바닷가 곤충의 왕, 큰조롱박먼지벌레가 떡 버티고 있습니다. 큰조롱박먼지벌레는 얼마나 힘이 센지 힘없는 곤충이나 동물을 잡아먹으며 모래밭을 평정합니다.

사방이 조용해지자 큰조롱박먼지벌레가 모래 굴에서 나오고 있다.

## 어설픈 관심이 되레 생태계를 망친다

바닷가 모래밭 먹이망의 중간 지점을 차지하는 큰조롱박먼지벌레는 힘없는 곤충이나 동물을 잡아먹습니다. 포식자인 큰조롱박먼지벌레의 개체 수는 잡아먹히는 피식자들보다 훨씬 적습니다. 천하무적일 것 같은 큰조롱박먼지벌레도 상위 포식자인 표범장지뱀, 새, 개구리, 들쥐, 게처럼 힘센 동물들에게 잡아먹힙니다. 그들 또한 매 같은 맹금류나 힘센 포유류의 밥이 되니 생태계에서는 절대 강자란 없습니다. 그게 자연의 질서입니다.

그런데 큰조롱박먼지벌레가 사람 손을 타 개체 수가 점점 줄어들고 있습니다. 희귀종이란 훈장을 달아 주며 관심을 가지지만 그 관심이 무슨 소용일까요? 관심을 받으면 사람 손을 더 탑니다. 희귀한 곤충이니 호기심에 잡아가고, 크고 잘 생긴 곤충이니 소유욕에 잡아갑니다. 잡아가서 어쩌려고 그러는지 모르겠습니다. 집에서 키워 봤자 오래 못 삽니다. 그들 집은 바닷가 모래밭이지 사람이 사는 집이 아니지요. 다 그런 건 아니지만 일부 환경에 어설프게 관심 있는 사람들은 호기심과 궁금증에 그런 오류를 저지릅니다. 희귀한 곤충들을 하나둘 무심코 데려오면 바닷가 모래밭에 사는 생명들에게 위기가 찾아올 수도 있습니다. 큰조롱박먼지벌레는 애완동물이 아닙니다. 엄연히 바닷가 모래밭 생태계를 지켜 내는 주인입니다.

큰조롱박먼지벌레가 껍데기만 남은 채 모래밭에 뒹굴고 있다.

아름다운 바닷가 청소부

# 남생이거저리

남생이거저리

남생이거저리가 모래를 파고 들어가고 있습니다.

여행을 하다 보면 유난히 자주 가는 곳이 있습니다.
대표적인 곳이 강원도 속초 지방.
깊은 산 설악산도 있고,
고졸하고 오롯한 진전사지삼층석탑도 있고,
한적한 바닷가 모래 언덕도 있고,
볼수록 속 시원한 동해 바닷물도 있고.
그곳을 가려면 저는 곧잘 진부령 고개를 넘습니다.
길목에 황태미역국을 파는 음식점이 있거든요.
특별난 식도락가는 아니지만 언제부터인지 미역국을 즐겨 먹습니다.
특히나 '날미역국'이 좋습니다.
고기도 홍합도 안 넣고 간장으로만 간을 맞춘 '날미역국' 맛은
미역의 풋풋한 맛이 살아 있어 최고지요.
미역국만이 아닙니다. 김, 파래, 다시마 같은 바다나물이
밥상에 올라오면 제 입은 어느새 귀에 걸립니다.
초록 빛깔 바다나물을 입에 넣고 씹을 때면
싱그럽고 상큼한 갯냄새가 입안을 맴돌아 기분까지 좋아집니다.

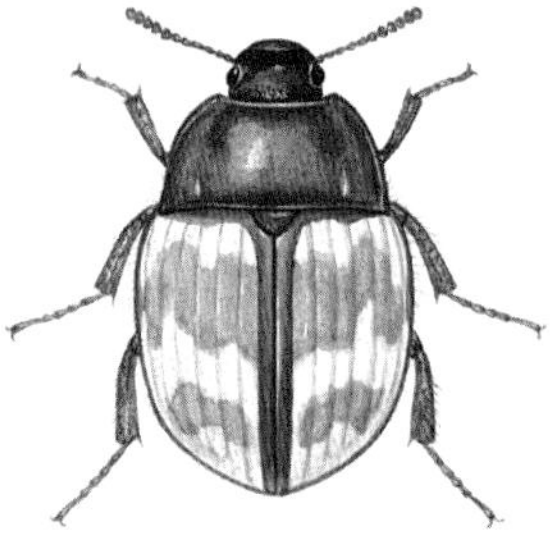

남생이거저리

이 꼭지는 딱정벌레목 거저리과 종인 남생이거저리(*Emypsara riederii*) 이야기입니다.

## 바닷가에서 만난 남생이거저리

웬 미역국 타령이냐고요? 곤충 중에서도 바다풀을 주식으로 삼는 녀석이 있습니다. 바로 바닷가 모래밭에서 평생을 사는 남생이거저리입니다. 녀석 밥상 위에는 미역, 톳, 다시마, 파래, 청각 같은 바다나물이 진수성찬으로 차려져 있습니다. 모두 바다에서 바닷가로 떠밀려 온 해조류지요. 바닷물에 이리 쓸리고 저리 쓸리며 해변에 도착한 해조류는 도착한 순간부터 남생이거저리를 비롯한 바닷가 모래밭에 사는 생물의 소중한 식량 창고가 됩니다. 바닷가를 거닐다가 썩어 가는 바다풀 더미가 있거든 냄새난다고 코만 막지 말고 한번 떠들어 보세요. 파리류, 톡토기류, 반날개류, 새우류, 물땡땡이류 들이 놀라 우왕좌왕합니다. 그중에서 등딱지가 넓적한 남생이랑 꼭 닮은 남생이거저리를 찾아보세요. 거무튀튀하지 않고 색깔이 알록달록 예쁜 거저리! 아주 특별한 만남이 될 것입니다.

남생이거저리를 본 적이 있나요? 아무 데서나 사는 녀석이 아니니 아마 못 보았지요? 제가 직접 이름(국명)을 지어 준 남생이거저리는 동해안 몇몇 바닷가에서만 살고 있습니다. 사구성 식물이 자라는 바닷가 모래 언덕이 아닌 파도가 밀려오는 모래톱에서 사는데, 먹잇감이 모래사장에 많기 때문이지요. 녀석은 파래, 김, 다시마, 톳 같은 바다풀을 최고의 밥으로 칩니다. 파도에 떠밀려 온 바다풀이 바닷가 모래밭에 있으니 그곳에 눌러살 수밖에요.

겉은 바짝 말랐지만 속은 살짝 축축한 바다풀을 구석구석 샅샅이 뒤져 보면 곤충들이 슬금슬금 걸어 나옵니다. 파리류가 가장 많

은데, 녀석들은 날아 도망갑니다. 톡토기는 톡톡 튀어 바다풀 속으로 숨고, 물땡땡이류는 바다풀이나 바다풀 아래 모래 속으로 숨고, 다른 곤충을 잡아먹으러 온 풍뎅이붙이류는 잽싸게 날아가고, 반날개류는 날렵한 배를 치켜들며 바다풀 속으로 파고 들어가거나 휘익 날아가 버리고, 갑각류는 톡톡 튀며 모래밭으로 뛰어들고, 남생이거저리는 당황해 모래 속에 머리를 처박고 앞다리로 모래 파고 들어가며 숨느라 정신없고……. 바다풀 더미 속은 그야말로 북새통입니다.

그중에서 단연 눈에 띄는 녀석은 역시 남생이거저리입니다. 햇빛이 눈부신지 숨을 곳을 찾느라 허둥지둥합니다. 생긴 것은 뚱뚱한 달걀 모양이군요. 넓적한 등판에다 얼룩덜룩한 무늬까지 있어 언뜻 보면 남생이를 닮았습니다. 모래 속으로 파고들어 가려는 녀석 머리 쪽에 손가락을 세우고 막아 봅니다. 순간 눈 깜작할 사이에 더듬이와 6개 다리를 오그려 배 쪽으로 숨깁니다. 그러고는 꼼짝도 안 합니다. 가사 상태에 빠진 것이죠. 덕분에 카메라를 들이대며 사진을 실컷 찍습니다. 플래시가 아무리 터져도 깨어날 생각을 안 합니다. 이삼 분쯤 지났을까? 더듬이와 다리 끝이 꼬물꼬물 움직이기 시작합니다. 그러더니 오그렸던 더듬이와 다리를 쭉 펴고 재빨리 모래 위를 걸어갑니다. 여느 거저리들과 마찬가지로 건드리면 충격을 받아 일시적으로 정신을 잃었다가 일정 시간이 지나 깨어난 것이지요.

이번에는 녀석을 조심스레 잡았다가 놔줍니다. 그리고 잡았던 손의 냄새를 맡아 보니 역시 시큼하고 향긋한 거저리 특유 냄새가 납니다. 자신을 방어하기 위해 내뿜는 화학 방어 무기 냄새지요.

(거저리의 방어 물질은 '모래거저리' 편에 설명해 두었습니다. 432쪽 참고)

## 몸 색깔이 다양해도 우린 한 가족

남생이거저리는 물방개처럼 동글동글한 게 굉장히 귀엽게 생겼습니다. 우선 몸 색깔이 여느 거무칙칙한 거저리와 달리 밝은 색입니다. 몸이 까만 녀석의 딱지날개에는 흰무늬가 있고, 몸이 적갈색인 녀석의 딱지날개에도 흰무늬가 있습니다. 재미있게도 어떤 녀석은 딱지날개가 아예 흰색입니다. 몸 색깔이 달라도 녀석들은 모두 남생이거저리입니다. 몸 색깔과 무늬가 조금씩 달라도 함께 짝짓기를 하고 알을 낳으니 같은 종이지요. 이렇게 종이 같은데도 개체 간에 몸 색깔 같은 차이가 있는 것을 '변이'라고 합니다. 놀랍게도 몸색이 다양해도 녀석들이 모래와 섞여 있으면 잘 골라내지 못할 만큼 모래 색깔과 비슷합니다. 보호색을 띠면 천적 눈을 헷갈리게 한다는 것을 어찌 알았는지 기특합니다.

녀석 더듬이는 구슬을 알알이 꿰어 만든 염주 같습니다. 더듬이 마디마다 짧은 센털이, 몸 가장자리에는 새하얀 털이, 다리에는 짧은 털이 줄지어 나 있습니다. 이 털들 덕분에 남생이거저리는 모래밭에서 무슨 일이 일어나고 있는지 소상히 알 수 있습니다. 온도, 습도, 모래로 전해지는 진동, 중력의 방향처럼 모르는 것이 없습니

다. 앞다리 역시 땅파기 선수답게 종아리마디가 삽처럼 넓적합니다. 위험하다 싶으면 머리를 모래에 박고 앞다리 두 개로 재빠르게 번갈아 가며 모래를 파고들어 갑니다. 그 모습이 물구나무서서 벌받고 있는 것 같아 키득키득 웃음이 나옵니다. 척박한 모래땅에서 살아남기 위해 누가 시키지 않아도 스스로 살 궁리를 하는 녀석이 신통방통할 뿐입니다.

## 바닷말에서 아예
## 눌러사는 남생이거저리

파도는 참말로 많은 것을 뭍으로 실어다 줍니다. 모래, 조개, 게, 김, 미역, 다시마, 파래 등등. 이 많은 해산물은 썩어 가며 많은 동물들에게 밥이 되어 줍니다. 어쩌다 바닷가 모래밭으로 이사 온 남생이거저리는 유난히 썩어 가는 바닷말을 좋아합니다. 바닷속에서도 광합성을 하는 바닷말(조류, algae)은 영양분이 많아 남생이거저리에게 최고의 영양밥입니다. 특히나 바닷말은 무더기로 밀려와 양이 많으니 녀석들이 먹고, 알을 낳고, 알에서 깨어난 애벌레가 먹고도 남습니다. 그래서 바닷말을 들추면 어른벌레와 애벌레가 같이 보일 때가 많습니다. 어른벌레와 애벌레가 모두 같은 집에서 같은 밥을 먹고 사는 것이지요.

한번은 땡볕에 퍼질러 앉아 바닷말을 뒤지는데, 까만 애벌레가 꾸물거리는 것이 보였습니다. 처음 보는 애벌레여서 저절로 눈이 동그래졌지요. 누굴까? 검은색에다 매끈한 피부, 몸은 길쭉한 원통 모양이고, 통통하게 살이 올랐는데, 움직임은 그다지 빠르지 않고, 그렇다고 느리지도 않고. 불청객이 자기 몸을 건드리니 당황했는지 가슴에 달린 6개 다리로 모래 속으로 파고들어 갑니다.

남생이거저리 애벌레는 몸이 까맣다.

딱정벌레과 애벌레도 아니고, 그렇다고 방아벌레 애벌레도 아니고, 모래거저리 애벌레도, 송장벌레 애벌레도, 풍뎅이 애벌레도 아닙니다. 확대경을 들이대 보고 또 보고 자꾸 들여다보니 직감적으로 거저리류 애벌레 같다는 느낌이 확 옵니다. 순한 얼굴, 짤막한 더듬이, 마디마다 잘 발달된 연결막, 매끈한 피부, 배 끝마디에 달린 항문 돌기(anal tube)가 있는 것을 보니 여느 거저리류 애벌레 특징과 고스란히 닮았습니다. 갑자기 가슴이 콩닥거리고 흥분되어 온몸이 들썩입니다. 도대체 어떤 거저리 애벌레일까? 남생이거저리와 같이 있으니 녀석의 애벌레일까? 남생이거저리 애벌레가 이렇게 생겼단 말인가?

곤충 애벌레는 대개 어른벌레와 손톱에 때만큼도 닮지 않아 직접 키워 보지 않으면 누구 새끼인지 잘 모릅니다. 그러니 애벌레만 보면 궁금증과 호기심이 일어납니다. 녀석의 정체를 알아내려고 책이나 도감을 아무리 찾아봐도 오리무중입니다. 그래서 어떤 때는 못 보던 애벌레를 만나면 그냥 주눅이 듭니다.

하는 수 없이 녀석을 연구실로 데려가 같이 살기로 마음먹었습니다. 바닷말과 함께 연구실에 온 녀석은 무럭무럭 자랐습니다. 그런데 녀석은 종령 애벌레였나 봅니다. 얼마 지나지 않아 녀석의 모습이 보이지 않습니다. 바닷말 밑에 깔아 둔 모래 속에다 번데기를 만들었는지도 모릅니다. 열흘쯤 지나니 어른벌레가 모습을 보였

남생이거저리 애벌레 등이 갈라지면서 허물을 벗고 있다.

남생이거저리가 어른벌레로 갓 날개돋이 했다. 아직 몸이 다 안 굳어 허옇고 말랑말랑하다.

습니다. 아마도 모래 속에서 날개돋이를 했나 봅니다. 갓 탈바꿈한 어른벌레는 굉장히 연한 색깔이고, 특히 날개에는 무늬가 아예 없고 보송보송하니 하얗습니다. 몸이 딱딱해지고 예쁜 무늬가 생기려면 1주일은 더 기다려야 합니다. 이때는 잘 먹지도 않고 잘 돌아다니지도 않고 모래 속이나 바닷말 속에 숨어 시간이 가기를 기다립니다.

그런데 이상한 일이 벌어졌습니다. 5마리를 데려왔으니 나머지 4마리도 어른벌레로 변신해야 하는데, 아무리 기다려도 나타나지 않습니다. 왜일까? 혹시 잡아먹힌 것은 아닐까? 하는 수 없이 바닷말과 모래 속을 샅샅이 뒤졌습니다. 살아 움직이는 것은 아무것도 없습니다. 그렇다고 녀석들 시체 조각도 보이지 않습니다. 도대체 어찌된 일일까? 나머지 4마리는 어디로 갔을까? 도망갈 틈도 없는데……. 문득 한 생각이 스치고 지나갑니다. 잡아먹혔구나! 잡아먹은 범인은 먼저 날개돋이 해 바닷말 속에 숨어 있던 어른벌레. 이 어른벌레가 애벌레였을 때 함께 살던 4마리 애벌레를 모두 잡아먹은 것이지요. 전 그것도 모르고 녀석들이 어딘가에서 번데기가 되어 있겠지 했습니다. 정말이지 비극적인 동족 포식 현장입니다. 녀석들은 큰턱이 단단해 바닷말뿐만 아니라 작은 곤충들도 잘 씹어 먹습니다. 심지어 형제든, 고모든, 삼촌이든 상관하지 않고 영양가 있는 모든 것을 잡아먹습니다. 배가 고프면 제 핏줄(종족)도 모두 밥으로 보이는 것이지요. 냉혹한 자연의 질서 앞에 잠시 가슴이 서늘했습니다.

남생이거저리가 뒤집혀 가사 상태에 빠져 있다.

## 바닷가 청소부

같은 바닷가 공간이라도 곤충들은 저마다 사는 곳이 조금씩 다릅니다. 식물 풀뿌리 둘레에서 사는 녀석, 식물 줄기나 잎 위에서 사는 녀석, 꽃에서 사는 녀석, 썩어 가는 바다풀 밑에서 사는 녀석, 시체에서 사는 녀석, 널빤지 같은 쓰레기 밑에서 사는 녀석처럼 다 사는 곳이 다릅니다. 아무것도 살지 않을 것 같이 척박한 바닷가 모래땅에서 곤충들은 사는 공간을 나눠 가지며 꿋꿋이 살아갑니다. 모든 곤충들이 같은 공간에 살며 같은 밥을 먹고 산다면 식량 부족이 일어나 어쩌면 굶어 죽을 수도 있습니다. 지혜롭게도 모래밭에 터를 잡은 곤충들은 자신에 맞는 서식지 안에서 자신에게 맞

남생이거저리는 바닷물에 떠밀려 온 바다풀 더미 밑에서 산다.

는 밥을 먹으며 살아갑니다. 이런 습성은 하루아침에 이뤄진 게 아니라 오랜 기간 혹독한 환경에 적응하며 진화해 온 결과입니다.

동해 바닷가에서만 사는 남생이거저리는 충실한 바닷가 청소부입니다. 바다풀을 먹어 치우며 잘게잘게 분해시켜 거름을 만들어 모래땅으로 되돌려 주니까요. 분해자가 없다면 바닷가 모래밭은 쓰레기로 가득찰지도 모릅니다. 게다가 남생이거저리는 큰조롱박먼지벌레, 반날개, 사냥벌과 새 같은 힘센 포식자들의 밥이 됨으로써 생태계 먹이망을 건강하게 유지하는 데 이바지합니다.

그런데 유명한 해수욕장에서는 바닷가에 널린 바다풀 같은 '자연 쓰레기'를 치웁니다. 환경 미화 차원에서 청소도 중요하지만, 바닷가에 자연적으로 생긴 바다풀 같은 해산물은 몇몇 곳에 남겨두면 어떨까요? 남생이거저리처럼 부식성 곤충이나, 그런 곤충을 포식하는 육식성 곤충이 깃들어 살 수 있게 말입니다. 자연 쓰레기는 바닷가 생물에게 소중한 집이자 밥입니다. 이제 생각을 바꿔야 할 때가 온 것 같습니다.

## 물구나무서기 챔피언

# 큰집게벌레

**위협하는 큰집게벌레**

큰집게벌레가 배 끝을 쳐들고
위협을 하고 있습니다.
큰집게벌레 꽁무니에는 집게처럼 생긴
기다란 꼬리털이 있습니다.

바닷가 모래 언덕을 뒤로하고
칠흑같이 깜깜한 밤을 달립니다.
밤 곤충 조사를 마치고 숙소로 돌아가는 길.
자동차 불빛에 이름 모를 곤충들이
번개처럼 달려들어 차 유리에 스치며 부딪칩니다.
세상은 깜깜하고 고요한데,
자동차 불빛만 도깨비불처럼 어둠 속을 질주합니다.

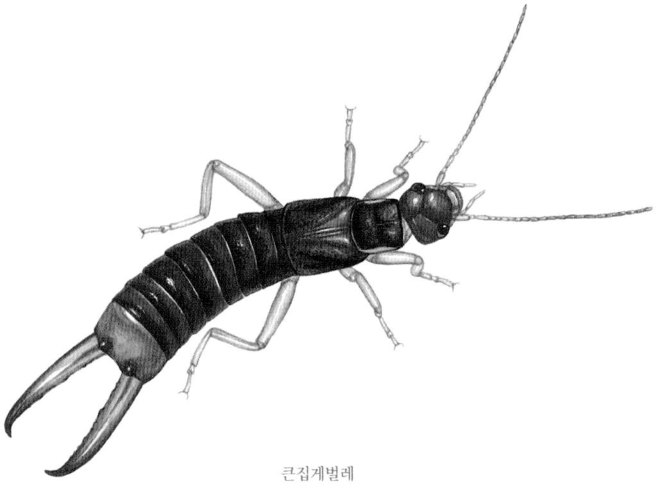

큰집게벌레

이 꼭지는 집게벌레목 큰집게벌레과 종인 큰집게벌레(*Labidura riparia japonica*) 이야기입니다.

## 바닷가 모래밭에 사는
## 큰집게벌레

저기 바닥에 심상치 않은 뭔가가 뻗어 널브러져 있어 차를 세웁니다. 길 한가운데서 피 흘리며 죽어 간 새끼 너구리. 교통사고를 당했습니다. 자동차 바퀴가 새끼 너구리 머리를 무참히 밟고 지나갔나 봅니다. 턱이 부스러져 성난 이빨이 다 드러나고, 차마 눈을 감지 못하고 동그랗게 부릅뜨고 죽었습니다. 어쩌다 이런 사고를 당했을까요. 안타까운 마음에 혀만 끌끌 찹니다.

그런데 죽은 새끼 너구리의 상처 난 옆구리에 뭔가가 잔뜩 붙어 있습니다. 손전등을 비춥니다. 큰집게벌레군요! 녀석들은 불빛에 화들짝 놀라 까만 눈을 빠끔히 뜨고 배 끝을 전갈같이 치켜듭니다. 마치 하늘이라도 찌를 듯이. 바닷가 모래 언덕이 그리 멀지 않으니 이 와중에도 너구리를 먹겠다고 달려든 녀석들. 왠지 오늘 밤은 녀석들에게 오만 정이 뚝 떨어집니다.

먹는 큰집게벌레들, 그리고 먹히는 새끼 너구리를 남겨 놓고 다시 어둠 속을 달립니다. 울적한 마음에 어두운 자동차 속에서 더듬더듬 시디 음반을 틉니다. 슈베르트의 현악 사중주곡 〈죽음과 소녀〉. 차분한 선율이 우울하게 흐릅니다. 죽음을 코앞에 둔 소녀가 저승사자에게 사정합니다. "나는 어려요. 그냥 지나가 주세요. 부디 다가오지 마세요." 애원하듯 슬픈 선율이 흘러나오니 자꾸 가엽게 죽은 새끼 너구리가 눈에 밟힙니다. 죽는 순간까지 살아 보겠다고 버둥거렸을 텐데 말이죠.

누구든지 바닷가에 가면 넘실대는 검푸른 바다와 자잘하게 부서지는 새하얀 파도에 늘 환호합니다. 그 바다 언저리에 있는 모래밭에는 다들 관심을 두지 않습니다. 모래밭에는 풀도 있고 나무도 있지만, 눈길을 확 부여잡을 만큼 화려하지 않아 그럴 만도 합니다. 더구나 모래밭이 아무도 살지 않는 황무지처럼 보이니 더 그렇겠지요. 심지어 모래밭에는 바다에서 떠밀려 온 온갖 쓰레기들, 사람들이 오다가다 버린 쓰레기들이 널브러져 있습니다. 널빤지, 나무 밑동, 고기잡이 그물, 스티로폼, 운동화, 조개껍데기 같은 것들이 수두룩합니다.

그런데 바닷가 모래밭에 사는 큰집게벌레는 그 쓰레기들을 끔찍이 사랑합니다. 왜일까요? 자신의 포근한 집이니까요. 큰집게벌레는 알에서 나와 죽을 때까지 돌멩이나 버려진 쓰레기 아래 모래밭을 전세 내어 평생 동안 삽니다.

녀석의 배 끝에는 집게 같은 기다란 꼬리털이 달려 있습니다. 막대기처럼 길게 뻗은 데다 안쪽에 톱니 같은 돌기가 있어 어찌 보면

큰집게벌레가 먼지벌레류 시체를 먹고 있다.

수컷 사슴벌레의 잘생긴 큰턱 같습니다. 원래는 부드러운 꼬리털이었는데, 오랜 기간을 통해 물건을 꽉 잡을 수 있는 집게처럼 바뀌었지요. 배 끝에 집게가 달려 있다 해서 녀석을 '큰집게벌레'라고 합니다. 집게가 꼭 가윗날을 벌리고 있는 것 같아 일제 강점기 때는 '가위벌레'라고 했고, 지금도 북한에서는 가위벌레로 줄곧 쓰고 있습니다. 집게벌레든 가위벌레든 잊어버리기 어려운 참 쉬운 이름이지요.

녀석은 야행성 곤충이어서 밤에 돌아다니는 것을 좋아합니다. 사람으로 치면 밤낮이 바뀐 셈이지요. 낮에는 쓰레기를 지붕 삼아 꼼짝 않고 지내다가 깜깜한 밤만 되면 활개 치고 다니며 모래밭에 사는 살아 있는 생물도 잡아먹고, 죽어 썩어 가는 동물도 뜯어 먹고, 짝짓기도 합니다. 그러다 날이 밝아 오면 다시 쓰레기 아래 집으로 돌아갑니다. 녀석들은 밤새도록 모래밭을 청소하는 환경미화원인 셈입니다.

## 큰집게벌레의 매력

큰집게벌레는 몸매가 길어서 늘씬합니다. 몸 색깔은 검은색과 붉은색이 섞여 있어 모래 속에서도 잘 찾을 수 있습니다. 까만 겹눈은 동그랗고, 더듬이는 실처럼 길쭉하고 얼마나 긴지 30개나 되는 마디가 구슬처럼 촘촘히 꿰어 있습니다. 특이하게도 녀석의 앞

큰집게벌레가 모래 속에 숨어 있다.

날개는 굉장히 짧아 마치 속옷만 입은 것처럼 가슴 부분만 가렸습니다. 앞날개가 하도 짧다 보니 딱정벌레 집안인 반날개류로 착각하지만, 녀석은 바퀴목 가문과 촌수가 가깝습니다. 뒷날개는 넓게 펴면 반달같이 생겼는데, 평소에는 차곡차곡 잘 접어 짧은 앞날개 속에 고이 간직합니다. 앞날개가 짧으니 배가 맨살 그대로 드러나 있습니다.

녀석 특징을 가장 잘 보여 주는 것은 뭐니 뭐니 해도 배 끝에 달려 있는 집게처럼 생긴 꼬리털입니다. 사실 곤충을 뒤덮고 있는 딱딱한 큐티클 껍질은 사람으로 치면 뼈에 해당합니다. 그래서 녀석의 꼬리털도 만져 보면 딱딱합니다. 꼬리털 생김새는 종마다 다 다르게 생겼습니다. 예를 들면 꼬리털 모양이 손잡이가 달린 병따개 모양인 녀석은 못뽑이집게벌레입니다.

무섭다기보다 꼭 장난감 같아 보이는 이 꼬리털을 어디다 쓸까요? 물론 자신을 지키는 데 씁니다. 건드리면 후다닥 꼬리털을 가위 벌리듯이 펼치며 배 끝을 하늘이라도 찌를 듯이 높이 치켜듭니다. 체조 선수를 흉내 내듯이 가슴 부분만 땅에 닿아 있고 나머지 몸을 동그랗게 말아 올립니다. 적을 막아 내는 훌륭한 무기지요. 또한 녀석들은 자기 영역에 들어온 다른 녀석과 엉덩이를 맞대고 꼬리털을 휘두르고 부딪치며 칼싸움하듯 싸우기도 합니다. 마치 수컷 사슴벌레들이 큰턱을 맞부딪치며 싸움을 벌이는 것 같습니다. 싸울 때는 몸이 크고 꼬리털이 튼실한 수컷이 유리하겠지요. 꼬리털은 애벌레 시절의 영양 상태에 따라 튼실한 정도가 결정됩니다. 더구나 암컷은 좋은 신랑감을 선택할 때 수컷 꼬리털을 살핍니다.

큰집게벌레가 배 끝을 쳐들고 위협을 하고 있다.

## 아기 키우는
## 어미 큰집게벌레

모래 언덕을 조사하려면 여러 가지 방법이 다 동원됩니다. 모래를 체로 걸러 내기도 하고, 5센티미터 깊이 정도까지 살살 모래를 파 보기도 하고, 모래 위에서 돌아다니는 녀석을 직접 눈으로 확인도 하고, 포충망으로 풀숲을 휘젓기도 하고. 동물들이 싸 놓은 똥이나 바다에서 떠밀려 온 물고기, 죽은 물새 따위를 뒤지기도 하고, 널브러진 쓰레기들을 하나하나 들추어 보기도 합니다. 모래땅을 들여다봐야 하니 앉았다 일어났다, 구부렸다 일어났다, 쪼그리고 앉았다 걸었다 하니 허리가 끊어질 지경입니다. 다음 날이 되면 허벅지 근육이 당겨 어기적어기적 걷기 일쑤입니다. 그래서 어떤 때는 꾀가 나 쪼그려 앉지 않고 널브러진 쓰레기를 발로 툭툭 찹니다. 그때 만나는 곤충은 늘 큰집게벌레. 희한하게도 녀석들은

큰집게벌레 암컷과 수컷이 짝짓기를 하려고 만났다.

꼭 한 쌍이 사이좋게 함께 지냅니다. 열에서 여덟은 꼭 쌍을 이루고 있습니다. 암컷과 수컷이 왜 같이 있는지, 어떻게 부부 생활을 하는지 알 길이 없습니다. 널빤지를 들추자마자 암수 한 쌍이 깜짝 놀라 배 끝 꼬리털을 높이 치켜들고, 그것도 모자라 제각각 모래 속으로 쏜살같이 파고듭니다. 졸지에 부부가 생이별을 합니다. 한참을 기다렸건만 녀석들은 돌아오지 않았습니다.

녀석들이 나타나기를 기다리며 모래 위에 퍼질러 앉은 김에 둘레 모래를 뒤집니다. 그런데 모래 구덩이에서 알 더미 발견. 포도송이처럼 탐스럽게 엉겨 붙어 있는 알들. 얼른 보아도 100개는 넘습니다. 우윳빛 새알 같은 게, 반짝반짝 빛나는 게 마치 진주알 같습니다.

알에서 깨어난 애벌레는 여름 내내 여러 번 허물을 벗고 어른이 될 준비를 합니다. 녀석들도 메뚜기목 가문처럼 안갖춘탈바꿈을 하니 번데기 시절을 거치지 않고 곧장 어른벌레가 되지요. 애벌레는 달걀처럼 둥그스름한 타원형 방을 모래 표면 가까이에 파고 그

큰집게벌레가 갓 허물을 벗어 몸 빛깔이 허옇다.

고마로브집게벌레가 나뭇잎에 낳은 알을 돌보고 있다.

속에서 삽니다. 그리고 밤이 되면 어른벌레들처럼 집 밖으로 나와 모래판을 어슬렁거리며 모래에 떨어진 여러 가지 죽은 동물을 먹기도 하고, 작은 곤충을 잡아먹기도 하지요.

신기하게도 집게벌레목 가문 어미는 직접 새끼를 키운다고 알려져 있습니다. 여느 곤충들은 알만 낳아 놓고 나 몰라 하며 떠나버리는데 말입니다. 놀라운 일이지요. 어미는 땅속에 알을 낳은 뒤 줄곧 남아 수호천사처럼 알들을 지킵니다. 고마로브집게벌레는 나뭇잎이나 나무껍질 틈에 낳은 알을 지킵니다. 알이 썩을세라, 균에 감염될세라, 마르고 닳도록 알을 돌봅니다. 아무것도 먹지 않고, 오로지 알만 돌봅니다. 거기서 끝나는 게 아닙니다. 알에서 애벌레가 깨어나면 애벌레가 한 번 허물을 벗고 제법 자라 집게벌레 구실을 할 때까지 키웁니다. 먹이도 잡아다 먹이고, 어떤 때는 자기 배 속에 저장해 둔 먹이를 토해 먹이기도 합니다. 그뿐이 아닙니다. 틈만 나면 새끼를 잡아먹으려는 힘센 동물을 물리치고 막아 줍니다. 새끼에게는 어미이기도 하지만 듬직한 수호천사 그 자체입니다.

수년 간 모래밭에서 곤충들을 관찰해 왔지만 아쉽게도 집게벌레들이 실제로 새끼 키우는 광경을 보지 못했습니다. 새끼들이야 늘 만날 수 있었지만, 그 새끼들은 혼자서 작은 타원형 방 하나를 차지하고 있었지요. 모래 속에다 만든 것이 아니라 널빤지나 덮개 밑에다 만들었는데, 입으로 분비물을 토해 모래와 섞어 반지하 타원형 방을 만듭니다. 애벌레는 날개도 없고, 손으로 건드리기만 해도 움푹 들어갈 것처럼 연약한 모습이었지요. 오랫동안 모래판을 쑤시고 다니지만 알아낼 수 없는 것이 너무 많습니다.

어린 큰집게벌레 애벌레가 모래 속에 숨어 있다.

애흰수염집게벌레

고려집게벌레

고마로브집게벌레

못뽑이집게벌레

민집게벌레

## 바닷가 모래밭에는 생물이 살고 있다

아무도 살지 않을 것 같은 땅, 바닷가 모래밭. 겨울에 삭풍까지 불면 더욱 살벌해지는 바닷가 모래땅. 그곳에서도 생물들이 서로 뒤엉켜 삽니다. 저마다 자기가 좋아하는 밥을 먹고, 자기가 좋아하는 곳에 터를 잡고, 봄이면 봄대로, 여름이면 여름대로, 가을이면 가을대로, 추운 겨울이면 겨울대로 척박하고 사나운 환경에 맞춰 살아갑니다. 모든 생물들에게는 대자연의 변화에 거스를 힘이 없기 때문에 그저 주어진 환경에 적응해야 살아남습니다. 사구 식물 잎을 먹는 녀석도 있고, 사구 식물의 뿌리를 먹는 녀석도 있고, 바다풀을 먹는 녀석도 있고, 이 녀석들을 잡아먹는 포식 생물들도 있습니다. 바닷가 모래 언덕에는 많은 생명들이 어우러져 삽니다. 큰

좀집게벌레

백강균에 감염된
큰집게벌레

집게벌레도 모래 언덕의 한 식구로 밤에 나와 모래밭을 살뜰히 청소합니다. 모래밭에서 죽은 동물을 먹어 치우고, 식물질도 먹어 치우고, 작은 동물도 잡아서 먹어 치우며 모래밭 생태계 먹이망에서 없어서는 안 될 중요한 위치를 차지하고 있습니다.

이렇듯 바닷가에는 검푸른 바닷물과 잘게 부서지는 하얀 파도만 있는 것이 아닙니다. 생명의 창고 모래밭도 있습니다. 아무것도 못 살 것만 같은 척박한 모래땅에도 생명들이 드라마틱하게 제 역할을 하면서 지금도 숨 쉬고 있습니다. 한번 새겨 볼 일입니다.

모래밭 개미귀신

# 명주잠자리 애벌레

**왕명주잠자리 애벌레**

왕명주잠자리 애벌레가 모래 속에서
큰턱을 벌리며 나오고 있습니다.

한여름 바닷가 모래밭은 뜨거운 양은 냄비 같습니다.
햇볕이 모래를 달달 볶으면서 불 같은 열기를 내뿜어
발 디디기도 겁이 납니다.
하도 뜨거워서인지 한낮이면
모래밭 곤충들도 모두 햇빛을 피해 숨어 버립니다.
덩달아 저도 달궈진 모래 열기를 피해
모래밭을 병풍처럼 두른 해송 숲 그늘로 숨습니다.

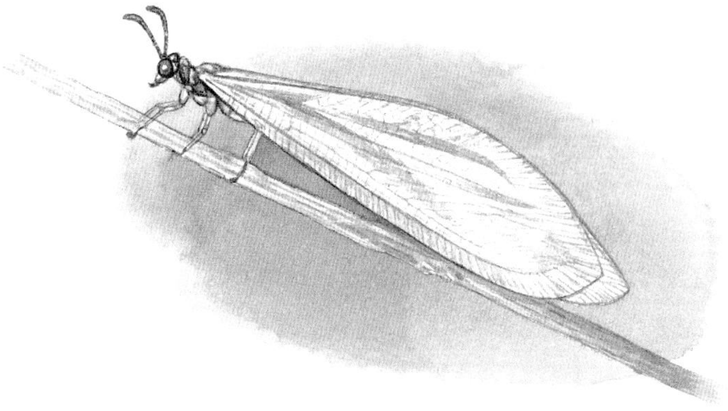

명주잠자리

이 꼭지는 풀잠자리목 명주잠자리과에 속한 종들의 이야기입니다.
본문에서 명주잠자리로 언급한 것은 명주잠자리과에 속한 종들을 말합니다.

## 개미귀신, 개미지옥, 명주잠자리

웬만한 바닷가 모래밭 언저리에는 늘 해송 숲이 그윽하게 자리 잡고 있지요. 짙은 그늘이 드리워진 해송 숲 바닥도 온통 모래입니다. 모래 위를 솔잎이 듬성듬성 덮고 있군요. 아무 데나 털썩 앉으니 바다가 코앞입니다. 넘실대는 검푸른 바다! 출렁출렁 바닷물이 파도가 부르는 노래에 맞춰 춤춥니다. 출렁이는 물결에 햇빛까지 내려앉으니 바다는 금세 반짝반짝 빛나는 보석밭이 됩니다. 한 줄기 바람이 지나갑니다. 스쳐 간 바람에서 솔향기가 물씬 납니다. 그윽하고 정갈한 솔향기에 취해 나도 모르게 눈을 지그시 감습니다. 사스락사스락 솔잎 부딪치는 소리, 위이잉 솔가지 사이를 지나가는 실바람 소리. 천국에라도 온 것 같아 마음이 평온해집니다. 솔바람에 땀이 식어 가니 감았던 눈이 살며시 떠집니다. 모래성 쌓으려고 모래 한 줌을 건저 올리려는데, 발밑에 움푹 파인 깔때기

모래밭에 파 놓은 개미지옥

집이 보입니다. 그러고 보니 깔때기 모양 웅덩이가 모래밭에 즐비합니다. 모래밭 여기저기에 움푹움푹 파인 구멍이 쫙 깔린 게 마치 공중 폭격 훈련장 같습니다. 순비기나무 숲 아래에도, 해송 그늘 아래에도, 갯그령 잎사귀 아래에도 들이치는 비를 피할 수 있는 곳이면 어김없이 깔때기 웅덩이가 파였습니다. 이 모래 웅덩이를 누가 팠을까요? 바로 개미귀신, 아니 명주잠자리류 애벌레입니다.

명주잠자리류 애벌레인 개미귀신이 무시무시한 큰턱을 벌리고 있다.

이집트에 있는 피라미드를 거꾸로 뒤집어 놓은 것 같은 깔때기 집 속에는 명주잠자리 애벌레가 삽니다. 우리에게는 명주잠자리 애벌레보다는 개미귀신으로 더 잘 알려져 있지요. 왜 하필이면 개미귀신이라 부를까요? 명주잠자리 애벌레는 깔때기 집 속에 숨어 있다가 먹잇감이 깔때기 집 속으로 떨어지면 지체 없이 튀어나와 먹잇감을 낚아채 모래 속으로 들어갑니다. 이때 먹잇감은 아무리 탈출하려고 발버둥 쳐도 모래 속으로 쑤욱 끌려갑니다. 마치 물귀신에게 끌려가듯이 말이죠. 이 끔찍한 깔때기 집 속으로 끌려가는 녀석은 주로 땅바닥에 사는 개미들입니다. 개미들을 낚아채 물귀신처럼 쥐도 새도 모르게 깔때기 집 속으로 끌고 간다 해서 깔때기 집 주인을 '개미귀신'이라고 합니다. 북한에서는 '만만이'이라 부르는데, 그 말이 어디서 나왔는지는 모릅니다. 영어로는 '개미 사자'라는 뜻인 '앤트 라이온(ant lion)'이라고 합니다.

또한 흔히들 깔때기 집을 '개미지옥'이라고 합니다. 개미가 깔때기 집 속으로 굴러떨어지면 영영 살아 나오지 못하고 황천길을 떠난다 해서 개미지옥이라 했으니 이름치고는 좀 섬뜩합니다.

그건 그렇고 개미귀신의 정식 이름은 명주잠자리 애벌레입니다. 그러니 '개미귀신'이나 '개미지옥'은 애벌레 시절에만 해당되는 애

땅에 파 놓은 개미지옥

칭입니다. 풀잠자리목 가문인 명주잠자리류(명주잠자리과)는 세계에 600종쯤 사는데, 애벌레는 대부분 땅속에 깔때기처럼 생긴 집에서 사냥하면서 살고, 어른벌레는 흙 속을 벗어나 땅 위에서 삽니다. 이름에 '잠자리'는 왜 붙었을까요? 혹시 명주잠자리는 잠자리와 닮았나요? 그렇지 않습니다. 이름만 들어서는 잠자리의 한 종류로 착각하기 딱 좋습니다. 잠자리들은 잠자리목에 속하고, 명주잠자리들은 풀잠자리목에 속하니 멀어도 한참 먼 사이지요.

명주잠자리를 언뜻 보면 겉모습이 실잠자리와 닮은 것도 같습니다. 하지만 자세히 보면 다른 점이 금방 눈에 띕니다. 잠자리(잠자리목) 더듬이는 보일락 말락 짧은데, 명주잠자리 더듬이는 그보다 훨씬 길지요. 또 명주잠자리 날개 막은 잠자리 날개 막과 비교해 얼마나 얇은지 속살이 다 보일만큼 투명해 아름답습니다. 야리야리한 날개 질감이 마치 명주 천과 같아서 명주잠자리라고 이름 지었는데, 망사잠자리라고 지었어도 재미있을 뻔했습니다.

## 모래 속에
## 꼭 숨어 있는 개미귀신

6월 말, 온종일 모래밭을 걸으며 곤충 조사하는 일은 중노동입니다. 종아리에 알도 배고, 어깨도 아픕니다. 그럴 때 해송 숲 모래밭에 앉아 있으면 넘실대는 검푸른 바닷물에 실려 오는 파도 소리가 피로를 씻어 줍니다. 곤충 조사고 뭐고 앉은 김에 보석처럼 반짝반짝 출렁이는 바다나 감상할까 싶어 무거운 등산화를 벗고 한숨 돌립니다. 그것도 잠깐, 벗어 놓은 등산화 옆에 개미귀신이 파 놓은 깔때기 집 하나가 떡 버티고 있군요. 그런데 웬일? 마침 개미 한 마리가 지나갑니다. 바다를 지긋이 바라보던 눈은 어느새 동그랗게 커져 개미를 뒤쫓고 있습니다. 에구, 시도 때도 없이 도지는 직업병. 팔자려니 하고 카메라를 챙겨 들고 쪼그리고 앉아 개미를 추적합니다. 깔때기 집 가운데에는 모래인지 큰턱인지 분간이 안 되는 갈퀴 같은 큰턱이 삐죽이 나와 있군요. 마치 역기를 든 역도 선수 팔처럼 큰턱을 옆으로 넓게 벌리고 개미가 굴러떨어지길 기다립니다. 그런데 배가 몹시 고팠는지 네모난 가슴까지 과감히 모래 속에서 빼냅니다. 과연 개미가 깔때기 집으로 굴러떨어질까요?

그런데 오늘의 조연 배우 개미가 주인공 뜻대로 움직여 주지를 않네요. 그냥 뺀질거리며 깔때기 집 둘레를 이리저리 맴돌기만 할 뿐 좀처럼 깔때기 집으로 들어가지 않네요. '제발 그 깔때기 집으

개미귀신이 모래 속에 숨어서 큰턱을 벌리고 개미를 기다리고 있다.

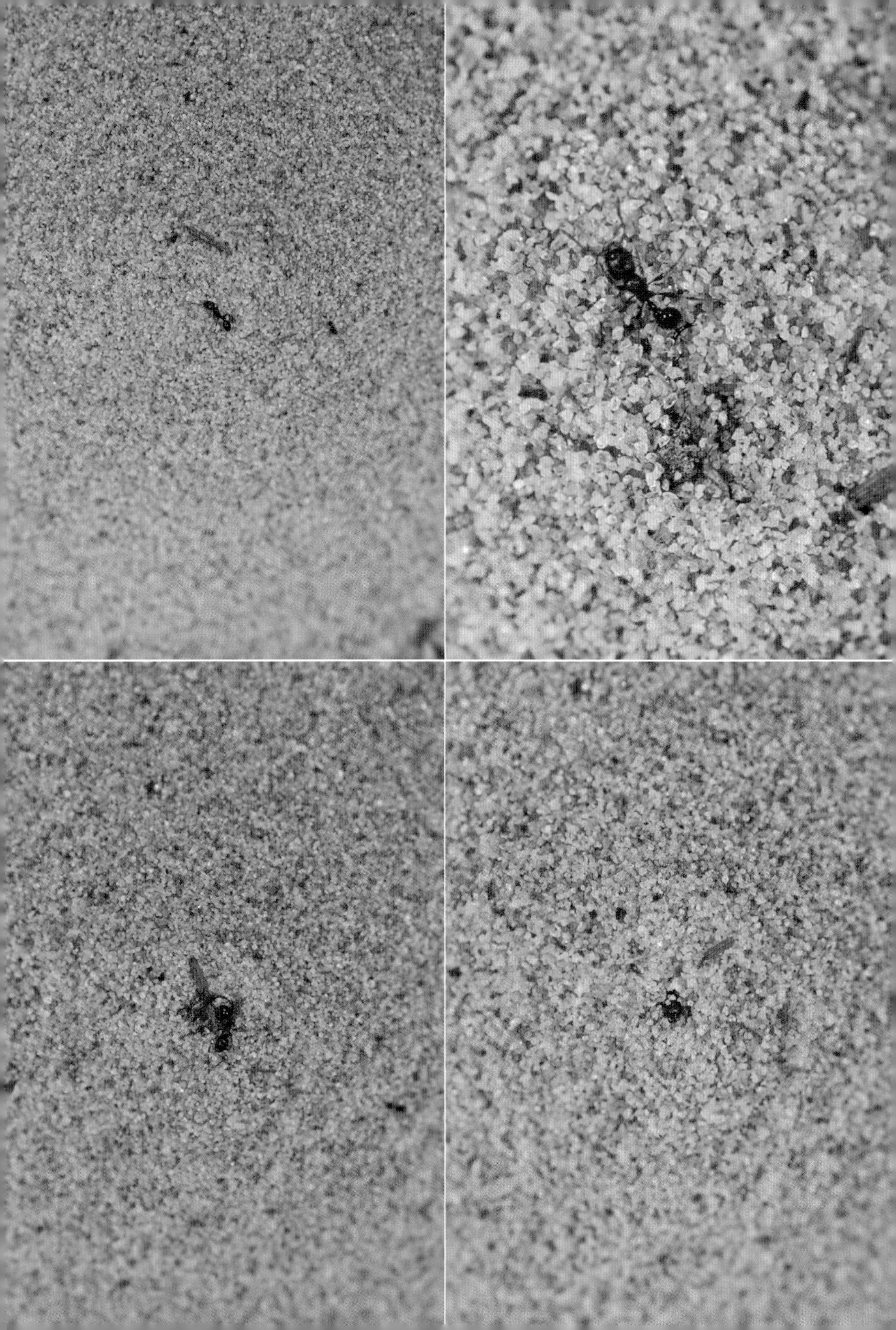

로 들어가렴.' 마음속으로 주문을 외워도 들은 척도 안 합니다. 그러더니 급기야 방향을 틀어 다른 곳으로 총총 걸어갑니다. 깔때기 집에서는 주인공 개미귀신이 날카로운 큰턱을 내놓고 먹이를 목 빠지게 기다리고 있는데, 얼마나 지났을까? 개미 한 마리가 또 깔때기 집 쪽으로 다가옵니다. 이번에는 깔때기 집에 빠지려나. 아! 그만 개미가 깔때기 집 언저리를 걸어가다가 미끄러지듯 깔때기 집 속으로 빠집니다.

개미가 깔때기 집으로 굴러떨어지자 모래 속에 웅크리고 있던 개미귀신 머리가 느닷없이 툭 튀어나오더니 순식간에 큰턱을 가위 벌리듯이 양옆으로 쫙 벌려 개미를 낚아채고는 모래 속으로 쑤욱 끌고 들어갑니다. 그런데 이건 또 무슨 일? 개미귀신의 큰턱에서 어찌 벗어났는지 개미가 모래 속을 벗어나 깔때기 집 모래벽을 본능적으로 기어오르려고 바동거립니다. 곧이어 모래 속에 있던 개미귀신 큰턱이 다시 등장. 큰턱으로 모래를 한 움큼 집더니 개미를 향해 뿌립니다. 뿌려진 모래는 45도쯤 기울어진 깔때기 집 모래들을 무너뜨려 순식간에 모래 사태가 일어납니다. 기를 쓰고 기울어진 모래벽을 타고 탈출하려던 개미가 쏟아져 내리는 모래 더미에 휩쓸려 다시 바닥으로 굴러떨어집니다. 나뒹굴던 개미, 중심을 잡고 비틀비틀 모래벽을 또 기어 올라갑니다. '어딜 달아나려고. 너는 내 밥이야.' 개미귀신이 모래를 다시 흩뿌리니 개미는 또다시 깔때기 집 아래로 나뒹굴며 떨어집니다. 그러자 개미귀신은 모래

1|2
3|4

1. 개미가 개미지옥에 빠졌다.
2. 개미지옥에 빠진 개미를 잡으려는 개미귀신 주둥이가 보인다.
3. 개미가 개미귀신에게 잡혀 모래 속으로 끌려들어 가고 있다.
4. 개미가 모래 속으로 사라졌다.

피붓기를 멈추고 집게 같은 큰턱으로 개미를 꽉 물어 버립니다. 불쌍하게도 탈출하려던 개미는 개미귀신의 무시무시한 큰턱에 꽂혀 저승길 모래 속으로 사르르 사라집니다.

## 개미귀신의 요리법

개미귀신은 모래 속으로 끌고 간 개미를 어떻게 먹어 치울까요? 무시무시하게 생긴 큰턱으로 와작와작 씹어 먹을까요? 아닙니다. 생긴 건 험상궂어도 식사는 우아하게 합니다. 자신만의 요리 비법으로 맛난 요리를 만들어서 말이지요.

녀석은 개미가 깔때기 집 아래로 떨어지면 끝이 갈고리처럼 휘어진 낫처럼 생긴 큰턱을 무조건 개미 몸에 푹 찔러 넣습니다. 그리고 모래 속으로 끌고 가서는 큰턱으로 소화 효소가 들어 있는 침(타액)을 몇 분 동안 흘려 보냅니다. 신기하게도 큰턱 안쪽에는 깊이 파인 홈이 있는데, 그 홈의 열려진 일부분을 큰턱 아래쪽에 나 있는 작은턱이 덮듯이 막아 타액이 흐를 수 있는 가는 도랑을 만듭니다.

침(타액)이 그 홈을 따라 개미 몸속으로 들어가면 소화 효소가 개미 속살을 서서히 녹이기 시작합니다. 개미는 이리저리 몸을 흔들며 벗어나려고 발버둥 치지만 다 헛수고. 단단한 껍질만 빼놓고 내장 기관은 녹아 죽이 되어 갑니다. 그러면 개미 몸이 축 처지면서 서서히 죽어 갑니다. 드디어 개미 죽 완성. 이제 개미귀신은 잘 차려진 개미 요리를 먹기만 하면 됩니다. 대롱처럼 속이 텅 빈 날카로운 큰턱으로 개미 죽을 천천히 빨아 들이마십니다. 식사를 마친 개미귀신은 큰턱을 빈 껍데기만 남은 개미 몸에서 빼냅니다. 그리고 인정사정없이 개미 껍데기를 큰턱으로 집어 깔때기 집 밖으로 휘익 던져 버립니다. 녀석은 먹다 만 음식 찌꺼기가 있어도 자기 집에 두지 않고 밖에 내다 버립니다.

먹었으니 싸야지요. 개미나 다른 동물들로 배를 실컷 채운 개미귀신은 똥을 깔때기 집에다 쌀까요? 천만의 말씀. 녀석에게는 항문이 아예 없습니다. 개미귀신의 내장 끝은 막다른 골목처럼 꽉 막혔습니다. 세상에! 어떻게 이럴 수가? 그럼 배설물은 어떻게 처리하나요? 그냥 보관합니다. 녀석의 내장 끄트머리는 엄청나게 큽니다. 번데기가 되기 위해 마지막 허물을 벗을 때까지 배설물을 꼭 간직하고 몸 바깥으로 절대 내보내지 않습니다.

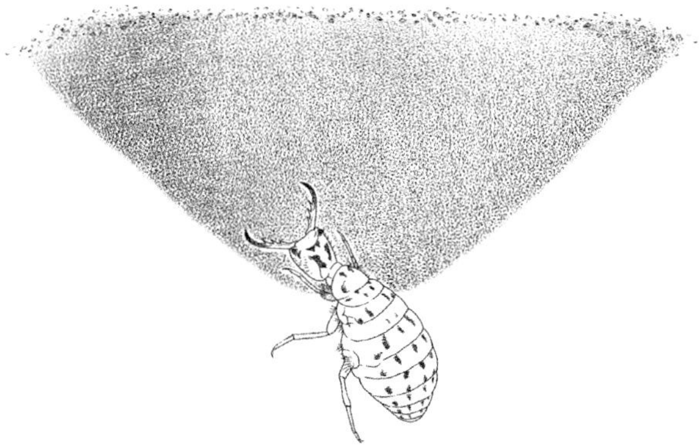

개미귀신이 깔대기 같은 집을 짓고 모래 속에 숨어 있다.

애벌레 시절 내내 숨어 사는 보금자리인 개미지옥을 더럽히지 않기 위해서이지요. 아무튼 녀석은 얼마나 깔끔한지 음식 쓰레기든 먹고 소화시킨 똥이든 자신의 깔때기 집에 남아 있는 걸 참지 못합니다.

## 개미와 개미귀신 누가 이길까

궁금한 것이 있습니다. 개미에게 물리면 따갑고 가렵습니다. 개미가 공격 받으면 즉시 방어 물질인 포름산을 내뿜었기 때문이지요. 개미는 배 속에 화학 무기 공장을 차려 놓고 포름산이라는 강력한 화학 무기를 만듭니다. 그러니 개미귀신 같은 개미 사냥꾼들에게 개미는 걸어 다니는 가스 폭탄인 셈이지요. 그렇게 독을 갖고 다니는 개미를 개미귀신은 어떻게 잘도 잡아먹을까요? 방법은 있습니다. 조심! 개미를 먹을 때 오로지 조심만 하면 됩니다. 개미귀신은 낫 같은 큰턱을 개미 몸에 푹 찔러 넣고 개미 내장을 녹여 빨아 먹으면서 개미 독샘을 건드리지 않습니다.

토마스 아이스너 박사는 개미귀신이 포름산을 보면 얼마나 기겁을 하는지 실험을 했습니다. 개미를 꽉 물고 있는 개미귀신한테 포름산 한 방울을 떨어뜨렸더니 개미귀신이 개미를 버리고 삼십육계 줄행랑을 쳤다고 합니다.

그런데 왜 개미는 강력한 화학 무기를 개미귀신에게 터뜨리지 않는 걸까요? 속도전에서 개미귀신이 앞서기 때문입니다. 즉 개미귀신이 굉장히 빠르게 개미를 잡아 낚아채기 때문입니다. 개미는 대개 적을 자기 입으로 깨문 뒤에 포름산을 쏩니다. 실제로 포름산을 지닌 개미들을 건드리면 가장 먼저 하는 일이 달려들어 무는 것입니다. 포름산은 전혀 내뿜지 않고 말이지요. 녀석 유전자에는 적이 나타나면 무조건 깨물라고 프로그램 되어 있습니다. 적에게 달려들어 큰턱으로 깨물고 나면 그때야 비로소 배를 아래쪽으로 동그랗게 말아 포름산 가스를 내뿜습니다. 결코 포름산을 먼저 터뜨리는 법이 없지요.

개미귀신이 모래 속에 숨어 큰턱만 내밀고 있다가 순식간에 개미를 큰턱으로 푹 찔러 버리니 개미가 개미귀신을 깨물 시간이 없습니다. 여기서 한 가지 알아야 할 것이 있습니다. 개미귀신은 낫 같은 큰턱을 개미 몸에 푹 찌르지만 포름산을 분비하는 분비샘을 절대로 건드리지 않습니다. 분비샘이 있는 위치를 어떻게 용케 알

왕명주잠자리 애벌레가 큰턱을 벌리고 있다.

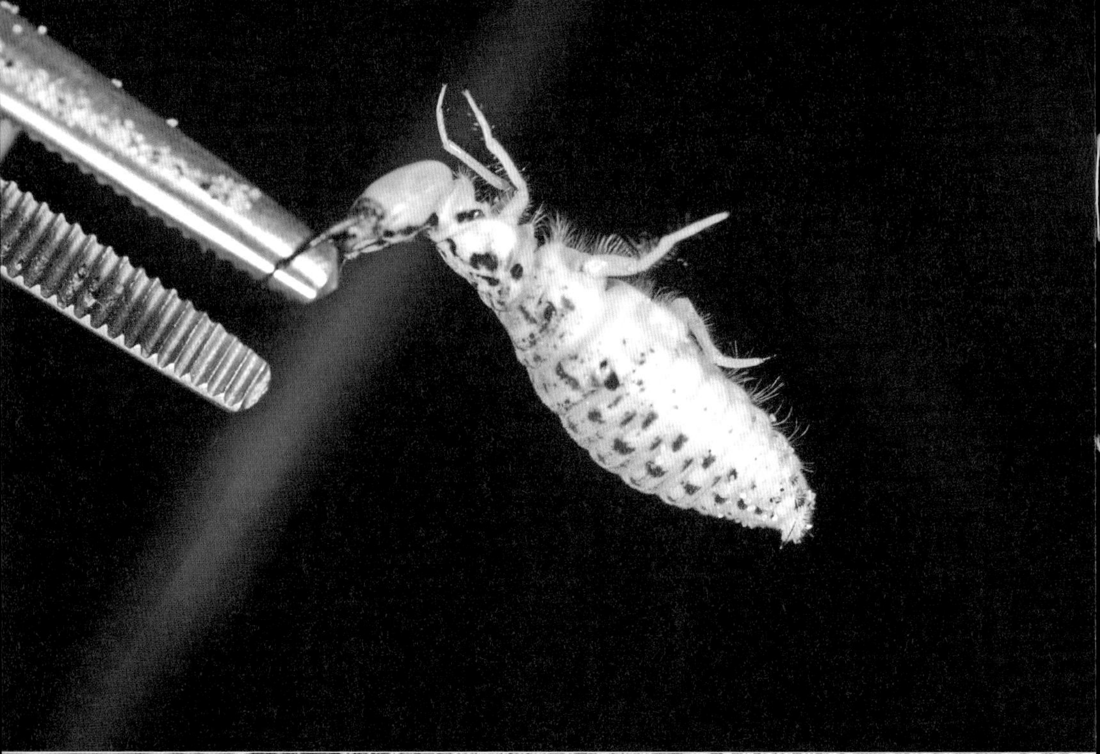

왕명주잠자리 애벌레가 큰턱으로 핀셋을 꽉 물고 있다.

앉는지 그저 신기할 뿐입니다. 거기에다 개미귀신 큰턱에 찔리면 개미는 개미귀신을 깨물 수도 없고, 깨물 곳도 없습니다. 큰턱에 찔려 매달려 있으니 몸을 마음대로 움직일 수도 없고, 설령 입이 개미귀신 큰턱이나 머리에 닿는다 해도 큐티클로 싸여 있어 깨물 곳도 거의 없지요. 개미귀신을 깨물지 못했으니 포름산이야 물 건너 간 셈입니다. 결국 개미는 그 독한 화학 방어 무기를 한 번도 써 보지 못하고 그냥 잡아먹힙니다. 깨물어야 포름산을 내뿜는 본능적 행동이 되레 개미귀신에게 먹이 사냥의 기회를 만들어 준 셈입니다. 곤충 세계에도 인생 대역전이 벌어집니다. 자연의 질서를 들여다보면 그 이치에 매번 머리가 숙여질 뿐입니다.

## 모래 속에 숨어서 천 리를 보다

개미귀신은 먹잇감이 자기 집 둘레를 얼씬거리는지 어떻게 알아차릴까요? 개미귀신은 모래 속에 들어앉아 있어도 바깥세상을 손금 보듯 훤히 알고 있습니다. 거기에는 온몸에 붙어 있는 감각 기관인 털이 일등 공신입니다. 모래 속에 파묻힌 개미귀신을 살펴보면 과연 "귀신답구나." 하는 말이 절로 나옵니다. 어쩌면 귀신이 녀석을 보면 지레 겁을 먹고 도망갈지도 모를 일입니다. 배불뚝이 몸통에, 거미같이 네모난 머리에, 사슴뿔 같은 큰턱까지 달려 있어 험상궂은 외계 동물 같습니다. 더구나 녀석 몸에는 털이 쫙 깔려

알락애명주잠자리 애벌레가 바위에 깔린 지의류에 숨어 있다가 거미를 사냥하고 있다.

있습니다. 머리부터 배 꽁무니, 심지어 발톱까지 부드러운 털, 바늘 같은 센털, 긴 털, 몸에 딱 달라붙은 짧은 털이 나 있습니다. 등 쪽에는 면도하지 않은 남자들의 턱수염같이 빳빳한 털이 나 있고, 옆구리와 배 쪽에는 부드럽고 기다란 털이 나 있습니다.

왕명주잠자리 어른벌레

녀석은 애벌레 시절 내내 모래 속에 숨어서 먹잇감이 깔때기 집으로 떨어지기만을 기다립니다. 감나무 아래 누워서 입 벌리고 물렁감 떨어지길 기다리는 것처럼 말이죠. 먹이를 사냥하러 집 밖으로 나가지 않으니 시력이 좋을 필요가 없습니다. 실제로 녀석들의 한쪽 눈에는 여드름같이 아주 작은 홑눈 6개가 장식품처럼 붙어 있어 눈 구실을 제대로 못합니다. 반대쪽 눈도 홑눈 6개로 되어 있지요. 곤충 애벌레들은 보통 겹눈 대신 홑눈이 있습니다. 더듬이 또한 워낙 작아 큰 도움이 안 됩니다. 대신 몸에 붙어 있는 털로 둘레에서 벌어지는 미세한 변화를 몸으로 느낍니다. 특히 먹잇감을 사냥하는 일은 살아남느냐 앉아서 굶어 죽느냐 문제이다 보니 모든 털들은 먹잇감을 찾는 데 예민하게 반응합니다.

곤충 피부는 딱딱한 큐티클로 싸여 있어 바깥세상과 직접 접촉하지 못합니다. 그래서 신경계와 연결된 털을 통해 온도, 습도, 땅울림, 공기 흐름을 알아차리지요. 아무리 작은 개미라도 깔때기 집 둘레를 지나가면, 한 발 한 발 내딛는 걸음이 일으킨 진동이 모래알갱이에 전해져 모래가 울립니다. 모래 울림은 개미귀신 털에 곧바로 포착됩니다. 털은 굉장히 예민해서 모래의 아주 작은 울림까지도 놓치지 않고 잡아냅니다. 순간적으로 털에 포착된 울림은 곧바로 신경에 전달되어 개미가 가까이 다가온다는 것을 알아차립니다. 그러니 몸 구석구석에 털이 빈틈없이 나 있어야 하는 것이죠.

날개를 접고 앉은 명주잠자리류 어른벌레

이처럼 이렇게 모래 속에 앉아서도 먹잇감 움직임을 손금 보듯이 알아채는 비상한 능력을 갖게 된 개미귀신은 힘들게 뛰어다니며 사냥하지 않아도 먹고 사는 데 지장이 없습니다. 만일 녀석 몸에 난 털을 사람이 면도하듯 말끔히 밀어 버리면 녀석은 먹잇감이 어디에 있는지 알 수가 없어 굶어 죽을지도 모릅니다.

깔때기 집에서 사냥하며 무럭무럭 자란 개미귀신은 모래 속에서 번데기가 됩니다. 종령 애벌레는 번데기가 될 때가 되면 입에서 실을 토해 모래와 버무려 폭이 약 1센티미터 되는 둥근 모래 고치를 만들고는 그 속에서 마지막 허물을 벗고 번데기 됩니다. 번데기에서 어른벌레로 날개돋이 한 뒤 모래 밖으로 빠져나오면 비로소 육상 생활이 시작됩니다. 어른벌레는 주로 불빛에 많이 몰려들어 밤에도 가끔 만날 때가 있습니다. 어른벌레인 명주잠자리가 땅 위에서 어떻게 사는지 알려진 것이 별로 없습니다. 뿐만 아니라 새끼인 개미귀신도 사냥 방법을 빼면 모래 속에서 어떻게 사는지 알려진

날개를 편 명주잠자리류 어른벌레

것이 별로 없습니다. 녀석들을 보면 수수께끼 같습니다.

## 바닷가 모래 언덕은 어떻게 만들어질까

파란 하늘과 맞닿은 검푸른 바다, 바다와 마주 보고 있는 허연 모래 언덕, 그것도 바닷가 모래 언덕(해안 사구)은 어떻게 만들어질까요? 우선 바닷가 모래 언덕은 파도에 실려온 바닷가 모래알이 바람을 타고 바닷가 뒤편으로 옮겨 가 차곡차곡 쌓여진 모래 더미입니다.

시원스레 밀려오는 바닷물은 파도를 만들면서 바닷가에 하얗게 부서집니다. 그리고 뒷걸음쳐 오던 길을 되돌아갑니다. 그리고 또 다른 파도가 밀려옵니다. 하루 종일 쉴 새 없이 파도는 바닷가 육지에 부딪칩니다. 그런데 그냥 부딪치는 것만은 아닙니다. 파도는 뭍에 부딪칠 때마다 모래를 땅에 데려다 줍니다. 바닷물에 목욕해 흠뻑 젖은 모래알은 바닷가에서 파도가 밀려가고 밀려올 때마다 이리저리 떠밀려 다닙니다. 그러다 땅 쪽으로 점점 밀려 올라옵니다. 그 와중에 파도는 줄곧 또 다른 모래알을 실어 옵니다. 그러다 보니 먼저 도착한 모래알은 나중에 실려 온 모래에 떠밀려 육지 쪽으로 차츰 밀려 올라옵니다. 물기 없는 땅에 도착한 모래알은 햇빛에 자기 몸을 말립니다. 어느새 가벼워진 모래알에 바람이 스쳐 지나갑니다. 모래알은 하도 가벼워 바람에 번쩍 들려 바람이 부는 대로 돌아다닙니다. 재미있게도 바다 쪽에서 뭍 쪽으로 초속 4미터 넘는 바람 세기로만 바닷바람이 불어도 모래알은 마음껏 돌아다닐 수 있습니다. 모래알은 바람 세기에 따라 바람에 날리다가 중력의 힘으로 바닥에 떨어지고, 그 떨어지는 충격으로 다시 튀어 오르며 바람이 시키는 대로 때로는 톡톡 튀기도 하고(도약, saltation), 사각사각 소리를 내며 슬슬 바닥을 기며 굴러가기도 하고(포행, creep), 황사처럼 공중을 붕 떠 날아가기도(부유, floating) 합니다. 집시처럼 떠돌아다니는 모래알은 어디선가 정착해 쉬고 싶습니다. 마침 바닷가에 파도가 실어 나른 널빤지, 스티로폼, 막대기 같은 것이 있네요. 그 쓰레기를 지나던 모래알은 얼른 바람에서 내려 널빤지에 앉습니다. 널빤지는 찾아온 모래알을 꼭 잡고 안 놓아줍니다. 바닷가에 널브러진 쓰레기 둘레에 모래알들이 너도나도 날아와 모입니다. 얼마나 세월이 흘렀을까요? 드디어 바닷가 널빤지 둘레에 모래 더미가 생겼습니다.

신비하게도 모래 알갱이에는 세균, 지의류, 조류(algae), 원생생물 같은 생명이 숨 쉬고 있습니다. 이 녀석들은 볼모지 같은 모래땅에 터줏대감 노릇을 하면서 공중에 떠 있는 질소를 붙잡아 두고, 물을 가두어 생명이 없는 모래알과 자기 몸을 엮습니다. 이쯤이면 모래판의 스타가 등장합니다. 바로 모래를 좋아하는 식물(사구성 식물)이 모래 언덕을 찾아온 것이지요. 그 식물들은 모래알에 엮인 보이지 않는 수많은 생명체의 큰 도움을 받으며 서서히 뿌리를 내립니다. 그렇게 모래알에 아예 눌러앉은 식물은 자기 왕국을 모래 언덕에 세우기 시작합니다. 겨울에 삭풍이 몰아쳐도, 폭풍이 불어와도, 해일로 바닷물에 흠뻑 젖어도, 불볕같이 뜨거운 햇빛을 받아도 끄떡없이 모래 언덕에 그들의 왕국을 세웁니다. 재미있게도 미국바다풀(*Ammorphila breviligulata*)은 모래밭에 파묻혀야만 제대로 자랄 수 있어, 만일 모래가 줄곧 쌓이지 않으면 썩어 죽습니다. 이렇게 식물들은 모래 언덕에 커다란 왕국을 세우면서, 바람타고 다니는 모래알을 더 많이 잡아 앉힙니다. 그러니 세월이 가면서 모래 언덕은 조금씩 조금씩 더 커집니다.

이렇게 식물이 식물 왕국을 세우니 이제 모래 언덕에 손님이 찾아들기 시작합니다. 우선 식물들이 차려 놓은 밥상을 통째로 받아먹는 초식 동물 손님이 찾아듭니다. 그 손님 가운데에는 바구미, 거저리, 꽃등에, 벌, 메뚜기 같은 곤충이 참 많습니다. 초식 동물 손님들은 식물들을 배부르게 먹습니다. 어떤 녀석은 뿌리를 먹고, 어떤 녀석은 잎사귀를 먹고, 어떤 녀석은 꽃꿀과 꽃가루를 먹습니다. '이렇게 먹을 게 많다니……. 바람이 거칠게 불고 추워도 먹을 게 많으니 여기서 살자.' 아예 초식 동물들이 바닷가 모래 언덕에 눌러앉기로 했습니다. 모래거저리, 모래거저리붙이, 바닷가거저리, 뿔벌레류, 해변메뚜기, 천궁표주박바구미 같은 많은 초식 동물 손님이 바닷가 모래 언덕으로 이사 와 모래 속에 굴을 파고 둥지를 틀었습니다.

초식 동물이 자리를 잡으니 바닷가에도 먹을 게 많다는 소문이 육식 동물에게도 파다하게 퍼졌습니다. 육식 동물들이 하나둘 바닷가 모래 언덕에 모여듭니다. 녀석들은 모래 언덕을 휘젓고 다니며 풀뿌리, 식물 잎이나 꽃에 앉아 식사하는 초식 동물들을 잡아먹고 삽니다. 역시 육식 동물들도 멀리 나가서 먹이 사냥하느니 척박하지만 바닷가 모래 언덕에 아예 이사 오기로 마음을 먹습니다. 큰

조롱박먼지벌레, 길앞잡이류, 코벌, 대모벌류, 집게벌레류 같은 벌레들이 하나둘 모래 언덕에 터를 잡고 눌러앉습니다. 이사 온 육식 동물들은 자칫하면 개체 수가 많아져 식물들 왕국 건설을 방해할 뻔한 초식 동물들을 알맞은 수로 조절합니다.

이어서 육식 동물을 잡아먹으려는 더 힘센 포식 동물이 모래 언덕을 찾아옵니다. 모래 언덕은 아무 광고도 하지 않는데도 저절로 동물들이 찾아옵니다. 쥐, 표범장지뱀, 새, 게 들도 모래 언덕에 들어와 힘없는 동물들이 주메뉴인 밥상을 받아 들고 배불리 식사를 합니다.

바닷가 모래 언덕에 찾아온 뜻밖의 손님이 있습니다. 바로 부식성 동물. 모든 생물은 나면 죽습니다. 그리고 먹고 나면 똥을 쌉니다. 죽은 시체와 먹고 싼 똥들을 잘게잘게 분해시킬 누군가가 필요한데, 마침 그 뒤치다꺼리할 청소부 동물이 찾아온 거지요. 부식성 동물들은 똥을 먹고 똥 속에 알을 낳고, 또 그 똥에서 새끼가 자라며 똥을 분해시켜 거름으로 만듭니다. 그뿐 아닙니다. 죽은 시체만을 전문적으로 해치우는 동물들도 영양가 많은 죽은 동물을 먹으며 잘게 잘게 분해시켜 거름으로 만듭니다.

이렇게 파도가 실어 온 모래알은 상상하기도 힘든 큰일을 해냅니다. 바닷가 모래 언덕 생태계가 이뤄지게 하는 큰 원동력인 것이지요. 모래알들이 모여 만든 모래 언덕에는 이렇게나 많은 생물들이 거침없는 생명의 소리를 외칩니다. 서로 역동적으로 얽히고설켜 살아가면서 말입니다. 그래도 바닷가 모래 언덕을 쓸모없는 모래땅이라고 하시겠는지요?

## 바닷가 모래밭 세계

바닷가 모래 언덕은 하도 척박해 많은 동물이 살기에는 최악의 환경일 수도 있습니다. 여름에는 너무 덥고 겨울에는 뼈가 시릴 만큼 차가운 바람이 부니 말이지요. 그런 모래 언덕에도 제법 많은 생물들이 살아가고 있습니다. 모래에 뿌리박은 식물 잎을 먹고 사는 녀석, 땅속으로 뻗은 식물 뿌리를 먹고 사는 녀석, 모래 땅 위를 어슬렁거리며 조개나 게 같은 죽은 바다 생물을 먹고 사는 녀석, 그런 곤충과 다른 힘 약한 동물을 잡아먹는 힘센 곤충들과 거미. 그 힘센 곤충과 거미를 잡아먹고 사는 표범장지뱀과 게들. 그렇게 바닷가 모래밭에는 그들만의 먹이망이 촘촘히 만들어져 있습니다. 그들만에 힘의 논리와 보이지 않은 질서를 세우며 모래 언덕에서 잘 살아가고 있습니다.

개미귀신은 다른 힘없는 곤충을 잡아먹기 위해 잠자리나 파리매처럼 공중 세계를 일찌감치 포기하고 땅바닥에서 기어 다니는 생물을 잡아먹기로 마음먹었습니다. 작전은 대성공. 아무도 생각지 않은 땅속에 웅덩이를 파고 그 속에 들어가 웅덩이 덫에 걸려들기만을 기다리는 녀석들의 작전은 그야말로 특허감입니다. 아무도 생각하지 못한 틈새 전략이랄까요? 땅속에서 덫을 놓아 사냥을 하는 곤충은 개미귀신 말고 또 누가 있을까요? 쌓으면 무너지고 또 쌓으면 무너지는 모래 성질을 어찌도 그리 잘 알고 경사진 깔때기 집을 지었을까요? 한번 깔때기 집에 걸려든 생물들은 달아나려 몸부림쳐도 모래시계처럼 쏟아져 내리는 모래에 휩쓸려 도망가지 못

한다는 것을 어찌 알았을까요?

그렇게 포악스럽게 땅 위를 지나다니는 동물을 잡아먹는 개미귀신도 조롱박먼지벌레 애벌레, 두더지, 표범장지뱀 같은 힘센 동물에게는 맥을 못 춥니다. 뿐만 아닙니다. 땅속에는 박테리아나 이름 모를 세균들이 우글우글거립니다. 박테리아에 한 번 걸리면 미이라처럼 허옇게 죽어갑니다. 다행히 그리 죽은 시체는 큰집게벌레나 풍뎅이붙이 같은 썩은 고기를 먹는 동물의 밥이 되어 분해됩니다. 분해된 녀석의 시체 가루는 거름이 되어 식물의 밥이 됩니다. 천하의 꾀쟁이 개미귀신이라도 그들에게 기꺼이 몸을 내주어야 합니다. 그래야 먹이망이 제대로 돌지요. 그래서 바닷가 모래 언덕은 지금 모습을 그대로 이어 갈 수 있습니다. 그 고리 가운데 하나만 빠져도 모래밭 생태계는 삐걱거릴 테니까요. 혹시 바닷가를 걷다가 개미지옥을 만나면 발로 걷어차 망가뜨리시나요? 이제는 앉아서 그 속에 사는 개미귀신과 눈인사라도 나눠 보시길 바랍니다.

모래땅 달리기 선수

# 참뜰길앞잡이

참뜰길앞잡이 짝짓기

참뜰길앞잡이가 모래밭에서 짝짓기를 하고 있습니다.

바닷가 모래밭, 거센 바닷바람 탓인지 봄이 오는 걸음이 더딥니다.
그래도 4월 말이면 바닷가 모래 언덕에 봄 소리가 가득 찹니다.
모래밭을 걷습니다.
문득 "산은 산이요, 물은 물이로다." 성철 스님의 유명한 법어가 떠오릅니다.
거기다 한 구절을 더 얹으니 그럴 듯합니다.
"산은 산이요, 물은 물이요, 모래는 모래로다."
스님의 법어에는 심오하고 철학적인 뜻이 담겨 있지만,
저는 제 나름대로 받아들이려고 합니다.
'산이 사람이 될 수 없고,
물이 사람이 될 수 없고,
모래가 사람이 될 수 없다.'
자연은 모두 소중하고 존재 이유가 있으니
그냥 두라는 메시지로 들립니다.

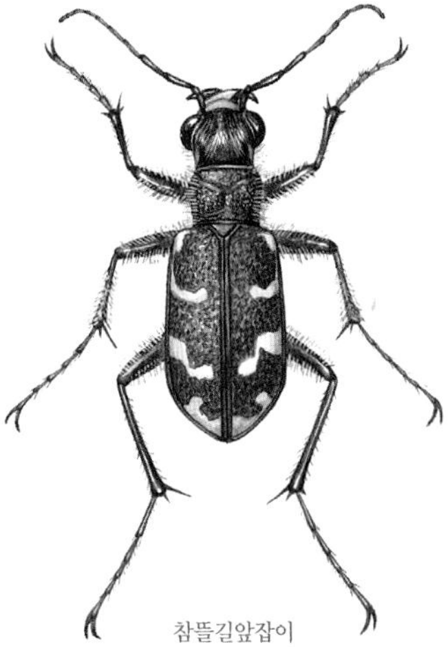

참뜰길앞잡이

이 꼭지는 딱정벌레목 딱정벌레과 종인 참뜰길앞잡이(*Cicindela transbaicalica hamifasciata*) 이야기입니다.

## 모래밭을 뒤덮는
## 참뜰길앞잡이

바람은 거칠고, 모래땅은 메마르고, 버려진 땅으로 여기는 바닷가 모래밭! 그곳에도 적을 두고 사는 생물들이 있지요. 세찬 바람과 뜨거운 햇빛을 피해 모래땅 속에서 사는 생물들. 그들의 삶은 고행을 자처하는 수행자 같습니다. 그중에서도 애벌레 시절에 연필만 한 크기의 땅굴 속에서 눕지도 못하고 오로지 서서 사는 참뜰길앞잡이. 녀석들은 철저한 고행자지요. 8년을 밤에도 눕지 않고 참선에 몰입했던 성철 스님과는 감히 비교할 수조차 없지만, 한 번도 눕지 않고 서서 살아가는 참뜰길앞잡이 애벌레가 왠지 '곤충 스님' 같습니다.

4월 말에서 5월 초쯤, 바닷가 모래밭에 가기만 하면 실컷 구경할 수 있는 곤충이 있습니다. 누군지 궁금하지요? 바로 참뜰길앞잡이입니다. 그런데 녀석을 가까이서 구경하기란 쉽지 않지요. 가까이 다가가면 '나 잡아 봐라.' 하며 저만치 도망가 앉아 있고, 또 가까이 다가가면 '약 오르지.' 하며 힐끗 쳐다보는 것처럼 멈칫거리다 또 저만치 도망가 앉아 있고, 다가가면 없고, 또 다가가면 사라집니다. 마치 신기루처럼 말이지요. 차라리 바로 코앞에 앉아 있지 말고 저 멀리 안 보이는 곳으로 날아가든지. 앉아도 꼭 손을 뻗으면 잡을 것 같은 거리에 앉아 있지요. 사람 골리는 재미가 붙었는지 취미가 아주 고약한 녀석입니다. 이렇게 꼭 몇 발짝 앞에 앉아 있다가 다가가면 또 몇 발짝 앞에 앉아 있는 행동이 길 안내자 같습니다. 바닷가나 강가 모래밭처럼 넓은 뜰에서 길 안내하며 살다 보니 이름도 참뜰길앞잡이라 지었습니다. 북한에서는 긴 다리 6개로 겅중겅중 뛰어다닌다 해서 '길당나귀'라고 합니다.

바닷가 모래 언덕이 푸르게 물들어 가는 5월 초, 아침부터 아득히 펼쳐지는 바닷가 모래밭을 저벅저벅 걷습니다. 줄잡아도 1킬로미터가 넘는 모래밭. 가도 가도 모래땅. 그 모래를 끔찍하게 떠받드는 생물들이 북적이는 모래밭. 어제도 그러더니 오늘 아침도 참뜰길앞잡이들이 모래밭에 쫙 깔렸습니다. 한 발짝 디디면 여기서 포르르, 또 한 발짝 디디면 저기서 포르르 날아 저보다 꼭 한두 발짝 앞에 앉습니다. 한 녀석에게 살금살금 다가가면 다른 녀석이 또 포르르 날아 그 녀석에게 눈이 가니 도대체 집중이 안 됩니다. 녀석들은 제 정신을 분산시키는 재주를 가졌지요. 가도 가도 끝없는 참뜰길앞잡이 행렬. 그날 1킬로미터 남짓 모래밭을 걷는 동안 만난 참뜰길앞잡이는 몇 마리나 될까? 백 마리? 오백 마리? 천 마리? 이천 마리? 어림짐작해도 천 마리도 훨씬 넘을 것 같습니다.

참뜰길앞잡이

오늘도 바쁜 일정이지만, 이렇게 수많은 참뜰길앞잡이를 아무 때나 볼 수 있는 것도 아니니 어찌 할까요. '에라 모르겠다, 조사고 뭐고 이참에 녀석들을 실컷 관찰이나 하자.' 마침 눈앞에 한 녀석이 풀밭 쪽으로 도망가지 않고 아무것도 없는 모래땅에 앉아 있습니다. 카메라를 들이댑니다. 카메라 초점을 맞추니 녀석은 온데간데없고 렌즈 속에는 모래밭만 덩그렇게 담깁니다. 날랜 녀석이 벌써 눈치를 채고 날아가 버린 것이지요. 다시 코앞에 앉아 있는 다른 녀석을 뒤따라 다녔습니다. 그렇게 몇십 분이 지났을까? 풀잎 아래 으슥한 곳에서 한 녀석이 날아갈 생각은 않고 느긋이 앉아 있습니다. 아! 주둥이(큰턱)에 나방 애벌레가 꽂혀 있군요. 쉿! 조용히! 식사 중입니다. 조용조용 무릎 꿇고 팔뚝은 모래땅에 대고 납작 엎드려 녀석을 들여다봅니다.

녀석 몸길이는 1센티미터 남짓, 길앞잡이 치고는 작은 축에 속합니다. 몸 색깔은 전체적으로 청동색인데, 한마디로 뭐라 표현하기 힘든 색입니다. 몸 구석구석마다 무지갯빛이 보석처럼 휘황찬란하게 빛나니 말이지요. 사파이어, 에메랄드, 루비, 산호 같은 오만 보석이 총출동한 것 같습니다. 아랫입술수염, 작은턱수염, 가슴등판, 배 옆구리와 다리에는 할아버지 수염처럼 하얀 털이 복슬복슬 달려 있습니다. 털도 보통 털이 아닌 길고 빳빳한 털. 그 털은 그냥 멋으로 달고 다니는 것이 아닙니다. 모든 털들은 신경과 이어져 있어 녀석은 둘레에서 벌어지는 환경 변화를 얼른 알아차립니다. 온도, 습도, 바람, 페로몬, 심지어 모래알에서 전해 오는 울림까지도 말입니다. 더듬이는 실처럼 길쭉하고, 툭 불거져 나온 눈을 보니 영락없는 '개구리 왕눈이'입니다.

## 큰턱은 만능 요리사

참뜰길앞잡이는 아주 큰턱을 가지고 있다.

그런데 큰턱을 보니 온몸이 으스스합니다. 예리한 낫과 뾰족한 송곳이 떠올라 보기만 해도 섬뜩합니다. 그 큰턱을 나방 애벌레 몸에 콱 찔러 넣고 있으니 나방 애벌레는 몸을 이리저리 비틀며 발버둥 칩니다. 녀석은 나방 애벌레를 큰턱으로 와작와작 씹어 먹을까요? 아닙니다. 씹어 먹지 않고 죽으로 요리해서 쪽쪽 들이마십니다.

녀석은 대단한 사냥꾼이자 요리사입니다. 다리가 안 보일 만큼 뛰어다니다가 갯메꽃 꽃잎을 먹고 있는 나방 애벌레를 발견하면 잽싸게 큰턱으로 콱 찔러 안전한 곳으로 먹이를 옮깁니다. 그러고는 큰턱 안쪽에 길게 파인 홈으로 소화 효소가 들어 있는 침(타액)을 내려보내 애벌레 몸속으로 흘려보냅니다. 소화 효소는 애벌레 몸속에서 서서히 퍼집니다. 애벌레는 온 힘을 다해 참뜰길앞잡이 큰턱에서 벗어나려고 꿈틀거리며 거세게 저항합니다. 그것도 잠시, 애벌레 몸에 소화 효소가 쫙 퍼지면서 움직일 힘도 없는지 만사 귀찮은 듯 축 늘어집니다. 몸속 모든 내장과 속살이 녹아 죽이 되고 있겠지요. 이제 참뜰길앞잡이 식사 시간. 여전히 애벌레 몸에 꽂혀 있는 큰턱으로 애벌레 죽을 들이마시기 시작합니다. 들이마실 때도 큰턱 안쪽에 있는 홈을 이용합니다.

녀석은 쩝쩝대며 맛을 감상할 여유가 없습니다. 언제 천적이 나타날지 모르니 게 눈 감추듯 빨리 먹습니다. 제가 뒤에서 쳐다보는 것도 눈치채지 못하고 먹는 데만 정신이 팔려 있습니다. 어느새 다 먹어 가는지 나방 애벌레 몸은 뱀 허물처럼 축 늘어져 껍질만 남고

참뜰길앞잡이가 나방 애벌레를 잡아먹고 있다.

참뜰길앞잡이는 더 이상 먹을 게 없는지 큰턱을 빈 껍질에서 빼냅니다. 가여운 애벌레는 빈 껍질만 남아 바람에 이리저리 굴러다니다 미생물에게 자잘하게 분해되어 모래땅으로 돌아가겠지요. 나방류 애벌레 말고도 바닷가의 썩어 가는 해산물 둘레에 얼쩡거리는 파리류도 참뜰길앞잡이가 찾는 단골 메뉴입니다.

## 잠은 모래 속에 파 놓은 참호 속에서

참뜰길앞잡이 식사 장면을 훔쳐본 뒤 일어나려니 무릎이 잘 펴지지 않습니다. 그래서 아예 다리를 쭉 뻗고 앉았습니다. 앉아 있으니 참뜰길앞잡이들도 별로 경계를 하지 않습니다. 저를 사람 취급 안 하는 것 같네요. 마침 봉곳이 솟은 모래 언덕에 무슨 땅굴 입구가 보입니다. 아니 땅굴이라기보다 터널 입구 같습니다. 위쪽은 아치형으로 둥글고 아래쪽은 편평한 게 마치 텐트를 친 것 같기도 하고. 누가 만든 걸까요? 바로 참뜰길앞잡이 어른벌레 집입니다.

가까이 다가가 굴속에 손가락을 넣어 봅니다. 역시 모래성이라 여지없이 무너져 굴 입구가 온데간데없이 푹 주저앉습니다. 무너진 굴 둘레를 헤쳐 봅니다. 아무것도 없네요. 옆으로 눈을 돌리니 녀석들 집이 여러 개 군데군데 있습니다. 또 다가가 굴 입구를 손으로 건드려 봅니다. 아니나 다를까, 그 순간 참뜰길앞잡이가 놀라 모래를 뒤집어쓴 채 밖으로 뛰쳐나옵니다. 몸에 모래가 묻어 있으

참뜰길앞잡이가 밤에 모래굴에서 쉬다가 아침에 나오고 있다.

니 잘 날지 못하고 어리바리 걸어갑니다. 날개를 펼치려 해도 마음대로 되지 않는지 뒷날개만 삐쭘하게 나와 있네요. 아직 이른 오전 시간이라 바닷가 기온이 쌀쌀합니다. 녀석은 변온 동물이라 몸이 어느 정도 따뜻해져야 움직일 수 있는데, 제가 굴속에서 몸을 풀고 있는 녀석을 건드린 거지요. 녀석은 날개 펴는 것을 포기하고 뒷날개를 접어 정리하고는 잰걸음으로 저쪽으로 도망갑니다.

참뜰길앞잡이 어른벌레는 깊게 판 모래 땅굴 집에서 밤을 보냅니다. 밤이 되면 바닷가 모래밭은 굉장히 춥습니다. 몸을 가릴 때라고는 모래땅 속이니 영리하게도 굴을 파고 그 속에서 긴 밤을 보내는 거지요. 굴 하나에 꼭 한 마리씩 들어앉아서 말이죠. 그리고 아침이 되면 움직이기에 충분할 만큼 기온이 오를 때까지 대부분 모래 굴속에서 웅크리고 앉아 기다립니다.

참뜰길앞잡이가 밤에 쉬는 모래굴

이때 땅굴 집은 일회성입니다. 오늘 묵었던 집을 내일 다시 쓰지 않습니다. 낮에 바람이 불거나 사람들이 밟고 다녀 굴이 허물어질 수도 있고, 설령 굴이 온전하다 해도 참뜰길앞잡이가 자기 집을 잊지 않고 찾아오지 못합니다. 참길앞잡이는 어디까지나 뇌가 발달하지 않은 하등 동물이니까요.

## 짝짓기도 모래땅에서

수백 마리 아니 수천 마리나 되는 참뜰길앞잡이가 모래밭을 뒤덮으니 볼거리도 많습니다. 뭐니 뭐니 해도 한꺼번에 녀석들이 몰려나와 좋은 것이 있습니다. 마리 수가 많다 보니 아무래도 짝을 만날 기회가 많지요. 이때는 작은 파리류 같은 먹잇감도 풍부하지만, 녀석들의 최종 목표는 짝을 지어 알을 낳아 자기 유전자를 이어 가는 것입니다. 역시 모래판 곳곳에서 많은 쌍들이 짝짓기 중입니다. 아직 짝을 찾지 못한 수컷 발걸음이 바쁩니다. 암컷을 찾아다니다 마음에 들었는지 다짜고짜 암컷 등에 껑충 뛰어 말 타듯이 올라탑니다. 암컷도 마음에 들었는지 가만히 있네요. 수컷이 큰턱으로 암컷 앞가슴등판과 딱지날개 사이 어깨를 꽉 잡습니다. 수컷의 큰턱은 쓰임새도 많습니다. 먹잇감을 사냥해야지요, 침(타액)도 흘려보내야죠, 요리한 죽도 먹어야지요, 암컷이 도망가지 못하게 잡아야지요. 수컷의 큰턱에 잡힌 암컷은 불편하지 않은지 가만히

참뜰길앞잡이가 햇볕에 날개를 말리고 있다.

있습니다. 어라, 분명 짝짓기 중인데, 특이한 움직임이 없이 얌전합니다. 수컷 생식기가 암컷 생식기에 꽂힌 채로 살짝살짝 움직일 뿐입니다. 그렇다고 녀석들 곁으로 다가가면 안 됩니다. 녀석들이 금방 알아채고 잽싸게 흩어져 날아가 버리니까요.

짝짓기가 끝나면 알을 낳아야 할 시간. 알은 모래 속에 낳습니다. 녀석들은 모래땅에 배 끝을 파묻고 알을 낳습니다. 모래땅은 하도 부드러워 살짝 누르기만 해도 배 끝이 푹 들어가니 알 낳기에 가장 좋은 땅입니다. 모래와 섞인 알은 알인지 모래인지 도대체 분간이 안 갑니다. 이쯤 되면 개미 같은 아무리 영악한 천적이라도 알을 찾기가 만만치 않을 것 같습니다. 모래밭은 참뜰길앞잡이가 일생을 편안하게 살 수 있도록 모든 걸 다 갖추고 있으니 녀석에게 모래밭은 천국인 셈입니다. 참뜰길앞잡이는 어떻게 이리 좋은 모래밭에 들어와 살 생각을 다 했을까? 어떻게 모래밭에서 잘 살 수 있게 몸 구조와 형태를 모래밭에 딱 맞추었을까? 빠른 다리로 모

참뜰길앞잡이가 짝짓기를 하고 있다.

래밭을 누비며 살아가는 녀석들이 대견하기만 합니다.

산길 위 길앞잡이와 모래 위 참뜰길앞잡이는 같은 무리인 길앞잡이속이어서 습성도 생김새도 거의 같습니다. 길앞잡이는 산길에, 참뜰길앞잡이는 모래땅에 적응하며 서식지를 나눠 가진 것입니다.

## 모래 굴속 애벌레

모래 속에 파묻혀 있던 알에서 애벌레가 깨어납니다. 애벌레는 모래를 파고 들어갑니다. 아무리 연약한 애벌레라도 모래가 부드러워 파는 데 선수급입니다. 왜 구멍을 파고 들어갈까요? 시키지도 않았는데 어떻게 스스로 구멍을 파고 들어갈까요? 애벌레 유전자에는 지하 세계에 집을 지으라고 새겨져 있습니다. 거룩한 유전자에는 돌보는 어미 없이 혼자서 조상들이 했던 것처럼 땅속으로 파고 들어가 집을 짓고 살라는 정보가 빼곡히 입력되어 있습니다. 그래서 녀석은 태어나자마자 본능적으로 땅속으로 파고 들어갑니다.

모래밭을 꼼꼼히 살펴보면 녀석들 집인 모래 구멍이 금방 눈에 들어옵니다. 개미집보다 크고, 게 구멍보다 훨씬 작고, 지름이 5밀리미터쯤 될까? 동그란 구멍들이 모래땅에 숭숭 뚫려 있습니다. 경사진 곳보다 대개 평평한 모래밭을 골라 드릴로 뚫은 것처럼 구멍을 팠습니다. 또 저는 앉습니다. 곤충은 앉아야 보이니까요.

이참에 참뜰길앞잡이 애벌레 낚시를 해 봐야겠네요. 옆에 있던 갯그령의 가느다란 풀 줄기를 뽑아 모래 구멍 안에 넣고 살살 흔듭니다. 아무 소식이 없습니다. 또 다른 구멍에 가느다란 풀 줄기를 넣어 봐도 감감무소식. 여러 번 해 봤지만 도대체 녀석이 가느다란 풀 줄기를 물지 않습니다. 하기야 녀석의 모래 땅굴은 30센티미터에서 60센티미터 정도로 깊으니 그럴 만도 합니다. 구멍 앞에서 기다리기로 했습니다. 벌써 오전 시간도 중반으로 치달아 햇빛은 점점 뜨거워지고 목도 마르고 몸도 찌뿌듯한 게 조급증이 나기 시작합니다. 일정에 쫓기는 줄도 모르고 코앞에서는 파도가 속절없이 왔다 갔다 하네요. 이쯤에서 참뜰길앞잡이 애벌레 관찰을 접어야겠다고 마음먹고 일어나려던 참인데, 이게 웬일? 구멍에서 뭔가 들락날락하는 것 같습니다. 다시 숨을 죽이고 고개를 숙여 뚫어진 구멍을 더 뚫어져라 쳐다봅니다. 허걱! 뭔가 허연 게 나왔다 얼른 들어갑니다. 그것도 눈 깜짝할 사이에 말이죠. 참뜰길앞잡이 애벌레군요. 구멍 속에 서서 지나가는 먹잇감이 떨어지지 않나 기다리던 녀석. 아무리 기다려도 알밤 뚝 떨어지듯 먹잇감이 구멍 속으로 떨어지지 않으니 아예 윗몸을 구멍 밖으로 내놓았습니다. 모래밭을 지나가는 곤충이라도 잡아 볼 요량으로 그 귀하신 몸을 굴 밖으로 꺼냈다가 제 눈에 딱 걸렸습니다.

참뜰길앞잡이 애벌레는 큰턱이 낫처럼 날카롭다.

녀석에게는 미안하지만 얼른 녀석이 금방 들어간 모래 굴속에서 녀석을 잠시 꺼냅니다. 굴 밖으로 나온 녀석이 발버둥칩니다. "미안해. 네 몸 좀 잠깐 보고 금방 놓아줄게."

녀석을 보니 산길 바닥에서 봤던 길앞잡이류(길앞잡이과) 애벌레와 비슷하게 생겼습니다. 근데, 참 작군요. 아기처럼 작으니 무시무시한 큰턱도 무섭지 않고 왠지 장식물처럼 앙증맞아 보입니다.

참뜰길앞잡이 애벌레가 사는 모래 구멍

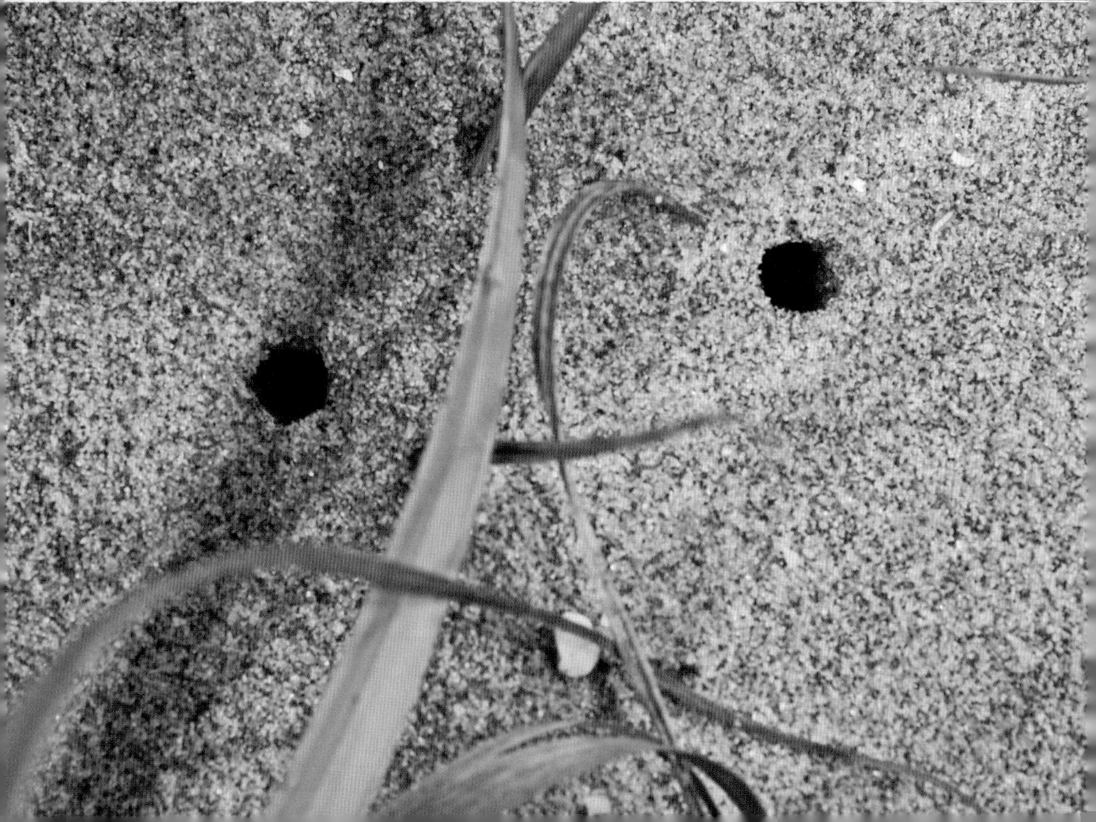

역시 어미 참뜰길앞잡이 몸이 작으니 애벌레 몸집도 작습니다. 몸길이가 2센티미쯤이나 될까? 몸 색깔은 모래 색과 닮아 모래인지 벌레인지 구분이 안 가는데, 유난히 머리만 새까맣습니다. 땅속 사냥꾼답게 머리가 강건하게 생겼고, 몸집에 비해 굉장히 커서 꼭 가분수 같습니다. 침을 찔러도 들어가지 않을 것처럼 단단하네요. 피는 못 속인다고 녀석의 큰턱은 어미의 큰턱을 빼닮아 낫처럼 예리하고 끝이 송곳처럼 뾰족합니다. 큰턱으로 어미처럼 사냥도 하고 요리도 하고 식사도 합니다. 놀랍게도 까칠까칠하고 긴 센털들이 온몸에 쫙 깔려 있습니다. 머리끝부터 배 끝과 발끝까지 말이죠.

## 모래 땅굴 속에서는
## 털이 중요해

왜 참뜰길앞잡이 애벌레 몸에 털들이 무성할까요? 녀석은 모래 땅굴에서 애벌레로 내내 살아야 합니다. 물론 번데기 시절도 컴컴한 모래 땅굴에서 보냅니다. 그래서 녀석 색깔은 희끄무레합니다. 깜깜한 모래 속에서 화려한 색으로 멋을 부려 봤자 봐 줄 이도, 알아줄 이도 없습니다. 사실 색소는 그냥 멋으로 생긴 것이 아닙니다. 햇빛의 자외선을 막으려고 생긴 것입니다. 햇빛이 못 들어가는 모래 땅굴에서 색소는 아무 짝에도 쓸모가 없습니다. 필요 없는 색소를 만든다는 것은 에너지 낭비지요. 또 모래 땅굴이 깜깜하다 보니 무언가 볼 일도 없습니다. 그래서 눈은 있지만 시력이 너무 약해 제 노릇을 못합니다. 이가 없으면 잇몸으로 사는 법. 그 대신 녀석은 몸에 털이 많이 나 있습니다. 길고 부드러운 털, 짧은 털, 까칠까칠한 센털, 가시처럼 뾰족한 털처럼 많은 털들이 몸 곳곳에 나 있지요. 이 털들은 신경계와 이어져 있는, 녀석에게는 무엇보다 소중한 감각 기관입니다. 이 털들이 둘레에서 무슨 일이 일어나는지 소상히 가르쳐 줍니다. 몸에 닿는 촉감이 녀석에게 엄청나게 중요한 셈이지요.

참뜰길앞잡이 애벌레는 수직으로 길게 판 좁은 모래 땅굴에서 살기 때문에 이 털들이 목숨을 좌지우지하는 생명 줄입니다. 먹어야 사는 법. 먹잇감이 머리 위 구멍 둘레를 걸어 다니는 것도, 먹잇감이 구멍 아래로 뚝 떨어지는 것도, 먹잇감이 구멍을 지나치고 저 멀리 사라지는 것도 모두 털을 통해 압니다. 아니, 털을 통해 느낍니다. 먹잇감이 지나갈 때 울림이 모래알로 전해지고 모래 땅굴 벽에 몸을 붙이고 사는 녀석의 털에도 고스란히 전해집니다. 진동이 아무리 약하더라도 털들이 워낙 많고 예민하다 보니 놓치지 않고 귀신같이 잡아냅니다. 모래 땅굴에 서서 천 리를 내다보는 셈이지요. 그러니 녀석에게 털은 최고의 사냥 도구가 아닐 수 없습니다.

그런데 늘 둘레에는 천적이 들끓습니다. 모래 속에도 세균, 미생물, 균류, 선충류, 먼지벌레류 애벌레, 쥐며느리, 지렁이, 지네류 같은 수많은 생물이 득실거리니까요. 그들 중에서 참뜰길앞잡이 애벌레를 호시탐탐 노리는 포식자도 있습니다. 제 아무리 참뜰길앞잡이 애벌레가 뛰어난 사냥꾼이라 해도 천적은 있는 법! 천적이 가까이 다가오는 것도 예민한 털들이 용케 알아차립니다. 녀석은 수직으로 파 놓은 굴속을 아래위로 오르락내리락하면서 천적을 피합니다. 운이 좋으면 적을 피할 수도 있고, 운이 나쁘면 어쩔 수 없이 포식자에게 잡힐 수도 있습니다.

## 모래 속에
## 서서 사는 애벌레

마침 참뜰길앞잡이 애벌레가 파 놓은 구멍 옆을 땅노린재 한 마리가 지나가다 구멍에 뚝 떨어집니다. 이게 웬 떡이냐! 배고픈 참뜰길앞잡이 애벌레는 제 발로 굴러떨어져 들어온 먹잇감에 큰턱을 재빨리 찌릅니다. 그리고 어미가 했던 것처럼 침(타액)을 녀석의 속살에 집어넣습니다. 땅노린재가 아무리 죽어라 발버둥 쳐도 소용없습니다. 일단 큰턱에 걸리면 끝장입니다. 소화 효소가 땅노린재 속살을 서서히 녹여 죽이 되면 녀석은 땅노린재 죽을 큰턱으로 빨아 마십니다. 그리고 다 먹으면 땅노린재의 빈 껍질을 굴 입구로 가져가 밖으로 내던집니다. 이 모든 것을 모래 땅굴 속에서 서서 합니다. 그것도 제 몸 하나 겨우 들락거릴 만한 연필 굵기의 비좁은 땅굴에서 말이죠. 그 비좁은 땅굴에서 사냥도 서서, 요리도 서서, 식사도 서서, 똥 싸는 것도, 쉬는 것도 모든 것을 서서 척척 해냅니다.

참뜰길앞잡이 애벌레 몸 구조는 서서 살도록 되어 있습니다. 머리부터 배 끝까지 모래 땅굴 벽에 착 붙이고 말이지요. 녀석 머리는 몸과 수평으로 붙어 있는데, 서 있을 때 펴기도 하고 직각으로 숙이기도 합니다. 굴 입구를 막을 때는 머리를 직각으로 숙여 굴

뚜껑처럼 사용합니다. 그리고 가슴에 붙은 다리 6개와 배 끝 쪽에 있는 작은 돌기로는 땅굴 벽을 붙잡을 수 있습니다. 등 쪽으로 다섯 번째 배마디에는 커다란 혹이 툭 불거져 나 있는데, 혹을 이용해 등을 땅굴 벽에 기댑니다. 또 이 혹은 녀석이 굴 밖으로 윗몸을 빼내 굴 둘레를 어슬렁거리는 먹잇감을 사냥할 때 몸이 굴 밖으로 모두 빠져나가지 않도록 걸쇠 역할을 합니다.

이렇게 봄에 알에서 깨어난 애벌레는 허물 벗는 과정을 되풀이하며 무럭무럭 자랍니다. 애벌레는 모래 땅굴에서 번데기를 만들고 가을쯤에 대부분 어른벌레로 날개돋이 합니다. 그리고 대부분 어른벌레로 겨울을 납니다.

참뜰길앞잡이 애벌레 등에는 돌기가 나 있다.

길앞잡이

아이누길앞잡이

꼬마길앞잡이

길앞잡이가 짝짓기를 하고 있다.

## 모래밭 위에 나뒹구는 참뜰길앞잡이 주검

참뜰길앞잡이는 위험에 맞닥뜨리면 입에서 시커먼 물을 토한다.

퍼질러 앉아 참뜰길앞잡이 애벌레까지 관찰하고 나니 해가 중천에 떴습니다. 바닷물이 햇빛을 받아 반짝반짝 출렁입니다. 간간히 바닷바람이 불어오니 뜨거운 햇볕에 벌겋게 익은 제 얼굴이 식습니다. 천천히 모래밭을 다시 걷습니다. 뚜벅뚜벅 걷는데 모래밭에 참뜰길앞잡이 주검이 바람 따라 떼구루루 구릅니다. 앞날개만 굴러다니기도 하고, 배만 사라진 채 머리, 가슴, 앞날개가 붙은 주검이 발라당 뒤집혀 있기도 하고, 머리만 뎅강 남아 있는 것도 있습니다. 발이 하도 빨라 나는 새의 눈도 피할 것 같은데 잡아먹혔나 보군요. 하기야 모래판은 절대 강자도 절대 약자도 없으니 그럴 만도 합니다. 큰조롱박먼지벌레한테도, 파리매한테도, 무서운 천적 거미한테도 잡혔을 테지요. 그런데 발아래에서 재미있는 광경이 바빠 동동거리는 제 발목을 또 붙잡습니다. 허걱! 이런 장면은 처음이네요. 하도 신기해 눈이 동그래져, 어머! 어머! 소리만 나옵니다. 글쎄 아기 손만 한 게가 참뜰길앞잡이를 잡아먹고 있습니다.

'와! 정말 재미있다.' 완전 특종감이라 카메라를 얼른 들이댑니다. 플래시를 터뜨리는데도 게는 풀 아래 모래땅에서 줄곧 식사 중입니다. 한쪽 집게다리로 녀석 머리를 잡고, 다른 쪽 집게다리로 녀석 날개를 쥐고는 배 부분을 뜯어 먹고 있습니다. 긴 풍선처럼 길게 툭 튀어나온 두 눈을 연신 깜빡거리면서 말이죠. 그러더니 게도 사람인 제가 무서운지 얼른 10개 발을 이상하게 움직이며 저쪽 풀 아래로 도망갑니다. 여전히 집게다리로 참뜰길앞잡이를 꼭 거

게가 참뜰길앞잡이를 잡아먹고 있다.

참뜰길앞잡이가 게에게 잡아먹히고 껍질과 딱지날개만 남았다.

머뭔 채로 말이죠. 그래서 살금살금 쫓아갔지요. 쫓아가 봤자 두 걸음 정도이니 무릎으로 어기적어기적 기어가 녀석을 들여다봅니다. 희한하게도 뱃살만 다 먹더니 집게를 폅니다. 게의 집게에서 추풍낙엽처럼 참뜰길앞잡이 시체가 모래땅으로 떨어집니다. 가여운 참뜰길앞잡이는 배 부분만 사라지고 머리, 가슴, 딱지날개만 남은 채 모래밭에 나뒹굽니다. 그렇구나, 바닷물이 빠지면서 모래밭으로 기어 들어온 게들도 신나게 뛰어다니는 참뜰길앞잡이를 용케 잡아 굶주린 배를 채우는구나. 척박한 모래땅에서 드라마 같은 삶의 현장을 목격하니 너무도 경이로워 할 말을 잠시 잊었습니다.

## 강하구 모래밭,
## 바닷가 모래밭에서 사는 참뜰길앞잡이

참뜰길앞잡이는 강가 모래밭에서도 바닷가 모래밭에서도 삽니다. 아직은 우리나라 어느 곳이든 모래밭만 있으면 참뜰길앞잡이가 이사옵니다. 다른 이유도 많지만 모래밭에는 먹이도 많고, 애벌레가 부드러운 모래 속에 땅굴을 파고 살기에 딱 좋기 때문이지요. 몸은 작지만 모래 언덕 생태계 속에서 한 고리를 책임지는 참뜰길앞잡이. 그들이 있어 모래 언덕 생태계는 건강하게 잘 돌아갑니다. 하지만 지금 그 모래밭이 사라지고 있습니다. 무분별한 개발 때문에 강 둘레 모래는 사라져 가고, 강 옆구리에 길을 만들어 아스팔트를 깔고 시멘트를 발라 대고 있습니다. 이제 강가에서 금빛 은빛 모래밭 보기는 힘들어졌습니다. 그러니 모래밭 생명들이 설 땅이 줄어들고 있습니다.

모래땅이 있어야 살아가는 참뜰길앞잡이는 영문도 모른 채 자기 땅을 잃어 가고 있습니다. 좋은 예로 영종도와 용유도가 통째로 개발되면서 발에 밟힐 만큼 많던 닻무늬길앞잡이가 2004년부터는 거의 보이지 않습니다. 현재 봄이면 바닷가 모래밭에서 수백 마리 넘게 발견되는 참뜰길앞잡이도 그런 꼴 되지 말라는 법 없습니다. 사는 곳이 망가지면 녀석들이 사라지는 건 시간 문제입니다. 강어귀든 모래 언덕이든 모래밭이 없어지면 가장 먼저 모래밭에서 터를 잡고 사는 생물들이 없어질 테고, 많은 세월이 흐르면 그 여파가 사람에게도 부메랑이 되어 돌아올지도 모를 일입니다. 왜? 생태계는 돌고 도니까요.

3장

# 땅살이 곤충

## 흙과 놀다 보면
## 늘 만나는 친구들

봄바람이 남쪽에서 불어옵니다. 겨우내 얼어붙은 차디찬 땅에서 추위를 견뎌 낸 보리가 새파랗게 밭을 뒤덮습니다. 한 줄기 바람이 지나가니 보리밭이 파도처럼 출렁입니다. 보리밭 사잇길을 걸으니 풋풋한 보리 향이 코끝을 간질입니다. 밭길 흙은 푹신하고 포슬포슬해 신발을 신었는데도 보드라운 느낌이 그대로 전해 옵니다. 신발을 벗고 맨발로 흙을 밟습니다. 한 발짝 한 발짝 디딜 때마다 흙냄새도 따라 올라오고, 몸과 마음을 편안히 녹이는 땅기운이 부드럽게 온몸으로 퍼지는 것 같습니다.

보리밭 고랑에 키 작은 풀꽃들이 옹기종기 피어 있습니다. 주름잎 꽃, 별꽃, 꽃다지 꽃, 냉이 꽃……. 산들바람에 웃고 있는 꽃들을 차마 두고 갈 수 없어 발길을 멈추고 쪼그리고 앉습니다. 손을 내밀어 풀 잎사귀를 어루만지니 풀 향기가 은은하고, 풀 줄기 아래 쌓인 흙을 손가락으로 누르니 보드라운 감촉이 손끝에 전해 옵니다. 내친김에 밭고랑 흙을 한 줌 집어 올립니다. 물기를 적당히 머금은 흙이 질척거리지도 날리지도 않고 떡가루처럼 보슬보슬합니다. 양손으로 흙을 비비니 두 손 가득 느껴지는 흙 알갱이 감촉에 기분이 좋아집니다.

문득 호미질하며 칡뿌리 캐던 추억이 떠오릅니다. 야트막한 산허리에 널려 있는 칡은 가을만 되면 잎을 다 떨어뜨리고 줄기만 남습니다. 줄기는 다른 식물을 타고 위로 올라가기도 하고, 두더지처럼 땅속을 기어가기도 합니다. 겉으로 드러난 줄기를 힘껏 잡아당기면 줄기를 덮고 있던 흙도 따라서 들썩입니다. 칡이 자라는 곳에는 가랑잎이 떨어져 절로 거름이 된 부엽토가 쌓여 있습니다. 부엽토를 걷어 내니 가랑잎 냄새며 흙냄새며 숲 냄새가 구수하게 납니다.

부엽토 아래 흙은 굉장히 부드럽습니다. 굵은 흙 알갱이와 고운 흙 알갱이가 알맞게 섞여 있어 흙을 만지니 포슬포슬합니다. 호미와 흙이 부딪치는 소리를 들으며 계속 파 내려가면 흙구덩이에서 흙 특유의 냄새가 은은히 맴돕니다. 좀 더 파 내려가면 큰 돌멩이와 나무뿌리들에 흙이 엉겨 붙어 있습니다. 그 흙들은 얼마나 찰진지 모릅니다. 손으로 만져 보면 흙이 손에 덕지덕지 묻지요. 손에 묻은 흙덩이를 떼어 내려고 옆에 있는 작은 나무줄기에 쓱쓱 문지릅니다. 호미로 땅속 깊이 뻗은 칡뿌리를 캐기에는 역부족입니다. 이내 포기하고 호미로 파낸 흙을 도로 제자리에 묻어 줍니다.

흙과 놀다 보면 늘 만나는 친구들이 있습니다. 꾸물거리며 몸을 동그랗게 말고 죽은 듯 꼼짝 않는 쥐며느리, C자 모양으로 구부리고 있는 우윳빛 굼벵이, 꿈틀꿈틀 흙 속을 파고드는 번지르르한 지렁이, 수많은 다리로 설레발치며 가랑잎 속으로 숨어드는 지네, 바람에 재가 퍼지듯 톡톡 튀어 다니는 톡토기, 내년 봄에 싹이 트기를 기다리는 도토리, 하얀 속살이 푸푸한 도라지 뿌리와 둥글레 뿌리 등등. 호미로 파낸 흙은 얼마 되지 않는데도, 그 속에는 뭇 생명들이 참 많이도 살고 있습니다.

영영 사라질지 모를

# 수염풍뎅이

**수염풍뎅이**

수염풍뎅이가 가로등 불빛에 날아왔습니다.
수염풍뎅이는 이름처럼 더듬이가
수염처럼 큼지막합니다.

지금도 시골에는 오일장이 열리지요.

아니 웬만한 작은 도시면 오일장이 섭니다.

어렸을 적에 엄마 따라 오일장 구경하는 일이 참 많았습니다.

부여장, 논티장, 임천장, 홍산장, 강경장…….

지금도 눈 감으면 흑백 사진 되어 아련하게 떠오릅니다.

특히 늦가을 김장철에 갔던 강경 젓갈장이 눈에 선합니다.

휘휘 유려한 곡선을 그으며 휘돌아 흐르는 백마강을 끼고 가던 길.

백마강 강둑에는 풀밭이 우거져 있고,

강둑 아래로 모래밭이 펼쳐져 있었습니다.

뭘 모르던 어린 마음에도 '참 예쁜 강'이란 생각이 들었지요.

그래서 그 강둑을 잘 걸어 다녔습니다.

강둑을 걷고 있으면, 한 걸음 옮길 때마다

풀숲에 있던 곤충들이 놀라 툭툭 튀어 달아나고는 했습니다.

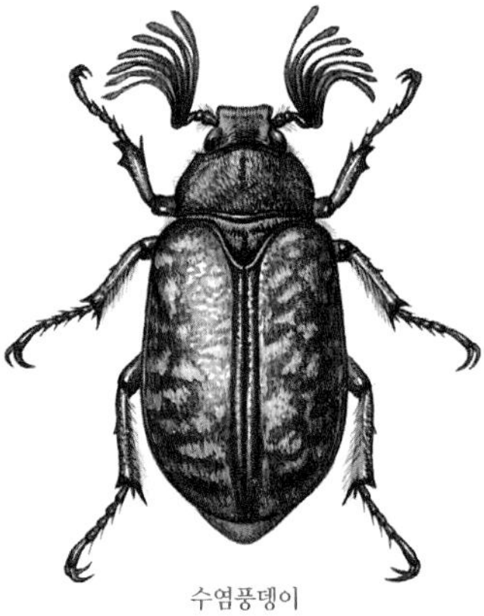

수염풍뎅이

이 꼭지는 딱정벌레목 검정풍뎅이과 종인 수염풍뎅이(*Polyphylla laticollis manchurica*) 이야기입니다.

## 수염풍뎅이를 본 적이 있나요?

수십 년 세월이 흘러 다시 찾은 그곳은 강물만 그대로이고 둘레 풍경은 바뀌어도 참 많이 바뀌었습니다. 자동차가 거의 없던 시절에 몇십 분을 걸어 건너던 다리도 자동차로 달리니 금방 강 건너입니다. 강둑에 우거졌던 풀밭은 온데간데없고 주차장과 체육 시설이 떡하니 버티고 있습니다. 강둑 가까운 곳에는 방울토마토를 키우는 비닐하우스가 끝도 없이 펼쳐집니다. 게다가 강가에는 포장된 길이 쭉 뻗어 있습니다.

무성하게 자라던 풀숲은 사라지고, 포슬포슬하던 땅은 시멘트로 덮여 있습니다. 거기 살던 생명들은 어떻게 되었을까? 그토록 멋진 수염풍뎅이가 새끼 낳고 오순도순 살았던 삶터가 어릴 적 수없이 다녔던 바로 이곳이라니! 아쉬움에, 안타까움에 아무 말 없이 흐르는 백마강만 바라봅니다.

수염풍뎅이는 북쪽 신의주에서부터 평양, 서울, 대구, 바다 건너 제주도까지 우리 땅 전역에서 살았던 전설 같은 사연을 가진 풍뎅이입니다. 그 수염풍뎅이가 사라지고 있어 혹시 어디서 봤다는 말만 들려도 복권에 당첨된 것처럼 떠들썩합니다.

수염풍뎅이를 실제로 보기란 하늘의 별 따기만큼 힘들어 연구자들이 조사 중에 가끔 발견하고 찍어 둔 사진으로 만족해야 할 판입니다. 그래서 현재 얼마 살아남지 않은 수염풍뎅이를 멸종위기 야생동물 I급으로 지정해 보호하고 있습니다.

몸길이가 긴 녀석은 자그마치 37밀리미터나 되고, 너비도 17밀리미터쯤 되니 크기가 곤충 세계에서 슈퍼 헤비급입니다. 일단 큰 몸집만으로도 카리스마가 넘칩니다. 검정풍뎅이과 가운데서 몸집이며 몸무게며 더듬이며 '가장 큰' 걸로 따지면 녀석을 따라올 자가 없습니다. 몸 생김새는 달걀 같은 타원형이고, 몸 색깔은 전체적으로 붉은빛이 도는 짙은 밤색입니다. 딱지날개에는 우단 같은 황백색 털이 얼룩얼룩하게 뒤덮고 있습니다. 딱지날개를 보면 봄날 먼 산에 군데군데 피어난 산벚꽃이 생각납니다.

수염풍뎅이 수컷 더듬이는 아주 크고 넓적하다.

## 카이젤 수염 같은
## 멋진 더듬이

수염풍뎅이의 가장 큰 매력은 뭐니 뭐니 해도 더듬이에 있습니다. 더듬이는 10마디로 되어 있는데, 암컷과 수컷이 다르게 생겼습니다. 암컷 더듬이는 10마디 중 1~4번째 마디는 가늘고 짧지만, 5~10번째 마디는 약간 넓고 길쭉합니다. 하지만 수컷 더듬이는 사정이 다릅니다. 얼른 보기에도 "아, 더듬이!" 하고 감탄사가 나올 만큼 그 위용에 기가 죽습니다. 10마디 중 1~3번째 마디는 가늘고 짧지만, 4~10번째 마디는 길쭉한 버들잎처럼 늘씬하고 큽니다. 더구나 마디가 모두 접히면 초승달처럼 휘어져 카이젤 수염처럼 생겼습니다. 수염풍뎅이는 상황에 따라 더듬이를 펼쳤다 접었다 하며 반응합니다. 그 모습이 아코디언으로 연주하는 것 같고, 또 어찌 보면 부채를 폈다 접었다 하는 것 같습니다. 곤충 더듬이라기보

큰까치수염 꽃은 수염풍뎅이 더듬이와 닮았다.

다 오랜 고민과 구상 끝에 만든 예술품 같습니다. 하기야 자연 자체가 예술인데, 어찌 사람이 만든 예술품에 비교할까요?

무슨 사연이 있어 더듬이가 이리도 크고 넓을까요? 더듬이는 둘레 정보를 정밀하게 수집하는 레이더 노릇을 합니다. 더듬이에는 수많은 감각 기관이 빼곡히 퍼져 있어 둘레의 온도, 습도, 바람의 방향과 세기, 종족끼리 주고받는 언어인 소리나 냄새 같은 모든 것을 알아차립니다. 암컷이 풍기는 성페로몬 냄새를 맡으려면 수컷은 더듬이가 크고 넓은 것이 훨씬 유리합니다. 암컷이 내뿜는 성페로몬이 바람을 타고 이리저리 떠돌다가 수컷 더듬이에 걸리기라도 하면 수컷은 기다렸다는 듯이 매혹적인 향기의 진원지를 찾아 나섭니다. 공기 중에 떠다니는 수많은 냄새 물질 중에서 같은 종 암컷이 내뿜은 향기를 놓치지 않고 감지하려면 가늘고 작은 더듬이보다 공기와 접하는 표면적이 넓고 큰 더듬이가 훨씬 유리합니다. 또 사슴벌레 암컷이 큰턱이 크고 늘씬한 수컷을 더 좋아하듯이 수염풍뎅이 암컷도 더듬이가 크고 근사한 수컷을 선호할지도 모릅니다. 짝짓기 하기 전에 수염풍뎅이 수컷이 암컷을 마주 보고 더듬이를 활짝 펼쳤다 접었다 하는 것을 보며 추측해 봅니다.

멋진 더듬이가 카이젤 수염과 비슷하다 해서 이름도 수염풍뎅이라고 합니다. 재미있게도 식물 이름에도 카이젤 수염을 본뜬 풀이 있습니다. 바로 큰까치수염. 우리나라 방방곡곡 산과 들에 피는 큰까치수염은 한여름 산행 길에서 자주 만나는 꽃이지요. 큰까치수염은 작고 예쁜 꽃송이들이 모여 카이젤 수염처럼 멋지게 늘어지며 꽃차례를 만듭니다. 사람들은 '큰까치수영'으로 부르기도 하지만 정식 이름은 '큰까치수염'입니다.

## 강어귀 언덕에 마련한 집

몇 년 전, 시골 옛집 가는 길에 백마강 하류 쪽에 있는 자갈이 섞인 모래땅에 들른 적이 있습니다. 모래 속에 사는 거저리를 조사하기 위해서지요. 강가 언덕 둘레는 비닐하우스가 즐비합니다. 밭둑길을 가로질러 강 가까이 다가가니 강과 밭을 이어 주는 둑 둘레에 꽤 넓고 평편한 땅이 조각조각 남아 있습니다. 그 땅 조각에도 벼과 식물이 제 키보다도 더 크게 자라고 있고, 버드나무 몇 그루가 여기저기 서 있습니다. 한 줄기 바람이 지나가니 축축 늘어진 버들가지가 바람 따라 흥청망청 춤을 춥니다. 조각 땅을 제외하면 모두 시멘트가 발라져 있고 그곳에는 주차장이나 체육 시설이 들어서 있습니다.

조각 땅 한쪽에는 뽑혀진 채 썩어 가는 버드나무 둥치가 풀숲에 숨어 있습니다. 풀숲에 앉아 둥치를 살살 뒤지듯이 살펴보니 버들하늘소가 있고, 나무 아래쪽 땅에는 귀여운 돌기를 가진 작은모래거저리(*Opatrum subaratum*)가 납작 엎드려 있습니다. 앉은 김에 땅도 살펴봅니다. 땅바닥에 있는 돌멩이를 주워 흙을 파는데, 모래가 섞인 탓인지 흙이 굉장히 부드러워 돌멩이로도 잘 파집니다. 땅은 모래와 고운 흙이 알맞게 섞여 있어 좁쌀에다 밀가루를 풀어 놓은 것 같습니다. 한 줌 집어 손가락으로 비벼 보니 포슬포슬하고 손에 달라붙지 않아 흙 만지는 느낌이 참 좋습니다. 좀 더 흙을 뒤지니 먼지벌레류 애벌레가 깜짝 놀라며 파 놓은 흙더미 속으로 도망칩니다. 흙 속에는 줄 같은 벼과 식물 뿌리가 얽히고설켜 있습니다.

강물이 홍수로 넘치면서 건네준 영양가 많은 흙 덕분에 식물이 무럭무럭 잘 자라고 있는 것이지요. 아래로 파 들어갈수록 흙에 물기가 있고 끈적거려 돌멩이에 흙이 달라붙습니다. 거기에다 썩은 식물질의 찌꺼기가 섞여 있어 흙 색깔이 검은빛을 많이 띱니다.

## 깊은 흙 속에서 사는
## 수염풍뎅이 애벌레

그렇게 한 20센티미터쯤 팠을까? 흙 속에 애벌레가 묻혀 있는 것이 보입니다. 뭘까? 먼지벌레류 애벌레일까? 풍뎅이류 애벌레일까? 녀석이 다치지 않게 조심조심 손가락으로 흙을 젖히니 몸뚱이를 배 쪽으로 잔뜩 움츠리고 있는 우윳빛 애벌레가 보입니다. C자로 휘어진 굼벵이군요. 흙을 다져 제 몸이 들어갈 만큼 방을 만들어 그 속에 구부리고 누워 있습니다.

녀석은 이 깊은 땅속에 누가 쳐들어왔는지 놀랐나 봅니다. 몸뚱이를 꿈틀꿈틀하며 다리 6개로 땅을 파고 들어가려 몸부림칩니다. 만지니 노란 큰턱을 좌우로 크게 벌려 위협합니다. 누굴까요? 혹시 수염풍뎅이 애벌레? 몸집이 놀랄 정도로 큽니다. 어른 새끼손가락만 한 게 수염풍뎅이 애벌레가 틀림없습니다. 소문으로만 듣던 녀석을 이렇게 떡 만나니 가슴이 콩닥콩닥 뛰기 시작합니다. '살아 있었구나! 고맙다. 이렇게 살아 있어 줘서.' 너무 반갑고 당황해서 어찌할 바를 모르다 녀석 몸을 이리저리 찬찬히 훑어봅니다. 지금

아니면 언제 또 볼지 모릅니다.

풍뎅이든 장수풍뎅이든 수염풍뎅이든 모든 종류의 풍뎅이 애벌레는 모두 C자로 몸을 구부리고 있는 굼벵이입니다. 가슴에 나 있는 짧은 다리 6개는 땅을 파고 들어갈 때 괭이처럼 씁니다. 몸은 마디마디로 되어 있고 마디마다 주름이 많아 쭈글쭈글한 편이며, 움직일 때마다 몸을 펴 마디 사이 연결막이 보입니다. 몸에는 붉은빛이 많이 도는 짧은 밤색 털이 쫙 깔려 있습니다. 몸 마디마다 옆구리에는 마치 도장이라도 찍은 것처럼 빨간 점이 찍혀 있는데, 그 점은 다름 아닌 숨구멍입니다. 녀석은 흙 속에서 숨구멍으로 숨을 쉽니다.

재미있게도 배 끝 쪽이 새까맣습니다. 아마도 소화되어 배설을 기다리는 똥이 뭉쳐 있나 봅니다. 그 똥은 어디다 쓸까요? 허물을 벗을 때나 번데기가 될 때 흙방을 고르고 다지는 데 똥을 흙과 함께 섞어 씁니다. 그래서 늘 배마디 끝 쪽에 모아 아껴 뒀다가 필요할 때 똥을 싸서 씁니다.

녀석을 한동안 자세히 들여다보고, 사진도 찍은 뒤 흙 속에 곱게 눕혀 놓고 흙을 살살 덮어 주었습니다. 헤어지자니 참으로 아쉽습니다. 아마도 다 큰 종령 애벌레인 것 같은데, 올 여름 꼭 어른벌레로 날개돋이 해 자손을 퍼뜨리기를 간절히 빌었습니다.

녀석은 흙 속에서 무엇을 먹고 살까요? 확실히 모릅니다. 누구는 소나무류, 사시나무류, 참나무류 같은 나무뿌리를 갉아 먹는다고 하고, 누구는 농작물이나 풀뿌리를 먹고 산다고 합니다. 파브르는 수염풍뎅이와 친척인 프랑스에 사는 소나무수염풍뎅이(*Polyphylla fullo*)를 직접 길렀는데, 소나무수염풍뎅이는 가랑잎이나 뿌리 따위가 썩어 분해된 기름진 거름흙(부엽토, 부식토)을 먹는다고 했습니다. 그런데 수염풍뎅이 애벌레를 발견한 강가 언덕 땅속에는 풀뿌리가 그리 많지 않았습니다. 직접 키워 보지 않았으니 식물 뿌리를 먹는지, 거름흙을 먹는지 확실히 알 수 없어 안타까울 뿐입니다. 그뿐이 아닙니다. 녀석이 허물을 몇 번 벗는지, 허물을 얼마 만에 벗는지도 알 수가 없습니다. 다만 녀석이 땅속에서 4년을 살아야 비로소 어른벌레가 된다는 것만 알려져 있을 뿐입니다. 더구나 이제 녀석을 발견한다 해도 마음대로 키울 수 없습니다. 녀석을 데려다 키우면 법적으로 처벌을 받습니다. 녀석의 신상 명세를 알기도 전에 우리 곁에서 사라지고 있다니 기막힐 노릇입니다.

## 모양과 다리로 구분한 애벌레

곤충 일생은 분업이 잘 되어 있어 알, 애벌레, 번데기, 어른벌레 역할이 저마다 따로 있습니다. 알 속에서는 애벌레가 되기 위해 발생이 복잡하게 일어납니다. 알에서 나온 애벌레는 열심히 먹고 허물을 벗으며 몸을 키웁니다. 다 자란 종령 애벌레가 허물을 벗으면 번데기가 되는데, 번데기 속에서는 어른벌레로 탈바꿈하기 위해 여러 가지 호르몬 등이 관여한 물질대사가 일어납니다. 날개돋이를 한 어른벌레는 짝짓기를 하고 알을 낳아 종족을 퍼뜨립니다.

곤충 애벌레 생김새는 종마다 다릅니다. 안갖춘탈바꿈을 하는 곤충 애벌레는 날개가 겉에서 보이지 않는 것을 빼면 거의 어른벌레와 비슷하게 생겼습니다. 갖춘탈바꿈을 하는 곤충 애벌레는 생김새가 어른벌레와 딴판입니다. 애벌레는 겹눈 대신에 낱눈이 붙어 있고, 가슴에 달린 다리 3쌍 말고도 배에 헛다리가 여러 개 달린 경우도 있습니다. 또한 애벌레들은 입에서 실을 내거나 끈끈한 침을 내어 번데기를 만들 때 이용할 수 있습니다.

애벌레를 모양(겉모습)과 다리로 구분하면 다음과 같습니다.

### 1. 모양으로 구분하기

#### 1) 좀꼴형 애벌레(campodeiform larva)

돌좀이라는 날개 없는 곤충을 닮아서 붙은 이름입니다. 몸 생김새는 납작하고 길고, 머리는 앞쪽을 향하고 있습니다. 가슴에는 길고 잘 발달된 다리가 3쌍 달려 있습니다. 또 가슴과 배 표면이 딱딱하고 배 끝에는 꼬리돌기가 잘 발달되어 있습니다.

㉔ 풀잠자리목 애벌레, 물방개 애벌레, 반날개과 애벌레 따위

#### 2) 딱정벌레형 애벌레(carabiform larva)

몸에는 아주 가느다랗고 부드러운 털이 많습니다. 다리는 몸에 비해 짧은 편이고 배 끝에는 꼬리돌기가 거의 없거나 혹은 있어도 굉장히 짧습니다.

㉔ 딱정벌레과(먼지벌레류 포함) 애벌레, 송장벌레과 애벌레, 반딧불이과 애벌레 따위

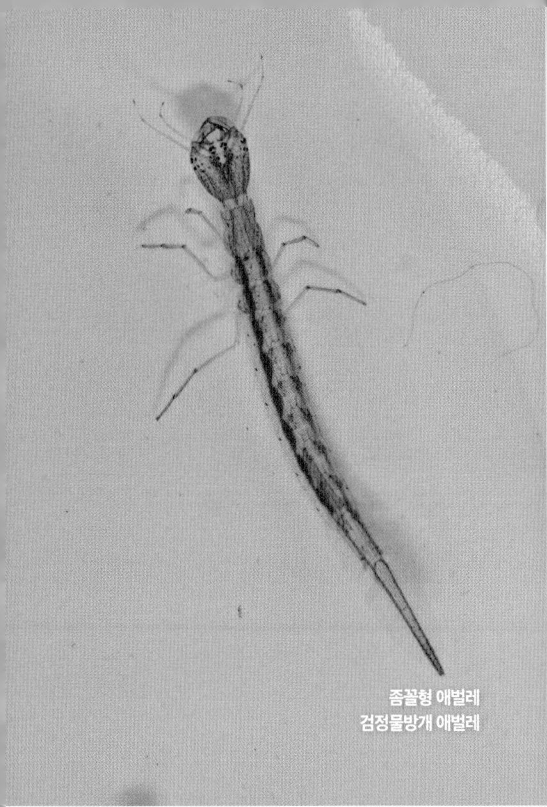

좀꼴형 애벌레
검정물방개 애벌레

좀꼴형 애벌레
풀잠자리 애벌레

딱정벌레형 애벌레
좀송장벌레 애벌레

딱정벌레형 애벌레
먼지벌레류 애벌레

굼벵이형 애벌레
꽃무지류 애벌레

굼벵이형 애벌레
풍뎅이류 애벌레

송충이형 애벌레
사과독나방 애벌레

송충이형 애벌레
매미나방류 애벌레

구더기형 애벌레
파리류 애벌레

구더기형 애벌레
팥바구미 애벌레

철사벌레형 애벌레
방아벌레류 애벌레

철사벌레형 애벌레
방아벌레류 애벌레

3) 굼벵이형 애벌레(C자형, scarabaeiform larva)

몸 생김새가 C자 모양으로 구부러져 있어 C자형 애벌레라고도 합니다. 몸은 탕수육처럼 뚱뚱하고 몸 색깔은 우윳빛을 띱니다. 땅을 잘 팔 수 있게 머리의 입틀과 가슴다리 3쌍이 잘 발달되었습니다. 몸에 비해 가슴에 붙은 다리 3쌍이 짧은 편이어서 잘 기지 못합니다. 주로 썩은 나무속이나 퇴비 같은 기름진 흙, 영양가 많은 똥 속에서 살며 움직임이 굉장히 둔합니다.

㈎ 풍뎅이상과 애벌레, 개나무좀류 애벌레 따위

4) 송충이형 애벌레(eruciform larva)

몸 생김새는 원통 모양이고 몸 표면은 말랑말랑한 편이며 머리는 아래쪽을 향하고 있습니다. 몸에는 털이 많이 나 있고, 다리는 좀꼴형 애벌레보다 좀 짧게 생겼습니다. 배에는 헛다리가 대체로 여러 개 나 있습니다.

㈎ 나비목 애벌레, 몇몇 잎벌류 애벌레 따위

5) 구더기형 애벌레(vermiform larva)

몸은 원뿔 모양 혹은 원통 모양이고, 더듬이와 다리가 없습니다. 움직일 때는 몸통 전체를 꿈틀거리며 움직입니다.

㈎ 파리목 애벌레, 바구미과 애벌레 따위

6) 철사벌레형 애벌레(elateriform larva)

몸 생김새는 철사처럼 굉장히 길고 몸 표면은 기름 바른 것처럼 매끈하고 잘 경화되어 단단하며 광택이 납니다. 다리는 짧은 편입니다. 주로 흙 속이나 저장 곡식 속에 살면서 식물 뿌리나 저장 곡물 속을 파고듭니다.

예) 방아벌레과 애벌레, 쌀도적과 애벌레, 거저리과 애벌레 따위

### 2. 다리로 구분하기

#### 1) 가슴다리 애벌레(oligopod larva)

가슴에 다리(가슴다리) 3쌍만 있는 애벌레 무리가 여기에 속합니다.

예) 풀잠자리목 애벌레, 대부분의 딱정벌레목 애벌레 따위

#### 2) 다리 많은 애벌레(polypod larva)

가슴다리뿐 아니라 배다리 따위가 있는 애벌레 무리가 여기에 속합니다.

예) 나비목 애벌레, 잎벌류 애벌레 따위

#### 3) 다리 없는 애벌레(apodous larva)

가슴다리와 배다리 따위를 볼 수 없는 애벌레 무리가 여기에 속합니다.

예) 파리목 애벌레, 바구미과 애벌레, 하늘소과 애벌레, 말벌과 애벌레, 기생벌과 애벌레, 꿀벌과 애벌레 따위

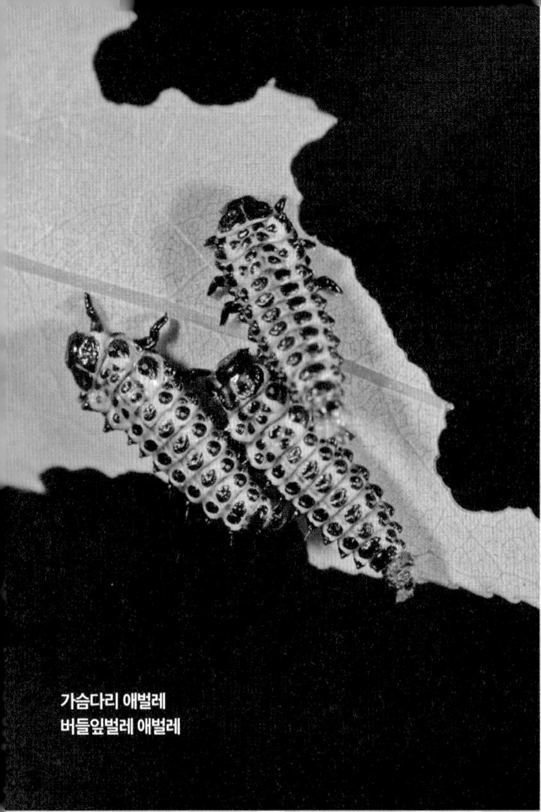

가슴다리 애벌레
버들잎벌레 애벌레

다리 많은 애벌레
박각시류 애벌레

다리 없는 애벌레
하늘소류 애벌레

## 밤에 돌아다니는 야행성 곤충

4년이나 흙 속에서 지낸다니, 그동안 온갖 시련을 다 겪을 테지요. 그 시련을 모두 헤치고 무사히 자란 애벌레는 번데기가 됩니다. 번데기 또한 흙 속에서 만듭니다. C자로 구부린 몸을 쭉 펴고 다리로 흙을 파면서 흙 속 공간을 넓힌 뒤 다시 몸을 C자로 구부린 채 살살 움직이며 흙을 다집니다. 이때 뭉툭한 배 끝부분에 모아 놨던 똥을 짜내 흙과 섞으며 다집니다. 그러면서 제 몸이 들어갈 만한 크기의 타원형 흙방을 만듭니다. 그리고 허물을 가지런히 흙방 속에 벗어 놓고 번데기가 됩니다. 굼벵이도 구르는 재주가 있다는 말을 누가 했는지 딱 맞는 말입니다.

아침저녁으로 선선한 바람이 부는 초여름 날, 수염풍뎅이는 어두컴컴한 땅속 흙방에서 드디어 어른벌레가 되어 흙을 뚫고 땅 위 밝은 세상으로 나옵니다. 땅 위 세상은 온통 초록 세상입니다. 그런데 녀석은 밤에만 나돌아 다니는 야행성 곤충이라 낮에는 풀숲 아래 흙 속에서 꼼짝 않고 쉽니다. 어둠이 슬그머니 땅 위에 내려앉아 깜깜한 밤이 되면 녀석들은 흙 속에서 나옵니다.

파브르는 프랑스에서 사는 소나무수염풍뎅이 어른벌레를 잡으면 '끼익' 하고 높은 소리를 낸다고 했습니다. 녀석은 어떻게 높은 소리를 낼까요? 비밀은 녀석의 배마디와 날개에 있습니다. 여러 개의 배마디가 천천히 머리 쪽과 항문 쪽으로 오르내리면서 배와 맞닿아 있는 날개 표면을 비빕니다. 배마디는 저마다 막질로 된 연결막으로 이어져 위아래로 움찔움찔하며 움직일 수 있습니다. 그런데 비비는 배마디 표면이나 마찰되는 날개 표면에는 소리를 낼 만한 특별한 음향 기구가 없습니다. 아무리 들여다봐도 배마디 표면과 날개 표면은 매끈하기만 할 뿐 소리를 내기 위해 필요한 돌기 같은 것이 없습니다. 그래서 '끼익' 소리는 마치 물 묻은 손가락 끝을 매끄러운 유리창에 꾹 눌러 문지를 때 나는 소리와 같지요. 손가락 끝 근육은 오르락내리락하는 소나무수염풍뎅이 배마디에 해당하고, 매끈한 유리창은 녀석의 날개에 해당하는 셈입니다. 파브르는 150년 전에 프랑스에 사는 소나무수염풍뎅이를 기르면서 관찰해 많은 기록을 남겼는데, 150년이 지난 지금 우리 땅에 사는 수염풍뎅이는 우리가 그들의 사생활을 알기도 전에 벌써 만나기조차 어렵습니다. 그저 안타까운 일이지요.

## 길 위에서 교통사고 당하는 어른 수염풍뎅이

수염풍뎅이는 주로 강 하류 지역에서 삽니다. 지금까지 우리나라에서 수염풍뎅이가 발견된 곳을 알아보니 서울의 신촌, 연희동, 영등포, 서강, 제2한강교, 경기도 파주, 충남 논산, 제주도 제주시였습니다. 세세한 채집 정보가 없어 구체적으로 어느 물가에서 발견되었는지 알 수는 없지만, 그간 기록을 모아 보면 녀석은 모래가 섞인 강 언덕(강둑)에서 삽니다.

강 언덕은 수염풍뎅이뿐 아니라 많은 토양 생물이 둥지를 틀고 평생을 살아가는 집입니다. 생명의 가치로 따지면 몇 십억짜리 빌라와도 바꿀 수 없는 굉장히 값비싼 땅이지요. 당연히 지금 수염풍뎅이 눈에는 인간 세상이 어떻게 보일까요? 강 언덕, 하천가 언덕, 시냇가 언덕이 파헤쳐지고 있으니 말이죠. 우리나라 방방곡곡에서 '하천 살리기', '강 살리기'가 대대적으로 벌어져 왔고, 지금도 마찬가지입니다. 하천을 살리자고, 강을 살리자고 물길을 직선으로 만들고, 물가 언덕을 파헤쳐 사람이 걷는 길, 축구장이나 테니스장 같은 체육 시설, 차를 세워 둘 주차장 같은 곳으로 만들고 있습니다. 도대체 무슨 '하천 살리기', '강 살리기'가 멀쩡한 물가 둘레 땅을 헤집는단 말인가요? 정말 이렇게 하는 것이 '하천 살리기', '강 살리기'일까요?

우리나라는 저 북쪽 임진강에서 저 남쪽 낙동강까지 모든 강 언덕을 자전거 도로로 만들 계획이라고 합니다. 덩달아 그 강들로 물이 흘러가는 곳곳의 하천가 언덕에도 사람이 다니는 길이 나고 자전거 도로가 생기고 있습니다. 서울 한강가에도, 성내천에도, 양재천에도 붉게 포장된 사람 길과 자전거 길이 생긴 지 오래입니다. 비오는 날 그 길을 걸어 보시지요. 땅속에 살던 지렁이가 땅속에 물이 차 숨을 쉴 수 없어 죄다 밖으로 나옵니다. 그리고 비가 그친 뒤 다시 그 길을 걸어 보시지요. 지렁이들이 자전거 바퀴에, 사람들 발에 밟혀 죽어 말라 비틀어져 있습니다. 해가 뜨면 피부가 얇은 지렁이들이 햇빛에 수분을 안 빼앗기려고 제 집인 땅속으로 들어가려고 합니다. 하지만 발밑에 흙은 없고 딱딱한 시멘트며, 우레탄 포장길이 가로막고 있습니다. 이리저리 헤매다 돌아갈 집을 찾지 못해 결국 길 위에서 객사하는 지렁이들. 흙에 공기가 드나드는 길을 만들어 식물과 뭇 생명을 살리고, 똥을 싸 땅을 기름지게 하는 흙의 보배 지렁이가 '강 살리기', '하천 살리기'로 오히려 희생되고 있지요.

숱한 강 언덕이 사라지는 데 걸린 시간은 정말 눈 깜짝할 사이입니다. 1970년대까지만 해도 우리나라 곳곳에서 평화롭게 살던 수염풍뎅이. 그들이 사는 곳을 사람들이 점령하자 힘없는 그들은 꼼짝없이 죽어 갔습니다. 수염풍뎅이가 살던 곳에서 농사도 짓고, 곡식을 더 많이 거두려고 농약도 치고, 사람들이 오가는 길도 냅니다. 그러는 동안 수염풍뎅이 애벌레는 살 집을 잃어 죽어 가고, 설령 집을 잃지 않았더라도 농약이 빗물을 타고 땅속으로 흘러들어 고통스레 죽어 가고, 땅에다 시멘트를 덮어 버리니 감옥이 되어 버린 땅에서 죽어 갔지요.

어디 그뿐인가요? 안타깝게도 녀석들은 불빛을 향해 날아가는 습성이 있습니다. 왜 그런지 추측만 할 뿐 정확한 이유를 아직 모릅니다. 불빛이 있으면 앞뒤 가리지 않고 불빛을 향해 무작정 날아 돌진합니다. 경제 발전과 더불어 우리나라 곳곳에 길을 닦고 가로등을 세워 밤에도 낮처럼 환한 세상이 되었습니다. 밤이 환해지자 되레 수염풍뎅이들이 큰 화를 입었습니다. 멋모르고 가로등 불빛을 향해 달려들다 부딪쳐 땅에 떨어지면, 씽씽 달리는 차에 치여 죽습니다. 차뿐 아니라 사람들 발에 밟혀 저항 한번 못하고 납작하게 즉사합니다. 그래서 가로등 아래 도로에는 차바퀴에, 사람 발에 깔려 죽은 곤충들이 널브러져 있습니다.

지금 수염풍뎅이 보금자리가 될 만한 땅, 그것도 손바닥만큼 남아 있다고 할 수 있는 땅은 바다와 강이 만나는 강어귀에 있습니니다. 강이 있으면 다리가 있는 법. 예전에 나룻배를 타고 강을 건넜지만 지금은 다리 위로 차를 타고 강을 건넙니다. 강물이 오랜 세월 실어다 준 흙과 모래로 만들어진 기름진 땅에 살고 있는 수염풍뎅이. 수염풍뎅이가 살고 있는 보금자리에 다리가 놓이면 가로등도 따라옵니다. 초여름 밤 4년을 기다린 끝에 땅 위로 올라온 수염풍뎅이 어른벌레들은 하나둘 가로등 불빛으로 돌진하고, 영문도 모른 채 부딪쳐 길 위로 떨어지고, 곧이어 차바퀴에 깔려 죽어 갑니다. 자손을 낳아야 할 어른벌레들이 이렇게 죽어 가면 자손은 더더욱 보기 힘들겠지요.

그렇게 수많은 수염풍뎅이 애벌레와 어른벌레가 죽어 갔고, 아이러니하게도 사람들은 수염풍뎅이에게 '멸종위기 야생동물 I급'이라는 훈장을 달아 주었습니다. 설령 어딘가 살아 있다 해도 환경이 열악하면 생존이 보장되지 않습니다. 수염풍뎅이를 보호하려면

도로에 떨어져 밟혀 죽은 수염풍뎅이

가장 먼저 해야 할 일은 당연히 그들이 살고 있는 곳을, 그들이 살 수 있는 곳을 지키는 일입니다. 혹시나 수염풍뎅이를 운 좋게 만나면 어쩌시겠습니까? 잡아서는 안 됩니다. 멸종위기종인 생물은 절대 잡거나 길러서는 안 됩니다. 그러면 경찰서를 들락날락해야 합니다. 모르고 잡았다 해도 법의 처벌을 받습니다. 죽일 때는 언제고, 이제 잡는다고 벌을 준다니 수염풍뎅이가 들으면 기가 찰 노릇입니다. 그저 녀석들에게 민망할 뿐입니다.

## 수염풍뎅이를 살리려면

그 수가 얼마인지 모르지만, 다행히 아직까지 우리 땅에서 살고 있는 수염풍뎅이. 살릴 수 있는 방법은 없을까요? 멸종위기 야생동물 I급 훈장은 녀석을 살리는 데 아무짝에도 소용이 없습니다. 무차별하게 잡지 말라는 경고인데, 잡을 수염풍뎅이가 남아 있기나 하냐고요.

녀석을 살릴 방법은 있습니다. 늦었지만 지금이라도 녀석들에게 땅을 돌려주는 것이지요. 수염풍뎅이가 발견되는 지역도 조사되었으니 땅을 되돌려 주는 건 그리 어렵지 않습니다. 지금 유일하게 발견되는 수염풍뎅이의 낙원, 그곳이라도 돌려주어야 합니다. 곤충들에게 땅을 돌려주는 일은 거대한 국립 공원을 필요로 하는 반달곰이나 산양 같은 몸집 큰 포유동물과는 근본적으로 다릅니다.

몸집 작은 곤충들은 살아가는 데 그리 넓은 땅이 아니어도 됩니다. 곤충들은 우리 둘레에 조각조각 흩어진 땅이라도 감지덕지하며 이사 와서 삽니다. 한 뙈기 땅만 있어도 보금자리 만들어 사는 곤충들. 강가 언덕이 사람들에게는 보호할 필요가 없는 쓸모없는 땅으로 보일지언정 수염풍뎅이에게는 목숨 같은 곳입니다. 수염풍뎅이는 그런 물가 언덕이면 족합니다. 그곳에서 대를 이어 수염풍뎅이 왕국을 건설하며 오순도순 살아갈 수 있으니까요.

자연을 보호하기 위해 상상력을 한껏 발휘해 봅시다. 자, 우리는 꼭 차를 강가 땅에다 주차해야 하나요? 또 꼭 강가 땅에다 체육 시설을 만들어야 하나요? 꼭 강가 땅에다 자전거 길을 만들어야 하나요? 꼭 강가 땅에다 편의 시설을 만들어야 하나요? 생각이 바뀌면 세상을 보는 눈도 저절로 바뀝니다. 흙을 뒤엎고는 멸종위기종 훈장을 달아 주고, 또 흙을 뒤엎고는 멸종위기종 훈장을 달아 주고, 계속 이러기만 하면 세 살 어린애도 웃을 일입니다.

강가 언덕을 따라 달리는 시멘트를 걷어 내고, 강 쪽만이라도 그곳 현지 주민과 협의해 비닐하우스를 없애고, 주차장도 다른 곳으로 옮기고, 가로등 불빛을 곤충이 싫어하는 불빛으로 바꾸는 동시에 서식지 쪽으로 빛 가림막도 달아 주어 녀석들이 덜 날아들게 하면 됩니다. 과연 이 모든 것이 불가능할까요? 그렇지 않습니다. 아름드리 썩은 나무가 있어야 살 수 있는 장수하늘소와 비교하면 수염풍뎅이를 보호하는 일은 훨씬 쉽습니다. 그들이 좋아하는 땅만 되돌려 주면 되니까요. 수염풍뎅이를 이 땅에서 살리고 죽이는 일은 우리 사람들 손에 달렸습니다.

새벽부터 우는

# 참매미

**참매미**

참매미가 나무에 붙어 있습니다.
참매미는 새벽부터 시끌시끌 울어 댑니다.

저는 새벽이면 정신이 말똥말똥해집니다.
아무리 늦게 잠자리에 들어도 새벽 4시가 지나면 눈이 저절로 떠집니다.
저녁에는 맥을 못 추고 비실비실 조는 폼이
꼭 병든 병아리 같은데 말이지요.
아마도 어렸을 적부터 새벽 일찍 일어나는 습관이
몸에 배어 그런 것 같습니다.
제가 자랐던 옛집은 한옥이라 요즘 같은 방음 시설은 꿈도 못 꾸었지요.
옆방에서 바스락거리기만 해도 다 들립니다.
부모님은 새벽에 꼭 라디오를 켜셨습니다.
농사를 지으시니 날씨가 어떤지 알아야 하기 때문이지요.
라디오에서는 어김없이 날씨 예고를 하고 이어서 국악이 흘러나왔는데,
옆방에서 자는 제 귀에도 다 들립니다.

참매미

이 꼭지는 노린재목 매미아목 매미과 종인 참매미(*Hyalessa maculaticollis*) 이야기입니다.

## 한국 매미 대표
## 참매미

저는 40년 세월이 지난 지금도 새벽에 일어나면 라디오를 켭니다. 공교롭게도 늘 고정으로 듣는 채널에서 국악을 틀어 줍니다. 그 덕에 40년 전과 똑같이 젓갈처럼 곰삭은 우리 음악을 감상합니다. 하지만 여름이면 라디오를 켤 수 없어 그런 호사를 누리지 못합니다. 맴 맴 맴 맴 맴 맴 매엠…… 맴 맴 맴 맴 맴 맴 매엠…… 새벽부터 귀청 떨어지게 울어 대는 참매미 소리에 라디오는 잠시 뒷방 신세가 됩니다.

우리나라는 참매미 울음소리를 따서 모든 종류의 매미를 '맴이' 또는 '매미'라고 불렀습니다. 그러니 참매미는 한국 매미의 대표인 셈입니다. 참매미는 두툼한 몸에 머리끝에서 배 끝까지 길이가 작달막하고, 등 쪽 색은 검정 바탕에 녹색과 노란색, 흰색이 섞여 있습니다. 섬이든 육지든, 들판이든 산이든 우리나라 어디에서나 볼 수 있는 터줏대감이지요. 녀석은 새벽잠이 없는 '아침형'이라 새벽부터 시끄럽게 울어 댑니다. 그것도 맑은 날이면 더 신나게 맘껏 울어 댑니다. 물론 흐린 날도 울지만 말이지요. 사람들이 새벽잠을 설쳐 자신들을 원망하든 말든 그런 건 사람들 일이니 상관할 바 아닙니다. 수컷은 한바탕 울고 나서는 자리를 다른 곳으로 옮깁니다. 그러다가 암컷이 가까이에 있기라도 하면 쉬지 않고 계속해 맴 맴 매엠…… 소리 높여 웁니다. 재밌는 것은 가까이 가기도 전에 먼저 날아 도망가는 녀석은 수컷보다 암컷이 훨씬 많습니다. 울어 대는 수컷보다 벙어리 암컷이 소리에 훨씬 더 민감한지도 모릅니다.

참매미

말매미

애매미

참깽깽매미

고려풀매미

소요산매미

유지매미

털매미

여느 매미들처럼 참매미도 애벌레와 어른벌레가 사는 곳이 서로 다릅니다. 애벌레는 땅속에서 살고, 어른벌레는 땅 위에서 삽니다.

## 땅속은
## 애벌레 집

짝짓기를 마친 참매미 암컷은 나뭇가지에 알을 낳습니다. 살아 있는 나뭇가지든 죽은 나뭇가지든 가리지 않습니다. 삽처럼 생긴 끝이 뾰족한 산란관으로 나뭇가지 표피를 찢어 구멍을 내고는 그 속에 알을 낳습니다. 희한한 것은 알은 장장 1년 동안이나 나뭇가지 구멍 속에 그대로 있습니다. 알을 낳은 지 1년이 지나야 비로소 애벌레가 깨어난다니 이토록 오랫동안 알로 버티는 곤충은 매미류(매미과) 말고 또 있을까 싶습니다. 알에서 갓 깨어난 애벌레를 1령 애벌레라고 하는데, 녀석은 알에서 나오자마자 곧바로 꼬물꼬물 기어서 나무 아래 땅속으로 들어갑니다. 땅속으로 간다니 애벌레가 땅을 판다는 얘긴데, 어떻게 가능할까요? 비밀은 애벌레 앞다리에 있습니다. 앞다리가 쇠스랑처럼 생겨 땅을 아주 잘 팝니다. 이제부터 참매미의 기나긴 땅속 시대가 시작됩니다.

참매미 애벌레는 어른벌레와 마찬가지로 빨아 먹는 주둥이를 가졌습니다. 애벌레는 2년에서 4년 동안 땅속에서 살면서 식물 뿌리의 즙을 빨아 먹습니다. 이 기간 동안 허물을 4번에서 5번쯤 벗으니 아주 천천히 자란다고 할 수 있지요. 매미 집안은 종에 따라 애

말매미 애벌레가 날개돋이 하려고 땅속에서 나오고 있다.

벌레로 지내는 기간이 다릅니다. 애매미는 1년에서 2년, 털매미는 4년에서 5년, 유지매미는 3년에서 4년 동안 애벌레로 삽니다. 너무도 잘 알려진 북미에 사는 '17년 매미'는 16년을 땅속에서 살고, '13년 매미'는 12년을 땅속에서 살다가 비로소 땅 위로 올라옵니다. 이렇게 매미 집안 식구들이 오랫동안 땅속에서 사는 까닭은 천적을 따돌리기 위한 것이라고 합니다. 오랫동안 땅속에 있다가 땅 위로 올라오면 천적 대부분은 죽거나 먹잇감을 바꿀 수도 있습니다. 아무래도 자기 생활 주기와 천적 생활 주기를 다르게 하면 천적과 만날 기회가 줄어들게 됩니다.

## 1시간 20분
## 경이로운 순간

해 진 뒤 날개돋이 하려고 나무에 오르는 참매미와 말매미 애벌레(위 참매미, 아래 말매미)

다 자란 애벌레는 땅속에서 굴을 파며 땅걸 가까이 올라온 다음 날씨가 맑은 저녁이 오기를 기다립니다. 드디어 어느 맑은 저녁에 애벌레는 드디어 땅속 탈출을 감행합니다. 삽 같은 앞다리로 굴을 마저 파고는 땅 위에 첫발을 내딛습니다. 땅 위로 올라온 애벌레는 어기적어기적 기어서 가까이에 있는 나무로 올라갑니다. 땅파기 명수답게 다 자란 애벌레의 넓적한 앞다리에는 가시돌기까지 나 있습니다. 땅속에서는 앞다리로 굴을 파고, 땅 위에서는 절벽 등반하듯이 앞다리로 나무껍질을 꼭 잡고는 한 걸음 한 걸음 나무 위로 올라갑니다. 땅이 준 훈장마냥 온몸에 흙이 엉겨 붙어 있습니다.

누구는 나무줄기에, 누구는 나뭇가지에, 누구는 나뭇잎에 매달려서 어두운 밤이 오기를 기다립니다. 매미 집안은 안갖춘탈바꿈을 하기 때문에 번데기 시절을 거치지 않고 애벌레에서 곧장 어른벌레가 됩니다.

밤 9시경이 되자 애벌레 몸이 부풀면서 녹색 기운이 많이 돕니다. 이때 우리 눈에 보이지 않지만 애벌레 몸속에서는 내분비 기관이 허물벗기 프로그램에 맞춰 일사천리로 움직입니다. '허물벗기 호르몬'의 주도하에 '유약 호르몬', '경화 호르몬' 같은 호르몬들이 운동 신경 세포를 활성화시킵니다. 그렇게 되면 배와 다리 같은 곳 근육에서 이완과 수축 운동이 율동적으로 일어납니다. 드디어 허물을 벗고 어른벌레가 되려는 순간이 코앞에 다가왔습니다. 허물 속에 갇혀 있는 녀석이 공기를 힘껏 들이마셔 몸을 풍선처럼 부풀

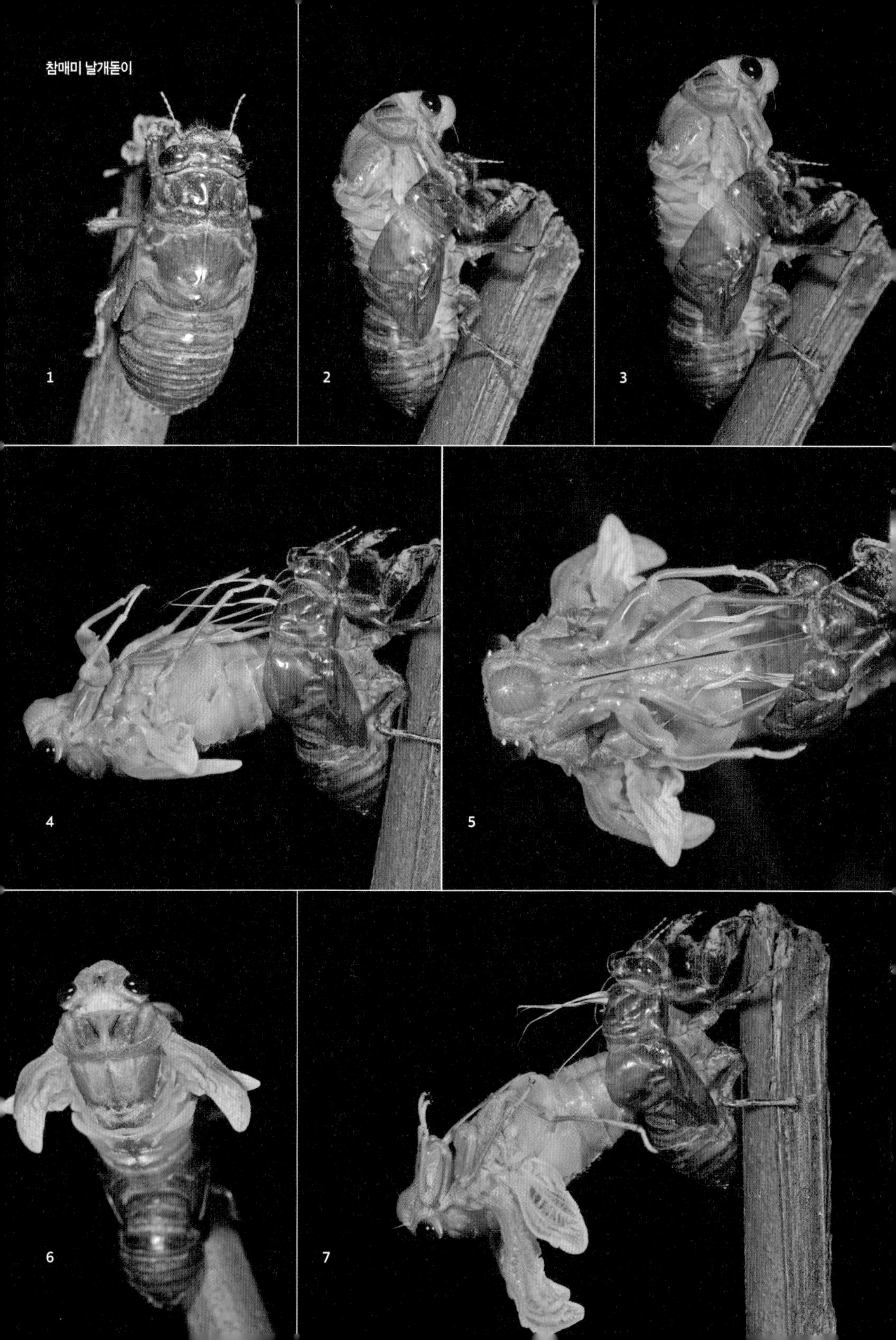

참매미 날개돋이

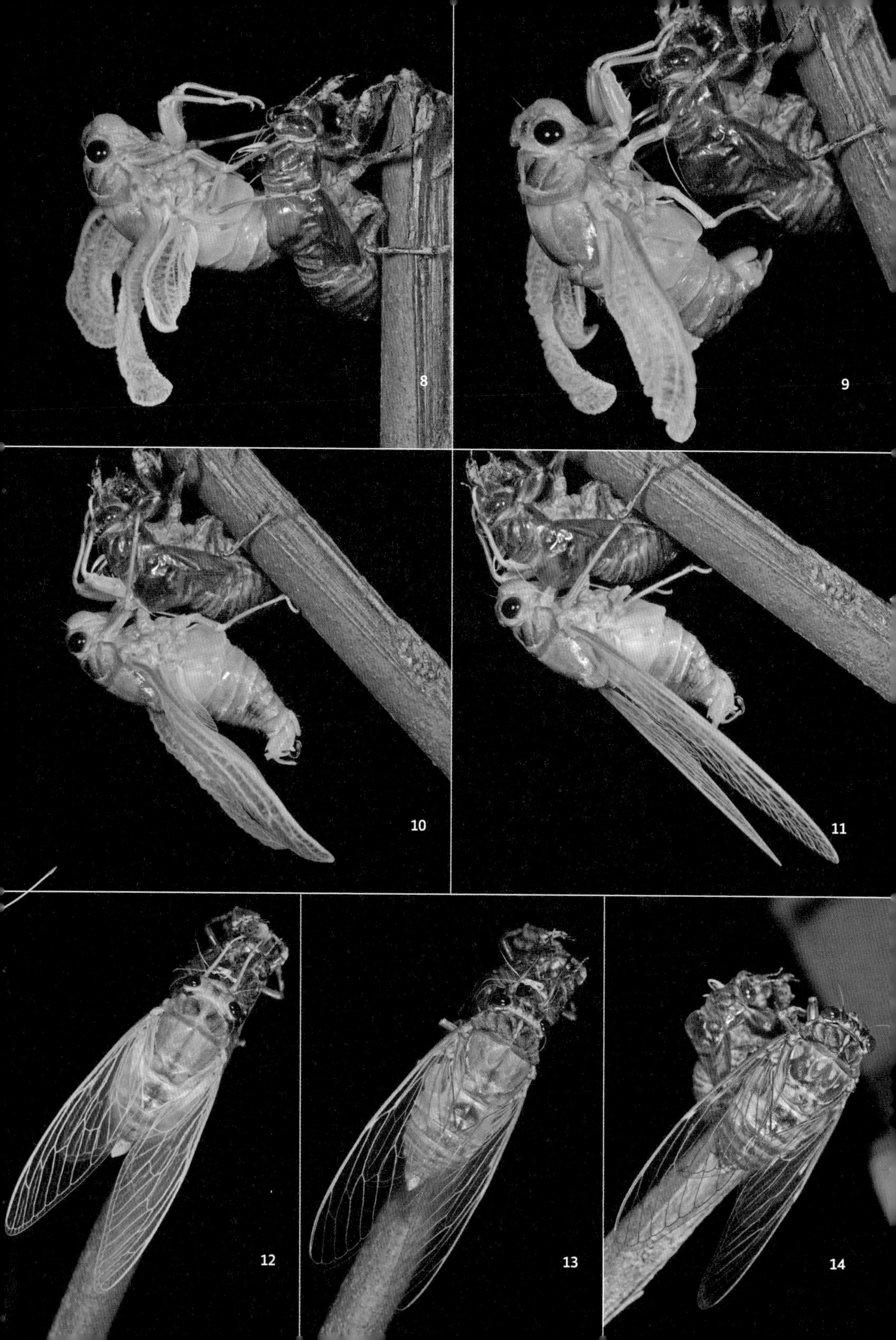
8
9
10
11
12
13
14

리고 배 근육을 수축하자 머리 쪽 혈압이 올라가 마침내 머리에서 가슴등판까지 이어진 탈피선이 갈라지기 시작합니다.

탈피선이 갈라지자 참매미 등과 머리가 서서히 허물에서 빠져 나오기 시작합니다. 보일락 말락 하게 몸을 움직이면서 머리를 허물에서 빼냅니다. 연한 옥색 기운이 나는 머리에서 동그란 두 눈이 까맣게 빛나고, 두 눈 사이 빨간 홑눈 3개가 루비 보석처럼 반짝입니다. 얼마나 청초하고 아름답던지요. 머리와 가슴만 허물 밖으로 나온 모습이 꼭 누비포대기 속에 싸인 갓난아기 같습니다. 맨눈으로 보면 움직이지 않는 것 같지만 카메라 렌즈를 통해 보면 아주 미세하게 떨면서 날개와 다리가 허물에서 슬슬 빠져나옵니다. 날개와 다리가 다 빠져나오자 이어 통통한 배가 빠져나오기 시작합니다. 이때 머리와 가슴을 살짝 일으켰다 내렸다 합니다.

아직도 날개는 구겨진 휴지처럼 꼬깃꼬깃 뭉쳐 있고, 다리는 겁에 질려 얼어붙은 듯 바짝 오그리고 있습니다. 허물에는 하얀 힘줄들이 마치 끊어진 전선줄처럼 붙어 있습니다. 하얀 힘줄들은 날개돋이 하기 전 허물과 허물 속 새살을 연결하고 있었습니다. 신기하게도 몸이 허물에서 점점 더 빠져나올수록 더욱더 뒤로 젖힙니다. 지혜롭게도 날개돋이를 하면서 중력을 이용하고 있는 것입니다. 몸을 뒤로 젖히면 중력이 몸을 아래로 당겨 그만큼 허물에서 빠져나오기가 쉽습니다.

날개돋이를 시작한 지 50분쯤 지났을까요? 배 끝부분만 남기고 몸이 거의 빠져나왔습니다. 이제 녀석은 나무늘보가 윗몸일으키기라도 하듯이 몸을 천천히 위로 올렸다 아래로 내렸다 여러 번 되풀이합니다. 그렇게 3분쯤 윗몸일으키기를 하더니 뒤로 젖힌 머리와 가슴을 힘껏 들어 올려 몸을 바로 세우고 다리 6개로 허물 자루를 꼭 잡습니다. 그런 다음 순식간에 배 끝을 허물 자루에서 마저 빼냅니다.

드디어 참매미 어른벌레가 허물 자루에서 완전히 빠져나왔습니다. 이제 쭈그러진 날개만 곱게 펴서 말리면 됩니다. 녀석은 쉬지도 못하고 곧바로 혈림프를 펌프질해 날개맥으로 보내며 구겨진 날개를 다림질하듯이 곱게 폅니다. 눈부시게 아름다운 날개가 펼쳐지자 제 입가에서는 '세모시 옥색 치마' 소리만 쉼 없이 맴돌 뿐 그 경이로운 아름다움을 표현할 길이 없습니다.

허물을 벗기 시작해서 수평으로 펼쳐진 날개가 지붕 모양으로 살짝 접힐 때까지 걸린 시간은 1시간 20분입니다. 이제 손으로 살짝만 건드려도 푹 들어갈 것 같은 말랑말랑한 피부를 밤새 말리는 일만 남았습니다. 내일 새벽이면 몸이 딱딱하게 굳어 먹이 찾아 짝 찾아 포르르 날아갈 테지요.

참매미 홑눈과 겹눈

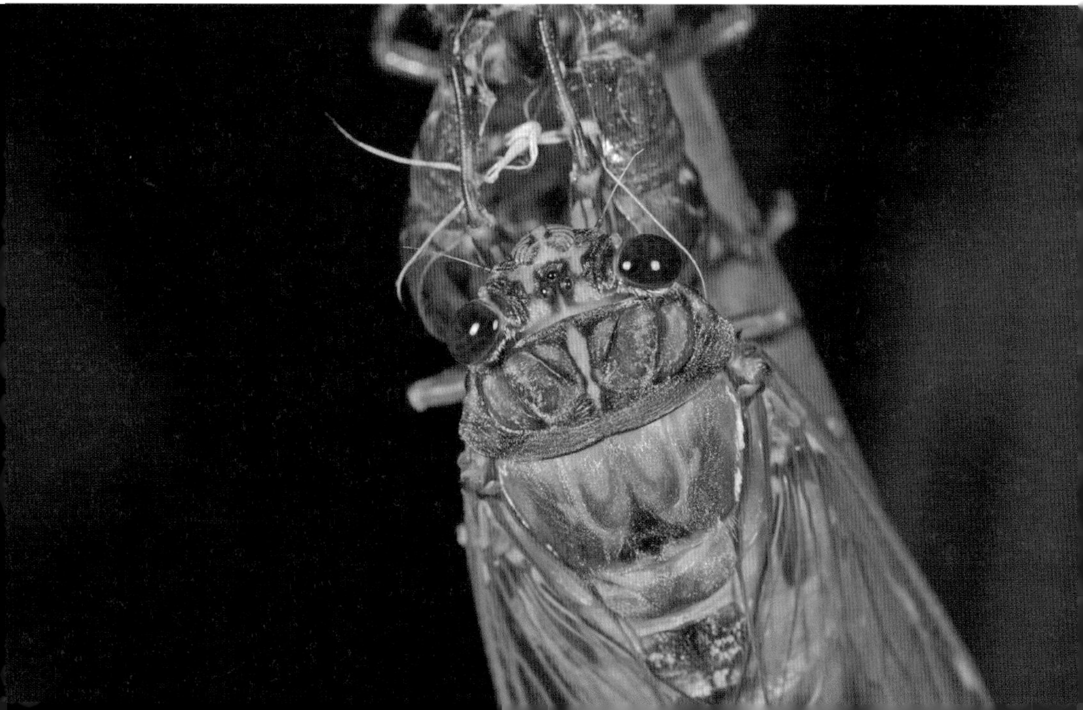

## 어른벌레 몸속에 있는 펌프

애벌레에서 어른벌레로 날개돋이 한 참매미는 땅 위 생활을 본격적으로 시작합니다. 일본의 매미 학자인 카토(Kato)는 실험을 통해 참매미 어른벌레가 사는 기간은 일주일 정도라고 했습니다. 하지만 카토의 연구 결과는 어른벌레를 실험실에 가둬 놓고 관찰한 것이어서 자연 상태 참매미가 실제로 얼마나 오래 사는지 알 수 없습니다. 어른벌레는 자연이 허락한 시간 내에 '종족 번식 프로젝트'를 마쳐야 하니 몸도 마음도 바쁩니다. 우선 먹어야 힘이 생겨 짝도 찾고 알도 낳을 수 있습니다. 어른벌레는 무엇을 먹고 살까요? 바로 나무즙입니다.

녀석 주둥이는 큰턱과 작은턱이 바늘처럼 뾰족하게 바뀌었습니다. 침처럼 뾰족해진 주둥이는 단단한 나무 조직을 뚫어 나무즙을 빨아 먹기에 안성맞춤입니다. 또 작은턱 한 쌍(작은턱은 한 쌍으로 이뤄져 있음.)이 서로 맞물리면서 관(管, tube)이 두 개 생겼고, 한쪽 관으로는 침(소화액)을 내보내고, 다른 쪽 관으로는 나무즙을 쭉쭉 빨아 먹습니다. 나무 조직을 뚫는 주둥이 힘은 얼마나 셀까요? 한번은 참매미가 제 손목이 나무인 줄 알고 뾰족한 주둥이로 뚫으려고 했습니다. 그때 주둥이 힘이 얼마나 센지 실감했지요. 피는 나지 않았지만 얼마나 아팠는지 모릅니다.

참매미는 어느 부위 즙을 빨아 먹을까요? 매미과 매미들은 탄수화물이 풍부한 체관부 즙보다 물이 많은 물관부 즙을 먹습니다. 물관부 즙은 99퍼센트가 물이고, 1퍼센트 미만이 영양분입니다. 그런데 물관부 즙을 빠는 것이 체관부 즙을 빠는 것보다 훨씬 더 힘이 듭니다. 체관부 즙은 잎사귀에서 광합성을 해 만든 영양분입니다. 이 즙은 잎에서 뿌리로, 위에서 아래로, 즉 중력 방향으로 흐릅니다. 그래서 체관부 즙을 먹는 진딧물들은 주둥이를 식물 체관부에 꽂기만 해도, 굳이 즙을 주둥이로 빨아들이지 않더라도 나무즙이 주둥이 속으로 줄줄 들어갑니다.

그런데 물관부 즙은 체관부 즙과 반대로 뿌리에서 잎사귀로, 아래에서 위로, 즉 중력 반대쪽으로 흐릅니다. 그래서 물관부 즙을 먹으려면 주둥이로 빨아들여야 합니다. 빠는 데 이만저만 큰 힘이 드는 것이 아닙니다. 만약 빨아들이지 않고 그냥 주둥이를 꽂고 있으면 즙이 주둥이 속으로 들어오지 않습니다. 그래서 참매미 어른벌레는 물을 손쉽게 빨아들일 수 있도록 하는 기관을 몸속에 갖추고 있습니다. 물을 퍼 올리는 펌프 같은 역할을 해 줄 기관이지요. 바로 '구강 펌프'입니다. 힘세고 커다란 구강 펌프는 어른벌레 윗

참매미 빨대 주둥이

입술과 혀 사이에 있으며, 이마방패(두순)와 이어져 있습니다.

사람이 손으로 직접 펌프 손잡이를 올렸다 내렸다 하면서 지하수를 퍼 올리듯이 녀석은 구강 펌프를 작동시켜 줄 근육이 필요합니다. 그 근육이 바로 이마방패 속에 있는 근육이지요. 이마방패 속에 힘센 근육이 가득 차 있기 때문에 매미 집안의 이마방패는 앞짱구처럼 앞으로 둥글게 툭 튀어 나왔습니다.

참매미 수컷 발음 기관

## 매미는 수컷만 운다

매미류(매미과)는 수컷만 울까요? 그렇습니다. 수컷만 배에 울음기관이 있어 울 수 있습니다. 암컷은 소리를 내는 기관이 없어 '벙어리매미'라는 별명을 갖고 있습니다. 매미 수컷은 왜 울까요? 매미도 소리 내는 여느 곤충들과 마찬가지로 암컷과 짝짓기를 하고 새끼를 낳기 위해 웁니다. 매미 암컷은 여러 종의 매미 수컷이 한꺼번에 울고 있어도 자기와 종이 같은 수컷 울음소리를 귀신같이 찾아냅니다.

매미 수컷은 소리를 크게 내어 울기 때문에 새 같은 천적에게 자기 위치를 알리는 꼴이 됩니다. 하지만 두 손 놓고 새들 밥이 될 수는 없지요. 똑똑하게도 참매미는 어디선가 한 마리가 울기 시작하면 다른 참매미들이 그곳으로 몰려가 다 함께 울어 댑니다. 이것은 천적으로부터 자신을 지키기 위한 것입니다.

참매미 울음 기관

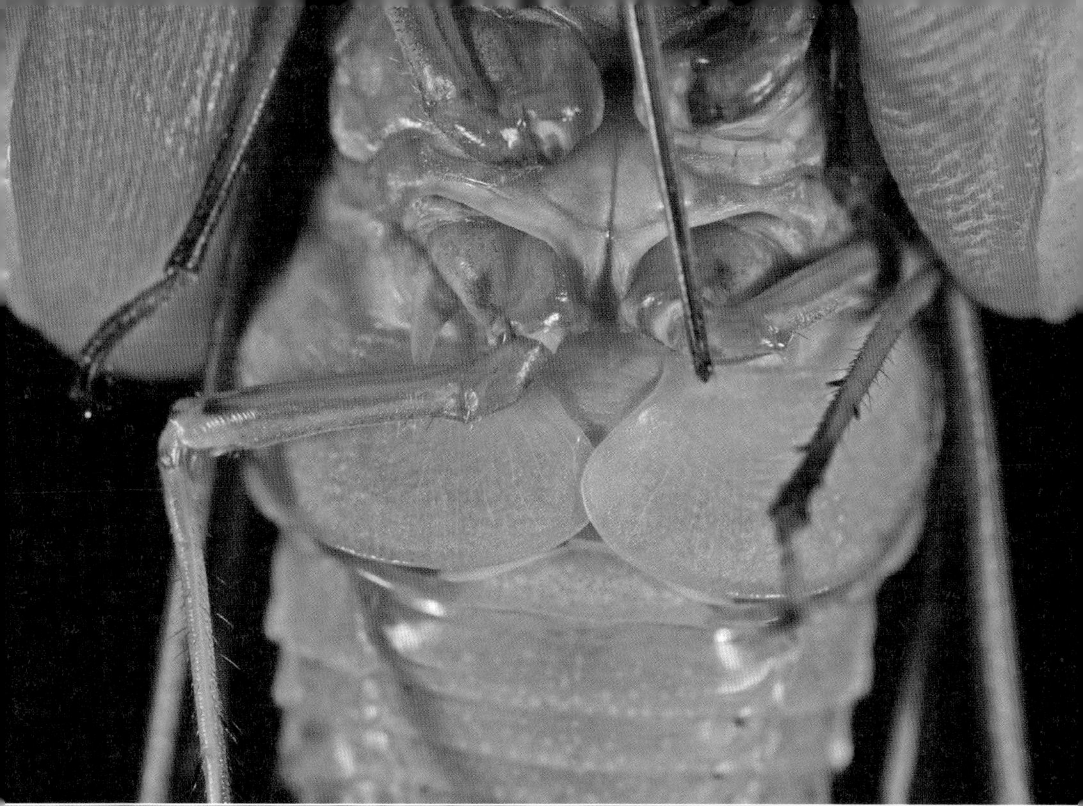

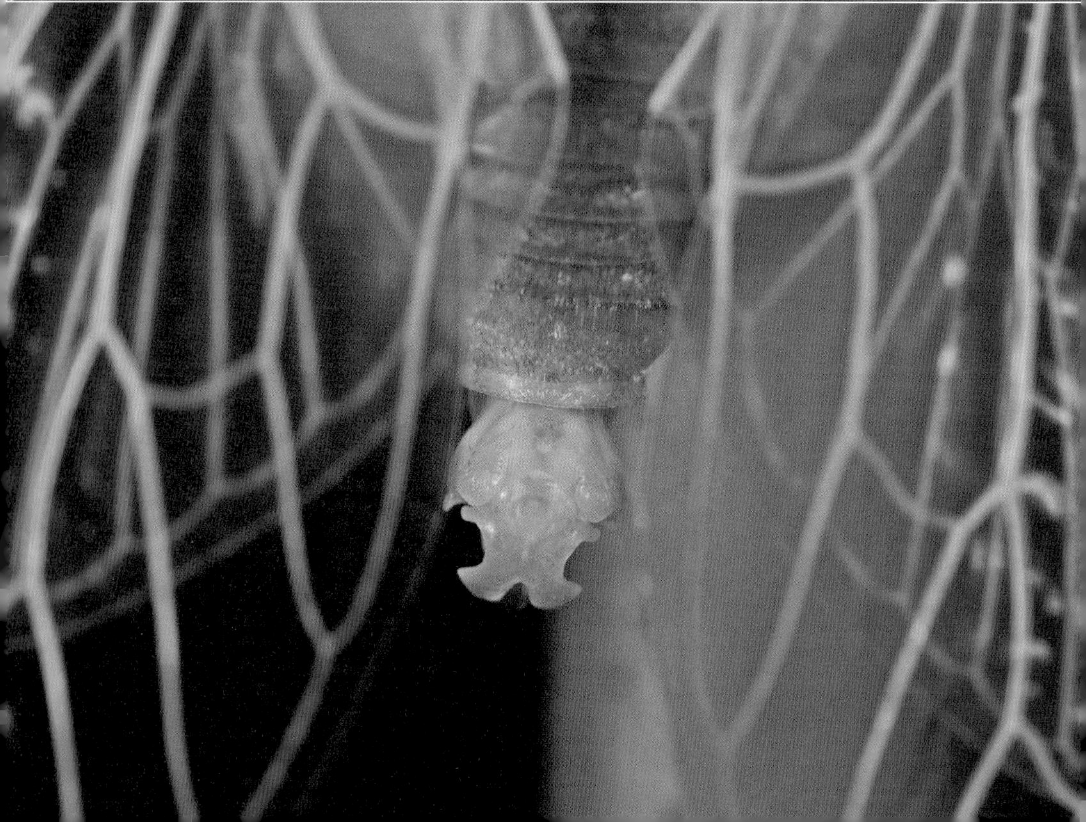

아래쪽에서 본 참매미 배 끝부분

수컷들이 한꺼번에 울면 소리가 그만큼 커져 새들이 큰 소리에 놀라 잡아먹을 생각을 못합니다. 또 한꺼번에 여기저기서 울어 대니 새들은 헛갈려서 매미가 앉아 있는 위치를 제대로 파악하지 못해 사냥 성공률이 떨어집니다. 또 매미 소리는 새들끼리 지저귀며 주고받는 대화를 방해도 합니다.

우리가 한여름에 듣는 매미 소리에는 재미난 이야기도 있습니다. 한 나무에서 수많은 매미가 울고 있더라도 저마다 자기 영역이 있습니다. 그런데 다른 수컷이 자기 영역으로 들어와 울기 시작하면 먼저 자리를 잡고 있던 수컷이 침범한 수컷보다 더 크게 신경질적으로 울어 댑니다. 상대방이 우는 것을 방해하는 것이지요. 일종의 텃세를 부리는 것인데, 새들처럼 싸워서 쫓아내는 것이 아니라 소리를 더 크게 낸다니 참 귀엽기까지 합니다.

## 매미 울음 기관

수컷의 울음 기관은 첫 번째 배마디에 있습니다. 울음 기관은 진동막, 발음근, 공기주머니로 이뤄져 있습니다. 진동막은 굉장히 질기고 얇은 키틴질로 된 막이고, 발음근은 진동막과 이어진 V자 모양 근육입니다. 공기주머니는 소리를 크게 울려 퍼지도록 하는데, 진동막 바로 밑에 있습니다. 울음소리는 발음근이 움직이며 진동막을 빠르게 떨 때 납니다. 이때 수컷은 배 부분을 최대한으로 늘

참매미 배 끝부분에 생식기가 살짝 나와 있다.

수컷 배 쪽 모습

려 공기주머니를 크게 만드는데, 공기주머니가 크면 클수록 울음 소리 또한 더 크게 증폭됩니다. 수컷의 텅 비어 있는 배 속이 공명실 노릇을 하는 것이지요. 그렇다 보니 같은 종이라도 몸통이 큰 헤비급일수록 울음소리가 크고, 몸통이 작은 라이트급일수록 울음소리가 작습니다. 재미있게도 암컷은 수컷 울음소리가 클수록 매력을 느끼기 때문에 몸집이 큰 수컷은 암컷에게 환영 받는 존재입니다.

## 매미,
## 왜 밤에 울까요?

참매미 어른벌레 수컷은 나무즙으로 식사도 해야 하고, 배에 있는 울음 기관을 진동시켜 암컷에게 매력적으로 보이기도 해야 하니 날마다 바쁩니다. 그런데 수컷들이 아무리 크게 울어도 암컷들이 별 관심을 보이지 않나 봅니다. 낮 동안에 그만큼 울었으면 됐지 뭐가 그리 급해서 밤에도, 새벽에도 쉬지 않고 울어 댈까요? 특히 밤에는 성량이 풍부한 말매미가 심하게 울어 댑니다. 그렇잖아도 여름밤이 하도 무더워 잠을 설치기 일쑤인데, 매미까지 눈치 없이 울어 대니 사람들은 "매미 울음소리 때문에 시끄러워 죽겠다."며 원성이 자자합니다. 그런데 매미들만 나무랄 일이 아닙니다. 매미는 먼 조상 때부터 줄곧 밤이 되면 달빛, 별빛만 보이는 세상에서 살아왔고, 지금과 같은 밤의 전등 불빛은 1870년대 말 에디슨이 백열전구를 발명하면서 시작되었습니다. 그렇다 보니 매미들 가운

백강균에 감염되어 죽은 참매미

참매미가 아까시나무에 앉아 있다.

데서 일부가 비록 대낮처럼 밝지는 않지만 제법 환한 도시의 밤 불빛에 적응해 밤이 낮인 줄 착각하고 울어 대는 것입니다.

또한 매미는 기온이 높은 7월과 8월에 주로 웁니다. 그런데 7월과 8월의 도시는 열대야 현상이 일어나 낮이고 밤이고 덥기는 매한가지입니다. 비록 밤이라 해도 도시는 전등 불빛에 제법 환하고 거기에다 기온까지 높으니 매미들이 제 세상 만난 것처럼 밤에도 울어 댑니다. 게다가 말매미 고향이 더운 지방이다 보니 온난화 영향으로 녀석들이 신이 나서 더 크게 울어 댑니다. 얼마 전까지만 해도 밤에 울어 댄다고 욕을 엄청 먹은 매미는 말매미였지요. 그런데 요즘 들어서는 말매미하고 참매미가 오밤중에 사이좋게 웁니다. 낮에만 울던 녀석들이 영문도 모른 채 밤에도 울어야 하니 얼마나 힘들까요? 생태계를 파괴한 인간 때문에 매미가 밤에 울게 되었는데, 사람들은 그런 사실을 모르고 애꿎은 매미들만 원망하니 웃어야 할지 울어야 할지 모르겠습니다.

땅에 떨어져 죽은 참매미에 참땅벌이 찾아와 먹고 있다.

가장 아름다운 별똥별

# 운문산반딧불이

**운문산반딧불이**

수많은 운문산반딧불이가
밤하늘에 불빛을 내며
날아다니고 있습니다.

구름이 놀다 가고 바람도 숨죽이며 쉬어 가는 곳,
태곳적 신비로움을 간직한 그곳, 제주도 곶자왈입니다.
해 넘어간 서쪽 하늘을 저녁노을이 발갛게 분칠합니다.
숲속이라 어둠도 서둘러 땅에 내려옵니다.
곧이어 사방이 깜깜한 밤입니다.
그 흔한 가로등 하나 없고, 인적도 끊겨 고요한 숲속.
사각사각 나뭇잎 부딪치는 소리,
또르륵 또르륵 속삭이는 풀벌레 노랫소리,
'솥 적다, 솥 적다.'며 구슬프게 애원하듯 울어 대는 소쩍새 울음소리,
후두둑 잔 나뭇가지 바닥에 떨어지는 소리…….
고요한 곶자왈 정적을 깹니다.
고개 들어 하늘을 바라봅니다.
숲속은 온통 나무들이 우거져 어두운데
딱 오솔길 폭 만큼의 하늘만 말갛습니다.
한 걸음 한 걸음 고요한 오솔길을 걸으며 오밤중이 오길 기다립니다.

운문산반딧불이

이 꼭지는 딱정벌레목 반딧불이과 종인 운문산반딧불이(*Luciola unmunsana*) 이야기입니다.

## 살아 있는 별똥별

어느새 밤 11시가 다 되어갑니다. 홀쭉한 반달이 서쪽 산 너머로 자취를 감춥니다. 이어 하나 둘 셋……. 하늘에 별들이 꿈꾸듯 떠오릅니다. 밤하늘은 순식간에 별바다가 되어 출렁입니다. 어느새 제 머리 위에도 떡가루 같은 하얀 별빛들이 마구 쏟아집니다. 하염없이 하늘을 보다 땅을 내려다봅니다. 풀잎 위에서도, 나뭇잎 위에서도 '살아 있는 별똥별' 반딧불이가 반짝반짝 빛을 내며 휘익 날아다닙니다. 한두 마리가 아닙니다. 세상에! 수백 마리가 죄다 나와 여기저기에서 번쩍번쩍 불춤을 춥니다. 형언할 수 없을 정도로 황홀해 입이 다물어지질 않습니다. 영롱한 불빛을 내면서 이쪽에서 저쪽으로 휘익 날아갑니다. 마치 깜빡이 비상등을 켜고 달리는

운문산반딧불이 불빛 궤적

자동차처럼 말이죠. 그 반짝임이 얼마나 현란하고 강렬한지 도깨비가 튀어나와 불춤을 추는 것 같습니다. 불춤 추는 주인공은 운문산반딧불이! 우리나라에서는 운문산반딧불이가 가장 아름답고 영롱한 빛을 낸다고 소문이 났는데, 과연 그 소문대로입니다.

## 운문산반딧불이와 파파리반딧불이

운문산반딧불이란 이름은 경상도 운문산에서 처음 발견되었기 때문에 붙여졌습니다. 이름에 지명이 들어가 참 기억하기 쉬운 이름입니다. 그런데 얼마 전까지만 해도 운문산반딧불이와 파파리반딧불이가 서로 다른 종인 걸로 알고 있었습니다. 운문산반딧불이 앞가슴등판 색깔이 빨간색이고 파파리반딧불이 앞가슴등판 색깔은 거무스름한 빨간색으로 몸 색깔이 조금 다르기 때문이지요. 하지만 앞가슴등판 색깔을 빼면 둘 생김새는 굉장히 비슷하고 사는 곳도 겹칩니다. 그래서 자세한 연구를 해 보니, 같은 종류로 밝혀졌으나 여전히 논란이 있습니다.

운문산반딧불이나 파파리반딧불이는 모두 일본인 도이(Doi)란 학자가 이름을 붙였습니다. 도이는 1931년 경상북도 운문산에서 채집한 반딧불이를 운문산반딧불이로, 1932년 함경남도 풍산군 파발리에서 채집한 반딧불이를 파파리반딧불이(*Hotaria papariensis*)로 이름을 지었습니다. 학명을 지을 때는 선취권이 적용됩니다. 운문산반딧불이 학명이 파파리반딧불이 학명보다 1년 앞서 붙여졌으므로 결국 운문산반딧불이 학명으로 통일되어야만 하는 운명이 되어 버렸습니다.

실제로 최근에 국립농업과학원에서 두 종을 자세하게 연구했습니다. 유전자 분석과 형태 비교 연구를 해 보니 운문산반딧불이와 파파리반딧불이가 같은 종류로 판명되었으나 논란은 여전히 남아 있습니다. 아쉽게도 이 연구 결과는 아직 논문으로 발표되지를 않아서 정식으로 학계에서 받아들여지지 않고 있습니다. 도이가 두 곳에서 채집한 반딧불이를 기록할 때 사용한 표본들이 어디에 있는지 모르고, 파발리가 북한 지역이다 보니 직접 가서 확인할 수 없기 때문이지요. 이 글에서는 최근 연구 결과를 받아들여 운문산반딧불이라는 학명을 사용합니다.

파파리반딧불이 얘기를 잠깐 해 볼까요? 파파리반딧불이는 이

운문산반딧불이 파파리형은 앞가슴등판이 살짝 검다.

운문산반딧불이 수컷 눈은 아주 크다.

름만 들으면 꼭 외국에 사는 녀석 같은데, 실은 우리나라 토박이입니다. 풍산개로 유명한 함경남도 풍산군 파발리라는 마을에서 맨 처음 발견되어 동네 이름을 그대로 따 이름을 지었습니다. 처음 이름은 '파발리반딧불이'였지만, 그 뒤로 '파파리반딧불이'로 다시 고쳐 불렀지요. 학명도 호타리아 파파리엔시스(*Hotaria papariensis*)였으니 아무래도 '파발리'보다 '파파리'가 발음하기 쉬웠던 것 같습니다.

운문산반딧불이는 축축한 골짜기가 있는 산기슭을 참 좋아합니다. 더구나 인간의 불빛이 닿지 않고, 달팽이가 살고 있으면 두말할 것도 없이 아예 그곳에 눌러삽니다. 녀석 몸길이는 8밀리미터쯤 되어서 제법 큽니다. 녀석을 보면 한복을 곱게 차려입은 새색시가 떠오릅니다. 앞가슴등판에는 빨간 저고리, 딱지날개에는 검은 치마를 입었으니 말이지요. 머리는 수줍은 듯 아래로 수그리고 배 꽁무니에서는 불빛을 반짝반짝 냅니다.

재미있게도 암컷과 수컷은 생김새가 살짝 다릅니다. 수컷은 뒷날개가 있어 날 수가 있지만, 암컷은 뒷날개가 아예 없습니다. 뒷날개가 없으니 당연히 날 수가 없지요. 암컷은 죽을 때까지 어딘가 발을 딛고 있어야 합니다. 또 수컷 겹눈은 머리 절반을 차지할 만큼 커서 꼭 개구리 왕눈이 같은데, 암컷 겹눈은 그보다 작습니다. 암컷은 눈뿐 아니라 몸집도 수컷보다 작습니다. 수컷 겹눈이 큰 까닭은 암컷이 내는 불빛을 잘 찾기 위해서입니다. 암컷이 날지 못하니 짝짓기를 하려면 수컷이 암컷에게 날아가야 하는데, 그러려면 수컷 겹눈이 큰 것이 암컷 불빛을 찾는 데 더 유리하겠지요.

운문산반딧불이 암컷은 뒷날개가 퇴화되어 날지 못한다.

# 야! 불이 춤춘다 불놀이야~

운문산반딧불이 암컷이 배 꽁무니에서 불빛을 내고 있다.

운문산반딧불이가 불춤을 추려면 때때로 앞이 탁 트인 장소가 있어야 합니다. 앞이 넓게 트인 밭이나 언덕이면 더욱 좋습니다. 하지만 제주도 곶자왈이나 깊은 산속에서는 숲 안쪽에서 불춤을 추기도 합니다.

오밤중이 되자 제주도 곶자왈에서 재미있는 일이 벌어졌습니다. 수컷들이 모두 모여 불춤을 추다가 춤추는 게 힘들었던지 잠시 깜박임을 멈춥니다. 얼마 안 있어 나무에 앉아 있던 한 녀석이 빛을 내며 깜박깜박 날아오르자 기다렸다는 듯이 또 다른 녀석이 빛을 깜박깜박 내며 날아오르고, 이어서 또 다른 녀석이 깜박깜박하며 날아오릅니다. 마치 약속이나 한 것처럼 여기저기서 강렬한 불빛을 깜박이며 불춤을 춥니다. 얼마나 황홀한지 두 눈이 동그래지고 입이 다물어지지를 않습니다. 50미터쯤 되는 둘레에서 반짝이는 녀석들을 얼추 세어 보니 100마리도 넘습니다. 그 많은 녀석들이 이쪽에서 저쪽으로, 저쪽에서 이쪽으로 날아다니며 깜박이는 모습이 얼마나 아름다운지 그만 숨이 턱턱 막힐 지경입니다. 그러다가 어느 순간 깜빡임이 잠잠해지는 듯하다가 한 마리가 날기 시작하면 죄다 날아오르고……. 그러기를 여러 차례 합니다. 마치 깜박이는 크리스마스 트리 같습니다.

녀석들은 왜 이런 식으로 집단으로 홀린 듯이 불춤을 출까요? 각자 알아서 쉬었다가 깜빡이며 날고, 또 알아서 쉬었다가 날고 하면 되는데 말이죠. 수컷들은 심리학자들이 종종 말하는 동조 현상

운문산반딧불이 수컷이 배 꽁무니에서 빛을 내고 있다.

을 보이고 있는 것입니다. 달리 말하면 '친구 따라 강남 간다.'는 말이 딱 이 경우입니다. 수컷들이 거의 동시에 쉬고 있다가 한 녀석이 어딘가 앉아 있다가 깜박이며 날아오르면, 다른 녀석들도 곧장 그 녀석을 따라 너도나도 깜빡이며 날아오르는 것이지요. 그런데 반딧불이 세계에서는 수컷들만 동조 현상을 보입니다. 왜 그럴까요? 학자들이 여러 가지 가설을 내놓았는데, 그중에서 가장 그럴듯한 가설은 암컷을 효율적으로 찾거나 유혹하기 위해 수컷들이 협력하며 깜박이는 동조 현상을 보인다고 합니다. 한 녀석이 깜빡이는 것보다 여러 마리가 함께 깜빡이는 것이 암컷이 수컷들을 더 잘 알아볼 수 있으니까요. 그래서 한 녀석이 깜빡이면 본능적으로 덩달아 함께 깜빡인다는 것이지요.

그런데 수컷의 특이한 행동은 또 있습니다. 암컷이 풀잎 어딘가에 앉아서 불빛을 깜박거리는 것을 수컷 중 누군가 발견하고 깜빡이며 날아오르면, 나머지 수컷들도 죄다 깜빡이며 날아오릅니다. 물론 모든 반딧불이들이 동조 현상을 보이는 건 아닙니다. 그러고 보면 운문산반딧불이를 비롯한 일부 반딧불이류 수컷들이 보이는 동조 현상은 종족 번식을 위한 짝짓기와 깊은 관련이 있는 것 같습니다. 어찌 보면 그 많은 수컷 중 한 마리라도 암컷과 성공적으로 짝짓기에 성공하면 자기 종족은 대대손손 유지될 테니 손해날 건 없습니다. 형제 중 누가 암컷에게 선택이 되던 간에, 조상으로부터 물려받은 유전자만 끊이지 않고 자신들의 왕국이 번성하면 된다는 생각일까요? 정말 곤충 세계는 수수께끼입니다.

벌써 새벽 1시가 넘어갑니다. 풀에 이슬이 촉촉이 내리고, 제 옷에도 모자에도 얼굴에도 밤이슬이 살포시 내려앉습니다. 녀석들은

늦반딧불이 암컷

늦반딧불이 수컷

꽃반딧불이

꽃반딧불이는 발광 기관이 퇴화되어서 흔적만 남았다.

구경하느라 밤이 깊어 가는 줄도 모릅니다.

## 귀하신 몸
## 운문산반딧불이 암컷

우리나라 반딧불이 가운데 가장 영롱하고 아름다운 빛을 내는 운문산반딧불이. 운문산반딧불이는 비슷한 시기에 불빛을 내는 애반딧불이보다 더 밝고 더 아름다운 빛을 냅니다. 녀석들이 밤마다 배 꽁무니에서 불빛을 반짝이는 것은 짝을 찾기 위해서입니다. 암컷과 수컷이 불빛으로 대화를 나누는 것이지요. 보통 수컷은 1분에 70번쯤 깜빡깜빡합니다.

운문산반딧불이는 낮 동안에는 풀잎이나 나뭇잎 뒤에 숨어 있습니다. 깜깜한 밤이 되면 슬금슬금 움직이기 시작하지요. 수컷 한 마리가 앞이 탁 트인 풀밭 건너편 비탈진 산기슭에 있는 나무 하나를 골라잡고는 불빛을 깜빡이며 그 나무를 향해 날아갑니다. 날아갈 때는 꽁무니에서 불빛을 깜박깜박하면서 풀밭 위를 지그재그로 납니다. 풀밭 어딘가 있을지도 모를 암컷에게 자기가 짝을 찾고 있다는 신호를 보내는 것이지요. 그렇게 암컷을 만날 때까지 오밤중 내내 깜박거리며 풀밭 위를 오고 갑니다.

그런데 암컷을 찾기란 그리 만만한 게 아닙니다. 무슨 까닭인지는 아직 모르지만, 암컷 수가 수컷보다 적기 때문이지요. 밤은 깊어 가고 저 또한 풀밭을 천천히 걸으며 풀밭에서 올라오는 암컷 불

빛을 찾습니다. 이슬 내린 풀숲을 걷다가 드디어 쇠뜨기 풀 줄기에 매달려 불빛을 깜박깜박하는 암컷 운문산반딧불이 발견! 반가운 마음에 손전등을 켜니 얼른 풀 줄기 뒤로 숨습니다. 집단으로 불춤을 춘 수컷은 30마리쯤 되었는데, 직접 눈으로 확인한 암컷은 달랑 한 마리라니. 수컷 초과 현상, 아니 수컷 과밀 현상입니다. 그러니 암컷은 귀한 몸인 셈입니다.

앞서 말했듯이 암컷은 뒷날개가 없어 날 수가 없습니다. 그래서 암컷도 수컷과 마찬가지로 보통 앞이 탁 트인 풀밭의 풀잎, 풀 줄기, 돌 같은 곳에 앉아 불빛을 깜박이며 수컷들에게 자기 존재를 알립니다. 사람으로 치면 빛으로 사랑의 문자를 보내는 셈입니다. 마음에 드는 수컷이 있으면, 풀잎에 앉아 불빛을 깜박깜박하며 수컷을 불러들입니다. 물론 암컷이 풀잎에 앉아 불빛만 내어도 수컷들은 용케도 알아차리고 암컷을 찾아옵니다.

## 반딧불이 불빛 대화

늦반딧불이 수컷 배

그럼, 녀석들의 불빛 대화를 한번 볼까요? 드디어 수컷들 중에 한 녀석이 암컷 불빛을 발견했나 봅니다. 그 수컷은 나무로 날아가더니 나뭇잎에서 굉장히 짧게 불빛을 깜박입니다. 이때는 1.26초에 한 번씩 약 0.12초 동안 규칙적으로 불빛을 내는데, 따져 보니 1분에 48번꼴로 깜박입니다. 암컷 역시 풀잎에 앉아 마음 내키는 대로 1분에 20번꼴로 깜박입니다. 그러다가 암컷은 수컷이 마음에 들면 '우리 사귀어 볼까?' 하며 불빛으로 화답합니다. 드디어 수컷이 암컷 불빛을 보았나 봅니다. 암컷 반응에 신이 난 수컷, 훨씬 센 불빛을 내며 더욱 빠르게 깜박거립니다(구애 발광). 이때는 1분에 53번꼴로 깜박거립니다. 덩달아 암컷도 불빛을 좀 더 세게, 규칙적으로, 훨씬 빠르게 냅니다.

암컷도 신이 났는지 1분에 57번꼴로 숨 가쁘게 깜박거립니다. 암컷은 왜 그리 빨리 깜박일까요? 1분에 20번꼴로 반응하던 암컷이 이렇게 빨리 깜박이는 것은 수컷이 깜박이는 속도에 맞추기 위한 것입니다. 암컷이 마치 '넌 내 마음에 꼭 들어.'라며 수컷에게 속삭이는 것 같습니다. 그뿐이 아닙니다. 암컷은 수컷과 불빛 주파수도 맞춥니다. 수컷은 평소에는 0.8헤르츠짜리 주파수를 내지만, 구애할 때는 0.9헤르츠까지 높입니다. 이에 질세라 암컷은 평소에는 0.3헤르츠짜리 주파수를 내지만, 이때는 0.9헤르츠까지 높여 수컷과 주파수를 맞춥니다. 귀한 암컷이 수컷에게 불빛으로 화답을 하는 걸 보니 암컷 눈에 콩깍지가 씌어도 단단히 씌었나 봅니다.

운문산반딧불이 수컷 한 마리가 배 꽁무니에서 불빛을 내며 기어간 흔적

수컷들이 불빛을 보내고, 이를 발견한 암컷이 한 수컷을 향해 불빛을 보냅니다. 암컷이 화답하는 불빛을 발견한 그 수컷이 다시 암컷에게 빠른 불빛을 보내면, 암컷은 또 수컷에게 화답하는 조금 빠른 불빛을 냅니다. 이것을 확인한 수컷은 더 빨리 불빛을 내고, 심지어 암컷은 수컷 주파수에 자기 주파수를 맞춥니다. 이렇게 불빛을 주고받으며 서로의 의사를 확인한 암컷과 수컷은 이제 짝짓기 하는 일만 남았습니다.

불빛 대화를 충분히 나누자 선택된 수컷은 암컷 등 위로 올라가 암컷을 앞다리로 꼭 잡고 짝짓기를 합니다. 짝짓기 하면서도 암컷과 수컷은 불빛을 냅니다. 하지만 불빛은 시나브로 약해지고, 불빛이 지속되는 시간도 짧아지고, 불빛을 내는 간격도 길어져 느릿느릿 깜박입니다. 그도 그럴 것이 짝짓기 중에 암컷과 수컷이 불빛을 빠르게 깜빡거리면 다른 수컷이 착각하고 찾아와 짝짓기를 방해할지도 모를 일입니다. 그러면 그들의 짝짓기 프로젝트에 차질이 생길 수도 있습니다.

## 암컷과 수컷<br>누구 빛이 더 강할까

운문산반딧불이는 수컷 불빛이 밝을까요? 아님 암컷 불빛이 밝을까요? 가만히 혼자 있을 때와 짝을 부를 때가 다릅니다. 암컷과 수컷 모두 배 꽁무니 두 마디인 다섯 번째와 여섯 번째 마디에 빛을 내는 기관이 있습니다. 수컷 배 끝에 있는 두 발광 마디는 모두 황백색의 발광 기관입니다. 이에 비해 암컷 배 꽁무니에 있는 두 발광 마디는 수컷보다 크지만 겉에 밤빛이 도는 반사층으로 덮여 있습니다. 또 이 발광 마디 중 다섯 번째 배마디 양쪽 끝에 작은 황백색 점이 2개 있는데 그것이 다름 아닌 발광 기관입니다. 날지 않고 가만히 있을 때는 수컷은 1개 또는 2개의 발광 기관에서 빛을 내고, 암컷은 2개의 작은 점으로 된 발광 기관에서 빛을 내니 수컷 빛이 더 강합니다. 하지만 서로 맞선을 볼 때(구애 발광)는 수컷은 두 개의 발광 마디에 있는 발광 기관에서 모두 빛을 냅니다. 반면 암컷은 가만히 있을 때처럼 2개의 작은 점으로 된 발광 기관에서 빛을 내지만, 5~6번째 발광 마디를 덮고 있는 수컷보다 큰 반사층을 통해 빛을 내니 훨씬 강한 빛이 나옵니다. 따라서 가만히 있을 때는 수컷 불빛이 더 세고, 맞선을 볼 때는 암컷 불빛이 더 강합니다.

운문산반딧불이 불빛은 형광빛이 나는 노란색입니다. 왜 그럴까요? 녀석의 발광 파장 영역은 400~700나노미터입니다. 그 중 가장 불빛 광량이 많은 영역은 600나노미터이죠. 그런데 초록색 계열 불빛은 500나노미터에서 나오고, 주황색 계열 불빛은 600나노미터에서 나옵니다. 그래서 녀석 불빛은 형광빛이 나는 노란색입니다.

별빛 아래서 화려한 불춤을 추고 짝짓기를 마치고 나서 운문산반딧불이 수컷은 힘이 빠지며 죽어 가고, 암컷은 알을 낳으러 갑니다. 운문산반딧불이 어른벌레는 아무리 오래 살아 봤자 일주일을 넘기지 못합니다. 대부분 날개돋이 뒤 삼사일 사이에 짝짓기 하고 알 낳고 죽습니다. 어른벌레로 해야 할 임무를 마치면 죽어도 한이 없을 것입니다.

## 땅 위에서 달팽이 먹고 사는 운문산반딧불이 애벌레

운문산반딧불이 애벌레가 잡아먹는 달팽이류

짝짓기를 마친 암컷은 서둘러 알을 낳을 곳을 찾습니다. 알은 이끼나 부드러운 흙 위에 50개에서 100개까지 낳습니다. 알에서 깨어난 1령 애벌레 몸길이는 겨우 3밀리미터인데, 2번 허물을 벗은 3령 애벌레 몸길이는 10밀리미터나 될 만큼 쑥쑥 큽니다. 애벌레는 땅바닥에서 삽니다. 애벌레가 하는 일은 오로지 먹고 몸을 키우는 일. 녀석들의 겉 피부는 아무리 끊으려 해도 끊어지지 않는 큐티클로 되어 있어 몸이 커지면 허물을 벗어야 합니다. 그 허물을 벗지 않으면 갑옷 같은 큐티클에 갇혀 죽습니다. 그래서 녀석들은 모두 4번 허물을 벗고 5령 애벌레(종령 애벌레)가 되면 애벌레 시절을 마치고 번데기가 될 준비를 합니다. 물론 애벌레는 추운 겨울을 흙 속에서 보냅니다.

다 자란 애벌레는 부드러운 흙 속으로 들어가 주둥이에서 분비물을 토해 흙과 함께 반죽해 흙방을 만듭니다. 그리고 그 속에서 마지막 허물을 예쁘게 벗어 놓고 번데기가 됩니다. 싱그러운 여름이 시작되는 6월이 되면 녀석들은 흙방을 뚫고 나와 어른벌레로 다시 태어납니다. 그리고 별 내리는 밤에 현란한 불춤을 추며 우리에게 이루 말할 수 없는 기쁨을 선사합니다.

운문산반딧불이 애벌레는 무엇을 먹을까요? 애벌레는 땅 위에 사는 달팽이 같은 연체동물을 잡아먹습니다. 낮에는 축축한 물가 둘레 산기슭이나 논밭 둘레 돌 밑이나 땅바닥에 숨어 있다가 밤이 되면 달팽이를 사냥하러 나타납니다. 애벌레 주둥이는 뾰족합니

늦반딧불이 애벌레가 달팽이를 잡아먹고 있다.

다. 특히 녀석의 큰턱은 길고 날카롭습니다. 녀석들은 달팽이류만 잡아먹는 달팽이 킬러입니다. 특히 껍질이 없는 민달팽이류를 즐겨 먹습니다. 껍질을 쓴 달팽이를 만났다 해도 기죽지 않고 살금살금 다가가 큰턱을 달팽이 집 속에 푹 집어넣고 달팽이의 연한 몸을 먹습니다.

녀석은 달팽이를 어떻게 먹을까요? 물론 근사하게 달팽이 요리를 해서 먹습니다. 우선 달팽이 몸속에 큰턱을 꽂고 큰턱 안쪽에 나 있는 관을 통해 소화 효소를 주사 놓듯이 집어넣습니다. 그러면 서서히 달팽이 몸은 야들야들하게 변하다 점차로 걸쭉한 죽이 됩니다. 운문산반딧불이가 만들 수 있는 달팽이 요리는 단 한 가지, 달팽이죽입니다. 잘 만들어진 달팽이죽에 녀석은 큰턱을 꽂고 턱 안쪽을 따라 난 홈을 통해서 천천히 우아하게 죽을 빨아 들이마십니다. 이렇게 풀잎이나 풀 줄기에 붙어 식물질을 갉아 먹는 달팽이들은 운문산반딧불이의 맛있는 영양밥이 됩니다.

늦반딧불이 애벌레도 어른벌레처럼 배 꽁무니에서 불빛을 낸다.

그러면 어른 운문산반딧불이는 무엇을 먹을까요? 어른은 주둥이가 퇴화되어 이슬만 먹을 수 있습니다. 그러니 어른은 그리 오래 살지 못합니다. 그도 그럴 것이 어른이 해야 할 일이라고는 짝짓기하고 알을 낳는 일이므로 먹는 데 시간을 쓰지 않습니다. 어른은 아무리 길어야 7일을 넘기지 못하고, 대부분 3~4일 밤 동안 멋진 불빛을 쏘다가 짝을 만나 결혼하고 알을 낳고 죽습니다.

## 속임수의 대가
## 포투리스 반딧불이 암컷

반딧불이는 불빛을 깜박거리며 서로 말을 주고 받습니다. 주로 수컷이 내는 불빛 모양을 보고 암컷은 자기와 같은 종인 것을 알아차려 불빛으로 대답합니다. 반딧불이 불빛 대화의 비밀을 알아낸 사람은 그 유명한 제임스 로이드(James Lloyd)입니다. 그는 전자장비를 이용해 수컷들이 내는 불빛에 대답하는 암컷 반응 시간을 쟀습니다. 그랬더니 수컷의 불빛 노래가 끝난 뒤 암컷이 불빛 노래로 응답할 때까지 걸리는 시간은 종마다 모두 달랐습니다. 즉, 반딧불이 세계에서는 수컷 불빛에 대한 암컷의 반응 타이밍이 바로 사랑의 조건인 것이지요. 이를 토대로 그는 포투리스(*Photuris*)속 암컷이 불빛 반응 시간을 속여 포티누스(*Photinus*)속 수컷을 잡아먹는다는 것도 알아냈습니다.

북아메리카에 사는 포티누스속 반딧불이들은 어두운 밤에 짝을 찾아내기 위해 종마다 다른 특유의 불빛 암호를 개발했습니다. 피랄리스(*P. pyralis*) 종 수컷은 날면서 5초에 한 번 꼴로 깜박깜박 불빛을 쏩니다. 그러면 그 수컷에 반한 암컷은 2초쯤 기다렸다 단 한 번만 깜박거려 대답합니다. 이그니투스(*P. ignitus*) 종 수컷들도 불빛을 깜박깜박 쏘는데, 첫눈에 반한 암컷은 5초쯤 기다렸다 깜박거려 대답합니다. 또한 성질 급한 콜루스트란스(*P. collustrans*) 종 암컷은 수컷이 깜박깜박 불빛을 쏘자마자 단 1초 만에 길고 정열적으로 내답합니다. 그런데 그 녀석들(포티누스속)에게 문제가 생겼습니다. 몸집이 굉장히 큰(약 2센티미터) 포투리스속 암컷이 포티누스속 수컷을 상대로 사기를 치니 말이지요. 어떻게 사기를 칠까요?

포투리스속 암컷들은 영악하기 그지없습니다. 녀석들은 포티누스속 암컷이 내는 불빛을 흉내 냅니다. 포투리스속 암컷들은 포티누스속 암컷들이 내는 불빛을 하나도 안 틀리고 똑같이 깜박입니다. 그러면 포티누스속 수컷들은 황공하다며 깜박등의 진원지인 포투리스속 암컷에 끌려 날아와 풀밭에 내려앉습니다. 그러면 포투리스속 암컷은 깜박이던 불빛 밝기를 점점 흐리게 조정합니다. 자신이 몸집이 크고 강력한 반딧불이인 것을 감추기라도 하듯이 말이죠. 그렇게 포투리스속 암컷과 포티누스속 수컷은 은밀한 사랑의 문자를 주고받으며 가까워집니다. 드디어 적과의 동침! 포티누스속 수컷이 암컷 등에 올라타려는 순간 포투리스속 암컷은 녀석의 목을 휘어잡고 잡아먹기 시작합니다. 이렇게 적과의 동침은 비극적 종말로 끝이 납니다.

포투리스속 암컷은 아무리 못해도 4종의 포티누스속 반딧불이 불빛 신호를 흉내 낼 수 있습니다. 포티누스속 수컷 12마리 가운데 한 마리는 포투리스속 암컷의 '혼인 빙자 사기극'에 걸려듭니다. 과연 포투리스속 암컷은 요부 중의 요부입니다. 짝짓기를 할 때는 자기 짝인 포투리스속 수컷들을 흥분시킬 불빛을 내고, 사냥을 할 때는 포티누스속 수컷들을 열광시킬 불빛을 내니 말입니다.

왜 포투리스속 암컷은 불빛으로 사기를 치면서까지 포티누스속 수컷을 잡아먹을까요? 바로 포티누스속 반딧불이가 품고 있는 독성물질을 얻기 위해서입니다. 반딧불이도 가뢰류, 무당벌레류, 병대벌레들처럼 자신을 보호할 화학 방어 물질을 가지고 있습니다. 반딧불이가 만들어 내는 독성 물질은 스테로이드로 '빛을 내는 자'라는 뜻을 가진 '루시부파긴(lucibufagins)'이라고 합니다. 루시부파긴은 맥박 수를 바꾸지 않고도 심장이 잘 뛰게 하는 강심제로 효능이 좋습니다.

반딧불이가 공격을 받으면 아주 특이한 방법으로 루시부파긴을 배출합니다. 출혈이라는 형태로 말이죠. 찢어진 큐티클 사이에서 루시부파긴이 섞인 피가 방울방울 배어 나옵니다. 재미있게도 스스로를 방어하느라 찢어진 큐티클층은 쉽게 아뭅니다. 공격을 받으면 아주 빨리 이런 일이 일어나기 때문에 흔히 이런 출혈을 '반사 출혈'이라고 합니다.

그런데 포투리스속 암컷은 이 루시부파긴을 만들지 못합니다. 그래서 녀석들은 독성 물질을 가지고 있는 포티누스속 수컷을 꼬드겨 잡아먹는 것입니다. 그 독성 물질은 왜 필요할까요? 물론 자신을 잡아먹으려는 천적 공격을 막으려는 것이지요. 미국의 화학생태학자 토마스 아이스너(Thomas Einsner) 연구진은 실험을 통해 루시부파긴이 들어 있는 포투리스속 암컷은 새에게 잡아먹히지 않는다는 사실을 알아냈습니다. 그것도 루시부파긴 양이 많을수록 더 잡아먹히지 않았지요. 그러니 포투리스속 암컷이 포티누스속 수컷을 잡아먹는 까닭은 배고파서가 아니고 자신을 방어하기 위해서입니다. 그뿐만 아닙니다. 포투리스속 암컷이 사기 쳐 포티누스속 수컷을 잡아먹으며 얻은 루시부파긴은 자기 알을 보호하기도 합니다. 포투리스속 암컷은 독성 물질을 알에 고스란히 물려줍니다. 알을 낳기만 하고 방치하는 포투리스속 어미가 자식한테 해 줄 수 있는 최대의 배려이지요. 알은 어미가 다른 종으로부터 강도질해 물려준 루시부파긴 덕분에 무당벌레, 개미 같은 천적들 공격에도 끄떡없이 살아남을 수 있습니다. 혹시라도 운이 나빠 포투리스속 암컷이 루시부파긴을 강도질하지 못했을 때는 하는 수 없이 자신과 알을 보호하려고 스스로 퀴놀린 유도체(quinoline derivative) 같은 방어 물질을 만들어 내기도 합니다.

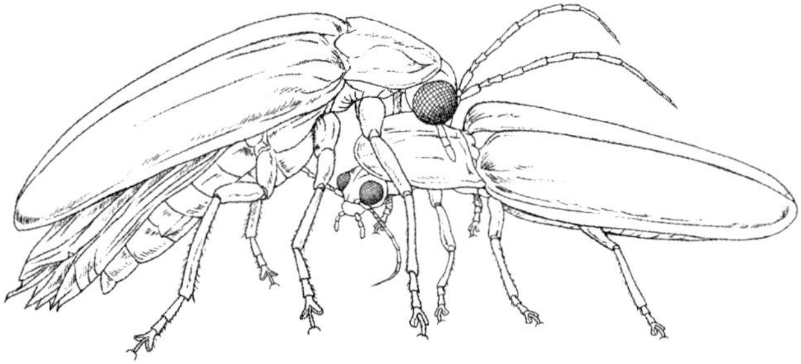

포투리스속 암컷이 포티누스속 수컷을 잡아먹고 있다.

대개 어떤 생물체가 방어 물질을 만드는 데는 비용이 굉장히 많이 들지요. 그래서 동물과 식물은 될 수 있으면 생산 원가를 낮추려고 안간힘을 씁니다. 가장 많이 쓰는 방법은 먹이 속에 들어 있는 화학 물질을 그대로 재활용하는 것입니다. 주로 초식 동물이 이런 방법을 쓰고, 포투리스속 암컷처럼 육식성 동물이 먹잇감에서 방어 물질을 얻는 경우는 굉장히 드뭅니다. 더군다나 먹잇감 행동을 흉내 내 유인해서 잡아먹으며 먹이 속에 들어 있는 방어 물질을 강도질하기 위해 사기 치는 경우는 아마 포투리스속 암컷밖에 없을 것입니다.

## 까다로운
## 운문산반딧불이

많은 사람들은 반딧불이 하면 깨끗한 물, 다슬기를 떠올립니다. 모든 반딧불이가 다 물속에서 사는 수서 곤충은 아닙니다. 우리나라에서는 애반딧불이만이 물속에서 살고 운문산반딧불이, 늦반딧불이와 꽃반딧불이는 땅 위에서 삽니다. 특히 운문산반딧불이는 물기가 있는 축축한 산골짜기나 물가 둘레에서 삽니다. 그런데 사는 방식은 굉장히 까다롭습니다. 녀석들의 알, 애벌레, 번데기, 어른벌레가 사는 곳이 저마다 다르기 때문이지요. 그러다 보니 환경 변화에 엄청 예민하게 영향을 받습니다. 알을 낳으려면 물기 많은 이끼나 풀숲이 있어야 하고, 애벌레가 자라려면 땅 위에서 사

운문산반딧불이 수컷

는 달팽이가 있어야 하고, 번데기가 되려면 축축한 흙이 있어야 하고, 어른벌레가 성공적으로 대를 이으려면 전깃불이 없어야 합니다. 그 어느 것 하나라도 빠지면 운문산반딧불이는 졸지에 바람 앞에 등불 신세가 됩니다. 특히 애벌레 식사 메뉴인 달팽이는 물기가 많은 땅에서 자라는 풀이나 이끼를 갉아 먹고 삽니다. 귀여운 더듬이를 빼고 기어 다니는 달팽이는 운문산반딧불이에겐 하늘이 내린 식량입니다.

언제부터인지 운문산반딧불이가 몸담고 사는 땅이 몸살을 앓고 있습니다. 경치 좋고 물 맑은 골짜기나 물가에는 음식점, 펜션, 주차장, 산책로 같은 것이 들어서고 있습니다. 땅에서 자라는 풀들은 건물에 밀려 나가 죽었고, 축축한 땅은 햇볕에 맨살을 맡겨 메마른 땅으로 바뀝니다. 풀이 사라지니 풀을 먹는 달팽이도 사라지고, 달팽이를 먹고 사는 운문산반딧불이 애벌레도 사라집니다. 설령 애벌레가 잘 자라서 번데기를 만들려 해도 축축한 땅은 이미 딱딱하게 포장된 땅으로 대부분 바뀌어 번데기 방을 만들 수 없습니다. 무슨 유행인지 몰라도 모든 강, 하천, 냇가, 작은 도랑을 파헤쳐 물가의 귀한 흙 언덕을 죄다 시멘트로 바릅니다. 그뿐인가요? 길마다 가로등을 세웁니다.

흙둑에 사는 식물들은 다 어디로 가란 말인지요? 그 식물을 먹고 사는 달팽이 보기가 점점 힘들어지고 있습니다. 뿐만 아닙니다. 도로 포장으로 셀 수도 없이 수많은 생물이 살고 있는 흙벽이 사라지고 있습니다. 운문산반딧불이 애벌레도 달팽이 없으니 살 수 없다고 떠나가고, 어른벌레도 대낮 같은 밝은 불빛 때문에 살 수가 없다고 아우성입니다. 그 소리가 들리는지요.

운문산반딧불이 애벌레가 먹는 달팽이류

메뚜기 대왕

# 풀무치

풀무치 1령 애벌레

풀무치 1령 애벌레가 모래밭 갯메꽃 잎 위에 앉아 있습니다.

풀무치만큼 역사 기록에 자주 등장하는 곤충이 있을까요?
《삼국사기》에도 메뚜기에 대한 얘기가 나옵니다.

"신라 시대 두 번째 왕인 남해 차차웅 15년,
서라벌에 가뭄이 들더니 7월에 누리(황, 蝗)가 날아들어 백성이 굶주렸다.
창고를 열어 구제했다."

《삼국사기》, 〈신라본기〉, 김부식

또 펄 벅이 쓴 《대지》에 등장하는 메뚜기 떼,
북미 농장에 집단으로 나타나 농작물을 다 먹어 치우는 메뚜기 떼,
최근에 대발생한 아프리카와 호주의 메뚜기 떼 등등.
떼거리로 이동하면서 풀을 싹쓸이하는 메뚜기 중에서
최고가 누구냐고 물으면 단연 풀무치가 일 등으로 뽑힐 것입니다.
몸집이 커서 먹는 양이 많아 녀석들이 지나간 자리는
그야말로 쑥대밭이 됩니다.
이렇게 풀무치가 한 번 떴다 하면 사람들에게 해를 주니
'곤충계의 문제아'로 찍혔습니다.

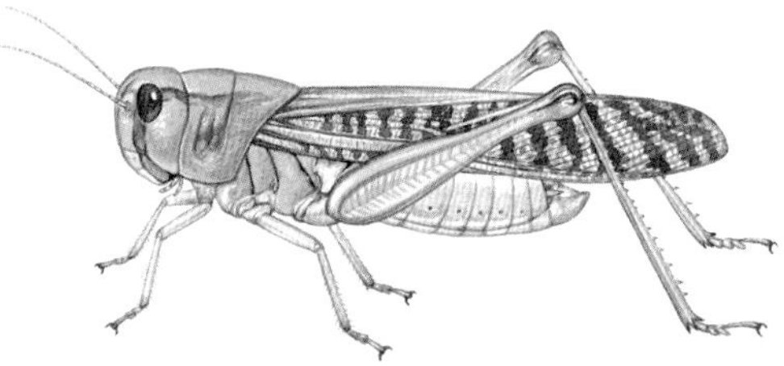

풀무치 암컷

이 꼭지는 메뚜기목 메뚜기과 종인 풀무치(*Locusta migratoria migratoria*) 이야기입니다.

## 풀무치 떼가 이동하는 까닭

풀무치는 왜 이동하며 농작물이며 풀밭을 쑥대밭으로 만들까요? 한마디로 말하면 먹이가 모자라기 때문입니다. 녀석들 수가 크게 늘어나 둘레에 먹을 것이 모자라니 함께 밥이 많은 곳을 찾아 떠나는 것입니다. 이렇게 되기까지 환경 변화가 큰 영향을 줍니다. 온도, 습도, 식물의 생육 상태 같은 것들이 풀무치 대이동에 커다란 원인입니다.

놀랍게도 풀무치는 수가 많고 적음에 따라 몸 생김새, 생리 현상, 색깔, 행동 따위가 엄청 많이 바뀝니다. 개체 수가 적으면 '고독상'으로 바뀌는데, 이때는 몸집이 작은 편이고, 떼 지어 이동하지 않으니 날개도 짧고, 색깔은 대개 녹색을 띱니다. 반면 풀무치 수가 많으면 '군서상'으로 바뀝니다. 이때는 철새처럼 떼 지어 먼 거

벼과 식물 잎사귀를 베어 씹어 먹고 있는 메뚜기류

리를 이동하기 때문에 멀리 날아갈 수 있도록 날개도 길고, 집합성도 강하고, 심지어 며칠씩 굶을 것을 대비해 배가 고파도 견딜 수 있는 힘도 세집니다. 이런 것을 두고 '상변이(phase polymorphism)'라고 하지요.

어느 한 장소에서 버틸 때까지 버티다가 먹이가 또 바닥나면 녀석들은 떼를 지어 먹이풀이 많은 '신세계 풀밭'을 찾아 먼 여행을 떠납니다. 사람들이 땀 흘려 가꿔 놓은 논밭 작물들, 가뭄이 들지 않은 지역의 푸른 초원은 녀석들에게 신세계 풀밭입니다. 풀무치 떼가 몰려오면 사람들은 속수무책입니다. 사람들 속이 까맣게 타는 줄도 모르고 녀석들은 주린 배를 채우느라 정신이 없습니다. 워낙 많은 풀무치들이 달려들어 먹어 대니 녀석들이 지나간 자리는 완전 쑥대밭이 됩니다.

때 지어 이동하는 풀무치는 주로 사막 둘레 풀밭인 스텝 지역에서 삽니다. 스텝 지역은 비가 규칙적으로 내리지 않아 풀들의 생육

풀무치가 보호색을 띠고 바닷가 모래밭 풀 그늘에서 쉬고 있다.

이 해마다 다릅니다. 그래서 스텝 지역에 사는 풀무치는 먹이를 확보하는 것이 늘 골칫거리입니다. 가뭄이 들어 풀들이 자라지 못하면 다른 풀밭을 찾아 떠납니다. 그런데 가까운 지역에 있는 풀무치들 사정도 마찬가지이니 그들도 먹이를 찾아 떠납니다. 여기저기서 이동을 하고, 풀밭이 보이면 밥을 먹고, 또 이동을 하고, 이렇게 하다 보면 여러 무리가 한곳에 모이게 됩니다. 또 바람을 타고 가다가 한곳에 모이기도 하는데, 바람이 데려다 주는 곳에 풀무치들이 우연히 모이는 것이지요.

이렇게 모인 풀무치들은 함께 살면서 같이 밥도 먹고, 짝짓기도 하고, 알도 낳고, 애벌레가 깨어나 자라고, 어른벌레는 또 짝짓기를 해 알을 낳아 자손을 이어 갑니다. 여러 무리가 모여 한살이를 여러 세대에 걸쳐 하다 보면 마을 수준이던 풀무치 무리는 기하급수적으로 늘어나 대도시 수준으로 무리가 커집니다. 큰 무리가 같은 곳에서 살면서 같은 밥을 먹다 보면 먹이 창고가 금방 동이 날 것

풀무치가 나뭇잎 뒤에 숨어 있다.

은 뻔합니다. 큰 무리가 먹고 살기에 한 지역에 있는 먹이는 모자라도 많이 모자랍니다. 여러 번 옮겨 다니며 몇 세대를 거치는 동안 풀무치 몸에 변화가 생깁니다. 몸 색깔도 바뀌고, 집합성도 강해지고, 날개도 길어집니다. 놀랍게도 이 모든 변화는 유전자에 그대로 프로그램 되어 있습니다. 환경이 나빠지면 살아남는 데 더 유리한 방향으로 몸이 바뀌도록 말이죠. 신기함을 넘어 경이로울 뿐입니다.

## 흠잡을 데 없이 잘생긴 풀무치

이름만 불러 봐도 푸근한 풀무치. 녀석의 소속은 메뚜기목 가문에 메뚜기과 집안 식구입니다. 우리나라에 사는 메뚜기류(메뚜기아목) 중에서 몸집이 가장 큰 헤비급 선수를 손꼽으라면 풀무치가 일등이지요.

풀무치는 암컷 몸길이가 60~65밀리미터쯤, 수컷은 45밀리미터쯤 되니 어른 새끼손가락만 합니다. 사는 곳이 풀밭이다 보니 몸 색깔도 보호색을 띠어 녹색이나 밤색입니다. 큰 몸집과 달리 녀석 얼굴은 아무리 들여다봐도 순하게 생겼습니다. 얼굴 양쪽에는 달걀같은 겹눈이 붙어 있고, 겹눈 사이로 작달막하게 생긴 실 같은 더듬이가 돋아났습니다. 둥그런 이마는 대머리처럼 매끈하게 벗겨진 게 참으로 순해 보이고 귀엽습니다. 게다가 밤색 무늬가 펼쳐진 잘생긴 앞날개(두텁날개)가 배를 덮고 있으니 몸매까지 훤칠합니다. 앞날개 속에 숨긴 뒷날개는 노란색으로 굉장히 부드러워 결이 고운 옷감 같습니다. 뒷다리 넓적다리마디는 근육이 매우 발달해 운동선수처럼 알통이 툭 불거져 나온 것 같습니다. 어느 곳을 뜯어봐도 흠잡을 데 없이 잘생긴 풀무치.

풀무치가 내는 소리를 들어 보았나요? 풀무치도 소리를 냅니다. 여치류(여치아목)는 앞날개 두 장을 비벼 소리를 내고, 풀무치 같은 메뚜기류(메뚜기아목)인 삽사리(*Mongolotettix japonicus*)는 앞날개로 뒷다리 안쪽에 촘촘히 박힌 마찰돌기를 비벼 소리를 냅니다. 풀무치는 삽사리와 달리 뒷다리에 마찰돌기가 없습니다. 대신에 앞날개 날개맥(중실의 삽입맥)에 거친 마찰돌기가 많이 나 있습니다. 그래서 풀무치는 뒷다리로 마찰돌기가 난 앞날개를 비벼 소리를 냅니다.

소리를 낼 수 있으면, 소리를 들을 줄 알아야겠지요. 풀무치 귀는 어디에 있을까요? 사람은 머리 양옆에 귀가 있지만, 풀무치는 배에 귀가 있습니다. 정확하게 첫 번째 배마디 양쪽에 1개씩 있습니다. 날개를 살짝 들어 첫 번째 배마디를 살펴보세요. D자처럼 생긴 투명한 고막이 있습니다. 대나무 속껍질처럼 바람만 불어도 찢어질 것같이 얇은 고막. 하지만 고막 또한 질긴 큐티클로 만들어져 찢어질 염려가 없습니다.

그런데 사람처럼 귓바퀴가 없다고요? 귓바퀴가 없으면 어떤가요? 들을 수 있으면 되지요. 풀무치는 둘레 소리를 들을 수 있도록 얇은 고막 안쪽 면에 청신경이 이어져 있습니다. 바깥 소리가 얇은 고막에 부딪치면 고막이 울리고, 이 울림이 청신경에 전해져 소리를 듣는 것입니다.

풀무치 갈색형 어른 벌레

## 풀무치 짝짓기

어른 풀무치 역시 풀을 먹습니다. 암컷은 몸속 알을 성숙시키기 위해 먹어야 하고, 수컷은 자기 유전자를 암컷에게 성공적으로 넘겨주려면 살아 있어야 하니 먹습니다. 여느 메뚜기들처럼 풀무치도 암컷은 몸집이 크고 수컷은 작습니다. 왜 그럴까요? 암컷 배 속에는 장차 알이 될 난황이 가득 들어 있으니 수컷보다 몸집이 더 커야겠지요. 그래서 암컷 등에 올라가 짝짓는 수컷 모습이 마치 엄마 등에 업힌 아기 같습니다. 야외 강연을 하다 보면 종종 "풀무치가 왜 새끼를 업고 있어요?" 같은 재밌는 질문을 받을 때가 있습니다.

풀무치는 풀을 먹으면서 마음에 드는 짝을 고릅니다. 눈앞에 암컷이 나타나자 마음에 들었는지 수컷이 눈치 볼 것 없이 재빠르게 암컷 등 위로 올라갑니다. 그리고 6개 다리로 암컷 옆구리를 꽉 잡습니다. 수컷이 암컷보다 훨씬 작기 때문에 짧은 다리로 암컷을 완전히 껴안을 수 없습니다. 대신에 수컷 발목마디 아랫부분에 짧은 털이 빽빽하게 나 있어 이 털을 이용해 암컷 몸을 잘 잡고 있습니다. 거기에다 갈고리처럼 생긴 발톱 사이에서 끈적거리는 물질이 나와 암컷을 붙잡는 데 한몫을 합니다.

수컷이 무작정 올라탔으니 암컷이 싫어할 만도 한데, 이 암컷은 수컷이 마음에 들었나 봅니다. 순순히 짝짓기에 응합니다. 수컷이 마음에 들지 않을 경우 암컷은 강력한 뒷다리로 '뒷발질'을 해 등 위에 올라탄 수컷을 걷어찹니다. 풀무치는 뒷다리가 워낙 길기 때문에 쭉 펴서 등 위에 있는 수컷 몸통을 밀어내기도 하고, 암컷 배

풀무치는 배에 귀가 있다.

풀무치 갈색형 암컷과 녹색형 수컷이 짝짓기 하고 있다.

를 잡고 있는 수컷 다리를 밀어내기도 합니다. 그런데 수컷이 워낙 꽉 잡고 있어서 안 떨어지지요. 수컷은 짝짓기를 할 때 생식기를 S자로 비틀어 암컷 생식기에 갖다 댑니다. 암컷 생식기가 배 아래쪽에 있기 때문입니다. 암컷도 자기 배 끝을 옆으로 살짝 휘어 수컷 배 끝이 닿도록 돕습니다.

## 땅속에
## 알 낳는 풀무치

짝짓기를 성공적으로 마친 풀무치 암컷은 알 낳을 장소를 찾아야 합니다. 알 낳는 일은 종족 보존 프로젝트의 하이라이트입니다. 알맞은 때와 알맞은 땅에 낳지 않으면 알이 잘 발육하지 않고, 설령 알에서 애벌레가 무사히 깨어났다 해도 애벌레가 잘 자라지 못할 수도 있습니다. 그렇게 되면 어른벌레가 되어 애써 노력한 일들이 모두 헛일이 됩니다. 그런 만큼 풀무치 암컷은 새끼가 잘 자랄 수 있는 땅을 골라야 합니다. 우선 천적 눈에 덜 띄어야 하고, 알이 마르지 않도록 땅에 물기가 알맞게 있어야 하고, 알에서 깨어난 애벌레가 먹을 밥이 둘레에 넉넉히 있어야 합니다. 풀무치 암컷은 이들 조건을 고루 갖춘 땅을 고릅니다.

암컷은 좋은 땅을 어떻게 구별할까요? 땅 고르는 일은 감각 기관이 도맡아 합니다. 다리 발목마디에 붙어 있는 털과 배 끝에 붙어 있는 털이 땅 상태를 알아차립니다. 흙이 단단하지 않고 알맞게

풀무치 녹색형 암컷과 수컷이 짝짓기를 하고 있다.

포슬포슬한지, 흙에 물기가 알맞게 있는지, 흙 속에 염분이 알맞게 들어 있는지. 만일 배 끝으로 땅을 파다가 이런 조건이 안 맞으면 땅 파는 일을 멈추고 다른 곳으로 옮겨 땅을 팝니다.

풀무치 배 끝을 본 적이 있나요? 맨눈으로 보면 녀석의 배 끝은 부드럽게 생겼습니다. 그 부드러운 배 끝으로 어떻게 땅을 팔까요? 사실 풀무치는 피부(표피세포)가 큐티클로 덮여 있어 단단합니다. 그래서 부드러운 땅 정도는 팔 수 있습니다. 배 끝을 땅속으로 밀어 넣은 뒤 배 끝 속에 숨겨 놓은 산란관을 꺼냅니다. 산란관도 양잿물에 끓여도 녹지 않을 만큼 질긴 큐티클로 되어 있습니다. 지혜롭게도 암컷은 비가 온 뒤 땅이 살짝 물러지면 알을 낳습니다. 알을 낳을 때 배 끝 속에 있는 산란관은 짧게는 3.5센티미터에서 길게는 10센티미터까지 늘어나 흙 속을 파고 들어가기 좋습니다. 드디어 암컷은 산란관을 길게 늘인 배 끝부분을 땅속에 넣고 위아래로 왔다 갔다 하고, 좌우로 돌리며 약 2.5센티미터 넘게 흙을 후벼

풀무치 암컷이 수컷을 등에 업은 채 꽁무니를 모래 속에 집어 넣고 알을 낳고 있다.

판 뒤 배를 움찔움찔하면서 알을 낳습니다. 알이 산란관을 통과할 때 몸속에 있는 생식관 근육이 물결치듯 수축 활동을 하니 배 끝도 덩달아 '뿔룩뿔룩' 움직입니다. 신기하게도 알이 산란관을 통과할 때 어미는 거품 같은 물질을 분비합니다. 거품에 감싸인 채 알이 산란관 밖으로 나옵니다. 거품 분비물은 공기와 닿으면서 굳어져 알을 감싸는 가죽 같은 알주머니가 됩니다.

거품 분비물은 어디서 만들까요? 산란관 가까이에 있는 부속샘(아교질샘, colleterial gland)에서 만듭니다. 분비물은 대부분 단백질이어서 알을 보호하는 데 그만입니다. 물기가 날아가는 것을 막아 주고, 기생충이나 병원균 공격을 막아 주고, 추운 겨울을 따뜻하게 날 수 있게 해 줍니다.

실제로 알 낳는 일에 마지막 배마디의 신경절이 관여하기 때문에 이 신경절이 어떤 이유로든 상처를 받으면 알을 못 낳습니다. 이에 비해 머리를 다쳐 머리 쪽 신경절이 다쳐도 알을 낳을 수 있습니다.

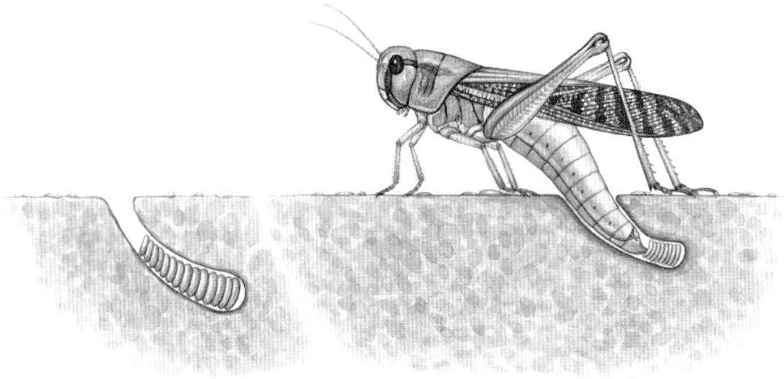

풀무치 암컷이 땅속에 알을 낳고 있다.

추운 겨울을 보내고 이듬해 봄이 되면 알에서 애벌레가 깨어나 흙을 뚫고 바깥세상으로 나옵니다. 만일 알이 있는 땅이 지나치게 마르는 것처럼 환경 조건이 좋지 않으면 애벌레는 알에서 깨어 나오지 못하고 휴면 상태로 몇 달 또는 몇 년 동안 줄곧 땅속에서 지냅니다.

## 땅속도
## 안전한 건 아니야

땅속이라고 안전한 것만은 아닙니다. 늘 풀무치 알 주머니를 노리는 영악한 녀석들이 있습니다. 가뢰(딱정벌레목 가뢰과)나 재니등에(파리목 재니등에과) 같은 기생 곤충은 풀무치를 졸졸 따라다니며 호시탐탐 알 낳을 때만 목 빠지게 기다립니다. 녀석들이 얼쩡거리는 것도 모르고 눈치 없는 풀무치는 알 낳을 곳을 찾느라 정신이 없습니다. 암컷이 알을 낳고 가 버리면, 가뢰나 재니등에 암컷은 '이때다.' 하며 재빨리 풀무치가 알을 낳은 곳과 가까운 흙 속에 자기 알을 낳습니다. 알에서 깨어난 가뢰나 재니등에 애벌레가 풀무치 알을 찾을 수 있을 만한 곳에 알을 낳는 것이지요. 녀석들 애벌레는 풀무치 알을 먹으며 애벌레 시절을 보냅니다. 그런데 이왕 기생하려면 풀무치 알에다 직접 알을 낳아도 될 텐데, 그렇게 하지 않는 것이 신기하네요. 뛰는 놈 위에 나는 놈 있다고 이렇게 땅속까지 따라와 기생하는 녀석들이 있다니 놀랍기만 합니다. 사람들이 아무리 생각해도 곤충 그들만의 먹이 방정식을 이해하지 못할 때가 많습니다. 그래도 곤충들은 그들만의 법칙으로 살아가고, 그 덕에 생태계는 빈틈없이 잘 돌아가고 있습니다.

## 땅속에서 땅 위로 올라온 애벌레

봄이면 풀무치 애벌레가 흙 속 알에서 깨어나 땅 위로 기어 올라옵니다. 제가 운 좋게도 풀무치 떼를 만난 것은 섬이었습니다. 세상이 온통 푸른 5월, 푸른 바다에서 실려 온 바닷바람을 맞으며 모래 언덕에 오르려던 참이었지요. 그 순간 발아래에서 '후두두둑' 소리와 함께 밤색 벌레들이 벼룩처럼 튀어 흩어집니다. 발걸음을

풀무치 1령 애벌레

옮길 때마다 모여 있던 벌레들이 튀어 흩어지고 또 한 걸음 옮기면 튀어 흩어지고, 얼마나 많은지 모래 반 벌레 반입니다. 누굴까? 메뚜기류 애벌레인데, 가만히 앉아서 모랫바닥을 샅샅이 훑어봅니다. 마침 갯메꽃 잎사귀 위로 피신한 녀석 발견. 날개는 없고 머리하고 가슴등판만 큰 것이 풀무치 애벌레군요. 핏줄은 못 속여 애벌레도 어른벌레처럼 멋지게 생겼습니다. 산길을 걷다가 종종 메뚜기류 애벌레가 길바닥에 떼로 모여 있다가 인기척에 놀라 쌀알 흩어지듯 눈 깜짝할 사이에 튀어 흩어지는 광경은 보았지만, 풀무치 애벌레 떼를 만난 건 처음입니다.

풀무치 3령 애벌레

풀무치는 메뚜기목 가문이라 안갖춘탈바꿈을 합니다. 번데기 시절을 거치지 않고 애벌레에서 곧바로 어른벌레가 되지요. 풀무치 애벌레도 여느 곤충들처럼 어른벌레가 되기 위해 닥치는 대로 먹어 몸을 키워야 합니다. 그래서 녀석들은 땅과 풀을 오가며 봄부터 여름까지 자는 시간만 빼고 눈만 뜨면 먹습니다. 열심히 먹다가 몸이 커지면 몸을 덮고 있는 큐티클 겉껍질을 벗어야 합니다. 겉껍질은 사람으로 치면 뼈에 해당됩니다. 혹시라도 점점 커져 가는 몸이 껍질 밖으로 탈출하지 못하면 껍질 속에 갇혀 죽습니다. 그래서 껍질이 감당하지 못할 만큼 몸이 커지면 껍질(허물)을 벗어 던지고 다시 닥치는 대로 먹습니다.

어린 애벌레는 날개가 없어 배를 내놓고 다니는데, 3령 애벌레가 되면 가슴등판에 코딱지만 한 날개 싹을 볼 수 있습니다. 풀무치 애벌레는 모두 4번 허물을 벗으며 자란 뒤 어른벌레가 됩니다. 야생에서 애벌레가 어른벌레로 되기까지는 3달 넘게 걸립니다. 그래서 햇볕이 영글어 가는 여름과 가을이 되면 이리저리 뛰어다니

풀무치 종령 애벌레

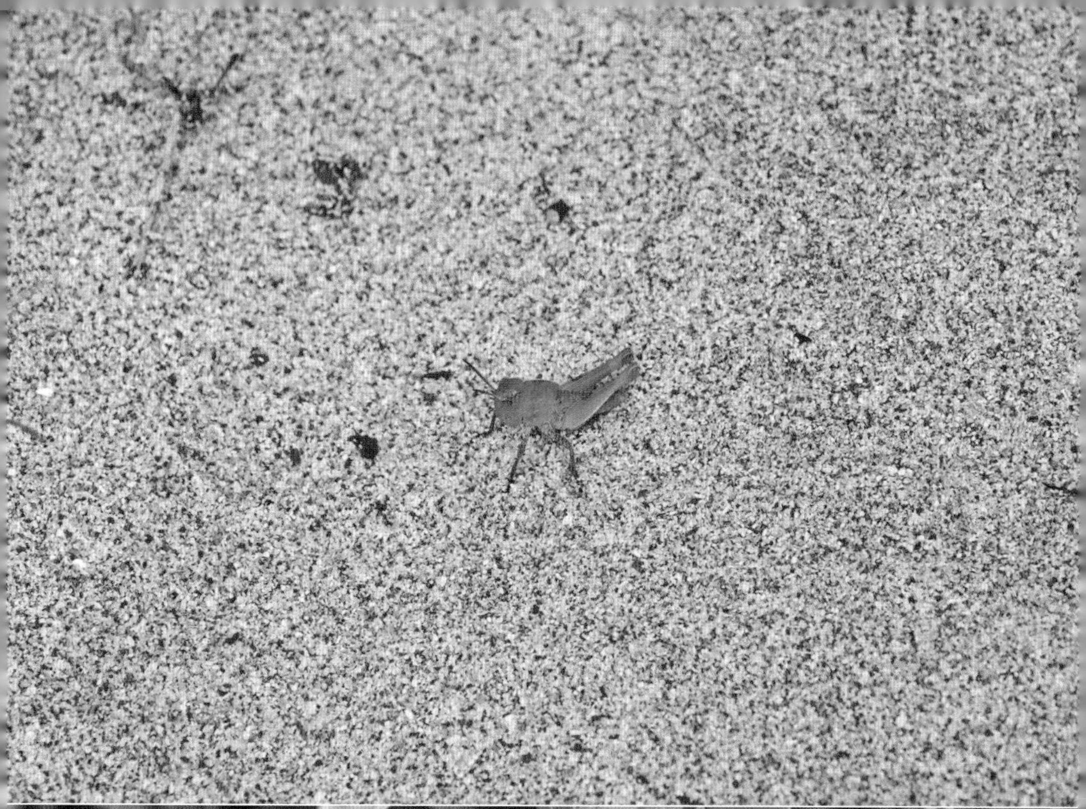

는 어른벌레를 풀밭 곳곳에서 볼 수 있습니다.

## 풀무치 집과 밥

풀무치는 무엇을 먹으며 어디에서 살까요? 풀무치 애벌레와 어른벌레는 모두 사는 집도 같고, 먹는 밥도 같습니다. 풀밭은 모두 녀석들 집입니다. 집을 따로 지을 필요 없이 풀잎과 땅에 의지해 평생을 살지요. 배고프면 풀잎에 올라가 먹고, 위험하거나 쉬고 싶을 때는 땅바닥으로 내려갑니다. 물론 풀잎 뒤에 숨어 있기도 하지만요. 녀석들의 생활 공간이 땅이고 풀이다 보니 먹이식물도 주로 땅 가까이에서 자라는 키 작은 풀입니다. 밥을 먹다가 위험하면 얼른 풀에서 뛰어내려 땅바닥으로 피해야 하니까요. 땅에 잘 적응하고 사는 데는 알통처럼 부풀어 오른 뒷다리의 넓적다리마디가 큰 몫을 합니다. 근육질인 넓적다리마디 덕분에 높이 뛰고 멀리 뛰면서 최대한 멀찍이 도망칠 수 있으니까요.

혹시 벼에 매달려 잎사귀를 한 입씩 베어 아삭아삭 씹어 먹는 벼메뚜기를 본 적이 있나요? 벼메뚜기처럼 풀무치도 씹어 먹는 입틀을 가졌습니다. 녀석들은 잎사귀를 가위로 종이 오리듯이 큰턱을 좌우로 벌렸다 오므렸다 되풀이하며 식물 잎을 씹어 먹습니다. 큰턱은 사람의 이와 같아서 음식을 잘라 내고, 씹기도 하고, 적이 건드리면 물어뜯으며 공격도 하지요.

풀무치는 음식 맛을 알까요? 물론 알지요. 풀무치 입틀에는 아래턱수염과 아랫입술수염이 나 있어 외계인 같습니다. 그 수염은 그냥 폼으로 있는 것이 아닙니다. 미미하지만 온도나 습도 변화도 알아채고, 바람의 세기나 방향도 느끼고, 압력도 느끼고, 냄새도 맡습니다. 성능은 더듬이보다 못하지만 더듬이와 마찬가지로 감각 기관입니다. 특히나 입틀에 있는 수염은 맛을 보는 데 일가견이 있습니다. 수염에는 접촉 화학 감각기가 있어 녹말, 아미노산, 무기질, 유기산, 식물 잎 표면의 왁스 물질 같은 모든 물질 정보를 중추신경계에 보내고, 중추 신경계는 접촉 화학 감각기가 수집한 정보를 종합해 먹어도 되는 식물인지 먹어서는 안 되는 식물인지 가려냅니다. 그 덕분에 풀무치는 주로 벼나 강아지풀 같은 벼과 식물을 밥으로 먹고, 시금치 같은 콜레스테롤이 많은 풀은 잘 먹지 않습니다. 신기하게도 녀석처럼 씹는 주둥이를 가진 곤충들은 수염 말고도 주둥이 각 부분에 맛 감각기를 조금씩 가지고 있습니다. 이 맛

모래밭에 풀무치가 똥을 싸 놓았다.

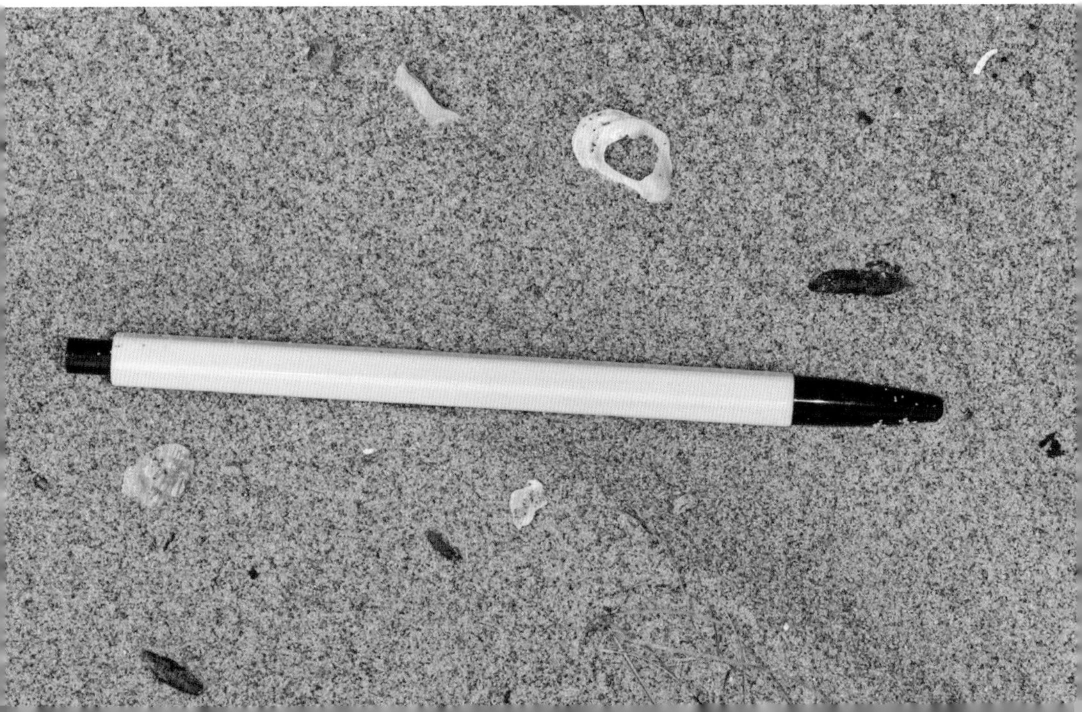

풀무치 얼굴

감각기도 먹이식물을 구별하는 데 한몫을 합니다. 그럼 풀무치 몸에는 감각 신경 세포가 얼마나 있을까요? 풀무치는 매번 허물을 벗을 때마다 감각 신경 세포 수가 굉장히 늘어나 어른벌레가 되면 약 만 6천 개나 됩니다. 나비류 애벌레는 100개쯤 되는데 말이죠.

## 모든 메뚜기는 어김없이 토한다

풀무치에게 식물은 엄청 고마운 밥이며, 동시에 약입니다. 식물은 초식 동물에게 뜯어 먹히지 않으려고 자신을 방어하는 화학 무기를 가지고 있습니다. 오랜 시간 공진화를 통해 곤충은 식물의 독성을 해독시킬 수도 있고, 내성도 생기고, 그 독성을 자기 입맛을 돋우는 섭식 자극제로도 쓰고, 그것도 모자라 천적으로부터 자신을 지키는 방어 무기 원료로도 씁니다. 풀무치는 고약한 습성이 있습니다. 풀무치를 비롯해 메뚜기들을 잡으면 어김없이 토합니다. 한 번도 토하지 않을 때가 없습니다. 입에서 푸르스름하고 거무죽죽한 물질을 처음에는 한 방울 정도 토하지만, 한참 잡고 있으면 손가락이 다 젖을 만큼 많이 토합니다. 토한 물질을 살살 비벼 보면 살짝 끈적끈적합니다. 내친김에 냄새도 맡아 보면 풀 벨 때 나는 냄새가 납니다.

풀무치는 점잖지 못하게 왜 토할까요? 토한 액체는 바로 풀무치의 화학 방어 무기입니다. 비록 몸집이 큰 사람에게는 '새 발의 피'

풀무치 얼굴 옆모습

이지만, 다른 동물들에게는 무서운 무기일 수도 있습니다. 방어 물질 원료는 식물이 초식 동물을 쫓아내려고 만든 화학 물질로, 풀무치는 먹이식물에서 원료를 얻습니다. 아직까지는 풀무치가 식물보다 한 수 위인 셈이지요.

## 메뚜기 동충하초와 백강균

사람에게 전염병이 있듯이 모든 생물에게도 공포스러운 전염병이 있습니다. 병을 옮기는 병원체는 세균, 바이러스, 곰팡이 같은 것들입

풀무치가 위험을 느끼자 입에서 방어 물질을 토해 내고 있다.

니다. 쥐도 새도 모르게 기생할 대상을 찾아와 완전히 죽이고, 또 다른 대상을 찾아 떠나는 병원체의 파괴력은 정말이지 소름이 끼칩니다.

메뚜기를 영문도 모른 채 죽음으로 이끄는 병원균에는 무엇이 있을까요? 우선 동충하초를 본 적이 있나요? 동충하초는 동물 단백질을 먹고 자라는 버섯입니다. 동충하초 균이 메뚜기 입, 배, 눈처럼 연약한 곳으로 파고 들어가 메뚜기의 영양분을 빼앗아 먹는 사이 가엽게도 메뚜기는 죽게 되고, 죽은 메뚜기 몸에서 '메뚜기동충하초'가 예쁘게 피어납니다. 또 곤충 몸을 허옇게 덮는 백강균도 있고, 녹색으로 덮는 녹강균도 있고, 곰팡이도 있습니다. 종종 산길을 걷다 보면 흰 우유를 뒤집어쓴 것처럼 허연 메뚜기를 만납니다. 메뚜기는 허연 곰팡이에 감염되어 이미 죽어 나무토막처럼 꼼짝도 하지 않습니다. 녀석을 죽게 한 곰팡이는 백강균입니다.

## 곰팡이에게 조종당하는 풀무치

한번은 고즈넉한 서해안 섬에 도착해 숙소에 짐을 풀면서 창문 너머로 이상한 풀무치를 보았습니다. 뒤곁으로 난 창문으로 한적한 시골 고샅길이 한눈에 보이고, 거짓말 많이 보태서 참새만 한 풀무치가 고들빼기 줄기에 매달려 있었습니다. 큰 덩치에 놀라고, 오랜만에 만나서 놀라 한참을 구경하다가 기념사진을 찍느라 카메

백강균에 감염되어
죽은 풀무치

라 셔터를 눌러 댑니다. 웬일이지? 한참이 지났는데도 녀석은 도망도 가지 않고 풀 줄기에 그대로 매달려 있네요. 이상한 생각이 들어 밖으로 나와 녀석에게 살금살금 다가갔지요. 아! 카메라 렌즈로 봤을 때 꼼짝도 안 하더니 역시 죽었군요. 하도 불쌍해 녀석을 이리 보고 저리 보고 한참을 훑어봅니다. 그런데 매달려 있는 폼이 가관입니다. 앞다리와 가운뎃다리는 아기가 곰 인형을 안고 있듯이 풀 줄기를 꼭 껴안고 있고, 뒷다리는 세상을 다 포기한 것처럼 쭉 뻗은 채 벌리고 있습니다. 건드려 보았지요. 풀 줄기에서 떨어지지 않습니다. 아마 억지로 떼어 내면 다리가 통째로 몸에서 뚝뚝 떨어질 것 같습니다. 안타깝지만 달리 제가 할 일이 없습니다.

왜 풀무치는 죽었을까요? 놀랍게도 메뚜기류만 골라 죽이는 병원성 곰팡이가 있습니다. 그것도 풀 줄기를 부둥켜안고 죽게 하는 곰팡이. 메뚜기 대왕 풀무치도 이 곰팡이 앞에서는 뾰족한 수가 없습니다. 곰팡이가 작정하고 풀무치 몸속으로 파고들면 그때부터 풀무치 인생은 끝이 납니다. 더 이상 풀무치 삶은 없고, 곰팡이 삶이 시작되는 것이지요. 말하자면 풀무치는 곰팡이의 아바타가 됩니다.

풀무치를 꼼짝 못 하게 하는 병원균(*Entomophaga grilli*)은 메뚜기목 가문 식구들만 집중적으로 공격합니다. 이것을 '숙주 특이성'이라고 합니다. 이 병원균 침입으로 죽은 메뚜기는 사람이 뿌린 농약을 먹고 죽은 메뚜기와 다릅니다. 농약은 메뚜기 피부인 큐티클을 뚫고 들어가 몸속 수분을 없애 해 말라 죽게 하거나 신경 전달 체계를 교란해 근육을 마비시켜 죽게 합니다. 이런 경우는 몸에 곰팡이가 피는 것이 아니라 썩는 경우가 대부분이지요.

하지만 곰팡이에 감염된 풀무치는 말라 죽지 않습니다. 흐린 날 굴뚝에서 나온 연기가 땅바닥에 쫙 깔리며 슬슬 기듯이 곰팡이는 소리 소문 없이 풀무치에게 접근합니다. 곰팡이에게 감염된 풀무치는 그때부터 곰팡이의 조종을 받습니다. 곰팡이가 시키는 대로 오후 3~4시쯤에 풀 줄기를 타고 기어오릅니다. 마치 동화 속 잭이 콩나무를 타고 오르듯이 말이죠.

풀 줄기를 타고 기어오르고 있는 메뚜기를 건드려 봐도 희한하게 달아나지 않습니다. 전혀 아랑곳하지 않고 여섯 다리로 풀 줄기를 잡고 뚜벅뚜벅 기어 올라갑니다. 마치 몽유병에 걸린 환자처럼 뭔가에 홀려 정신줄을 놓은 것 같습니다. 어느 정도 오르고 나면 멈춰서는 뒷다리를 천천히 오므렸다 폈다 꿈지럭거립니다. 그리고 앞다리와 가운뎃다리로 풀 줄기를 끌어안고, 뒷다리는 쭉 뻗은 채

풀무치가 병원균의 조종을 받아 나무와 식물 꼭대기로 올라갔다.

로 서서히 죽어 갑니다.

이렇게 풀 줄기에 매달려 죽어 가는 동안 풀무치 몸속은 곰팡이 포자로 차츰 꽉 채워집니다. 비바람이 불면 곰팡이 포자는 기다렸다는 듯이 풀무치 몸 아래쪽으로 퍼져 나갑니다. 그러고는 또 다른 풀무치를 찾아 나섭니다. 이렇듯 풀무치 한 마리가 살아남기 위해서는 어려운 관문을 수없이 통과해야 하니, 살아 있는 생명은 그 자체가 기적입니다.

## 선물 꾸러미 속에 들어 있는 정자

풀무치 수컷은 짝짓기를 하면서 정자를 암컷에게 넘겨줍니다. 그런데 녀석의 정자 전달 방법은 굉장히 색다릅니다. 딱정벌레목이나 나비목 가문 곤충들은 수컷이 생식기를 통해 암컷 생식기(교미낭)에 정자를 넣어 줍니다. 하지만 풀무치는 정자가 아니라, 정자가 담겨 있는 정자 주머니를 생식기를 통해 암컷 생식기에 넣어 줍니다. 그럼 정자는 정자 주머니에서 어떻게 빠져나올까요? 암컷 생식기의 펌프 작용 같은 내분비계의 활성 작용에 의해 수정낭으로 옮겨 가게 됩니다. 정자 주머니를 암컷 생식기에 붙여 놓는 여치류보다 암컷 몸속에 정자 주머니를 직접 넣어 주는 풀무치 방법이 종족을 보존하는 데 성공률이 훨씬 높습니다. 정자 주머니가 암컷 생식기 안에 들어가야 하니 정자 주머니는 크기가 작고, 구조도 단순

합니다. 풀잠자리류 정자 주머니는 두 겹의 막질성 껍질로 되어 있고, 껍질과 껍질 사이에 젤라틴 물질이 많이 채워져 있습니다. 하지만 풀무치의 정자 주머니는 한 겹인 데다 젤라틴 물질도 양이 적어 긴 관처럼 생겼습니다. 길이는 35~45밀리미터 정도로 길어 암컷 생식기와 거의 연결됩니다.

정자 주머니 안을 볼까요? 메뚜기류 정자 주머니 안에는 정자 뭉치가 2개 들어 있습니다. 정자 뭉치 하나 크기는 2밀리미터 정도로 제법 큽니다. 암컷 생식기를 통해 들어간 정자 주머니는 암컷 수정낭(spermatheca)을 채우고서는 암컷이 정자 주머니(spermatophore)를 다 녹일 때까지 다른 수컷 정자가 수정되지 못하게 합니다. 정자 주머니가 다 녹을 때까지 4일이나 걸립니다. 그래서 먼저 들어간 정자가 암컷 난자와 거의 또는 모두 수정될 가능성이 높습니다.

수컷도 알고 보면 불쌍합니다. 수컷은 정자 외에 정자 주머니를 또 만드느라 에너지를 많이 씁니다. 수컷의 사정관과 수정관(정소에서 사정관까지 연결해 주는 관)이 만나는 곳에는 저정낭이 있습니다. 저정낭은 중요한 일을 합니다. 이미 배출한 정자들을 임시로 보관하고, 또한 정액과 영양물질을 만듭니다. 이 정액과 영양물질에다 정자를 넣어 정자 주머니를 만듭니다. 그리고 마음에 드는 암컷에게 그 정자 주머니를 전달합니다. 암컷은 정자를 얻을 뿐만 아니라 정자 주머니 안에 들어 있는 영양가 높은 영양물질을 몸속으로 빨아 들입니다. 암컷은 이렇게 영양물질을 흡수해 알의 발육도 잘 되게 하고 자기 영양도 보충합니다.

짝짓기를 마친 암컷은 알이 성숙되기를 기다립니다. 정자는 암컷 수정낭에 보관됩니다. 정자를 보관할 때 정자 주머니에 들어 있던 정액도 함께 보관합니다. 그래서 수정낭 속 정자는 정액에서도 양분을 얻고, 수정낭의 부속샘에서 나오는 분비물에서도 양분을 얻습니다.

드디어 암컷이 배란을 합니다. 배란된 알이 수란관을 지나갈 때 난자와 정자가 결합하는 수정이 일어납니다. 배란된 알이 중앙 수란관 가까이에 있는 생식실(genital chamber)에 도착하면 그곳의 감각 신경이 자극을 받아 곧바로 신경 조직에 전달합니다. 그러면 신경 조직의 운동 신경 세포가 흥분이 되어 수정낭 벽 근육 세포를 수축시킵니다. 수정낭 속에서 이제나 저제나 불러 주기를 학수고대하던 정자가 기다렸다는 듯이 수정낭에서 수란관으로 방출되어 수란관을 통과 중인 난자와 결합을 합니다. 이제 수정이 되었으니 알 낳는 일만 남았습니다.

## 사람 능력을 발휘할 때

언제부터인지 풀무치 보기가 힘들어졌습니다. 몇십 년 전만 해도 이 땅에 흔해 잡아서 강아지풀에 꿰어 놀던 시절이 있었는데……. 이젠 추억의 곤충이 되고, 머지않아 전설의 곤충이 될지도 모릅니다. 녀석들은 풀이 우거진 풀밭에서 삽니다. 손바닥만 한 땅만 있어도 뿌리를 내리는 풀들은 풀무치에게 더없는 보금자리입니다. 하지만 지금 개발이라는 이름으로 그런 땅들이 사라지고 있

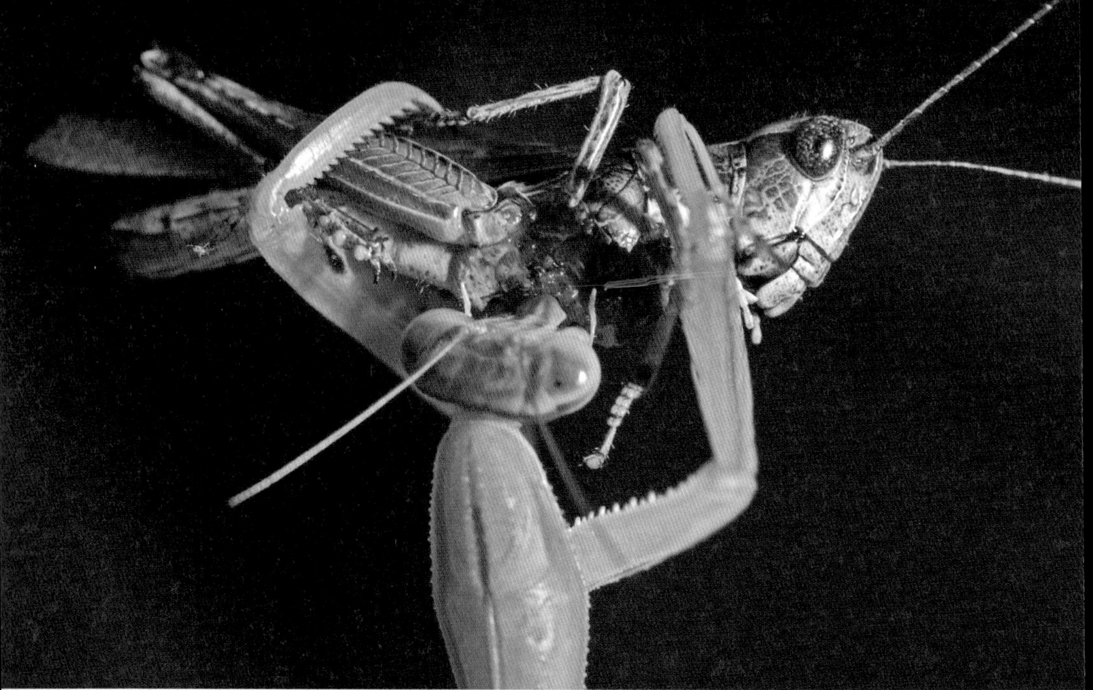

사마귀에게 잡아먹히는 메뚜기류

습니다. 사람들 편하게 살겠다고 풀무치 집이자 터전을 뒤엎고 있습니다. 녀석들이 즐겨 알을 낳는 축축한 물가도 점점 줄어들고 있습니다. 실개천이나 강 옆에 자연스럽게 생겨난 풀 언덕이 지금은 '사람들 길'로 바뀐 지 오래입니다.

풀무치는 몸집이 커서 포식 동물에게 인기가 많습니다. 한 마리만 잡아도 배부르게 먹을 수 있으니까요. 조롱박벌은 메뚜기 전문 사냥꾼이고, 거미와 새들도 메뚜기를 잡아먹습니다. 특히 때까치는 풀무치 같은 곤충을 잡아 나무 가시에 꽂아 두고 겨울 내내 두고두고 먹습니다. 이렇게 생태계 먹이망에서 풀무치는 굵직한 위치를 차지합니다. 그런 풀무치가 사라지고 있습니다. 그들을 사라지게 만든 것도 사람이고, 그들을 우리 곁에서 살게 만들어 주는 것도 사람입니다. 이제 사람 능력을 마음껏 발휘할 때입니다.

땅에 떨어져 죽은 풀무치에 개미들이 꼬였다.

땅속에 집 짓는

# 꼬마꽃벌

꼬마꽃벌류

꼬마꽃벌류가 어수리 꽃에 모여
꽃가루를 모으고 있습니다.

봄입니다.

추운 겨울을 보낸 생물들은 봄이 오기만을 손꼽아 기다립니다.

풀은 풀대로, 나무는 나무대로, 곤충은 곤충대로

저마다 봄을 맞아 새로운 한살이를 시작합니다.

봄이면 숲 바닥은 꽃들로 붐빕니다.

키 큰 나무들이 잎사귀를 내어 그늘을 만들기 전에

앞다퉈 짧은 봄빛을 받아 꽃을 피우니 말이지요.

숲 바닥에 노란색, 보라색, 하얀색, 분홍색 꽃들이

지천으로 필 즈음, 마음먹고 양지꽃 앞에 진을 치고 앉았습니다.

양지꽃은 이른 봄부터 노란 꽃을 피웁니다.

꽃잎 다섯 장을 마치 불가사리처럼 넓게 펼치고

하늘을 바라보고 핍니다.

아직 바람이 차가운 이른 봄에 피는 꽃이라

그저 보기만 해도 좋습니다.

양지꽃

이 꼭지는 벌목 꿀벌과 꼬마꽃벌아과에 속한 종들의 이야기입니다.
본문에서 꼬마꽃벌로 언급한 것은 꼬마꽃벌아과에 속한 종들을 말합니다.

## 쌀쌀한 이른 봄에 만난 꼬마꽃벌

양지꽃에는 곤충들이 제법 찾아옵니다. 다들 추운 겨울을 잘 버텨 내고 굶주린 배를 채우려 양지꽃을 찾아와 달콤한 식사를 합니다. 재니등에류, 수중다리꽃등에, 점날개잎벌레, 꿀벌, 애꽃벌 같은 온갖 벌레들이 날아들었습니다. 물론 양지꽃에는 꿀벌이 가장 많이 드나들지만, 꼬마꽃벌도 부지런히 양지꽃 위에 앉아 꽃가루를 모읍니다. 우리가 잘 아는 꿀벌보다 조금 작은 꼬마꽃벌, 온몸이 털로 뒤덮인 털북숭이 꼬마꽃벌! 녀석들을 따라다녀 볼까요?

이른 봄, 꼬마꽃벌은 자그마한 몸으로 숲에 피어 있는 꽃 잔치에 어김없이 나타납니다. 커 봤자 몸길이가 1센티미터 남짓한 꼬마꽃벌! 녀석은 꽃잎이 활짝 벌어진 양지꽃이나 진달래꽃 같은 갈래꽃

꼬마꽃벌류가 노란 마타리 꽃에 찾아와서 꽃가루를 모으고 있다.

부터, 현호색처럼 긴 주머니 모양의 통꽃까지 가리지 않고 들락거리며 꿀과 꽃가루를 모읍니다. 꼬마꽃벌은 말 그대로 꽃이 만든 꿀과 꽃가루를 이용하는 작은 꼬맹이 벌입니다. 벌치고는 작은 편이라 꽃 앞에 쪼그리고 앉아야 보입니다. 곤충들 세계를 구경이라도 하려면 사람 눈높이가 아닌 그들과 눈높이를 맞춰야 하거든요.

서양민들레 꽃에 찾아온 꼬마꽃벌류

숲길을 걷다가 꽃 속에 무언가 들어 있다 싶으면 살살 다가가 천천히 앉아 보세요. 숨소리 고르며 꽃 속을 들여다보면 4개의 날개를 접어 배 위에 살포시 얹어 놓고 꽃가루를 모으는 꼬마꽃벌을 만날 수 있습니다. 몸집은 통통한 꿀벌보다 좀 호리호리합니다. 녀석의 겹눈은 툭 튀어나와 있고, 가슴과 배를 이어 주는 첫 번째 배마디 허리인 전신복절(前伸腹節)은 잘록하고, 배는 꽁무니 쪽이 뾰족한 긴 타원형입니다.

## 털북숭이 꼬마꽃벌

꼬마꽃벌 몸은 온통 털북숭이입니다. 가느다란 털, 솜털처럼 부드러운 털, 긴 털, 억센 털, 바늘 같은 가시 털, 서 있는 털, 누워 있는 털처럼 여러 가지 털들이 자그마한 몸에 빽빽이 나 있습니다. 한 술 더 떠 금색 털부터 은색 털까지 색깔도 다양해 꽃 속에 앉아 있는 모습이 눈부십니다. 특히 배 부분은 검은색 바탕에 털로 만든 금테 줄무늬 또는 흰테 줄무늬를 두르고 있습니다. 잘 만들어진 밭

벌개미취에 찾아온 꼬마꽃벌류

고랑 같다고나 할까요? 이쯤 되면 녀석 몸에 난 털은 그야말로 '예술'입니다.

녀석은 왜 털을 뒤집어쓸까요? 물론 몸을 보호하기 위해서입니다. 추운 날 털은 스스로 온도 조절을 못하는 곤충들 몸을 따뜻하게 유지해 줍니다. 또 더운 날에도 뜨거운 햇빛을 한 번 걸러 주기도 합니다. 그런데 더 큰 이유가 있습니다. 곤충 털은 바로 감각 기관. 털은 신경과 이어져 있어 털을 통해 온도나 습도 같은 둘레 환경이 어떤지 알아차릴 수 있습니다. 또 꼬마꽃벌은 애벌레들 먹이인 꽃가루를 모아야 합니다. 몸에 털이 많을수록 꽃가루가 많이 묻습니다. 어떤 때는 꽃 속에 들어가 몸을 데구루루 굴려 몸에 붙은 털에 꽃가루를 잔뜩 묻히기도 합니다.

## 튼튼한 다리로
## 꽃가루를 모으고

녀석의 다리는 6개인데, 얼마나 넓고 튼튼하게 생겼는지 모릅니다. 굵기로 치면 '무 다리'라 할 수 있고, 그것도 매끈한 다리가 아닌 털투성이 다리입니다. 다리는 온통 털 세상이지요. 거기에다 부드러운 털만 있는 것이 아니라 뻣뻣하고 억센 털이 빼곡하게 덮여 있어 속살이 보이지가 않습니다. 다리에 있는 많은 털은 풀잎이나 풀 줄기에 앉아 쉴 때 떨어지지 않고 매달리는 데 요긴하게 쓰입니다. 더구나 다리 끝에 붙어 있는 발톱은 꼬마꽃벌을 풀 줄기에 딱

꼬마꽃벌류가 어수리 꽃가루를 다리에 모으고 있다.

달라붙을 수 있게 해 줍니다. 그래서 바람이 심하게 불어도 잘 떨어지지 않습니다.

그것 말고도 다리털은 큰일을 합니다. 애벌레들 식량인 꽃가루를 모으니 굉장히 큰일을 하는 거지요. 녀석은 꽃 속을 바지런히 들락거리며 꿀과 꽃가루를 먹고, 몸털 특히 다리털에 꽃가루를 모읍니다. 특히 뒷다리 종아리마디는 살짝 움푹 파여 있는 데다 빳빳한 털이 나 있어 꽃가루를 모아 두기에 안성맞춤이지요. 꽃을 얼마나 많이 방문했는지는 다리털에 붙은 꽃가루를 보면 금방 알 수 있습니다. 꽃을 많이 찾아갈수록 다리에 묻은 꽃가루가 경단처럼 푸짐하니까요.

## 땅굴 파서 새끼 방 만들기

엄마 꼬마꽃벌이 부지런히 꿀과 꽃가루를 모은 뒤 날아가는 곳은 어디일까요? 다름 아닌 땅굴입니다. 운이 좋으면 이른 봄 숲길을 찬찬히 걷다가 잘 다져진 흙길 위에 녀석이 파 놓은 구멍을 찾을 수 있습니다. 땅 구멍 둘레에는 땅속 흙을 퍼다 나른 둥글둥글한 조그만 흙덩이들이 쌓여 있습니다.

꼬마꽃벌류가 서양민들레 꽃가루를 뒷다리에 듬뿍 모으고 있다.

추운 겨울을 아무 탈 없이 보낸 꼬마꽃벌은 이른 봄부터 집을 짓습니다. 얼마나 부지런한지 꽃들이 필 무렵에 새끼 낳아 키울 집을 마련해 놓고 꽃이 피기를 기다립니다. 땅속은 땅 위보다 따뜻해 이른 봄 기온이 변덕스럽게 오르락내리락해도 꼬마꽃벌이 땅을 파며 방을 꾸미는 데 아무런 지장이 없습니다.

연약해 보이는 꼬마꽃벌이 땅굴을 어찌 팔까요? 우선 꼬마꽃벌들은 땅 위와 이어지는 가운데 길을 먼저 팝니다. 땅속에서 땅 위로 나올 수 있는 유일한 중앙 통로지요. 가운데 길이 완성되면, 어미 꼬마꽃벌들은 땅굴 입구 쪽에서부터 땅속으로 들어가는 순서대로 복도를 저마다 만듭니다. 그리고 각자가 파서 만든 복도 끝부분에 자기 애벌레 방을 만듭니다.

삽도 호미도 곡괭이도 없이 어찌 흙을 파내 굴을 만들까요? 어미 꼬마꽃벌들은 몸이 무기고 연장입니다. 가장 먼저 하는 일은 땅굴을 파기에 알맞은 땅을 고릅니다. 딱딱하게 다져진 땅보다 비교적 부드러운 땅이면 안성맞춤입니다. 마음에 드는 집터를 고른 어미 꼬마꽃벌들은 땅 겉에 자기 머리를 부딪쳐 흙을 허뭅니다. 그런

꼬마꽃벌류가 지은 땅속 집

다음 큰턱과 다리를 사용해 허문 흙을 땅 위로 밀어냅니다.

점점 땅을 깊이 파고 들어가면서 생긴 흙덩이는 다리로 모은 뒤 큰턱으로 물고 뒷걸음쳐 땅굴 밖으로 나와 내다 버립니다. 이렇게 땅굴 안팎을 오가며 오랫동안 땅굴을 파 타원형 방을 만듭니다. 애벌레 방이 만들어지면 본격적으로 실내 인테리어 공사에 들어갑니다. 방벽에 거친 흙덩이가 있으면 큰턱으로 떼어 내고, 흙 부스러기가 바닥에 떨어져 있으면 말끔히 치웁니다. 뭐니 뭐니 해도 가장 중요한 일은 울퉁불퉁한 방 벽을 매끄럽게 하는 작업입니다. 녀석들은 침 묻은 혀로 흙벽을 일일이 쓸고 핥습니다. 보통 정성이 들어가는 것이 아닙니다. 새끼를 향한 어미의 극진한 사랑이 아니고는 꿈도 못 꿀 작업이지요. 이제 새끼들 방 벽이 매끄럽게 다듬어져 예쁜 애벌레 방이 완성되었습니다. 이제 꽃만 피면 꽃가루와 꽃꿀을 따다 애벌레 방에 가득 채워 넣고 알만 낳으면 됩니다.

꼬마꽃벌류 암컷이 땅을 파고 땅속으로 들어가고 있다.

## 꽃가루과 꽃꿀로
## 경단을 만들고

봄이 익어 가고 숲속 풀밭에는 꽃이 만발합니다. 꼬마꽃벌은 부지런히 꽃들 사이로 날아다니더니 땅바닥으로 내려갑니다. 꽃가루를 다리털에 붙이고, 꽃꿀은 모이주머니에 잔뜩 넣고서 땅속에 파 놓은 지하 통로를 따라 미리 만들어 놓은 애벌레 방에 도착합니다. 그리고 애벌레 방에 꽃가루를 털어 내고, 꽃꿀을 토해 냅니다. 그러고는 뒷걸음질해 굴 밖으로 나가 다시 꽃가루와 꿀을 모으러 갑니다. 문턱이 닳도록 애벌레 방을 들락거리다 보니 드디어 애벌레 방에 꽃가루와 꽃꿀이 잔뜩 쌓였습니다. 꽃가루와 꽃꿀이 충분히 모아지면 꽃가루를 정성 들여 반죽하기 시작합니다. 애벌레가 먹을 꽃가루 경단을 만드는 것이지요. 신기하게도 꽃가루로 만든 경

꼬마꽃벌류가 선씀바귀류 꽃가루를 모으고 있다.

단 겉에는 모이주머니에서 토해 낸 꽃꿀을 바릅니다. 이렇게 경단이 완성되면 어미 꼬마꽃벌은 마침내 경단 위에 알을 낳습니다

녀석은 왜 꽃가루 경단에 꽃꿀을 바를까요? 꽃가루 경단에 꽃꿀을 바르는 것은 어미의 자상한 배려입니다. 알에서 갓 깨어난 애벌레는 큰턱이 연약해서 단단한 꽃가루를 씹어 먹기 힘듭니다. 그래서 큰턱이 튼튼해질 때까지 꽃꿀을 먼저 먹도록 하려는 것입니다. 꽃꿀을 다 먹을 즈음이면 애벌레 큰턱이 튼튼해져 단단한 꽃가루도 씹어 먹을 수 있습니다. 애벌레가 커 가는 속도에 맞춰 먹이를 준비한 것이 마치 아기를 위해 부드러운 이유식을 마련하는 우리네 사람과 다를 바가 없습니다.

## 땅굴 드나들며 새끼 기르는 어미 꼬마꽃벌

알을 낳은 어미 꼬마꽃벌은 애벌레 방 입구를 막을까요? 아닙니다. 감탕벌이나 나나니벌과 마찬가지로 꼬마꽃벌도 애벌레 방 입구를 막지 않고 애벌레가 자라는 동안 줄곧 들락거립니다. 〈파브르 곤충기〉에 보면 꼬마꽃벌은 애벌레가 어느 정도 자랄 때까지 꽃가루를 애벌레 방에 날라다 준다고 합니다. 또한 꼬마꽃벌은 땅속 중앙 통로는 같이 쓰지만, 각자 자기 애벌레들만 돌본다고 합니다. 중앙 통로는 함께 힘 모아 만들지만, 애벌레 방은 저마다 만들고, 애벌레가 먹을 꽃가루와 꽃꿀도 저마다 알아서 가져옵니다. 다

른 애벌레 방에서 무슨 일이 일어나도 전혀 신경을 쓰지 않고, 자기 애벌레 방에 누군가 얼씬거리기만 해도 내쫓습니다. 오로지 자기 자식 돌보는 데 온 정성을 쏟습니다.

연구자들은 꼬마꽃벌 어미들의 이 같은 행동을 사회생활을 하는 꿀벌류나 말벌류로 진화하기 전 단계 습성으로 보고 있습니다. 꼬마꽃벌은 입구가 하나뿐인 땅속 집에서 공동생활을 하는 것 같지만, 실제로는 저마다 단독 생활을 하고 있습니다. 하지만 중앙 통로와 입구를 함께 쓴다는 점에서 이후 실질적인 공동생활을 하는 벌류로 진화했을 것으로 추측하고 있습니다.

어미 꼬마꽃벌은 애벌레가 어느 정도 자라면 먹이 나르는 일을 멈추고 애벌레 방 입구를 흙덩이로 막습니다. 누구도 출입을 금한다는 뜻이지요. 이렇게 땅속 방에서 꽃가루와 꽃꿀을 먹고 자란 애벌레는 번데기를 거쳐 7월쯤에 어른벌레가 됩니다. 그러니까 꼬마꽃벌은 1년에 한살이를 두 번 합니다. 그럼 7월에 어른벌레가 되는 알을 낳은 1세대 어미는 죽게 될까요? 아닙니다. 희한하게도 꼬마꽃벌 어미는 오래 삽니다.

7월 여름에 어른벌레가 된 2세대 꼬마꽃벌은 봄에 엄마 꼬마꽃벌이 했던 땅굴 파는 일을 하지 않아도 됩니다. 봄에 엄마 세대가 만든 땅굴과 애벌레 방을 고쳐 쓰면 됩니다. 하지만 다시 쓰는 땅굴과 애벌레 방은 자기가 나고 자란 곳은 아닙니다. 아무튼 집 짓는 수고에서 벗어난 2세대 어미 꼬마꽃벌은 앞 세대가 그랬듯이 부지런히 애벌레를 키웁니다.

왜 여름에 어른벌레가 된 꼬마꽃벌은 앞선 세대가 만든 집을 다시 쓰는 걸까요? 머지않아 가을이 오고 곧이어 겨울이 찾아오기 때문입니다. 겨울이 오기 전에 애벌레 먹이인 꽃가루와 꽃꿀을 날라다 주며 새끼를 다 키워야 하니 시간을 아껴야 합니다.

그런데 여름에 어른벌레가 된 2세대 꼬마꽃벌은 짝짓기를 할까요? 아쉽게도 짝짓기를 할 수컷이 없습니다. 여름에 어른벌레가 된 꼬마꽃벌은 모두 암컷이니까요. 지난해 가을에 짝짓기를 한 1세대 암컷이 낳은 알에서는 모두 딸이 태어납니다. 벌들 세계에서 정자와 난자가 수정이 되면 딸이 태어나고, 정자와 수정되지 않은 미수정 난자에서는 아들이 태어납니다. 신기하게도 수컷이 없어도 암컷은 알을 낳을 수 있습니다. 짝짓기를 해 알을 낳는 것보다 혼자 알을 낳는 것이 시간을 훨씬 아낄 수 있습니다.

아무튼 여름형 꼬마꽃벌 암컷은 수컷과 짝짓기를 안 하고 혼자서 알을 낳아 자기 왕국을 대대손손 이어 나갑니다. 여름에 어른벌레가 된 암컷 꼬마꽃벌이 낳은 알에서 깨어난 애벌레는 어미가 마

꼬마꽃벌류가 땅굴을 지키다 개미에게 잡혔다.

꼬마꽃벌이 장수말벌에게 잡혔다.

련해 둔 꽃가루와 꽃꿀을 먹고 무럭무럭 자라 가을에 어른벌레로 날개돋이 합니다. 그런데 정말 놀랍게도 여름형 꼬마꽃벌 어미가 낳은 알에서는 암컷과 수컷이 골고루 태어납니다. 알의 배 발생 중에 어떤 일이 일어나는지 아직 알려지지 않았습니다.

가을은 꼬마꽃벌에게 한 해 중 단 한 번 주어지는 짝짓기 시즌입니다. 성비가 골고루 태어난 암컷과 수컷은 짝짓기를 합니다. 물론 암컷과 수컷은 저마다 다른 집단에서 짝을 찾아 짝짓기를 하겠지요. 수컷은 짝짓기를 마치면 오래 살지 못합니다. 며칠 버티지 못하고 죽습니다. 하지만 암컷은 짝짓기가 끝나면 따뜻한 돌이나 바위 밑, 나무껍질 속으로 들어가 겨울잠을 자며 몇 달 뒤 돌아올 봄을 기다립니다. 알을 낳아야 하니까요.

거미 킬러

# 대모벌

**왕거미류**

왕거미류가 거미줄을
얼기설기 쳐 놓았습니다.
거미는 곤충이 드나드는 길목에
어김없이 거미줄을 칩니다.

바람도 끈끈하게 몸에 달라붙어 치대는 여름입니다.

따가운 햇볕을 머리에 이고 들판을 걷습니다.

어느새 들판 한가운데에 예쁘게 파인 연못을 따라 걷습니다.

더운 여름이라 봄철만큼 곤충은 많지 않습니다.

그래서인지 꿩 대신 닭이라고 유난히 거미줄만 눈에 띕니다.

왕거미류가 갈대 줄기 사이에 빨랫줄을 매듯 수직으로 친 둥그런 그물,

응달거미류가 해먹같이 수평으로 친 둥그런 그물,

접시거미류가 접시를 엎어 놓은 것같이 성글게 친 접시 그물,

염낭거미류가 갈댓잎을 말아 알을 낳은 알집 그물,

애풀거미가 풀 줄기 사이에 친 깔때기 모양 그물…….

여러 가지 거미줄들이 보입니다.

대모벌

이 꼭지는 벌목 대모벌과 종인 대모벌(*Cyphononyx fulvognathus*) 이야기입니다.

## 곤충을 산 채로 염하는 거미

아시다시피 거미는 곤충은 아니지만 곤충 사촌뻘 되는 친척입니다. 곤충이 사는 곳에는 어김없이 거미가 섞여 삽니다. 곤충은 거미의 밥이니까요. 신기하게도 거미들은 곤충이 드나드는 길목이다 싶으면 어김없이 거미줄을 쳐 놓습니다. 심지어는 잠자리나 하루살이 같은 물속 곤충 애벌레가 어른벌레로 날개돋이 해 공중으로 날아오르는 연못 둘레에도 거미줄을 치니까요. 어떻게 그토록 영리한지. 하지만 거미줄을 치지 않는 배회성 거미들도 있습니다. 녀석들은 장돌뱅이처럼 동에 번쩍 서에 번쩍 이리저리 돌아다니며 곤충들을 찾습니다.

마침 긴호랑거미가 쳐 놓은 거미줄 앞을 지나가다 쪼그리고 앉았습니다. 달덩어리처럼 둥그런 거미줄 한가운데는 박음질이라도 한 것처럼 촘촘히 붙여 놓은 'X자 흰띠'가 예술 작품 빰치게 정교합니다. 긴호랑거미는 다리 8개를 X자로 벌려 'X자 흰띠'에 얹어 놓고 숨어 있습니다. 언뜻 보면 긴호랑거미는 안 보이고 거미줄만 보입니다. 장난기가 발동해 옆에 있던 강아지풀 잎을 뜯어 거미줄을 살짝 건드려 봅니다. 'X자 흰띠'에 숨어 있던 녀석이 별안간 다리 8개로 그물을 꼭 잡고 온 힘을 다해 그물을 통째로 흔들어 댑니다. 순식간에 그물 전체가 앞뒤로 미친 듯이 흔들립니다. 한참 지나니 그물이 멈춥니다. 재미있어 또 건드리니 정신없이 거미줄을 또 흔들어 댑니다. 세 번째 건드리니 그제야 무서운 괴물 인간이 나타난 것을 알아차리고 얼른 거미줄을 가로질러 풀 줄기 뒤로 숨

왕거미류가 거미줄을 쳐 놓았다.

습니다. 거미줄을 흔들어 대는 것은 거미 세계에서 볼 수 있는 경고 표시입니다.

혹시 섬서구메뚜기가 긴호랑거미 거미줄에 걸리는 것을 본 적이 있나요? 섬서구메뚜기가 거미줄에 부딪치면 갑자기 거미줄에 햇빛이 반사되면서 물결처럼 출렁입니다. 순간 'X자 흰띠'에 숨어 있던 긴호랑거미가 바람처럼 달려들어 섬서구메뚜기 몸 위를 빙빙 돌면서 배 끝 꽁무니에 있는 실젖에서 실뭉치를 뽑아 붕대 감듯이 칭칭 감습니다. 거미는 실젖에서 수십 가닥의 실이 한꺼번에 나오기 때문에 마치 실뭉치가 나오는 것 같고, 먹이를 다 감을 때까지 연속적으로 같은 굵기로 나옵니다. 긴호랑거미는 섬서구메뚜기를 순식간에 미라로 만들고는 그대로 거미줄에 매달아 놓습니다.

눈 깜짝할 사이에 메뚜기 한 마리를 산 채로 염하다니, 놀라서 그냥 입만 떡 벌어집니다. 섬서구메뚜기가 미라가 되는 데 걸린 시간은 10초 정도.

잠시 뒤, 긴호랑거미는 보쌈한 섬서구메뚜기에게 다가가 마치 뭐라 소곤거리는 것처럼 주둥이를 댑니다. 더 이상 아무런 움직임이 없어 겉으로는 평화가 감돕니다. 하지만 평화는 무슨 평화? 녀석은 섬서구메뚜기를 엄니로 찔러 독 주사(타액)를 놓고 있는 중입니다. 거미의 독 주사에는 소화 효소가 들어 있습니다. 독액이 섬서구메뚜기 몸속으로 서서히 퍼져 나가 속살이 흐물흐물 녹으며 암죽이 됩니다. 거미는 빨아 먹는 주둥이어서 씹어 먹을 수 없으니 사냥한 먹이를 암죽으로 만들지요. 드디어 섬서구메뚜기 죽 완성. 이제 흐물흐물한 속살을 빨아 먹으면 됩니다. 노린재 중에서도 침노린재 같은 육식성 노린재가 거미와 똑같은 방법으로 먹잇감 몸속에 침(타액)을 집어넣고 죽을 만들어 빨아 먹습니다. 거미와 육식성 노린재는 같은 절지동물이라는 점에선 조상이 같지만, 멀어도 굉장히 먼 친척입니다. 거미는 거미강, 노린재는 곤충강으로 분류되니까요. 그렇지만 거미와 육식성 노린재는 자연환경에 적응하면서 먹는 방법이 비슷하게 진화했습니다. 이것을 '수렴 진화'라고 합니다. 수렴 진화는 계통적으로 관련이 없는 둘 이상의 생물이 환경에 적응하면서 비슷한 형태를 갖는 현상을 말합니다.

이렇게 거미는 곤충 천적으로 소문나 있습니다. 거미 먹이 가운데 80퍼센트가 곤충일 만큼 거미는 곤충 천적입니다. 아이러니하게도 그런 거미에게도 곤충 천적이 있습니다. 거미를 잡아먹는 곤충은 누굴까요? 바로 대모벌입니다.

## 대모벌을
## 아시나요?

대모벌은 거미만을 기막히게 골라 날쌔게 사냥하는 벌입니다. 말 그대로 거미 킬러지요. 대모(玳瑁)벌이란 어설픈 이름은 일본 이름을 그대로 한국식으로 갖다 쓴 말이라 좀 낯섭니다. 차라리 거미를 사냥한다 해서 붙인 영어 이름인 '거미벌(spider wasp)'이 솔직해서 잘 와 닿습니다.

대모벌은 몸집이 꽤 큽니다. 몸길이가 짧은 녀석은 15밀리미터에서부터 긴 녀석은 27밀리미터나 되니까요. 말이 27밀리미터지 그 정도면 곤충 세계에서는 대형이라 녀석이 한번 붕 소리를 내며 떴다 하면 풀숲이 술렁입니다. 전문 사냥꾼답게 날렵한 몸매에 몸색깔도 노란빛을 많이 띠고 있어 언뜻 보아도 '아이구! 대모벌 납시오.' 할 정도입니다.

—
대모벌

녀석의 몸 색깔은 전체적으로 검은색인데 머리, 더듬이, 앞날개, 다리 일부분이 노란색이어서 알록달록 잔뜩 멋을 부린 것 같습니다. 더듬이는 암컷, 수컷이 좀 달라 암컷 더듬이는 12마디로 꼬여 있고, 수컷은 13마디로 좀 더 길고 직선으로 시원하게 쭉 뻗었습니다. 겹눈은 갈색 선글라스를 낀 것처럼 툭 불거져 나와 공상 영화에서나 봄직한 모습입니다. 특히 앞날개는 화려한 황토색에 검정색 테두리를 멋지게 두르고, 심지어 번쩍번쩍 광택까지 나니 한눈에 확 들어옵니다. 다리는 어떤가요? 길쭉하고 날쌔게 생긴 다리만 봐도 마치 사냥하기 위해 태어난 것 같습니다. 특히 뒷다리 종아리 마디에 줄 맞춰 열병식하듯 나 있는 가시털은 긁히면 피가 날 것 같습니다. 발톱 안쪽에도 이빨 같은 돌기가 나 있어 무엇이든 한번 잡히면 꼼짝없이 갇혀 버릴 것 같습니다.

생김새도 생김새지만 녀석은 얼마나 날렵한지 모릅니다. 잠시도 가만있지 않고 풀밭 위를 낮게 날았다가 풀이나 땅에 앉고, 또 낮게 날았다가 앉습니다. 그것도 얼마나 방정맞고 부산스럽게 날고 앉는지 보고 있으면 혼이 나갈 지경입니다.

## 대모벌의 기막힌 거미 사냥

곤충에게 최대 천적 중의 천적, 거미. 곤충들은 거미만 보면 벌벌 떱니다. 거미의 최대 무기인 무서운 독니에 한 번이라도 찔리면 살아남기 힘들지요. 거미는 곤충들이 드나드는 길목을 어찌 잘 아는지 곳곳에 거미줄을 쳤습니다. 힘과 무기로 치면 거미가 벌보다 한 수 위에 있는 포식자입니다. 그런데 대모벌은 거미를 어찌 잡아다 자기 새끼에게 가져다줄까요? 대모벌의 약삭빠른 지혜가 한몫을 합니다.

햇볕이 이글거리며 내리쬐는 8월, 바닷가 모래 언덕에 사는 곤충을 조사하는데 너무 더워 죽을 것 같습니다. 잠시 모래 언덕을 병풍처럼 두른 해송 숲 그늘 밑에 앉아 더위를 식힙니다. 직업은 못 속여 앉아 있으면 땅 위 곤충들이 더 잘 보입니다. 그러니 쉬기는커녕 뭐 재미난 곤충들 없나 눈알이 연신 돌아갑니다. 마침 대모벌이 부산스럽게 나뭇잎 둘레를 왔다 갔다 하네요. 저는 잔뜩 긴장을 하고 녀석의 일거수일투족을 감시합니다. 그러고 보니 나뭇잎 둘레에 망가져 가는 거미줄이 쳐져 있군요. 거미줄 생김새로 보아 왕거미류가 쳐 놓았네요. 보통 왕거미들은 낮이 되면 거미줄을 다 먹어 치우는데, 무슨 사정이 있는지 그 거미줄은 찌그러진 채 일부만 남아 있습니다. 혹시나 대모벌이 그 거미줄에 걸리지나 않을까 내심 기다리고 있는데, 녀석은 거미줄을 용케도 잘 피하면서 둘레만 교묘하게 왔다 갔다 합니다. 자세히 보니 거미줄이 이어진 나뭇잎 뒤에 거미가 숨어 있습니다. 대모벌이 거미가 나뭇잎 밖으로 나오길 목이 빠지게 기다리고 있는 거였군요. 기다림에 지쳤는지 대모벌이 나뭇잎 둘레를 붕붕 위협적으로 날아다니며 거미가 나오도록 유인합니다. 거미가 나뭇잎 밖으로 모습을 드러내는가 싶더니 곧장 거미줄을 타고 반대편 나뭇잎으로 달려갑니다. 대모벌은 거미줄 가까이에는 절대 가까이 가지 않고 나뭇잎 둘레만 안절부절 못하고 날아다닙니다.

기다리는 자에게 복이 있나니! 드디어 나뭇잎 밖으로 거미가 슬며시 나옵니다. 이번에는 대모벌이 거미줄을 피해 공격할 수 있는 위치에 있습니다. 순간 대모벌이 바람처럼 날아가 거미 위에 올라타더니 거미의 머리가슴(두흉부) 쪽을 꽉 깨물고 독침을 찌릅니다. 순간 거미는 반항 한 번 못하고 그만 맥을 못 춥니다. 그러고는 모래바닥으로 뚝 떨어집니다. 아! 대모벌보다 몸집이 더 큰 적갈어리왕거미(*Neoscona punctigera*)군요. 참 운도 없지요. 대낮에 나뭇잎 뒤에 숨어 있다가 대모벌에게 잡힌 불쌍한 거미. 이제 거미의 남은 인생은 불 보듯 뻔합니다. 대모벌은 죽음 문턱에 와 있는 적갈어리왕거미를 다리와 큰턱을 모두 동원해 꽉 붙잡습니다. 거미 다리 8개가 갈수록 축 늘어집니다.

적갈어리왕거미가 대모벌에 마취를 당해 정신을 잃었다.

대모벌이 마취시킨 적갈어리왕거미를 뒷걸음치며 끌고 땅굴로 향하고 있다.

왜 힘센 거미가 대모벌의 한 방 공격에 보기 좋게 당했을까요? 대모벌에게도 거미 못지않은 독이 있기 때문이지요. 거미줄에 걸리지만 않으면 거미와 한판 싸움을 해 볼 만하지만, 문제는 떡 버티고 있는 거미줄입니다. 그래서 대모벌은 머리를 썼지요. 지혜로운 대모벌은 거미줄 둘레에는 절대 가지 않으면서 대신에 거미가 숨어 있을 만한 곳을 기웃거리며 거미를 찾습니다. 일단 거미를 찾으면 거미줄에서 좀 떨어진 곳으로 거미가 나올 때까지 귀찮게 하면서 기다립니다. 그러다가 거미가 거미줄이나 은신처 밖으로 나오면 순간 공격! 독침을 거미 몸속에 거침없이 꽂아 넣고 마취시킵니다. 대모벌은 확실히 타고난 마취 전문가인 셈입니다.

## 거미를 산 채로 땅에 묻다

마취 전문가 대모벌이 적갈어리왕거미를 다리와 주둥이로 물고서 끌고 갑니다. 그것도 뒷걸음치며 제 몸보다 큰 거미를 끌고 갑니다. 거미를 끌고 가는 데는 어려움이 한두 개가 아닙니다. 뒤에는 눈이 없어 장애물이 안 보일 텐데, 앞을 못 보고 뒷걸음치며 가니 군데군데 나 있는 풀들에 턱 걸려 나뒹굴어지며 그만 껴안고 있던 거미를 놓쳐 버립니다. 대모벌은 몸을 추스르고 거미를 물고 다시 뒷걸음칩니다. 또 풀에 걸리고, 돌멩이에 걸리고, 움푹 파인 구멍에 빠지고, 산 너머 산입니다. 그래도 포기하지 않고 굳세게 거

대모벌이 마취시킨 적갈어리왕거미를 땅굴로 끌고 가려 한다.

대모벌이 마취시킨 적갈어리왕거미를 뒷걸음치며 끌고 가고 있다.

왕무늬대모벌이 황닷거미를 사냥한 뒤 마취시켜 목조 난간 아래에 파놓은 굴로 끌고 가고 있다.

애검정대모벌이 연두게거미류를 사냥한 뒤 마취시켜 나무에 뚫린 굴로 끌고 가고 있다.

미를 끌고 갑니다. 거미를 끌고 갈 때는 다리의 넓적다리마디 끝부분에 난 날카로운 가시털과 종아리마디에 갈퀴처럼 난 털들이 요긴하게 쓰입니다.

그런데 대모벌은 끌고 가던 적갈어리왕거미를 땅에 두고는 어디로 가 버립니다. 모래땅에 덩그러니 혼자 남은 거미, 인사불성이 되어 아무 움직임 없이 발랑 뒤집혀 누워 있습니다. 풀 줄기로 건드려 보았지요. 꿈틀거리네요. 마취만 되었지 죽지는 않았습니다. 도대체 왜 대모벌은 먹지도 않을 거면서 거미를 사냥할까요? 거미를 마취시켜 정신 잃게 해서 어디로 끌고 갈까요? 거미는 대모벌 애벌레 먹이입니다. 그 먹이를 새끼가 다 자랄 때까지 마음 놓고 먹으라고 땅속에다 파묻는 거지요.

이윽고 사라졌던 대모벌이 날아와 적갈어리왕거미가 잘 있는지 눈도장 찍고는 또 날아갑니다. 녀석이 날아간 곳은 덤불 속입니다. 따라가 보았지만 덤불이라 녀석이 어디에 있는지 알 수가 없네요.

대모벌이 적갈어리왕거미를 끌고 땅굴 속으로 들어갔다.

찾는 것 실패. 이미 파 놓은 굴을 확인하러 간 건지 보이지 않아 갑갑합니다. 대모벌은 덤불 속과 거미 사이를 부지런히 오가더니 드디어 거미를 꽉 껴안고 다시 뒷걸음치며 끌고 갑니다.

이즈음에 호기심이 일어 녀석에게서 거미를 핀셋으로 빼앗았습니다. 그리고 대모벌이 거미를 공격했던 자리에 두었습니다. 대모벌은 당황하며 날아 도망갑니다. 제가 할 수 있는 일이란 기다리는 것뿐입니다. 한참을 기다리니 대모벌이 날아와 거미를 찾느라 정신이 없습니다.  붕붕 세찬 날갯짓 소리를 내며 낮게 쉬익 날면서 말이죠. 녀석은 거미를 금방 찾았습니다. 끌고 가는 거미를 또 핀셋으로 빼앗아 이번에는 원래 자리에서 30센티미터쯤 떨어진 곳으로 옮겼습니다. 처음에는 대모벌이 거미를 찾지 못해 날아올라 멀리 갔다가 돌아오고, 또 멀리 갔다가 돌아오고, 여러 번 되풀이하더니 날아다니는 폼이 성이 난 것처럼 위협적으로 바뀝니다. 대모벌이 제 머리 위를 윙윙거리며 납니다. 혹시나 쏘일까 겁이 납니

대모벌이 파 놓은 땅굴

왕무늬대모벌이 황닷거미를 굴로 끌고 가려 안간힘을 쓰고 있다.

다. 할 수 없이 거미를 원래 있던 장소에 다시 갖다 놓았습니다. 대모벌이 날아와 둘레를 빙빙 돌더니 거미 위에 앉아 주둥이를 거미 몸 여기저기에 갖다 댑니다. 다리, 주둥이 부분, 배, 머리가슴에 주둥이를 대면서 꼼꼼히 살핍니다. 그러더니 다시 거미를 껴안고 풀숲으로 끌고 갑니다. 덤불 속에 고이 마련한 땅굴에 적갈어리왕거미를 묻을 것입니다.

왜 대모벌은 거미를 땅굴에 묻을까요? 대모벌은 미리 파 놓은 땅굴로 거미를 끌고 간 다음 거미 몸 위에다 알을 한 개 낳습니다. 알은 쌀처럼 타원형으로 생겼습니다. 대모벌은 알을 낳은 뒤 땅굴 밖으로 나옵니다. 그러고는 앞다리로 땅굴 밖에 있는 모래흙을 재빨리 끌어다 땅굴 구멍에 집어넣어 막습니다. 그리고 절구질하듯이 다리로 모래흙을 다집니다. 굴속에 있는 알이 천적에게 공격당하지 말라고 다지는 것이죠. 놀라울 뿐입니다.

시간이 지나면 알에서 대모벌 애벌레가 깨어나고, 애벌레는 적갈어리왕거미를 먹고 무럭무럭 자랍니다. 신기하게도 대모벌 애벌레는 입맛이 까다로워 '살아 있는 거미'만 먹습니다. 그래서 어미는 거미에게 독을 놓아 마취만 시킵니다. 애벌레는 여러 번 허물을 벗고 자라다 번데기가 되고, 이듬해 7~8월쯤에 번데기에서 어른벌레로 날개돋이 합니다.

애검정대모벌이 연두게거미류를 마취시켜 끌고 가고 있다.

폭탄을 쏘는

# 폭탄먼지벌레

**폭탄먼지벌레**

폭탄먼지벌레가 사냥에 나섰습니다.
폭탄먼지벌레는 이름처럼
꽁무니에서 폭탄을 쏩니다.

제가 대학을 다닐 때만 해도
수많은 대학생이 어깨와 어깨를 맞대고 민주화를 외치며
캠퍼스를 행진했던 날이 참 많았습니다.
그러면 전투 경찰이 교정에다 최루탄을 사정없이 쏘아 댔습니다.
최루탄 가스는 캠퍼스 구석구석에 수시로 퍼지며 바람에 날렸고,
그때마다 눈과 코, 목이 따갑고 쓰려서 눈물 콧물 뒤범벅이 되었지요.
최루탄 가스는 사람을 질식시키고, 구토를 일으키고,
눈을 따갑게 하는 화학 무기입니다.

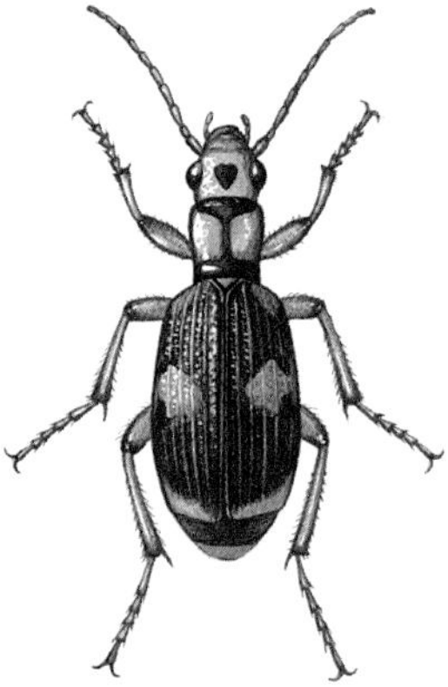

폭탄먼지벌레

이 꼭지는 딱정벌레목 딱정벌레과 종인 폭탄먼지벌레(*Pheropsophus jessoensis*) 이야기입니다.

## 땅바닥을 누비는 폭탄먼지벌레

제1차 세계 대전부터 사용하기 시작한 화학 무기를 일찌감치 사용해 온 녀석이 곤충계에 있습니다. 다름 아닌 폭탄먼지벌레! 몸속에 폭탄 제조 공장을 차려 놓고 다급해지면 즉석에서 폭탄을 만들어 터뜨리는 폭탄먼지벌레! 그래서 녀석들은 걸어 다니는 폭탄입니다. 척박하고 냉혹한 자연 세계에서 살아남기 위해 어쩔 수 없이 폭탄을 짊어지고 살아야 합니다. 재미있게도 폭탄먼지벌레는 먼저 상대방에게 화학 폭탄을 쏘며 공격하지 않습니다. 천적이 자신을 공격할 때만 방어용으로 씁니다. 사람들은 자신들이 개발한 화학 무기를 방어용뿐 아니라 선제 공격용으로도 쓰는데 말이지요. 폭탄 공장을 통째로 짊어지고 다니는 폭탄먼지벌레, 그 정체가 무엇인지 이제부터 추적해 봅시다.

폭탄먼지벌레 어른벌레와 애벌레는 모두 땅에서 삽니다. 다만 어른의 주 무대는 땅바닥이고, 새끼의 주 무대는 지하 세계 흙 속입니다. 애벌레든 어른벌레든 폭탄먼지벌레에게 땅은 억만금을 주어도 바꾸지 않을 아주 소중한 집입니다. 그래서 녀석들의 몸 구조는 땅에서 생활하기 편하게 적응되었습니다.

우선 어른벌레부터 살펴볼까요? 몸길이가 2센티미터나 될 만큼 몸집이 큰 편입니다. 몸 색깔은 예사롭지 않습니다. 검은색 바탕에 노란색 무늬를 기하학적으로 그려 놓아 얼른 보아도 색 대비가 굉장히 강렬합니다. 전체적으로 까만색 몸, 노란색 머리, 겹눈 사이에 박힌 까만 하트 모양, 노란 가슴에 박힌 까만 십자가 무늬, 얼룩덜

폭탄먼지벌레

룩한 앞날개, 노란색 다리처럼 몸 색깔이 눈에 확 띌 정도로 도전적이고 대담합니다. 왜 그런 색을 띨까요? 거의 모든 토양 곤충들은 몸 색깔이 거무튀튀한 땅 색깔과 비슷해 있는지 없는지 모를 만큼 보호색을 띠는데 말입니다. 녀석의 색은 몸으로 말하는 경고색(경계색)이지요. 천적들에게 '내 몸에는 독이 있어. 먹지 마.' 하며 얼씬도 말라고 경고하는 것입니다.

더듬이는 가늘고 긴 실 모양입니다. 땅바닥을 걸어 다닐 때 긴 더듬이를 휘휘 저으며 땅 둘레 환경이 어떤지, 천적이 가까이 있는지, 먹잇감은 어디쯤에 있는지를 알아냅니다. 재미있게도 딱지날개(딱정벌레목의 겉날개를 딱지날개라고도 부름)는 짧아서 배를 다 덮지 못해 배 꽁무니를 내놓고 다니지요. 암컷과 수컷의 딱지날개 길이가 좀 다른데, 수컷은 앞날개가 배를 거의 덮을 정도는 되고, 암컷은 짧아서 배 끝마디 2~3마디가 다 드러납니다. 언뜻 보면 꽁무니가 날개 밖으로 쑥 빠져나온 것 같습니다.

무엇보다도 땅바닥에서 걷고 뛰면서 평생을 살려면 다리가 중요하고, 짧은 다리보다 긴 다리가 더 유리합니다. 그래서 다리는 길게 발달했고, 특히 뒷다리는 몸길이와 거의 맞먹을 정도입니다. 먹잇감을 찾아다닐 때나, 천적을 피해 삼십육계 줄행랑을 칠 때도 다리가 아주 요긴한 역할을 합니다. 긴 다리로 얼마나 땅바닥을 휘젓고 다녔으면 중국에서 먼지벌레류나 딱정벌레류 무리를 보행충(步行蟲)이라고 했을까요? 긴 다리 6개로 겅중겅중 걷다가도 위험하면 다리가 안 보일 만큼 먼지 날리며 빠르게 달립니다. 물론 녀석에게 날개가 있습니다. 하지만 땅바닥에서 살다 보니 나는 것보다 걷고 뛰는 게 더 편합니다. 물론 아주 급할 때는 날아서 도망가기

폭탄먼지벌레 배 쪽 모습

도 하지만요.

한편 애벌레는 땅속을 뒤지고 헤집으며 기어 다니기 때문에 굴을 잘 팔 수 있는 몸을 가졌습니다.

## 땅바닥 청소부 폭탄먼지벌레

폭탄먼지벌레는 긴 다리로 땅바닥을 부지런히 걸어 다니며 먹이도 찾고, 짝도 찾습니다. 먹성이 얼마나 좋은지 이것저것 가리지 않고 다 먹습니다. 귀뚜라미나 나방 애벌레 같은 힘 약한 곤충, 땅속을 스멀스멀 기어 다니는 지렁이나 달팽이, 다리가 엄청 많은 노

폭탄먼지벌레가 짝짓기를 하고 있다.

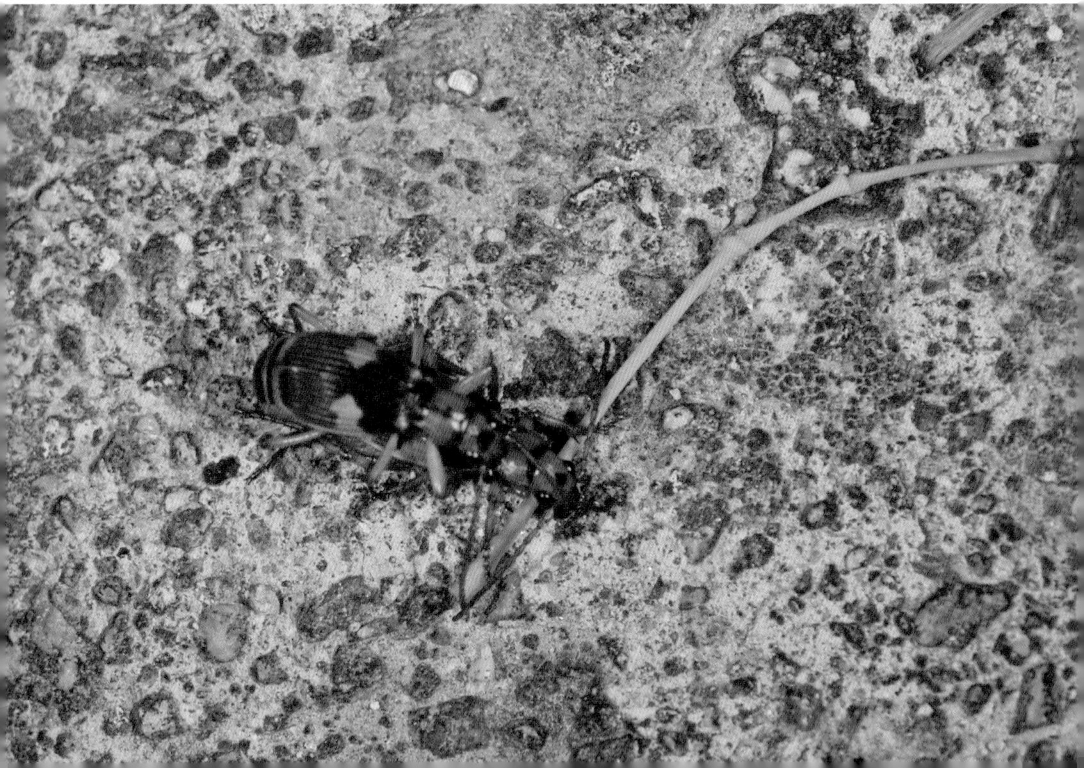

래기처럼 무엇이든 걸리기만 하면 다 잡아먹습니다. 그뿐이 아닙니다. 죽어 있는 동물이나 버려진 음식물 쓰레기는 호박이 넝쿨째 들어온 훌륭한 밥상입니다. 여러 마리가 모여 들어 머리를 박고 게걸스럽게 먹습니다. 동물 주검이며 음식물 쓰레기를 깨끗이 치우는 곤충계의 청소부인 셈이지요. 그런데 녀석들의 지칠 줄 모르는 먹성은 끝이 없습니다. 먹이가 모자라면 동족도 잡아먹습니다. 폭탄먼지벌레에게는 자기 동족이란 개념이 없습니다. 하기야 동족 포식 현상은 곤충 세계에서는 흔한 일이라 이상할 것도 없습니다.

폭탄먼지벌레는 어떻게 먹이를 찾을까요? 더듬이가 단연 일등 공신이지요. 더듬이에는 수많은 감각 기관이 붙어 있어 소형 인공위성이라고 할 수 있습니다. 땅바닥을 걸어 다닐 때 늘 긴 더듬이를 휘휘 저으면서 정보를 수집합니다. 둘레 환경 변화도 잘 알아차리고, 먹잇감 냄새도 잘 맡아 땅에 숨어 있는 먹이를 잘 찾아냅니

폭탄먼지벌레가 고라니 주검을 먹고 있다.

다. 머리는 앞쪽으로 쭉 뻗어 있어(전구식) 살아 있는 곤충이든 죽어 있는 시체든 먹을 수 있습니다. 게다가 강력한 큰턱까지 발달해 먹이를 베어 씹어 먹습니다.

한번은 죽은 꼽등이에 녀석이 달라붙어 있었습니다. 우악스럽게 생긴 큰턱을 양옆으로 벌렸다 오므렸다 하며 꼽등이 살점을 뜯어 먹습니다. 이때 주둥이에 붙어 있는 작은턱수염과 아랫입술수염도 한몫합니다. 이 수염들은 웬만한 곤충 더듬이만큼 길어 처음 곤충을 공부하는 사람은 더듬이로 착각할 정도입니다. 수염에는 감각기관인 털들이 빽빽하게 깔려 있고 수염 끝마디는 손도끼 모양이어서 보기만 해도 등골이 서늘합니다. 생긴 건 좀 험악해도 수염은 감각 기관입니다. 둘레의 환경 변화도 알아차리고, 음식을 흘리지 않게 도와주기도 하고, 음식 맛을 보기도 합니다.

## 밤이면 힘이 솟는 폭탄먼지벌레

폭탄먼지벌레는 밤을 좋아하는 야행성 곤충입니다. 밤만 되면 물 만난 물고기처럼 땅바닥을 신나게 돌아다닙니다. 하지만 해가 떠오르면 천적을 피해 어디 안전한 곳에 숨어야 합니다. 어디에 숨어서 쉴까요? 땅바닥이다 보니 녀석들이 숨을 곳이 많습니다. 돌멩이 아래, 가랑잎 더미 아래, 흙 속, 움푹 파인 땅 구멍, 죽어서 쓰러진 통나무 아래, 버려진 널빤지 아래, 덤불 속처럼 몸만 숨길 수 있으면 어디든지 쏜살같이 비집고 들어갑니다. 대개 해가 질 때까지 은신처에서 꼼짝 않고 쉬다가 어두운 밤이 찾아오면 위풍당당 걸어 나와 먹이를 찾아 땅바닥을 누빕니다. 그래서인지 녀석을 보고 있으면 꼭 하이에나 같습니다.

폭탄먼지벌레는 먹이를 찾다가 운이 좋으면 짝도 만납니다. 어두운 밤에 돌 틈이나 가랑잎 더미 아래에서 짝짓기를 하기 때문에 짝짓기 장면을 보기란 어렵습니다. 밤사이 짝짓기를 하고 나면 암컷은 알을 낳습니다. 알은 하얀색 타원형으로 영락없이 쌀처럼 생겼고, 토양 곤충답게 땅속에 낳지요.

알에서 깨어난 애벌레는 어른벌레가 될 때까지 땅속에서 삽니다. 애벌레에게 흙이란 먹이도 주고, 쉴 공간도 주는 아주 고마운 집이지요. 피는 못 속인다고 애벌레도 어른벌레 못지않게 굉장히 빠르고, 힘도 세고, 혈기 왕성해서 흙 속을 부지런히 돌아다닙니다.

꼬마목가는먼지벌레가 밤에 돌아다니고 있다.

애벌레는 어른벌레처럼 육식성입니다. 날카롭고 예리한 큰턱으로 흙 속에 사는 힘없는 동물을 잡아먹습니다. 새끼 지렁이, 선충, 방아벌레 애벌레, 풍뎅이 애벌레, 땅강아지 애벌레, 민달팽이 같은 지하세계 동물뿐 아니라 죽은 동물도 먹어 치웁니다.

아쉽게도 애벌레가 허물을 몇 번 벗는지, 언제 번데기가 되는지 같은 땅속 생활의 많은 부분이 아직 알려지지 않았습니다. 다만 녀석은 갖춘탈바꿈을 하니까 땅속에서 번데기가 됩니다. 번데기에서 어른벌레가 탈바꿈해 흙을 헤치며 땅 위로 올라오면 조상들이 그랬듯이 땅바닥을 누비며 살아갑니다.

## 최고의 화학 무기 제조가

살아 있는 모든 생물은 힘이 약하든 세든, 몸집이 크든 작든, 땅에서 살든 공중에서 살든 잡아먹히지 않기 위해 각자에게 맞는 방어 전략이 있습니다. 만지기만 해도 물컹하고 터질 것 같은 일부 진딧물은 적이 나타나면 재빨리 바닥으로 우박 내리듯 후두두둑 뛰어내립니다. 박각시 애벌레는 건드리기만 해도 머리를 코브라처럼 세우고 주둥이에서 끈적거리는 초록색 물을 한 바가지 토해 냅니다. 집게벌레는 또 어떤가요? 녀석은 아예 도망가기를 포기하고 배를 하늘을 향해 둥그렇게 말고서는 배 꽁무니 꼬리털을 하늘 높이 치켜들고 적을 위협합니다.

아무리 그래도 제 몸을 끔찍이 방어하기로는 폭탄먼지벌레를 따를 자가 없습니다. 곤충 가운데서 최고의 '방어 전문가', 아니 최고의 '화학 무기 제조가'를 뽑으라면 폭탄먼지벌레가 단연 일 등입니다. 방귀 폭탄 날리는 걸로 치면 스컹크와 시합을 해도 절대로 지지 않을 곤충이 폭탄먼지벌레입니다. 가히 방어면에서 보면 폭탄먼지벌레는 자연의 걸작품 중 걸작품입니다.

## 방귀 대장
## 폭탄먼지벌레와 스컹크

동물들 중에 지독한 방귀를 뀌어 자기 몸을 지키는 녀석들이 있습니다. 우리가 잘 알고 있는 방귀장이는 스컹크지요. 스컹크는 포

목가는먼지벌레

유동물에 속해 곤충과는 여러 면에서 비교를 할 수가 없습니다. 그런데 폭탄먼지벌레 얘기만 나오면 늘 뒤따라 다니는 녀석이 스컹크지요. 왜 일까요? 폭탄먼지벌레나 스컹크는 조상이 달라도 한참 다르건만 자신을 방어하는 생존 전략은 굉장히 닮았습니다. 두 녀석 다 방귀 폭탄을 발사하죠. 스컹크는 적이 나타나면 항문 옆에 있는 1쌍의 항문선(肛門腺)에서 황금색 액체를 적 얼굴을 향해 쏩니다. 이 지독한 폭탄은 2~5미터까지 날아갑니다. 이 폭탄 물질은 적 눈에 들어가면 일시적으로 고통을 주기도 하고, 가렵게 만들어 적이 자신을 공격하지 못하게 합니다. 스컹크는 야행성이어서 깜깜한 밤만 되면 활개 치고 다니고, 육식성이어서 뱀, 곤충, 지렁이 따위를 잡아먹습니다.

폭탄먼지벌레는 덩치가 자그마한 곤충이지만 방귀 폭탄 하나만큼은 스컹크를 뛰어넘습니다. 스컹크처럼 적을 만나거나 위험에 맞닥뜨리면 배 꽁무니에서 고약한 냄새가 나는 뜨거운 방귀 폭탄을 스프레이 뿌리듯 내뿜습니다. 녀석들은 스컹크처럼 육식성에다 밤을 유난히 좋아하는 야행성입니다. 다른 점은 스컹크는 한 번 방귀 폭탄을 발사하면 한동안 다시 뀔 수 없지만, 폭탄먼지벌레는 폭탄 제조 시간이 굉장히 짧아 연속적으로 방귀 폭탄을 쏠 수 있습니다.

진화 역사를 보면 많은 동물들은 뿌리는 다르지만 척박한 환경에 적응하면서 비슷한 생존 전략을 갖는 경우가 많습니다. 대표적인 경우가 바로 스컹크와 폭탄먼지벌레지요. 두 녀석은 수렴 진화(convergence, 계통적으로 서로 관련이 없는 둘 이상의 생물이 진화의 결과로 유사한 형태를 갖게 되는 현상)를 통해 비슷한 방어 전략을 갖게 된 거지요. 서로 다른 서식지에서 같은 전략을 갖고 산다는 것은 굉장히 신기한 일입니다.

폭탄먼지벌레는 살아남기 위해 수많은 세월 동안 거친 환경에 적응하며 진화해 왔습니다. 노란색과 검은색이 섬뜩하게 섞인 경고색도, '퍽' 소리를 내며 터뜨리는 뜨거운 방귀 폭탄도 모두 진화의 결과물입니다.

## 화학 무기는 어떻게 만들까

폭탄먼지벌레는 작은 몸으로 어떻게 냄새 고약한 가스 화학 무기를 만들까요? 배 속에서 폭탄 원료가 나오고, 폭탄 제조방도 있어 위험에 맞닥뜨리면 폭탄을 뚝딱 만들 수 있으나 그 과정은 말처럼 그리 간단치 않습니다. 미국의 화학생태학자 토마스 아이스너(Thomas Einsner)는 폭탄먼지벌레가 가스를 제조하는 방법부터 내뿜는 과정까지 자세히 알아냈습니다. 폭탄먼지벌레 배 속에는 원료를 분비하는 방(저장실)과 원료를 잘 섞어 가스를 만드는 방(반응실)이 따로 있습니다. 배 속에서는 폭탄 제조 프로그램이 한 치 오차도 없이 정교하게 진행됩니다.

배 등 쪽에는 폭탄 원료를 분비하는 두 개의 분비샘이 양옆으로 있는데, 쌍둥이처럼 모양이 똑같습니다. 한쪽 분비샘에서는 하이드로퀴논이, 다른 쪽 분비샘에서는 과산화수소가 분비됩니다. 하이드로퀴논은 사진을 현상할 때 쓰는 약품이고, 과산화수소는 소독약으로 약국에서도 파는 약품입니다. 하이드로퀴논과 과산화수소가 분비되면 커다란 주머니처럼 생긴 저장실에 함께 모입니다. 저장실은 굉장히 튼튼하고 탄력 있는 근육으로 만들어져 독성이 강한 하이드로퀴논과 과산화수소가 들어와도 끄떡없습니다. 저장실에 모인 두 원료는 아무런 반응을 일으키지 않습니다. 하지만 폭탄먼지벌레가 적을 만나게 되면 저장실 근육이 강하게 수축합니다. 그러면 두 원료는 가느다란 연결관을 타고 반응실로 재빨리 흘러 들어갑니다.

두 원료가 반응실에 도착하면 엄청나게 큰일이 벌어집니다. 저장실에서는 반응하지 않던 하이드로퀴논과 과산화수소가 반응실에 와서는 서로 뒤엉키며 화학 반응을 일으켜 걷잡을 수 없이 강력한 폭발이 일어납니다. 왜 폭발이 일어날까요? 주범은 바로 반응실에서 분비하는 효소 때문입니다. 효소는 자신은 변화되지 않으면서 다른 물질의 화학 반응이 빠르게 일어나도록 돕는 화합물입니다. 반응실 벽 세포들에서는 카탈라아제와 페록시다아제 두 효소가 분비됩니다. 두 원료가 반응실에 도착하면 대기 하고 있던 두 효소가 분비되고, 두 효소는 두 원료와 섞입니다. 그러면 이 두 효소는 정말로 대단한 일을 해냅니다. 카탈라아제는 과산화수소를 물과 산소로 분해시키고, 페록시다아제는 이 산소를 이용해 하이드로퀴논을 독성 물질인 벤조퀴논으로 바꿉니다. 드디어 벤조퀴논 가스 완성! 가스 제조 과정은 정말 눈 깜짝할 사이에 일어납니다. 더 놀라운 것은 화학 무기가 만들어질 때 반응실 안 물질들(용액과 기체)이 뜨거워져 100도나 되는 높은 열과 압력이 생깁니다. 말이 100도지 100도면 물이 끓기 시작하는 온도입니다. 손에 그 물방울이 튀어도 물집이 금방 잡힐 만큼 뜨겁습니다. 이 높은 압력이 뜨거운 독성 가스 벤조퀴논을 배 끝으로 밀어냅니다. 드디어 배 속에서 만들어진 화학 무기가 뜨거운 열과 함께 '퍽' 하는 폭발음을 내며 꽁무니 밖으로 뿜어져 공중에 흩뿌려집니다.

100도나 되는 벤조퀴논 기체가 살갗에 닿으면 화상을 입게 되고, 벤조퀴논 독성 때문에 피부가 가렵습니다. 그뿐만 아니라 벤조퀴논은 맛이 아주 역겹습니다. 멋모르고 잡아먹으려던 포식자 입 속에서 가스가 뿜어지면 혼쭐이 납니다. 폭탄먼지벌레는 두꺼비 혀에 잡혀 입속으로 들어가서도 연속적으로 폭탄을 터뜨립니다. 두꺼비는 너무 뜨거워 황급히 뱉어 버립니다. 거기에다 지독히도 역겨운 벤조퀴논 냄새와 맛을 씻어 내려고 침을 뱉기도 하고, 혀를

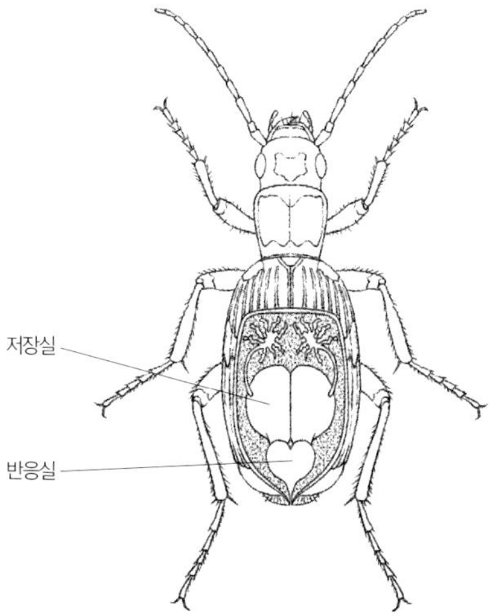


폭탄먼지벌레 폭탄 제조실

땅에 비비기도 합니다. 하지만 냄새와 맛은 오랫동안 가시지 않습니다. 두꺼비가 놀라 허둥지둥하는 사이 폭탄먼지벌레는 뒤도 안 돌아보고 저 멀리 도망갑니다.

분비샘에서 저장실까지 연결된 관은 용수철처럼 돌돌 말려 있습니다. 이 관을 일직선이 되게 쭉 잡아당기면 굉장히 길어서 몸길이보다 더 깁니다. 관이 길고 용수철처럼 생긴 것은 저장실이 강하게 수축하며 원료를 반응실로 보내는 동안 원료가 거꾸로 역류하는 것을 막기 위해서입니다. 어떻게 역류하는 것까지 고려했을까 싶어 그저 놀라울 뿐입니다.

천적에게 잡힌 폭탄먼지벌레가 가스를 내뿜으며 빠져나오더라도 운이 나빠 깊은 상처를 입고 죽게 되면, 몸속에 남은 가스는 어떻게 될까요? 시체 밖으로 저절로 빠져나오나요? 아님 몸속에 그대로 있나요? 폭탄먼지벌레가 죽는다 해도 이미 만들어진 폭탄은 배 속에 남아 있습니다. 배를 누르면 '폭' 하며 폭탄이 밖으로 빠져나오지요. 만든 폭탄이 다 없어질 때까지.

## 화학 무기 덕에<br>목숨 건진 폭탄먼지벌레

녀석은 평소에도 화학 무기를 몸속에 저장하고 다닐까요? 아닙니다. 평소에는 몸속에 폭탄이 없습니다. 다만 폭탄 원료만 있을 뿐입니다. 녀석은 위험에 처하면 순간적으로 배 속 폭탄 제조 공장을 돌립니다.

여름 저녁 횡성 강가 흙 언덕에는 낮에 숨어 있던 야행성 곤충들이 죄다 땅바닥에 나와 먹이 찾아 쫄쫄쫄 걸어 다닙니다. 강변거저리, 작은모래거저리, 먼지벌레류, 꼽등이, 목가는먼지벌레, 폭탄먼지벌레……. 마침 장지뱀도 먹이를 찾아 땅바닥을 어슬렁거립니다. 저걸 어쩌나! 폭탄먼지벌레도 약속이나 한 것처럼 땅바닥 위를 바쁘게 걸어 다닙니다. 장지뱀과 폭탄먼지벌레가 땅바닥에서 딱 마주쳤습니다. 장지뱀이 긴장한 듯이 멈칫거립니다. 가만히 노리고 있는 폼이 폭탄먼지벌레를 한입에 삼켜 버릴 태세입니다. 풀 먹인 실처럼 팽팽한 긴장감. 순간 장지뱀이 공격하려고 움직입니다. "에구! 저걸 어쩌나. 졸지에 폭탄먼지벌레가 명대로 살지 못하고 장지뱀 밥이 되겠네." 그런데 공격하려던 장지뱀이 움찔거리며 뒤로 물러섭니다. 그사이 폭탄먼지벌레는 '걸음아, 날 살려라!' 돌 밑으로 쏜살같이 도망갑니다.

갑자기 장지뱀이 이상한 행동을 합니다. 고통스러워 보이네요. 잠시 돌이 된 듯 가만히 있더니 이윽고 못생긴 얼굴을 땅에 비비기 시작합니다. 앞다리로도 얼굴을 세수하듯이 쓸어내립니다. 하도 순식간에 일어난 일이라 보는 저도 어안이 벙벙합니다. 도대체 무슨 일이 일어난 걸까요? 폭탄먼지벌레는 장지뱀에게 잡아먹히려는 순간 재빨리 폭탄을 만들어 장지뱀 얼굴에 내뿜었던 겁니다. 장지뱀은 녀석을 삼키려다 지독한 '폭탄 스프레이' 공격을 받고는 얼른 내뱉은 거지요. 그리고 자기 얼굴에 묻은 폭탄 물질을 닦아 내는 중입니다.

폭탄먼지벌레 한 녀석이 몇 번이나 가스를 터뜨릴까요? 저장실

폭탄먼지벌레가 뿜은 폭탄에 화상을 입은 손가락

주머니에 보관할 수 있는 원료 양으로 볼 때 20번쯤 터뜨릴 수 있습니다. 하지만 개체마다 조금씩 차이가 있습니다. 폭탄먼지벌레 한 녀석을 핀셋으로 잡아 녀석이 몇 차례나 방귀를 뀌는지 실험해 봤습니다. 손으로 잡으려고 하면 폭탄 때문에 화상도 입고, 냄새도 역겹고, 큰턱으로 물어 대니 핀셋으로 잡았습니다. 그런 다음 녀석을 여러 번 건드렸지요. 그랬더니 7번까지 가스를 뿜었습니다. 녀석은 다른 곳에서 폭탄 가스를 이미 여러 번 내뿜었는지 그건 알 수 없습니다.

놀랍게도 녀석은 건드리는 방향을 정확히 알아차리고 자극 받은 쪽으로 가스를 내뿜습니다. 왼쪽 뒷다리를 건드리면 배 끝을 왼쪽으로 휘어 가스를 터뜨리고, 오른쪽 뒷다리를 건드리면 오른쪽으로 휘어 가스를 터뜨리고, 머리를 건들면 배 끝을 들어 올려 물구나무선 자세로 머리 쪽을 향해 가스를 터뜨립니다. 모든 방향으로 발사할 수 있는 회전식 무기! 그저 놀라울 뿐입니다. 화학 무기를 터뜨리려고 녀석 앞날개가 짧은 것일까요? 날개가 배 끝을 덮지 않아야 화학 무기를 쓸 수 있으니까요. 몸 형태와 습성이 퍼즐 맞추듯 딱딱 들어맞습니다. 회전식 폭탄, 냄새 역한 폭탄, 뜨거운 폭탄, 독성 있는 폭탄. 그야말로 완벽한 폭탄입니다.

폭탄먼지벌레가 꽁무니에서 방귀 폭탄을 쏘고 있다.
폭탄먼지벌레류는 건드리는 방향에 따라 꽁무니를 돌려 화학 무기를 내뿜는다.

## 폭탄먼지벌레는 누가 잡아먹을까?

폭탄먼지벌레에게도 천적은 있습니다. 어쩌면 거미들이 가장 기피하는 곤충은 폭탄먼지벌레일지도 모릅니다. 폭탄먼지벌레가 뜨겁고, 독성 많고, 냄새 고약한 폭탄을 내뿜으니 말이지요. 그런데 폭탄먼지벌레의 강력한 폭탄에도 불구하고 몇몇 거미류는 폭탄먼지벌레를 잘 요리해 먹습니다. 우리 둘레에서 흔히 볼 수 있는 왕거미과의 호랑거미류입니다. 폭탄먼지벌레가 호랑거미류가 쳐 놓은 그물에 걸리면 호랑거미는 조심스럽게 다가가 배 꽁무니 실젖에서 거미줄을 내어 녀석을 감싸려고 합니다. 그러면 폭탄먼지벌레는 자신의 최고 장기인 폭탄을 얼른 만들어 내뿜습니다. 그 순간 호랑거미는 거미줄 한쪽으로 쪼르르 가서는 가스를 내뿜는 모습을 가만히 구경합니다. 폭탄이 다 떨어져 더 이상 내뿜지 않을 때까지 말이죠. 폭탄 가스를 내뿜던 폭탄먼지벌레가 잠잠해지면 다가가 폭탄먼지벌레에게 주둥이를 꽂고 소화 효소가 들어 있는 침(타액)을 집어넣습니다. 소화 효소가 온몸에 퍼지면서 폭탄먼지벌레 속살이 천천히 녹기 시작합니다. 드디어 흐물흐물하게 죽이 만들어지면 호랑거미는 주둥이를 꽂은 그대로 빨아 먹습니다. 뛰는 놈 위에 나는 놈이 있다더니, 자연 세계에는 절대 강자도 절대 약자도 없습니다. 보이지 않는 그들만의 질서가 한 치의 오차도 없이 돌아갈 뿐입니다. 인간만 끼어들지 않으면 말이지요.

# 세밀화로 보는
# 곤충

# 물방개 무리

물방개 무리는 딱정벌레 가운데 물속에서 지내는 무리로 잘 알려졌다. 온 세계에 4,000종쯤 살고, 우리나라에는 51종쯤 산다. 물방개 무리는 딱지날개 밑에 공기를 채워 물속에 들어가 숨을 쉰다. 공기 방울로 숨을 다 쉬면 물낯으로 올라와 산소를 교환하고 다시 물속으로 들어간다. 어른벌레는 뒷다리가 크고 센털이 잔뜩 나 있어서 웬만한 물고기만큼 헤엄을 잘 친다. 노처럼 생긴 뒷다리를 뒤로 쭉 뻗으면 털이 쫙 펼쳐져 물갈퀴 노릇을 한다. 물방개 무리는 수컷과 암컷 앞다리 생김새가 다르기 때문에 쉽게 알아볼 수 있다. 물속을 헤엄쳐 다니면서 작은 물고기나 물속 벌레, 개구리, 도롱뇽 따위를 잡아먹는다. 한 마리가 먹이를 잡으면 여러 마리가 몰려들어 함께 먹이를 뜯어 먹는다.

**큰땅콩물방개**
몸길이 10mm 안팎

**땅콩물방개**
몸길이 6~8mm

**검정땅콩물방개**
몸길이 6~7mm

**애등줄물방개**
몸길이 5mm 안팎

**검정물방개**
몸길이 21~24mm

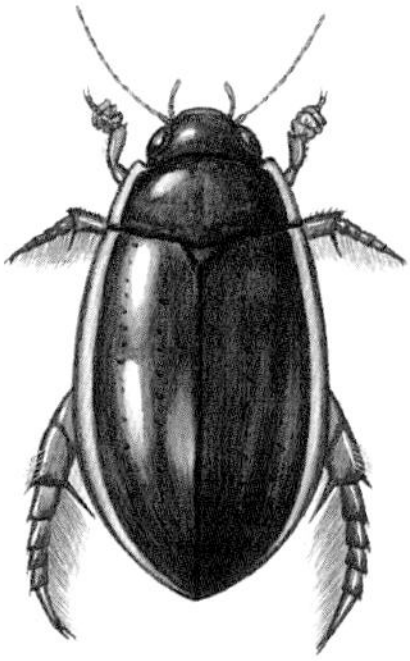

**물방개**
몸길이 35~40mm

**동쪽애물방개**
몸길이 23~25mm

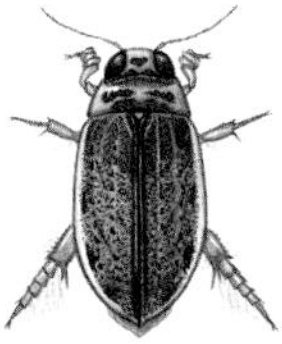

**잿빛물방개**
몸길이 11~16mm

**아담스물방개**
몸길이 12~15mm

**꼬마물방개**
몸길이 2mm 안팎

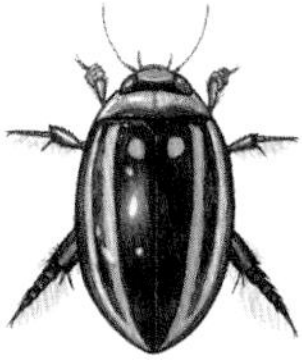

**줄무늬물방개**
몸길이 10~15mm

**꼬마줄물방개**
몸길이 10mm 안팎

**알물방개**
몸길이 4~5mm 안팎

**큰알락물방개**
몸길이 17mm 안팎

**모래무지물방개**
몸길이 10mm 안팎

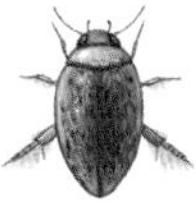

**깨알물방개**
몸길이 4~5mm 안팎

**혹외줄물방개**
몸길이 5mm 안팎

**애기물방개**
몸길이 10~15mm

# 실잠자리 무리

실잠자리는 이름처럼 몸이 실처럼 가늘다. 우리나라에는 실잠자리 무리가 23종쯤 산다. 잠자리는 앉을 때 날개를 펴고 앉지만, 실잠자리는 날개를 접고 앉는다. 실잠자리는 잠자리보다 몸이 더 가늘고, 겹눈이 서로 떨어져 양 끝으로 넓게 벌어진다. 또 앞날개와 뒷날개 크기가 같다.

**노란실잠자리** 수컷
몸길이 38~42mm

**새노란실잠자리** 수컷
몸길이 38~40mm

**연분홍실잠자리** 수컷
몸길이 36~38mm

**참실잠자리** 수컷
몸길이 30~34mm

**작은등줄실잠자리** 수컷
몸길이 31~35mm

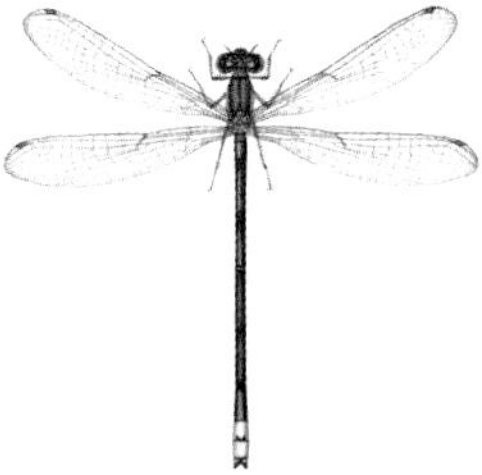

**등검은실잠자리** 수컷
몸길이 28~32mm

**왕실잠자리** 수컷
몸길이 28~34mm

**황등색실잠자리** 수컷
몸길이 20~22mm

**아시아실잠자리** 수컷
몸길이 24~30mm

**방울실잠자리** 수컷
몸길이 38~40mm

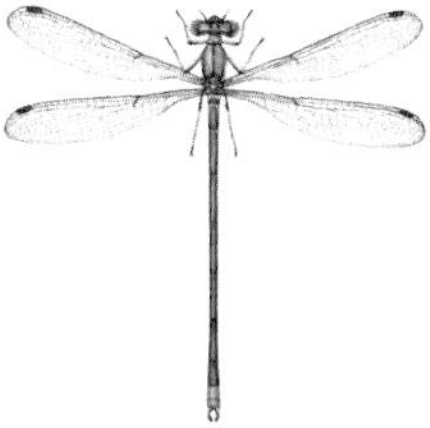

**좀청실잠자리** 수컷
몸길이 36~40mm

**묵은실잠자리** 수컷
몸길이 34~38mm

**가는실잠자리** 수컷
몸길이 34~38mm

# 잠자리 무리

잠자리과 무리는 우리가 흔히 잠자리 하면 생각나는 잠자리 무리다. 꽁무니가 빨간 잠자리가 많다. 또 여름에 바다를 건너오는 된장잠자리도 있고, 몸이 파란 밀잠자리도 있고, 날개에 띠무늬가 있는 깃동잠자리도 있다. 실잠자리와 다르게 몸이 더 두툼하고, 앉을 때 날개를 펴고 앉는다.

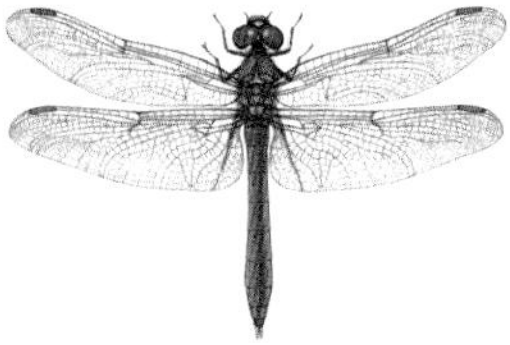

**고추좀잠자리** 수컷
몸길이 38~44mm

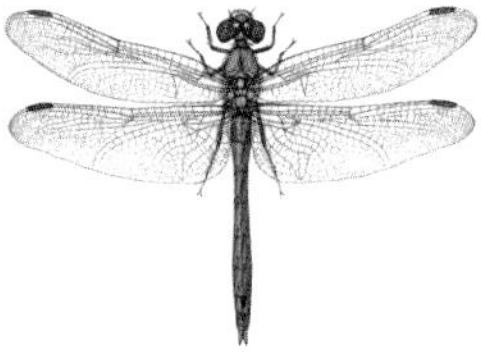

**대륙좀잠자리** 수컷
몸길이 42~46mm

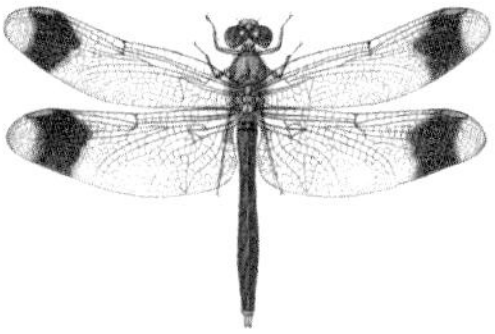

**날개띠좀잠자리** 수컷
몸길이 32~38mm

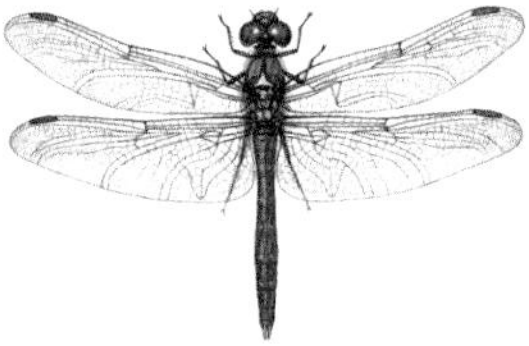

**여름좀잠자리** 수컷
몸길이 36~42mm

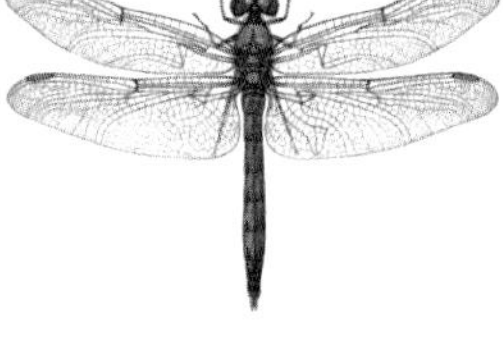

**대륙고추좀잠자리** 수컷
몸길이 35~40mm

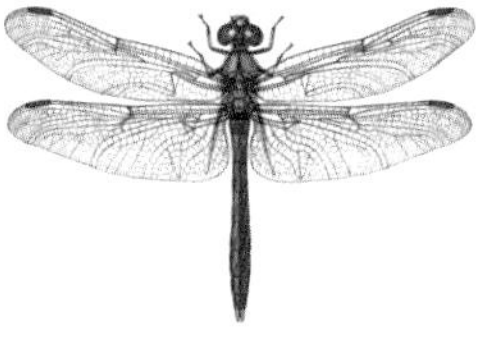

**두점박이좀잠자리** 수컷
몸길이 32~38mm

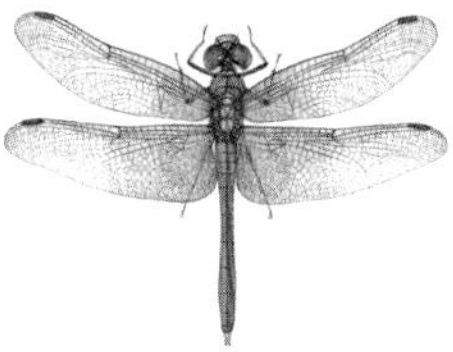

**노란잠자리** 수컷
몸길이 36~42mm

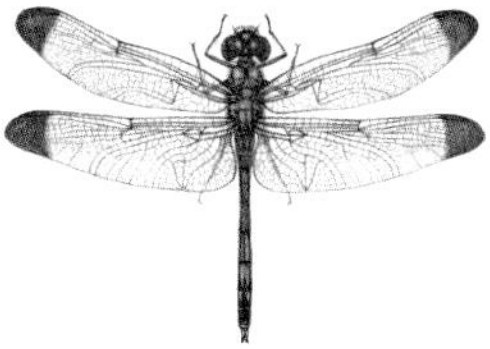

**깃동잠자리** 수컷
몸길이 42~48mm

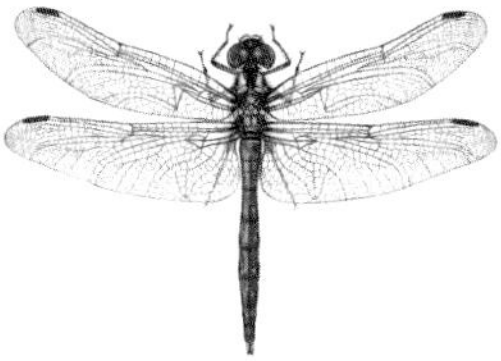

**흰얼굴좀잠자리** 수컷
몸길이 34~37mm

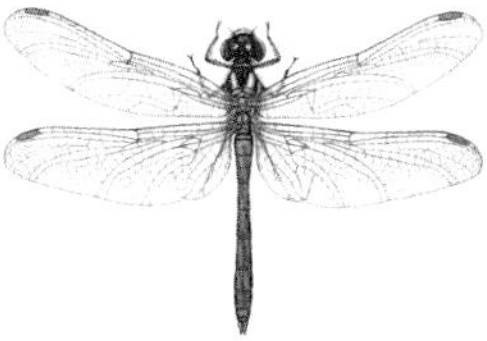

**애기좀잠자리** 수컷
몸길이 32~36mm

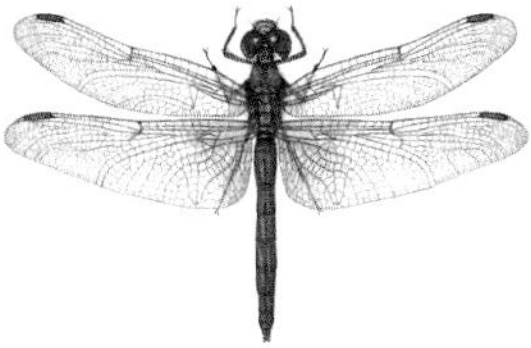

**하나잠자리** 수컷
몸길이 40~46mm

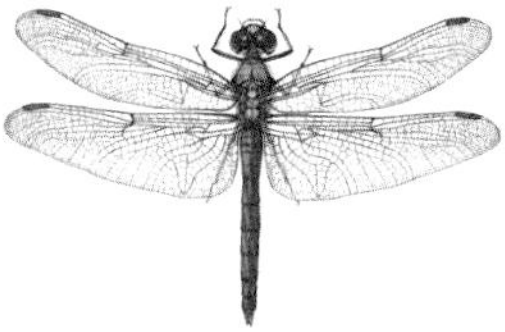

**긴꼬리고추잠자리** 수컷
몸길이 34~38mm

**날개잠자리** 수컷
몸길이 52~56mm

**된장잠자리** 수컷
몸길이 37~42mm

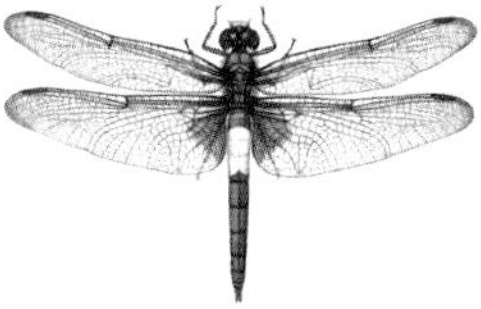

**노란허리잠자리** 수컷
몸길이 40~46mm

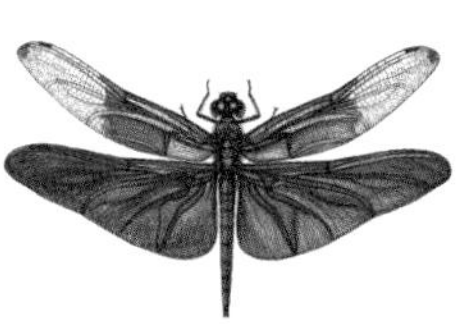

**나비잠자리** 수컷
몸길이 36~42mm

**대모잠자리** 수컷
몸길이 38~43mm

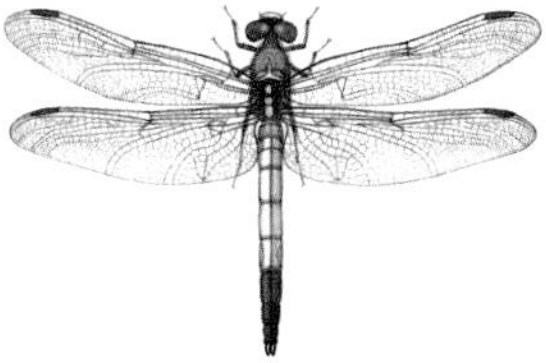

**밀잠자리** 수컷
몸길이 48~54mm

# 거저리 무리

거저리 무리는 온 세계에 22,000종쯤이 살고 있다. 우리나라에는 150종쯤이 알려졌다. 산이나 들판, 강가, 바닷가에서 산다. 생김새가 무당벌레처럼 둥근 것부터 하늘소처럼 길쭉한 것, 먼지벌레처럼 납작한 것까지 여러 가지다. 몸 색깔은 어둡고, 밤에 나와 돌아다니거나 어두운 곳을 좋아한다. 대부분 식물이나 버섯을 먹지만, 썩은 고기나 식물 뿌리에 있는 균을 먹는 종도 있다. 몇몇 종은 사람들이 갈무리한 곡식을 갉아 먹어서 피해를 주기도 한다. 우리가 흔히 '밀웜'이라고 알고 있는 애벌레가 갈색거저리 애벌레다.

모래거저리
몸길이 10~12mm

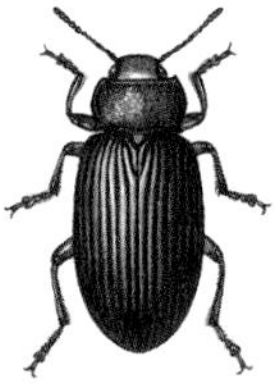

강변거저리
몸길이 10~11mm

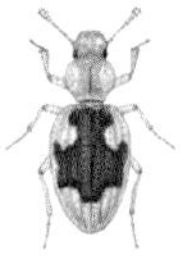

바닷가거저리
몸길이 3~5mm

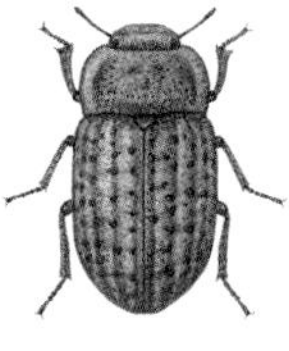

작은모래거저리
몸길이 9mm 안팎

구슬무당거저리
몸길이 10mm 안팎

우묵거저리
몸길이 9~12mm

갈색거저리
몸길이 15mm 안팎

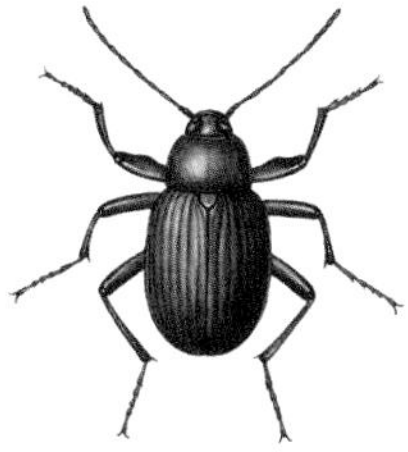

산맴돌이거저리
몸길이 13~17mm

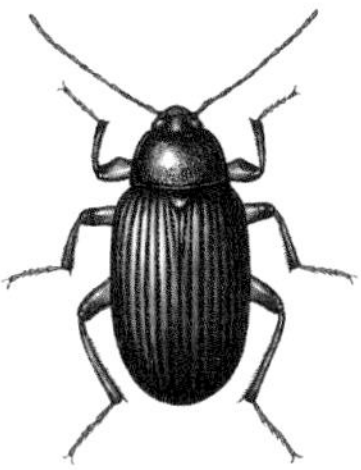

맴돌이거저리
몸길이 14~21mm

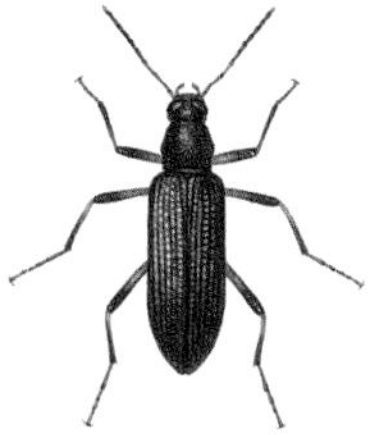

별거저리
몸길이 7~12mm

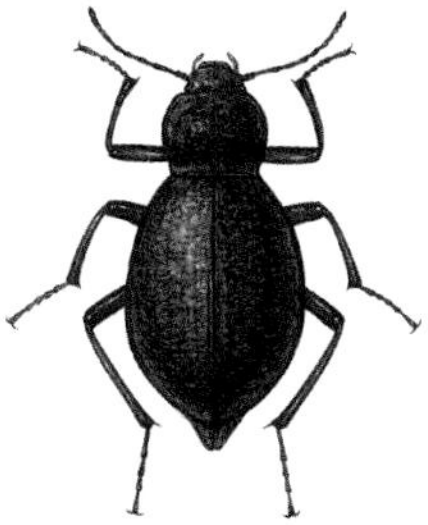

큰거저리
몸길이 20~25mm

호리병거저리
몸길이 12~16mm

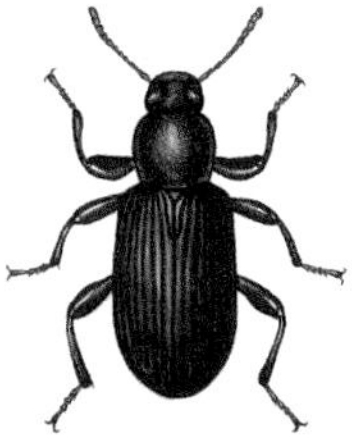

보라거저리
몸길이 14~16mm

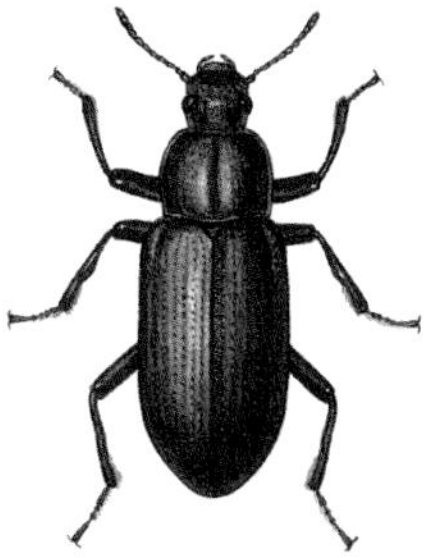

대왕거저리
몸길이 24~26mm

# 먼지벌레 무리

먼지벌레 무리는 우리나라에서 400종쯤 알려졌지만 아직 이름도 밝혀지지 않은 종이 더 많다. 종마다 생김새가 비슷하다. 땅에서 기어 다니는 종이 많다. 거저리 무리와 먼지벌레 무리는 생김새가 아주 닮아서 헷갈린다. 거저리 무리는 머리가 땅 쪽을 바라보고, 먼지벌레 무리는 머리가 앞쪽을 바라본다. 또 거저리 무리 더듬이는 염주처럼 생기거나, 톱니처럼 생기거나 실처럼 길쭉한 것처럼 여러 가지인데, 먼지벌레 무리 더듬이는 거의 실처럼 길쭉하다. 또 거저리 무리는 뒷다리 발목마디가 4마디인데, 먼지벌레 무리는 모두 5마디다.

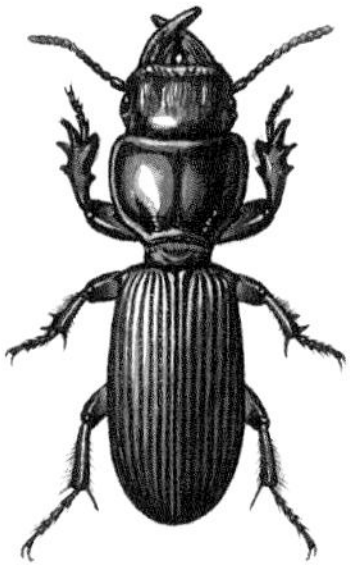

큰조롱박먼지벌레
몸길이 28~38mm

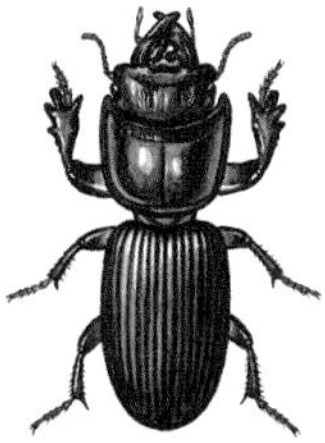

조롱박먼지벌레
몸길이 15~20mm

애조롱박먼지벌레
몸길이 8mm 안팎

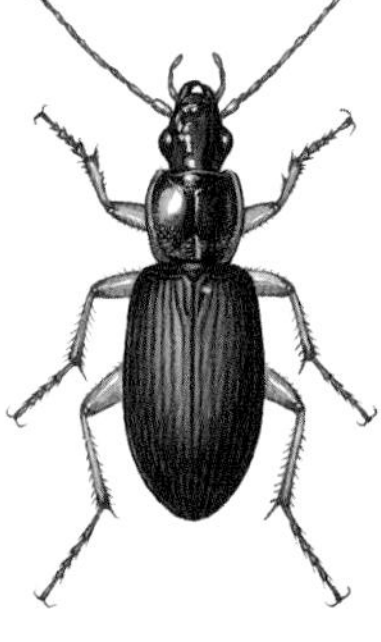

등빨간먼지벌레
몸길이 19mm 안팎

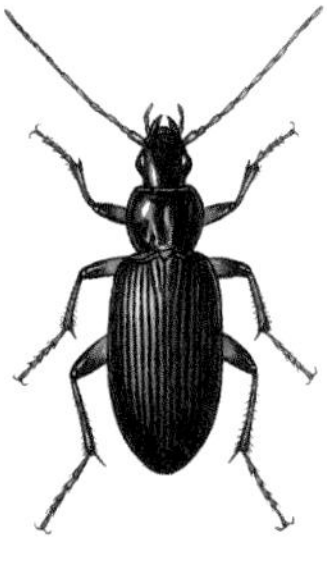

붉은칠납작먼지벌레
몸길이 13~17mm

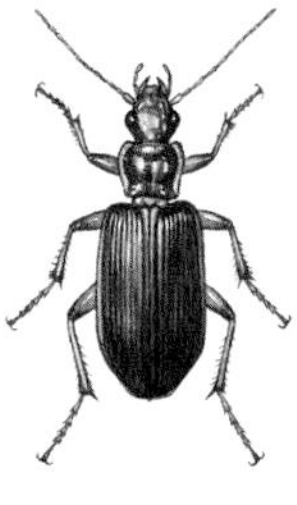

날개끝가시먼지벌레
몸길이 10~13mm

한국길쭉먼지벌레
몸길이 20mm 안팎

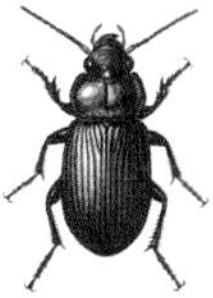

먼지벌레
몸길이 9~10mm

점박이먼지벌레
몸길이 11~12mm

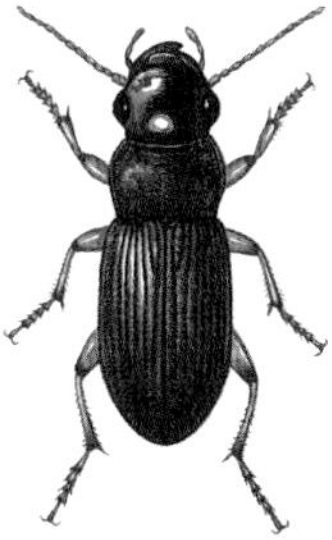

머리먼지벌레
몸길이 20~24mm

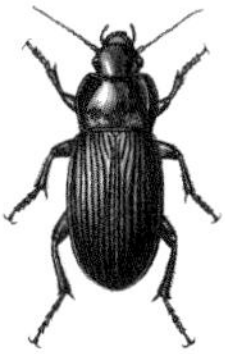

가는청동머리먼지벌레
몸길이 11~14mm

수염머리먼지벌레
몸길이 10~12mm

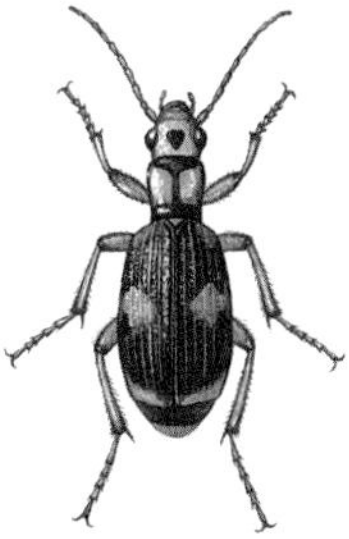

폭탄먼지벌레
몸길이 11~18mm

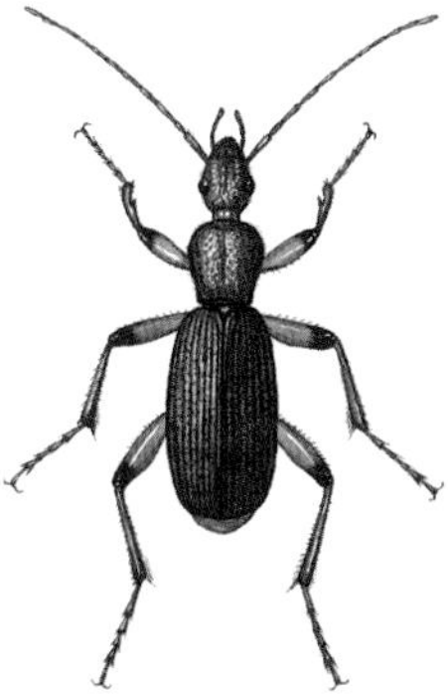

목가는먼지벌레
몸길이 20~22mm

# 찾아보기

## 가


가동구 349
가사 상태 453
가스 아가미 124, 168
가슴다리 565
가슴다리 애벌레 565
각다귀과 171
강도래 144, 225, 241
강도래류 245
강도래목 166, 169
개나무좀 564
개미귀신 495
개미지옥 495
거저리과 421, 565
검정물방개 199, 720
검정풍뎅이과(류) 552
게아재비 165
경화 호르몬 582
고려모래거저리 424
고리발톱 267, 269
고추잠자리 340, 383, 392
고추좀잠자리 389
광택날도래과 278
교미 부속기 144, 368, 371, 382
구강 펌프 589
구더기형 애벌레 564
굼벵이형 애벌레 564
균류 438
기관 129, 169
기관 아가미 169, 233, 350
기관계 169
기관지 169, 170
기문 아가미 171
기생벌과 애벌레 565
긴빰모래거저리 424
긴호랑거미 399, 681
길앞잡이 531
길앞잡이과(류) 532
깨알소금쟁이류 168
꼬리 아가미 351, 382
꼬리다리 267
꼬리털 144, 230, 243, 483
꼽등이 704, 713
꽃등에류 451
꽃살창 391
꿀벌 457, 663, 674
꿀벌과 565


## 나


나무좀류 199
나비날도래과 277
나비류 267, 649
나비목 35, 168, 169, 267, 297, 298, 564, 565, 655
나용 280
난치 344
날개 주머니 73
날개날도래과 277
날개맥 236, 381, 383, 587, 635
날도래 287
날도래류 275, 297
날도래목 152, 169, 275, 295, 297
남생이거저리 460
냉광 334
네모집날도래과 277
노랑어리연 23
노린재목(류) 58, 75, 112, 168, 170
녹강균 651
녹색강도래과 246, 251, 252
농어 97
늦반딧불이 325, 625
늪모기류 167


## 다


다리 많은 애벌레 565
다리 없는 애벌레 565
다슬기 306, 310
다시마 463, 469
달팽이 310
달팽이날도래과 277, 278
달팽이류 620
담수 152
담수 생태계 152
대모벌 678
대모벌과 680
덧발톱 267, 269
동굴물벌레과 170
동조 현상 606, 609
동족 포식 100, 473, 703
동충하초 650
두순 590
둥근날개날도래과 277
둥근얼굴날도래과 277
등돌기(등융기) 268
등빨간소금쟁이 59, 68
딱정벌레과 560
딱정벌레류 701
딱정벌레목 82, 89, 168, 565, 655
딱정벌레형 애벌레 560
땅콩물방개 720
띠무늬우묵날도래 258, 280


## 라


루시부파긴 623
루시페라아제 333
루시페린 333

마

마름 30, 73, 382
막대감각기 89
말매미 578, 595, 597
말벌과 애벌레 565
매미과(류) 580, 588, 590
먹파리과 171
먹파리류 애벌레 169
먼지벌레류 560, 701
메꽃과 435
메뚜기과 634
메뚜기류 457, 634, 653, 656
메뚜기목 344, 634, 644
명나방과 168
명주실 35, 281
명주잠자리 492
모기 애벌레 90
모래거저리 416, 726
모래거저리붙이 424, 513
모반 63
모반기층 128, 170, 214
모반기층 호흡 170
못뽑이집게벌레 483
무당벌레류 623
물날도래과 276
물달팽이 308
물등구리과 170
물땡땡이 215
물땡땡이과 171, 215
물땡땡이류 82, 168
물리적 아가미 124, 168
물리적 아가미 호흡 168
물맴이과(류) 80, 170
물방개 91, 154, 168, 200, 210, 560, 720
물방개과 168, 170, 215
물방개류 168, 210
물벌레과(류) 82, 168, 170
물빈대과 170
물살이 곤충 81
물삿갓벌레과 171
물자라 119, 172, 192
물장군 176
물진드기과(류) 82, 170
민달팽이류 620

바

바구미과 564
바닷가거저리 420, 726
바수염날도래 290
바수염날도래과 277
반날개류 457, 463, 465
반딧불이과(류) 331, 333, 560, 609
반수서성 곤충 81
발광 기관 333, 617
발음 기관 590
방아벌레과(류) 331, 457, 565
배다리 267, 565
백강균 650
벌목 112
벼과 272, 647
별날도래과 276
보조 생식기 371
보호색 115, 274, 363, 466, 634, 701
부속샘(아교질샘) 115, 187, 641, 657
부화선 191
불나방과 168
붉은귀거북 183
빌헬름 바르트로트 40
빗해파리류 331
빨판 201
뽕나무버섯 331
뿌리잎벌레류 167
뿔노린재과(류) 193
뿔벌레류 420, 513

사

사슴벌레 446, 449
산란판 406
선림원지 241
섬서구메뚜기 682
성혈사 391
세리신 37, 281
소금쟁이 44
소금쟁이과(류) 59, 64, 68
소나무수염풍뎅이 558, 567
소똥풍뎅이류 451
송장벌레 430
송장벌레과 560
송장헤엄치게 104, 168
송충이형 애벌레 265, 564
수서 곤충 81, 152, 166
수서 곤충학 152
수서 노린재 154
수염풍뎅이 548
실잠자리 352, 722
실잠자리아목 169, 351, 359, 381
실크 주머니 270, 277, 282
13년 매미 581
17년 매미 581
쌀도적과 565
쌍띠불나방류 171

아

안갖춘탈바꿈 75, 82, 112, 175, 185, 234, 347, 381, 559, 644
알락방울벌레 321

알물방개 203, 721
앞끝발톱 55
애날도래과 278
애매미 581
애반딧불이 302, 318, 338, 612, 625
애소금쟁이 59, 73
야광충 331
얼룩동사리 203
여울벌레류 168
여울벌레상과 171
여치류(여치아목) 635, 655
연물명나방 20
염낭거미 680
옆돌기(옆융기) 268
오이잎벌레 60
와트 85
왕거미류 680, 686
왕물맴이 76
왕잠자리 344, 349, 363, 383, 397
우묵날도래과 277
운문산반딧불이 598
울음 기관 590, 593
위보행충과 421
유수 생태계 152
유약 호르몬 582
응달거미류 680
이마방패 590
이정 행위 367
잎벌류 565

자

작은모래거저리 555, 726
작은턱수염 216, 220, 427, 449, 704
잠자리아목 169, 349, 359, 371, 381, 383
장구애비 136
장구애비과 167, 171
장지뱀 713
재니등에 642
저정낭 377, 407, 656
적갈어리왕거미 687, 689
절개선 191
점각 86
점각열 86
접시거미류 680
정수 생태계 152, 154
정자 보관소 371, 407
정자 전쟁 67, 376, 407
제임스 로이드 621
존스턴 기관 90
좀꼴형 애벌레 560
줄날도래과 276
직장 아가미 349, 384
진강도래 238
진수서성 곤충 81
집게벌레류 244, 515
집게벌레목 487
집게이빨 349

차

참뜰길앞잡이 518
참매미 574
참붕어 149
채프먼 85
천궁표주박바구미 444, 451, 457, 513
철도벌레 331
철사벌레형 애벌레 564
침노린재 683
침노린재과(류) 60

카

카토 588
큰까치수염 554
큰까치수영 554
큰조롱박먼지벌레 442, 728
큰집게벌레 476

타

탈피 호르몬 289
털날도래과 277
토마스 아이스너 96, 434, 504, 623, 709
톡토기류 168
통날도래과 276

파

파악기 144, 368, 371, 404
파파리반딧불이 602
편광 117
평형 감각 기관 147, 164
포름산 504
포투리스속 622
포티누스속 622
폭탄먼지벌레 696
표면 장력 56
풀무치 628
풀무치 귀 635
풀잠자리류 656
풀잠자리목 498, 560, 565
풍뎅이붙이 451, 517
풍뎅이붙이류 457
풍뎅이상과 564
프리드리히 에거스 90
피부 호흡 169
피브로인 37, 281

## 하

하늘소과 565
하루살이 144, 153, 228
하루살이류 82, 350
하루살이목 166, 169
항문 돌기 470
항문 아가미 350
해변메뚜기 451, 513
해변청동풍뎅이 421
해변파리류 171
해초꼬마거저리 420
허물벗기 호르몬 582
헛다리 267, 560, 564
혈림프 236, 587
호흡뿔 175, 191
혼인색 363, 394, 396
홍다리거저리 420, 424
화경버섯 331
확산 작용 168, 169, 170, 212, 233,
269, 350, 384
황소개구리 183

# 참고 자료

**국내 서적**


강창수, 김진일, 김학렬, 류재혁, 문명진, 박사옥, 여성문, 이봉희, 이종욱, 이해풍. 2005. 일반곤충학. 정문각. 631pp.

기청산식물원부설 한국생태조경연구소. 2004. 우리꽃 참 좋을씨고. 얼과 얼. 217pp.

김기중. 2007. 주요 생물 자원의 유전자 분석 연구 : 멸종위기 생물종 30종 대상(요약본). 국립생물자원관

김정한. 2005. 토박이 곤충기. 진선출판사. 237pp.

김종길, 박해철, 이종은, 진병래. 2004. 한국의 반딧불이. 한국반딧불이연구회. 94pp.

김종선. 1996. 한국산 강도래목(Plecotera, Insecta)의 분류 및 생태학적 연구. 전남대학교 대학원

김주필. 2006. 거미 이야기. 쿠키. 205pp.

김준호. 2007. 한국생태학 100년. 서울대학교출판부. 569pp.

김진일. 1998. 한국곤충생태도감 딱정벌레목 III. 고려대학교 곤충연구소. 255pp.

김진일. 1999. 쉽게 찾는 우리 곤충. 현암사. 392pp.

김진일. 2000. 풍뎅이상과(상), 한국경제곤충 4. 농업과학기술원. 149pp.

김진일. 2001. 우리가 정말 알아야 할 우리 곤충 백가지. 현암사. 399pp.

김태홍, 백종철, 정규환. 2005. 한국산 길앞잡이(딱정벌레목). 한국토양동물학회지 10(1) 1-15.

길동생태공원. 2009. 길동생태공원 생태, 감각으로 만나다. 반딧불이 이야기. 서울특별시 녹지사업소 길동생태공원. 35pp.

남궁준. 2001. 한국의 거미. 교학사. 647pp.

남상호. 1996. 한국의 곤충. 교학사. 519pp.

류호상. 2001. 겨울철 모래 이동과 전사구의 지형 변화: 신두리 해안사구 지대를 사례로. 서울대학교 국토문제연구소 지리학논총 38:31-60pp.

메이 R. 베렌바움 지음, 윤소영 옮김. 2005. 살아 있는 모든 것의 정복자 곤충. 다른세상. 463pp.

마르크스 베네만 지음, 유영미 옮김. 2010. 지능적이고 매혹적인 동물들의 생존 게임. 웅진지식하우스. 343pp.

문태영, 윤일. 2000. 삼국사기의 황에 대한 문화곤충학적 해석. 고신대학교 논문집 25 : 47-157pp.

박규택. 1999. 한국의 나방(I). 곤충자원편람 IV. 생명공학연구소. 곤충분류연구회. 358pp.

박종균, 백종철. 2001. 딱정벌레과(딱정벌레목). 한국경제곤충 12. 농업과학기술원. 169pp.

박해철. 이름 이야기_폭탄먼지벌레. 곤충과 우리 문화 (http://user.chol.com/~culent)

박해철. 이름 이야기_물방개와 선두리. 곤충과 우리 문화 (http://user.chol.com/~culent)

박해철. 2003. 반딧불이(푸른아이 시리즈 29). 웅진닷컴. 53pp.

박해철, 김성수, 이영보, 이영준. 2006. 딱정벌레. 교학사. 358pp.

박해철. 2006. 딱정벌레-자연의 거대한 영웅 딱정벌레에 관한 모든 것. 다른세상. 559pp.

박해철. 2007. 이름으로 풀어보는 우리나라 곤충 이야기. 북피아주니어. 231pp.

박해철, 심하식, 황정훈, 강태화, 이희아, 이영보, 김미애, 김종길, 홍성진, 설광열, 김남정, 김성현, 안난희, 오치

경. 우리 농촌에서 쉽게 찾는 물살이 곤충. 농촌진흥청 농업과학기술원. 349pp.
부경생, 김용균, 박계청, 최만연. 2005. 농생명과학연구원 학술총서 9. 곤충의 호르몬과 생리학. 서울대학교출판부. 875pp.
손기철, 윤재길. 2004. 꽃의 색의 비밀. 건국대학교출판부. 260pp.
송기엽, 윤주복. 2003. 야생화 쉽게 찾기. 진선출판사. 607pp.
서울특별시공원녹지관리사업소. 2002. 생태학교 여름 교재. 길동자연생태공원
신유항. 2001. 원색 한국나방도감. 아카데미서적. 551pp.
심하식, 권오길, 조동현, 최준길. 1999. 한국산 파파리반딧불이의 발광 양상. 한국생태학회지 22(5) : 271-276pp.
심하식. 2001. 한국산 *Hotaria*속 반딧불이의 분류 및 파파리반딧불이, *Hotaria papariensis* (Doi)의 생태학적 연구. 강원대학교
심하식. 2001. 한국산 파파리반딧불이 (*Hotaria papariensis* Doi)의 생태학적 연구. 한국동굴학회 2001년도 하계학술발표대회 2001 발표 자료
정광수. 2007. 한국의 잠자리 생태도감. 일공육사. 512pp.
아놀드 벤츠 지음, 박계수 옮김. 2001. 우주의 미래. 가람기획
오홍식, 강영구, 남상호. 2009. 애반딧불이(*Luciola lateralis*) 유충의 상륙에 미치는 수온의 영향. 한국응용곤충학회지 48(2) : 203-209pp.
오쿠이 카즈미츠 지음, 문창종 옮김. 2006. 어린이 동물행동학 사전. 함께읽는책. 157pp.
올리히 슈미츠 지음, 장혜경 옮김. 2008. 동물들의 비밀신호. 해나무. 207pp.
원두희, 권순직, 전영철. 2005. 한국의 수서곤충. (주)생태조사단. 415pp.
유근배, 류호상. 2007. 한국 서해안의 해안사구: 지형학적 관점을 중심으로. 서울대출판부. 152pp.
윤일병. 1995. 수서곤충검색도설. 정행사. 262p.
이영노. 1998. 한국의 멸종위기 및 보호야생동식물. 교학사. 302pp.
이영노. 1998. 원색한국식물도감. 교학사. 1246pp.
이영준. 2005. 매미박사 이영준의 우리 매미 탐구. 지오북. 191pp.
이종욱. 1998. 한국곤충생태도감IV : 벌, 파리, 밑들이, 풀잠자리, 집게벌레목. 고려대학교 한국곤충연구소. 246pp.
이태호. 2010. 옛 화가들은 우리 땅을 어떻게 그렸나. 생각의 나무. 551pp.
임문순, 김승태. 1999. 거미의 세계. 다락원. 239pp.
장 앙리 파브르 지음. 김진일 옮김. 2010. 파브르 곤충기 10. 현암사. 475pp.
정부희. 2010. 곤충의 밥상. 상상의 숲. 479pp.
제임스 B. 나르디 지음, 노승영 옮김. 2009. 흙을 살리는 자연의 위대한 생명들. 상상의 숲. 431pp.
제임스 K. 웽버그 지음. 박영원 옮김. 2004. 곤충의 유혹. 휘슬러. 190pp.
청목전사 외. 2005. 일본산 유충 도감. 학연. 336pp.
최완수. 2008. 겸재 정선의 한양 진경 이야기. 늘푸른아이들. 171pp.
최완수. 2009. 겸재 정선. 현암사. 171pp.

타임 라이프 북스 편집. 1984. 곤충 : Life Nature Library. 한국일보 타임라이프. 193pp.

토마스 아이스너 지음. 김소정 옮김. 2006. 전략의 귀재들 곤충. 삼인. 568pp.

Thomas M. Smith and Robert Leo Smith 지음, 강혜순 외 옮김. 2007. 생태학 6판. 라이프사이언스. 622pp.

한민수, 나영은, 방혜선, 김명현, 강기경, 홍혜경, 이정택, 고병구. 2008. 논 생태계 수서무척추동물 도감(증보판). 농촌진흥청. 416pp.

한영식. 2009. 반딧불이 통신. 사이언스북. 178pp.

함순아. 2000. Systematics of the Nemouridae(Plecoptera, Insecta) in Korea: 한국산 민강도래과(강도래목, 곤충강)의 계통분류학적 연구. 전남대학교

현재선. 2007. 식물과 곤충의 공존 전략. 아카데미서적. 298pp.

환경부. 2005. 멸종위기 야생동식물 화보집. 환경부. 151pp.

월간 산 10월호. 2010. 조선일보


### 영문 자료


Bae, Y. S., 2001. Family Pyraloidea : Pyraustinae & Pyralinae. Economic Insects of Korea 9. Ins. Koreana. Suppl. 16, 252pp.

Carter, R. W. G., Nordstrom, K. F., and Psuty, N. P., 1990. "the study of coastal dune". In Nordstrom, K. F., Psuty, N. P., Carter, R. W. G. (eds.), Coastal Dunes : Form and Process. John Wiley and Sons. 1-14.

Cristopher K. Cratsley, Jennifer A. Rooney, Sara M. Lewis. 2003. Limits to Nuptial Gift Production by Male Fireflies, Photinus ignitus. Journal of insect behavior 16 (3) : 361-370.

Crowson, R. A., 1981. The biology of the Coleoptera. Academic Press. New York. 802pp.

Eggers, F. 1926. Die mutmassliche Funktion des Johnstonschen Sinnesorgans bei Gyrinus. Zoologischer Anzeiger, 68 : 184-192

Eisner, T. and J. Meinwald. 1966. Defensive secretion of arthropods. Science 153 : 1341-1350.

Eisner, T. and K. J. Aneshansley. 2000. Chemical defense : Aquatic beetle (Dineutes hornii) vs. Fish (Micropterus salmoides). Proceedings of the National Academy of Science 97(10) : 11313-11318.

Fredric V. Vencl, Albert D. Carlson. 1998. Proximate Mechanisms of Sexual Selection in the Firefly Photinus pyralis (Coleoptera : Lampyridae). Journal of insect behavior 11(2) : 191-207

Gilbert Waldbauer. 1999. The Handy Bug Answer Book. Visible Ink Press. U.S.A. 308pp

Gilbert Waldbauer. 2003. What good are bugs?. Harvard University Press. 366pp.

Gilbert Waldbauer. 2006. A walking around the pond. Harvard University Press. 286pp.

Grialdi, D. and M. S. Engel. 2005. Coleoptera and Strepsiptera. 357-406pp. In : Evolution of the Insects. Cambridge University Press. New York. 1-755pp.

Gullan P. J. and Cranston, P. S., 2000. The Insects. An outline of Entomology(second edition). Blackwell science. 470pp.

Jin Woo Choi and Kyung Saeng Boo. 1991. Effects of Juvenile Hormone and Molting Hormone on

Diapausing Adults of the Alder Ledf Beetle. Agelastica coerulea Baly. Korean J. Appl. Entomol. 30(4) : 258-264pp.

Han et al., 2009. Female Genitalia Concealment Promotes Intimate Male Courtship in a Water Strider. Plos ONE : 4(6)

Jung. B. H., 2008. A Taxonomy of Korean Tenebrionida and Ecology of Fungivorous Tenebrionids. Sungshin Women's University. Seoul. (doctoral disertation)

Jung. B. H., H. C. Park and J. I. Kim. 2009. Taxonomy review of the tribes Trachyscelini and Phaleriini (Coleoptera : Tenebrionidae) from Korean coastal dunes. Entomological Research Vol. 39. Issue 2 : 146-151pp.

J. I. Kim. 1980. Etude sur les insectes sabulicoles de la Coree (2) Sur deux familles Nouvelles Colepteres de la Coree et cells de quelques especes. Korean Journal of Zoology. 23(3) : 195-201pp.

J. I. Kim. 1981. The faunistic study on the insects from Sudong-myeon, Namyangju-gun, Gyeoggi-do, Korea. Bulletin of the Korean Association for Conservation of Nature. 3 : 329-367pp.

J. I. Kim. 1981. Etude sur les insects sabulicoles de la Coree (4) faune de la dune su sable littora de la mer de Jaune. Entomological Research Bulletin. 8 : 61-72pp.

J. I. Kim. 1983. Fauna of Coleoptera from the islands in Jodo-myon, Junlanam-do province. Report on the Survey of Natural Environment in Korea. 3 : 159-176pp.

J. I. Kim. 1983. Study on the insects sabulicoles from the sand dunes of the south seacoast in Korea. Bulletin of the Korean Association for Conservation of Nature. 5 : 77-92pp.

Kim. J. I., Kwon Y. J., Paik J. C., Lee S. M., Ahn S. L., Park H. C., Chu H. Y., 1994. Order 23. Coleoptera. In : The Entomological Society of Korea and Korean Society of Applied Entomology (eds.). Check List of Insects from Korea. 117-214pp. Kon-Kuk Univesity Press. Seoul.

Kim. S. Y. and J. I. Kim. 1999. The study of characteristics of the habitat of the tribe Opatrini (Tenebrionidae, Coleoptera) and Heterotarsini from Korea. Bulletin of the Report of the Korean Association for Conservation of Nature. 18 : 63-72pp.

Kim. S. Y. and J. I. Kim. 2000. Taxonomic Notes of Tribe Opatrini (Coleoptera, Tenebrionidae) from Korea I. Genus Gonocephalum Solier and Opatrum Fabricious. Korean Journal of Applied Entomology. 39(4) : 227-237pp.

Kim. S. Y. and J. I. Kim. 2002. Newly recorded and little known Tenebrionid species from Korea. Entomological Research. 32(4) : 243-246pp.

Krasutskiy BV. 2007. Beetles (Coleoptera) Associated with the Polypore Daedaleopsis congragosa (Bolton : Fr.) J. Schrot (Casidiomycetes, Aphyllophorales) in Forests of the Urals and Transurals. Entomological Review. 87(5) : 512-523pp.

Krivolutskaya, G. O., 1973. Entomofauna of the Kuril Islands : Principal Features and Origin. Izdate'stvo Nauka, Leningrad Division. 315pp. (Translated from Russian by Elliott B. Urdang, with assistance by Leonid M. Gurevich)

Lee. E. S., 1961. Studies of the Korean large cicada, crytptympana coreana Kato. 1. Seasonal occurrences and its damages. Kyeongpook Univ. Theses Coll., 5 : 105-124pp.

Moulds, M. S., 1990. Australian Cicadas. 217pp. pls. New South Wales University Press. Densington

Richard E. White. 1983. A field Guide to the Beetles of North America. Houghton mifflin company. 368pp. boston. New York

Saito, K., 1931. Cicadidae. More important injurious forest insects in Corea. Bull. Agri. For. Coll. Suigen. (4) : 73.

Steven R. Wing. 1989. Energetic costs of mating in a flightless female firefly, Photinus collustrans (Coleoptera : Lampyridae). Journal of insect behavior 2(6) : 841-847pp.

### 참고 누리집

http://ask.nate.com/qna/view.html?n=8286850

(http://www.behecolpiotrsangim.org/index.php)

http://blog.daum.net/bugsschool/17241182

http://blog.daum.net/niast0158/8747381

http://blog.naver.com/ann3890/140095671518

http://blog.naver.com/dachori/130017488514

http://blog.naver.com/dutdlsp/50006535032

http://blog.naver.com/globe9496/120092724683

http://blog.naver.com/kb54321/130000413920

http://blog.naver.com/nstdaily/150071332951

http://blog.naver.com/squirrelfly/110071810647

http://blog.naver.com/sweetrai/120024603423

http://blog.joins.com/masson/9362869

http://blog.paran.com/soongsan/12529006

http://cafe.daum.net/booklpayground/59rJ/54

http://enc.daum.net/dic100/contents.do?query1=b04d2823a

http://jasa.pe.kr/pulmuchi/diary.htm

http://naver.com/

http://san.chosun.com/

http://wbug.com.ne.kr/wbug

http://www.encyber.com/plant

http://www.firefly.or.kr

http://www.kidkangwon.co.kr/Newkid/News

## 정부희

저자는 부여에서 나고 자랐다. 이화여자대학교 영어교육과를 졸업하고, 성신여자대학교 생물학과에서 곤충학 박사 학위를 받았다.

대학에 들어가기 전까지 전기조차 들어오지 않던 산골 오지, 산 아래 시골집에서 어린 시절과 사춘기 시절을 보내며 자연 속에 묻혀 살았다. 세월이 흘렀어도 자연은 저자의 '정신적 원형(archetype)'이 되어 삶의 샘이자 지주이며 곳간으로 늘 함께하고 있다.

30대 초반부터 우리 문화에 관심을 갖기 시작해 전국 유적지를 답사하면서 자연에 눈뜨기 시작한 저자는 이때부터 우리 식물, 특히 야생화에 관심을 갖게 되어 식물을 공부했고, 전문가에게 도움을 받으며 새와 버섯 등을 공부하기 시작했다. 최초의 생태 공원인 길동자연생태공원에서 자원봉사를 하며 자연과 곤충에 대한 열정을 키워 나갔고, 우리나라 딱정벌레목 대가의 가르침을 받기 위해 성신여자대학교 생물학과 대학원에 입학했다.

석사 학위를 받고 이어 박사 과정에 입학한 저자는 '버섯살이 곤충'에 대한 연구를 본격화했고, 아무도 연구하지 않는 한국의 버섯살이 곤충들을 정리할 원대한 꿈을 향해 가고 있다. 〈한국산 거저리과의 분류 및 균식성 거저리의 생태 연구〉로 박사 학위를 받았으며, 최근까지 거저리과 곤충과 버섯살이 곤충에 관한 논문을 60편 넘게 발표하면서 연구 활동에 왕성하게 매진하고 있다.

이화여자대학교 에코과학연구소와 고려대학교 한국곤충연구소에서 연구 활동을 했고, 한양대학교, 성신여자대학교, 건국대학교 같은 여러 대학에서 강의하고 있으며, 현재는 우리곤충연구소를 열어 곤충 연구를 이어 가고 있다. 또한 국립생물자원관 등에서 주관하는 자생 생물 발굴 사업, 생물지 사업, 전국 해안사구 정밀 조사, 각종 환경 평가 등에 참여해 곤충 조사 및 연구를 해 오고 있다.

왕성한 연구 작업과 동시에 곤충의 대중화에도 큰 관심을 가진 저자는 각종 환경 단체 및 환경 관련 프로그램에서 곤충 생태에 관한 강연을 하고 있고, 여러 방송에서 곤충을 쉽게 풀어 소개하며 '곤충 사랑 풀뿌리 운동'에 힘을 보태고 있다.

2015년 〈올해의 이화인 상〉을 수상하였으며, 저서로는 '정부희 곤충기'인 《곤충의 밥상》, 《곤충의 유토피아》, 《곤충 마음 야생화 마음》, 《나무와 곤충의 오랜 동행》, 《곤충의 빨간 옷》, 《갈참나무의 죽음과 곤충왕국》이 있고, 《곤충들의 수다》, 《버섯살이 곤충의 사생활》, 《생물학 미리 보기》, 《사계절 우리 숲에서 만나는 곤충》, 〈우리 땅 곤충 관찰기〉(1~4권), 《먹이식물로 찾아보는 곤충도감》, 〈세밀화로 보는 정부희 선생님 곤충교실〉(1~5권), 《정부희 곤충학 강의》가 있다. 학술 저서로는 〈한국의 곤충(딱정벌레목:거저리아과)〉 1권, 2권, 3권, 〈한국의 곤충(딱정벌레목: 개미붙이과)〉, 〈한국의 곤충(딱정벌레목: 버섯벌레과)〉, 〈한국의 곤충(딱정벌레목: 긴썩덩벌레과)〉, 〈한국의 곤충(딱정벌레목: 허리머리대장과, 머리대장과, 무당벌레붙이과, 꽃알벌레과)〉들이 있다.

정부희 곤충기 2
곤충의 보금자리
곤충이 살아가는 다양한 삶터

**1판 1쇄 펴낸 날** 2021년 12월 1일

**글 사진** 정부희

**사진 도움** 박해철(176쪽, 380쪽)
**세밀화** 옥영관, 권혁도, 안경자, 손경희
**잠자리 동정 도움** 정광수

**편집** 김종현 | **사진 보정** 문수영 | **기획실** 김소영, 김수연, 김용란 | **디자인** 한아람
**제작** 심준엽 | **영업** 나길훈, 안명선, 양병희, 원숙영, 조현정 | **독자 사업(잡지)** 정영지 | **새사업팀** 조서연
**경영 지원** 신종호, 임혜정, 한선희
**인쇄** (주)로얄프로세스 | **제본** (주)바이블코리아

**펴낸이** 유문숙 | **펴낸 곳** (주)도서출판 보리 | **출판 등록** 1991년 8월 6일 제9-279호
**주소** (10881) 경기도 파주시 직지길 492
**전화** 031-955-3535 | **전송** 031-950-9501
**누리집** www.boribook.com | **전자우편** bori@boribook.com



값 60,000원

보리는 나무 한 그루를 베어 낼 가치가 있는지 생각하며 책을 만듭니다.

ISBN 979-11-6314-224-9
ISBN 979-11-6314-172-3(세트)